대학물리학

지택상 · 김영태 공저

도서출판 상학당

欲爲大者 當爲人役

크고자 하거든 남을 섬기라

머리말

오늘날 우리 현대인들은 과학의 시대에 살아가면서 현대과학문명 속에서 살고 있다. 때문에 우리 현대인들은 첨단과학과 기술에 대하여 올바른 안목을 갖고 현대과학을 바라보고 인식해야 할 필요가 있다. 현대과학문명의 경이적인 발달에는 물리학을 이해하지 않고는 현대과학을 이해할 수 없을 것이다. 특히 반도체공학, 유전자공학, 에너지공학 등 첨단기술의 발전을 위해 물리학을 배우지 않으면 안 되게 되었다.

뿐만 아니라 이 · 공학 계열은 물론, 농공 · 수산 · 의약 계열, 보건계열 그리고 간호계열 등 모두 기초학문으로 물리학을 교양과목 또는 기초전공으로 이수하는 것이 학생들의 전공 분야에 큰 도움이 될 것이므로 매우 바람직하다고 본다. 그래서 교양학부와 기초전공으로 학습하는 물리학 교재로서 물리학의 기본원리와 법칙을 보다 구체적이고 체계적으로 쉽게 이해시켜서 그 지식을 각 전공 분야에서 응용할 수 있는 능력을 길러주기 위한 것으로 각 분야를 다루었다.

이 책은 이런 취지에 따라 내용기술의 간결과, 수학적 논술은 될 수 있는 한 피하고 각 장마다 모든 학문에 가장 기초가 되고 알기 쉬운 문제를 예제로 하여 풀이를 상세히 하였으며, 문제들도 난이도를 고려하여 20문제 내외로 학생들의 지식수준과 연습능력에 맞도록 적절하게 실어 놓았으므로 학생들에게 큰 도움이 되기를 바라는 바이다.

처음 저자가 강의를 할 때에는 활자판이어서 수정 보완이 어려웠으나 이제는 컴퓨터로 데이터화했으므로 오자나 잘못 기술된 부분, 그리고 내용면에서 부족한 점이 있으면 계속 수정 보완할 예정이다.

끝으로 이 책의 출판을 위해 적극 협조하여 주시고 격려하여 주신 상학당의 남승우 사장님과 임직원 모두에게 진심으로 감사를 드린다.

저자 씀

차 례

17 파 동 / 281

18 기하광학 / 305

19 상 대 론 / 319

20 양자이론 / 337

01

운 동 학

Kinematics

1.1 단위와 차원

(1) 기본단위

국제 미터(meter) 단위계는 길이 cm, 질량 gm, 시간 s를 사용하는 단위계 CGS 단위계와 길이 m, 질량 kg, 시간 s를 사용하는 MKS 단위계가 있다.

물리학에서는 국제 협약에 의하여 확립된 근대화한 계량단위인 MKS 단위가 많이 사용된다. 이 단위계는 과학·산업·상업 분야의 모든 계측을 위한 논리적이고 상호관련적인 기반을 마련해 준다.

공식적으로는 SI로 약호가 인정된 일곱 개의 기본단위(standard unit)와 두 개의 보충단위가 있다. 그 외의 모든 SI단위는 기본단위로부터 유도된다. 우리나라에서는 1964년 1월 1일 계량법에 의거하여 미터 단위계를 사용키로 법제화되었다.

▌길 이

1960년 이전까지는 백금 Pt와 이리듐 Ir의 합금으로 만들어진 미터원기를 사용하여 1m를 정의하였다. 그 후 1960년 제11회 국제도량형총회(CGPM) 협약에 의한 1 m의 정의는 '크립톤 86' (^{86}Kr)의 기체원자가 발하는 등적색선 스펙트럼의 1,650,763,73배로 정했다. 그러나 1983년 17차 국제도량형총회 결의사항 1에 따라 "미터는 빛이 진공 상태에서 299,792,458분의 1초 동안 진행한 경로의 길이이다(length)"라 정의하였다.

영국과 미국에서는 길이의 단위로 야드(yard), 피트(feet ; ft), 인치(inch ; in) 등이 널리 쓰이고 있다.

길이는 공간에서의 거리를 나타내는 것으로서 물리량 중에서 가장 기본적인 것이다. 길이의 측정기로는 자, 캘리퍼스(calipers), 버니어 캘리퍼(vernier caliper), 마이크로미터(micrometer) 등과 같이 직접 측정할 수 있는 기구와 비교 측정할 수 있는 콤퍼레이터(comparator)가 있다. 더욱 정밀한 측정기로는 유동현미경(travelling microscope)과 캐시토미터(cathetometer) 등이 있다.

1 yard = 91.438 cm = 36 inch = 3.0175 자 = 3 feet = 0.9144 m = 0.0006 mile

1 ft = 30.48 cm = 12 inch = 1.0058 자 = 0.3048 m = 0.00019 mile

1 mile = 160930 cm = 63360 inch = 5310.8 자 = 5280 feet = 1609.3 m

1 inch = 2.54 cm = 0.0278 yard = 0.0254 m = 0.0838 자

1 meter = 100 cm = 39.37 inch = 3.3 자 = 3.2808 feet = 0.0006 mile (1.1)

질 량

질량(mass) 단위인 킬로그램은 국제 킬로그램(kg) 원기의 질량과 같이 표시하며, 이 킬로그램원기는 국제도량형국 '프랑스 파리'에 보관되고 있는 백금 90 %와 이리듐 10 %의 합금으로 만든 원추형의 질량을 1 킬로그램으로 정하였다. 이것은 원래 물의 온도 3.98 ℃, 부피 1,000 cm^3에 해당하는 용기인데 물의 밀도는 이 온도에서 가장 크다.

우리나라의 킬로그램원기는 공업진흥청의 위임으로 한국표준연구소(Korea Standards Research Institute)의 관리 하에 있으며 질량의 국가표준이 된다.

가공물인 원기로 단위를 표시하는 것은 기본단위 중에서 질량뿐이다. 미국과 영국에서는 질량의 단위로서 표준 파운드가 주로 쓰인다.

$$1\ \text{pound} = 453.593\ \text{g} = 16\ \text{oz} = 0.12096\ \text{관} = 0.45359\ \text{kg} = 0.00045\ \text{톤}$$

$$1\ \text{kg} = 1000\ \text{g} = 35.273\ \text{oz} = 0.26666\ \text{관} = 2.20459\ \text{pound} \tag{1.2}$$

시 간

시간(time)의 단위는 초(second)이다. "초는 세슘-133 원자(^{133}Cs)의 기저 상태에 있는 두 개의 초미세준위 간의 천이에 대응하는 복사선의 9,192,631,770 주기의 지속시간이다"로 정의한다.

초의 현시는 세슘 원자가 자계(magnetic field)의 공동(cavity)을 통과하여 검출기에 들어갈 때의 공진 주파수에 발진기를 동조시켜서 나타낸다.

1초간의 주기의 수, 즉 사이클의 수를 주파수라 한다. 주파수와 주기는 역관계가 성립한다.

주파수의 SI단위는 헤르츠(Hz)이다. 그러므로 1 헤르츠는 초당 1사이클과 같다. 현재 표준주파수는 20 kHz, 2.5, 5, 10, 20, 25 MHz이며, 국제 시보국에서 발사한다.

여러 종류의 시계의 상대적인 정밀도는 〈표 1.1〉과 같다.

〈표 1.1〉 여러 종류의 상대적인 정밀도

종 류	1 초 차이 나게 되는 시간	상대 정밀도
모래시계	1.5 분	10^{-2}
추시계	3 시간	10^{-4}
음 차	24 시간	10^{-5}
수정결정진자	3 년	10^{-8}
암모니아 공명자	30 년	10^{-9}
세슘 공명자	3×10^4 년	10^{-12}
수소메이저	3×10^6 년	10^{-14}

전 류

전류(electric current)의 SI단위는 암페어(ampere)이다.

"암페어(A)는 무한히 길고 무시할 수 있을 정도로 작은 원형 단면적을 갖는 두 개의 평행한 직선 도체가 진공 중에서 1 m 간격으로 유지될 때 두 도체 사이에 1천만분의 2 뉴턴(2×10^{-7} N)의 힘을 생기게 하는 일정한 전류이다"로 정의한다. 전하가 도체 내를 이동하는 경우 그 흐름을 전류라 한다.

어떤 단면을 통하여 이동하는 전하의 시간적 변화율을 전류의 세기라 한다. 특히 전류의 크기와 방향이 동시에 일정한 경우 이것을 직류라 한다. 또 1초당 1쿨롱의 전하가 흘렀을 때 이것을 1암페어라 한다. 즉

$$1\ \mathrm{A} = 1\ \mathrm{C/s} \tag{1.3}$$

이다. 전압의 SI단위는 볼트(V)이고, 1암페어 당 1와트의 양을 1볼트라 한다. 즉

$$1\ \mathrm{V} = 1\ \mathrm{W/A} \tag{1.4}$$

이다. 전기저항의 SI단위는 옴(Ω)이고, 1옴은 1암페어 당 1볼트의 양을 말한다. 즉

$$1\ \Omega = 1\ \mathrm{V/A} \tag{1.5}$$

이다.

온 도

온도(temperature)의 SI단위는 켈빈(kelvin)이다. "켈빈은 물과 얼음과 수증기가 공존하는 물의 삼중점의 열역학적 온도의 273.16분의 1이다"로 정의한다. 0 K는 절대온도 0도이다.

보통 사용되는 섭씨온도계에서 물은 섭씨 100 °C 에서 끓는다. 섭씨온도는 1켈빈의 간격으로 정하고 섭씨온도 0 °C를 273.15 K로 정의한다.

물의 삼중점의 표준온도는 순수한 물이 들어 있는 경질의 유리제 원통형 용기에서 얻어진다. 용기가 냉각되어 삽입관 주위에 얼음층이 생기면 고체, 액체, 증기의 삼중점이 형성되고, 이때의 온도는 273.16 K가 된다.

온도의 측정은 온도계에 의하여 행해진다. 온도계는 온도의 변화에 따라서 물질이 변하는 물리적 성질을 이용하여 만들어진다. 온도계의 종류에 관해서는 별도로 제9장에서 다루게 될 것이다.

물질량

물질의 양을 정하는 기본 SI단위는 몰(mol)이다. "몰은 탄소 12(^{12}C)의 0.012 킬로그램에 있는 원자수와 같은 수의 구성요소를 포함한 어떤 계의 물질량(mole)이다. 몰을 사용할 때는 구성요소를 반드시 명시하여야 하며, 이 구성요소는 원자, 분자, 이온, 전자, 기타 입자 또는 이 입자들의 특정한 집합체가 될 수 있다"로 정의하였다.

농도(물질의 양)의 SI단위는 mole/m^3(몰/세제곱미터)이다.

종류가 틀린 물질의 양을 비교하는 데는 1개의 원자나 분자의 무게 또는 부피를 취급하는 것이 아니라, 아보가드로 수 6.02×10^{23} 개의 집합체를 다룬다. 여기서 6.02×10^{23}개의 집합체 단위를 1몰이라 한다.

기체 물질의 경우 그 분자 1몰이 표준 상태에 있으면 기체의 종류에 관계없이 22.4 l의 부피를 차지한다. 1몰의 산소분자는 표준 상태에서 22.4 l를 차지하며 어떤 기체든지 표준 상태에서의 부피 22.4 l 속에는 6.02×10^{23}개만큼의 분자가 들어 있다.

원자 1몰의 무게를 나타내는 수를 원자량이라 하며, 분자 1몰의 무게를 나타내는 수를 분자량이라 한다.

▌광 도

광도(luminosity)의 SI단위는 칸델라(candela)라 한다. 칸델라는 백금의 응고점 2045 K에 있는 흑체의 1 m^2의 1/600,000의 공동에서 방출되는 광도로 정의하였다. 1979년 제16차 CGPM 결의사항 3에 따라 "칸델라(cd)는 진동수 540×10^{12} Hz인 단색광을 방출하는 광원의 복사도가 어떤 주어진 방향으로 매 스테라디안마다 683분의 1와트일 때 이 방향에 대한 광도이다"로 정의를 개정하였다.

광속의 SI단위는 루멘(lm)이다. 모든 방향으로 1칸델라의 광도를 방사하는 광원은 4π 루멘의 광속을 방출한다.

(2) 유도단위

사각형의 면적은 두 변의 길이를 곱해서 구할 수 있다. 따라서 면적은 길이의 제곱인 단위를 써서 표시해야 하며, 체적은 길이의 3제곱인 단위를 써야 한다. 또 물체의 속도를 표시하려면, 매초 몇 미터 등과 같은 단위를 붙여야 한다. 물체의 밀도는 단위체적의 질량을 나타내야 하므로 kg/m^3, gm/cm^3 등과 같은 단위를 써야 한다. 이와 같이 기본단위 및 보충단위에 의하여 이루어진 단위를 유도단위라 하며, 물리적 양은 모두 기본단위와 보충단위, 유도단위로 표시된다.

(3) 각단위

기본단위나 절대단위계 및 유도단위와는 전혀 관계없는 단위로서 보충단위인 각단위가 있다. 각의 차원(dimension)은 $[L]$, $[M]$, $[T]$의 어느 쪽에도 관계되는 것이 아니다. 두 직선의 교점을 중심으로 하고, 일정한 반지름을 가진 원호로 두 반직선을 자를 때 그 사이에 끼어 있는 원호의 길이는 각의 크기에 비례한다.

반지름을 r, 원호의 길이를 l이라 하면 각 θ는

$$\theta = k\frac{l}{r}$$

여기서, 비례상수 k는 임의로 주어도 좋으므로 $k=1$로 두면

$$\theta = \frac{l}{r}$$

로 된다. 이로써 각은 길이의 비로 나타낼 수 있으므로 차원은 갖지 않음을 알 수 있다. 위의 식에서 θ는 단위길이의 반지름에 대한 원호의 길이와 같은 값을 가졌다는 것이 분명하다. 각의 크기를 이렇게 정하는 방법을 호도법이라 하여 라디안(radian)이란 단위를 붙이기도 한다.

이에 의하면 180°는 π radian이고, 360°는 2π radian이다. 호도법의 편리한 점은 원호의 길이는 반지름과 원호 위의 선 중심각과의 곱으로 나타내어진다는 점이다. 즉 $l = r\theta$로 된다. 그러나 각을 등분하기에는 불편하여 옛날부터 도(°), 분(′), 초(″) 단위를 써왔다.

예제 1.1 태양의 평균 각 지름을 32′, 지구에서 태양까지의 거리를 1.5×10^8 km이라 하고, 태양의 지름을 구하여라.

풀이 우선 태양의 각 지름을 라디안으로 고치면

$$60'\times180 : 32' = 3.14 : x$$

$$x = \frac{32\times3.14}{180\times60}\ \text{rad}$$

거리와 각 지름을 곱하면 태양의 지름이 얻어지므로

$$1.5\times10^8\times\frac{32\times3.14}{180\times60} = 1.40\times10^6\ \text{km}$$

예제 1.2 입체각은 최대 얼마까지 있겠는가?

풀이 반지름 r인 구의 전 표면적은 $4\pi r^2$이므로, 입체각 ω는

$$\omega = \frac{4\pi r^2}{r^2} = 4\pi\ \text{sr}$$ (스테라디안, 입체라디안)

(4) 차 원

유도단위의 크기는 기본단위의 선정에 따라서 달라진다. 그러나 길이, 질량, 시간의 단위의 크기를 $[L]$, $[M]$, $[T]$로 나타내고, 속력의 단위의 크기는 $[L]$에 비례하고 $[T]$에 반비례하므로 이러한 관계는

$$[\text{속력}] = [L][T^{-1}] = [LT^{-1}]$$

로 나타낼 수 있다. 또

$$[\text{면적}] = [L^2],\ [\text{체적}] = [L^3],\ \text{밀도} = [ML^{-3}]$$

으로 되고, 단위계에 관계없이 성립한다.

어떤 물리식, 물리량 사이의 관계식에서는 양변의 차원이 같아야 한다. 그러나 그 역은 항상 성립하지 않는다. 주어진 식의 차원을 조사하는 것을 차원분석이라 한다.

예제 1.3 힘 F는 물체의 질량과 가속도 a와의 곱으로 나타내고, 가속도는 속도의 시간에 대한 변화율임을 알고 힘의 차원을 구하여라.

풀이 $F = ma = \text{질량} \times \text{거리} \times (\text{시간})^{-2} = [M][L][T^{-2}]$

1.2 벡터와 스칼라

물리학에서 다루는 양에서, 길이, 시간, 온도, 에너지 등과 같이 크기만 문제가 되는 양을 스칼라(scalar)량이라 하고, 변위, 속도, 가속도, 힘 등과 같이 크기와 방향을 가진 양을 벡터(vector)량이라 한다. 스칼라량은 대수적으로 다루지만 벡터량은 기하학적으로 다루어야 한다.

벡터의 기하학적 표시방법은 길이로서 크기를, 화살표로서 방향을 가리키도록 그린다. 문자로서는 $\overrightarrow{AB}$, A 또는 독일문자로 표시한다.

(1) 벡터의 합성

여러 개의 벡터가 있을 때 이들 여러 벡터의 합과 같은 효과를 나타내는 하나의 벡터를 찾아내는 것을 벡터의 합성이라 한다.

평행사변형법

두 벡터의 합은 그 두 벡터를 표시하는 선분을 두 변으로 하는 평행사변형의 대각선으로 표시될 수 있다. 이것을 벡터의 합성에 관한 평행사변형법이라 한다.

벡터의 합 C는 [그림 1.1]과 같이 A, B를 나타내는 화살표 OP, OQ를 두 변으로 하는 평행사변형을 그리면, 이 두 벡터의 시점에서 그린 대각선(OR)이 두 벡터의 합성을 나타낸다.

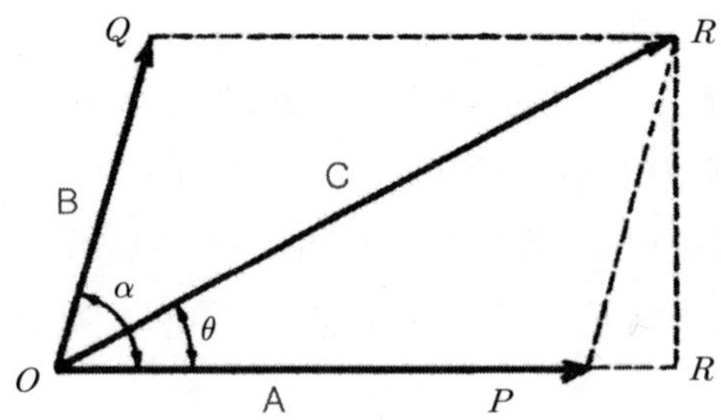

[그림 1.1] 두 벡터의 합성

이 평행사변형법을 여러 번 쓰면 3개 이상의 벡터도 합성할 수 있다.

합성 벡터의 크기와 방향을 수량적으로 계산하면 삼각법의 계산을 적용하여 다음과 같이 구한다.

두 벡터 A, B가 시점 O이고, 그 사이의 각이 α일 때 합성 벡터의 크기는 코사인(cosine) 법칙에 의하여

$$C = \sqrt{A^2 + B^2 + 2AB\cos\alpha} \tag{1.6}$$

이다. 이때 방향은

$$\tan\theta = \frac{B\sin\alpha}{A + B\cos\alpha}$$

$$\cos\theta = \frac{A^2 + C^2 - B^2}{2AC} \tag{1.7}$$

이다.

벡터 A에서 벡터 B를 뺄 때에는 B벡터와 길이가 같고, 방향이 반대인 벡터 −B를 그린 후 벡터 A와 −B벡터를 더하면 된다. 즉

A + (−B) = A − B

이다.

A벡터에서 −B벡터를 합성한 것은 A벡터에서 B벡터를 뺀 것과 같다.

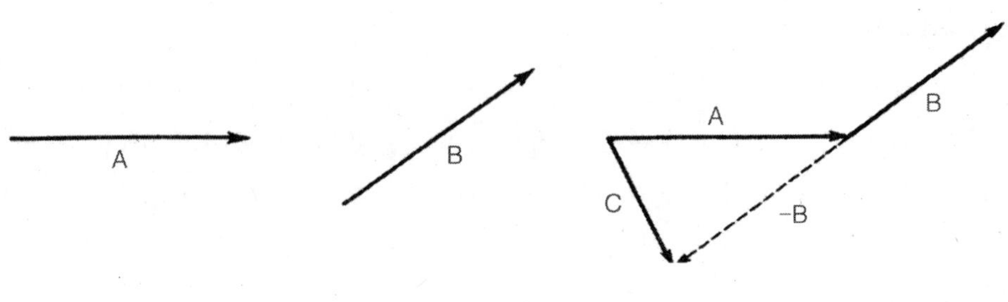

[그림 1.2] 벡터의 감법

(2) 벡터의 분해

한 벡터를 임의의 2개 이상의 벡터로 분해하는 방법은 무한히 많다. 그러나 실제로 유용한 것은 서로 직교하는 좌표계의 각 축 상의 성분으로 나누는 방법이다.

평면의 경우 [그림 1.3]에서 A는 x축 위의 A_x와 y축 위의 A_y로 분해된다. 즉

$$\mathrm{A} = A_x + A_y$$

A의 크기 $|A|$는

$$|A| = \sqrt{A_x^2 + A_y^2}, \quad A_x = A\cos\theta, \quad A_y = A\sin\theta \tag{1.8}$$

의 관계가 성립하고, A의 방향은

$$\tan\theta = \frac{A_y}{A_x} \tag{1.9}$$

이다.

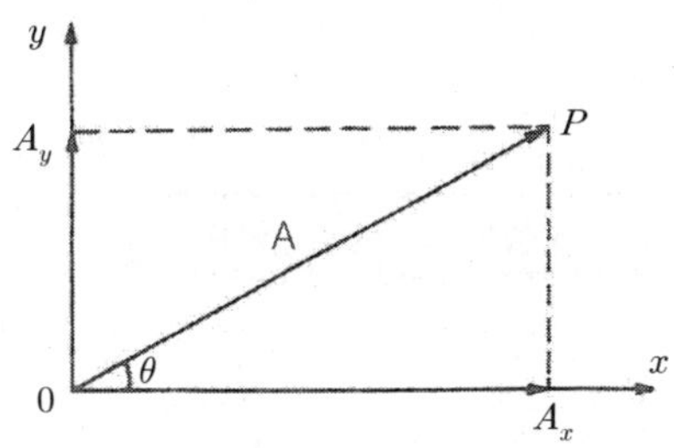

[그림 1.3] 벡터의 분해

(3) 벡터의 성분 합성법

각 평면 위에 많은 벡터가 있을 때 각 벡터를 x축과 y축 위의 성분으로 각각 분해한 뒤 모든 x성분을 합성한 것과 모든 y성분을 합성한 것을 다시 합성하면 된다. 즉

$$\mathrm{F}_1 + \mathrm{F}_2 + \mathrm{F}_3 + \cdots\cdots = \mathrm{R} \tag{1.10}$$

를 구하려고 할 때에는 각 벡터를 성분으로 분해하여

$$\mathrm{F}_1 = \mathrm{F}_{1x} + \mathrm{F}_{1y},\ \mathrm{F}_2 = \mathrm{F}_{2x} + \mathrm{F}_{2y},\ \mathrm{F}_3 = \mathrm{F}_{3x} + \mathrm{F}_{3y},\ \cdots\cdots$$

로 하면 x, y방향은 각각 대수적으로 합할 수 있게 된다. 그 합을 각각 R_x와 R_y라 하면

$$\mathrm{F}_{1x} + \mathrm{F}_{2x} + \mathrm{F}_{3x} = \mathrm{R}_x,\ \mathrm{F}_{1y} + \mathrm{F}_{2y} + \mathrm{F}_{3y} = \mathrm{R}_y \tag{1.11}$$

이 되고, 이것을 합성하면,

$$\mathrm{R}_x + \mathrm{R}_y = \mathrm{R}$$

로서 R가 된다. 이때 크기 |R|은 $R = \sqrt{R_x^2 + R_y^2}$ 이 되고 그 방향 θ는 다음과 같다.

$$\tan\theta = \frac{R_y}{R_x}, \quad \cos\theta = \frac{R_x}{R}, \quad \sin\theta = \frac{R_y}{R} \tag{1.12}$$

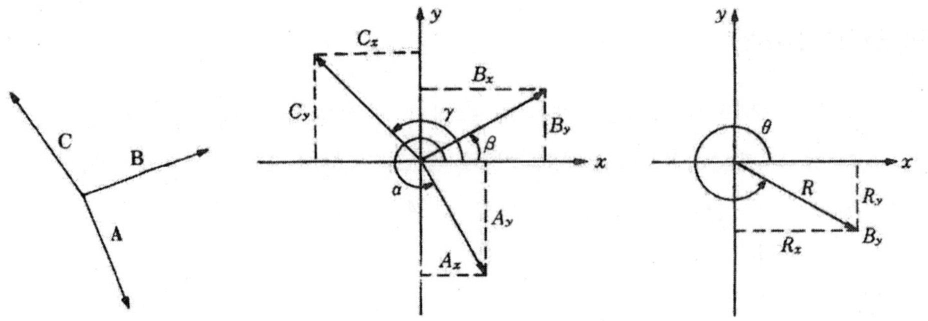

(a) (b) (c)

[그림 1.4] 벡터의 성분 합성법

예제 1.4 3개의 속도 벡터를 각각 120 m/s, 200 m/s, 150 m/s라 하고, 이것들이 x축의 + 방향과 만드는 각을 각각 30°, 135", 270°라 하면 그 합성속도는 얼마인가?

풀이 이것을 표시하면 다음과 같다.

속도	각	x성분	y성분
120 m/s	30°	103.9 m/s	60 m/s
200 m/s	135°	−141.4 m/s	141.4 m/s
150 m/s	270°	0	−150 m/s
		$\Sigma v_x = -37.5$	$\Sigma v_y = 51.4$

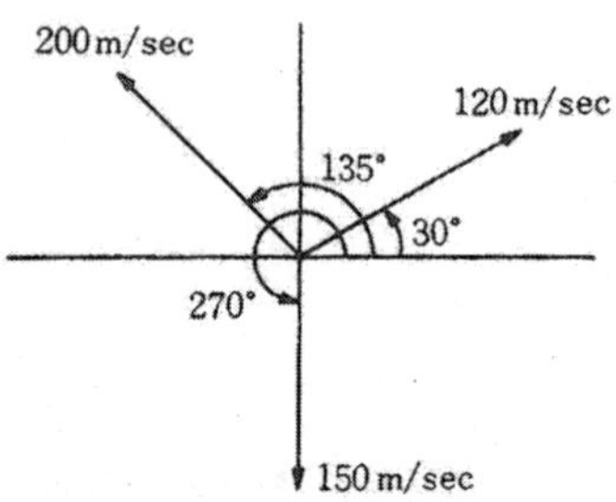

[그림 1.5]

크기 $v = \sqrt{(-37.5)^2 + (51.4)^2} = 63.86 \text{ m/s}$

방향 $\tan\theta = \dfrac{51.4}{-37.5} = -1.3706$

$$\theta = \tan^{-1}(-1.3706) = 126.6°$$

(4) 벡터의 곱셈

두 벡터를 곱할 때에는 스칼라곱(내적 scalar product)과 벡터곱(외적 vector product)의 두 가지가 있다. 두 벡터를 곱했을 때 그 결과가 스칼라가 되는 것을 스칼라곱 또는 dot product라 한다.

두 벡터 A, B 사이의 각을 θ라 하면 두 벡터 A, B의 스칼라곱은 A·B로 표시하며, 다음과 같이 정의한다.

$$\mathrm{A}\cdot\mathrm{B} = AB\cos\theta$$

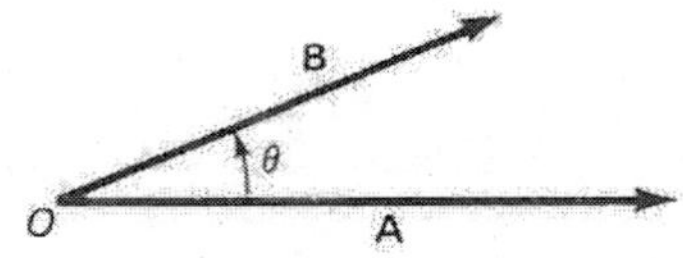

[그림 1.6] 스칼라곱

두 벡터의 스칼라곱은 그중 한 벡터의 크기와 다른 한 벡터에 대한 투영 성분의 곱으로 생각할 수 있다.

A=iA_x +jA_y +kA_z이고, B=iB_x +jB_y +kB_z라면

$$\mathrm{A}\cdot\mathrm{B}= A_xB_x + A_yB_y + A_zB_z \quad (1.13)$$

가 된다.

한편 벡터곱은 두 벡터를 곱했을 때 그 결과가 벡터가 되는 것을 벡터곱 또는 cross product라 한다.

두 벡터 A, B 사이의 각을 θ라 하면 두 벡터 A, B의 벡터곱은 A × B로 표시하며, 만약 벡터 C가 A, B의 벡터곱이라면 다음과 같이 정의한다.

$$\mathrm{C} = \mathrm{A} \times \mathrm{B} = AB\sin\theta$$

벡터 C의 크기는 벡터 A, B의 크기의 곱에 A에서 B까지의 작은 사이각 θ에 대한 sin값을 곱한 것과 같다. 그리고 벡터 C의 방향은 A와 B에 수직이므로 A와 B에 의해 만들어진 평면에 수직이다.

A=iA_x +jA_y +kA_z이고, B=iB_x +jB_y +kB_z라면

$$\mathrm{A}\times\mathrm{B}=\mathrm{i}(A_yB_z - A_zB_y)+\mathrm{j}(A_zB_x - A_xB_z)+\mathrm{k}(A_xB_y - A_yB_x) \quad (1.14)$$

가 된다.

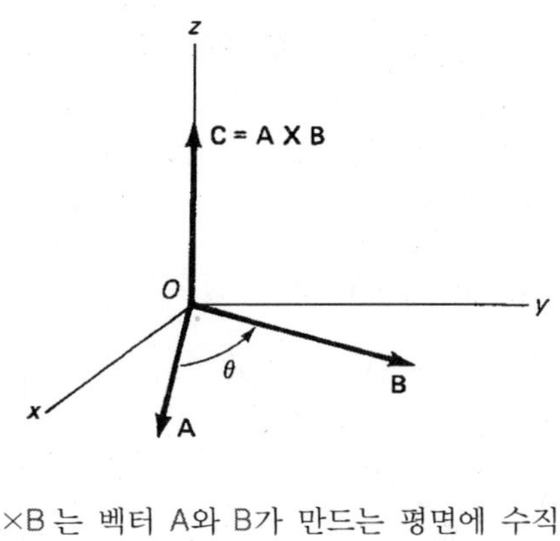

C=A×B 는 벡터 A와 B가 만드는 평면에 수직이다.

[그림 1.7] 벡터곱

1.3 위치와 변위

물체의 공간적인 크기를 생각할 필요가 없이, 다만 공간에 있어서 그 위치를 기하학적인 점으로 표시할 수 있을 때 이것을 질점이라 한다. 당분간 물체를 모두 질점으로 취급한다.

어떤 기준좌표계에 대해서 질점이 시간에 따라 그 위치가 변할 때, 그 기준좌표계에 대해서 질점은 운동한다고 하고, 그 위치가 변하지 않을 때에는 정지해 있다고 한다. 그러므로 한 질점의 위치 P는 어떤 좌표계, 즉 직각좌표계 O_{xy}의 좌표 $(x,\ y)$와 값으로서 나타낼 수 있다.

[그림 1.8]에서 원점에서 P점에 이르는 거리를 크기로 하는 벡터 $\overrightarrow{OP}$를 위치 P를 나타내는 위치 벡터라 한다. 위치 벡터의 x, y축의 성분을 x, y라 할 때, 질점이 운동하면 x, y는 변한다. 질점이 P점에서 어떤 경로를 지나서 P'로 움직일 때 PP'를 이 때의 변위라 한다. $\overrightarrow{OP}+\overrightarrow{PP'}=\overrightarrow{OP'}$이므로 변위는 위치 벡터 r의 변화량과 같고, $\overrightarrow{PP'}=\Delta r$와 같이 표시된다. 변위 PP'는 경로에 관계없이 처음 점 P와 나중 점 P'만으로 결정된다.

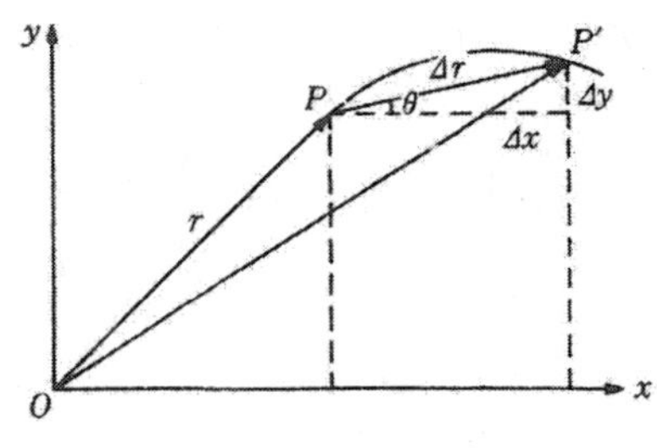

[그림 1.8] 위치와 변위

예제 1.5 A점에서 동쪽으로 4 mile되는 B점에 도착한 후 다시 북쪽으로 3 mile 가서 C점에 이르렀다. 이때 변위는 얼마인가?

풀이 $AC=R=\sqrt{3^2+4^2}=5\text{ mile},\ \tan\alpha=3/4,\ \alpha=36.52°$

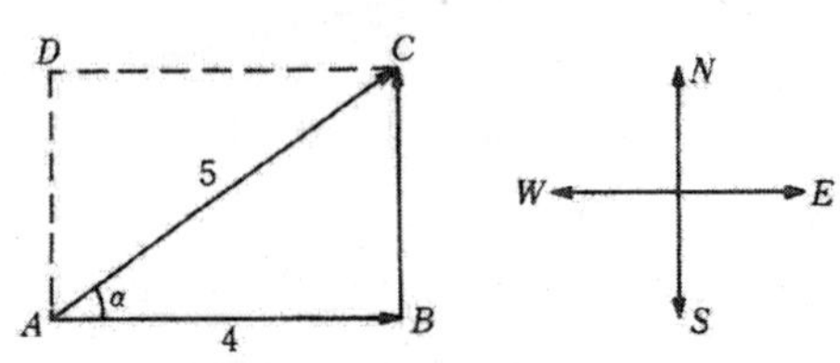

[그림 1.9]

1.4 속력과 속도

운동하고 있는 물체의 빠르기를 속력이라 하며, 속력은 단위시간에 이동한 거리를 말한다. 따라서 속력은 스칼라량이다. 또 같은 시간에 이동한 거리가 항상 같은 운동을 등속운동이라 하고, 그렇지 않은 운동은 속력이 일정하지 않으므로 평균속력을 고려하여야 한다.

평균속력은 그 평균을 취하는 시간 간격에 따라 그 크기가 달라진다. 운동선수가 100 m를 10초에 달려갔다고 하면 그 트랙의 모양에 관계없이 평균해서 매초 10 m의 속력이라 할 수 있다. 그러나 달리는 사람이 동쪽에서 서쪽으로 달려갔다고 말할 때는 속력과 함께 방향도 표시하였으므로 이때는 속도가 된다. 따라서 속도는 벡터량이다.

대개의 운동은 속도가 일정치 않은 부등속운동을 하는 것이 대부분이다. [그림 1.10]에서처럼 비행물체가 시발점 O에서 출발하여 어느 시각 t_1이 되었을 때 위치 P점에 있고 시각 t_2가 되었을 때 Q의 위치에 도달했다면 그 사이의 시간을 Δt, 변위를 Δr라 하고, 이때의 평균속도 $\bar{v}$는

$$\bar{v}=\frac{\Delta r}{\Delta t} \tag{1.15}$$

로 정의된다.

그런데 위치 PQ 사이에 있는 지점 P에서의 속도라 할 때는 P에서 순간적으로 변화한 변위를 말하며, 이것을 우리는 위치 P에서의 순간속도라 한다.

[그림 1.10]과 [그림 1.11]에서 두 위치 P, Q 사이의 변위를 Δr라 하고 경과한 시간을 Δt라 하면 위치 P에서의 순간속도라 함은 위치 Q를 위치 P에 무한히 가깝게 접근할 때의 평균속도의 극한값으로 정의한다.

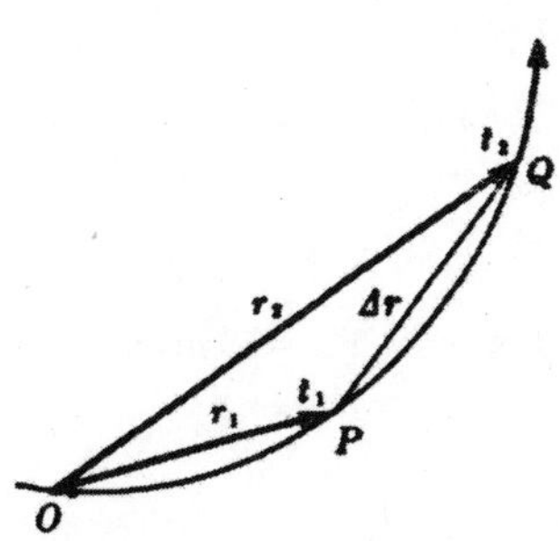

[그림 1.10] 순간속도

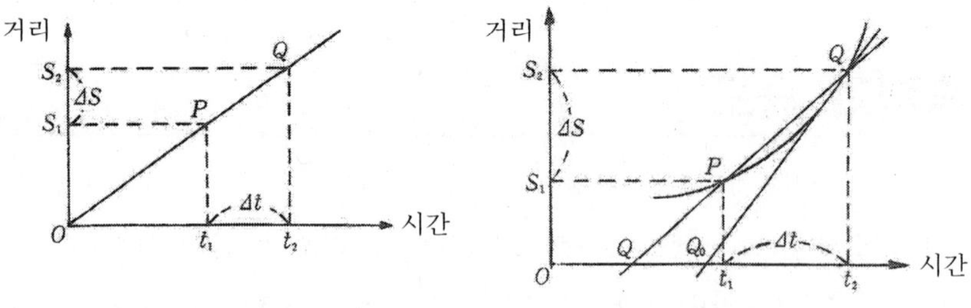

(a) 등속운동　　　　(b) 부등속운동

(평균속력은 $\tan\theta_0$, 순간속력은 $\tan\theta$로 주어진다.)

[그림 1.11] 등속운동과 부등속운동

즉 위치 P에서의 순간속도 v는

$$v = \lim_{\Delta t \to 0} \frac{\Delta r}{\Delta t} = \frac{dr}{dt} \tag{1.16}$$

로 표시된다. 또 [그림 1.11]에서 $\Delta t \to 0$일 때 직선 PQ는 점 P에서 접선이 되고, 순간 속력 v는 이 접선과 t축과의 교각 θ의 탄젠트(tangent)로 주어진다. 즉 다음과 같다.

$$v = \tan\theta$$

등속도운동에는 항상 직선운동이 된다. 부등속운동이라 하여도 속도의 방향이 일정하면 직선운동이 된다.

예제 1.6 한 입자가 직선 위에서 $s = a + bt^2$으로 표시되는 운동을 하고 있다. 이에 $a = 20\text{ m}$, $b = 4\text{ m/sec}^2$이라 하면

(1) 시간 $t_1 = 2\text{ s}$, $t_2 = 5\text{ s}$ 사이의 변위를 구하여라.

(2) 이 시간의 평균속도를 구하여라.

(3) $t_1 = 2\text{ s}$일 때의 순간속도를 구하여라.

풀이 (1) t_1, t_2 사이의 변위는

$$s_2 - s_1 = [20\text{ m} + 4\text{ m/s}^2 \times (5\text{ s})^2] - [20\text{ m} + 4\text{ m/s}^2 \times (2\text{ s})^2] = 84\text{ m}$$

(2) 이 사이의 평균속도 v는

$$\bar{v} = \frac{s_2 - s_1}{t_2 - t_1} = \frac{84\text{ m}}{3\text{ s}} = 28\text{ m/s}$$

(3) t_1에서의 순간속도 v는

$$v = \frac{ds}{dt} = 2bt = 2 \times 4\text{ m/s}^2 \times 2\text{ s} = 16\text{ m/s}$$

상대속도

운동하는 물체의 속도는 관측자의 상태, 더 엄밀히 말하여 기준에 따라 달라진다. 보

통 지상에서의 운동은 지구를 기준체로 하여 그 속도를 측정한다. 한 기준체에 대한 다른 물체의 속도를 이 물체의 그 기준체에 대한 상대속도(relative velocity)라 한다.

물체 A, B가 지구에 대해 V_A, V_B의 속도를 가질 때, A에 대한 B의 상대속도는 A를 정지했다고 하고 A에서 본 B의 속도 V는

$$\mathrm{V} = \mathrm{V}_B - \mathrm{V}_A$$

가 되고, 그 벡터 표시는 [그림 1.12]와 같다.

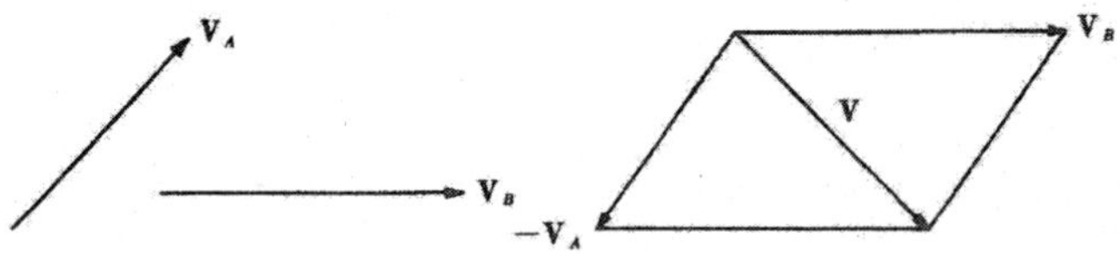

[그림 1.12] A에 대한 B의 상대속도

예제 1.7 배 A는 20 mi/hr로 북쪽으로 움직이고, 배 B는 20 mi/hr로 동쪽으로 움직이고 있다. A에 대한 B의 상대속도를 구하여라.

풀이 $v = \sqrt{20^2 + 20^2} = 20\sqrt{2}$ mi/hr

방향은 남동쪽 $\theta = 45°$

회전각속도

물체의 운동은 병진과 회전의 두 형으로 나눌 수 있다. 병진운동은 한 물체의 모든 점이 직선 위를 평행 이동하는 운동이다. 회전운동은 한 물체의 모든 점이 축의 둘레에 동심원을 그리며 이동하는 운동이다.

[그림 1.13]과 같이 질점이 중심 O, 반지름 r의 원주상을 운동하고 있을 때 그 회전하는 빠르기를 각속도라는 양으로 나타내는데, 각속도는 단위시간에 회전한 각으로 나타내어야 한다. 이제까지 쓰던 속도는 이것과 구별하기 위해서 선속도라 한다.

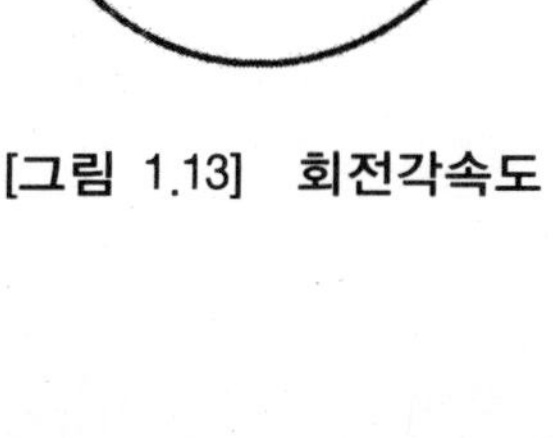

[그림 1.13] 회전각속도

지금까지 시간 Δt 초 동안에 회전한 총 각도를 $\Delta\theta$라 하면, 평균각속도 $\overline{\omega}=\Delta\theta/\Delta t$이다. 또 순간각속도

$$\omega = d\theta/dt \tag{1.17}$$

만일 각속도가 항상 일정할 때에는

$$\overline{\omega}=\omega, \quad \theta=\omega t \tag{1.18}$$

로 쓰면 된다.

이제 한 점이 반지름 r의 원운동을 함으로써 각 변위 θ만큼 회전하였을 때, 이 점이 s만큼 변하였다고 하면

$$s = r\theta \tag{1.19}$$

이므로, 이 식의 양변을 t로 미분하면

$$\frac{ds}{dt}=r\frac{d\theta}{dt}$$

이에 ds/dt는 선속도의 크기이고, $d\theta/dt$는 각속도의 크기 ω이다. 따라서

$$v=r\omega \tag{1.20}$$

의 관계가 된다. 그리고 각운동도 벡터량으로 표시한다.

각속도의 단위는 보통 radian/s, 도/min, 회전수/분, 즉 rpm 등이다.

1.5 가속도와 등가속도 운동

(1) 가 속 도

물체의 속도가 시간에 따라 변하는 운동을 가속도운동이라 한다. 이때 물체는 단위시간에 속도가 얼마나 변하는가를 나타낼 필요가 있다. 이 양을 가속도(acceleration)라 한다.

즉 가속도란 속도의 시간에 대한 변화율로서 벡터량이다. 시각 t_0에서 속도 v_0이던 물체가 시각 $t+\Delta t$에서 속도 $v_0=v_0+\Delta v$로 변하였다면

$$\overline{a}=\frac{(v_0+t\Delta v)-v_0}{(t_0-\Delta t)-t_0}=\frac{\Delta v}{\Delta t} \tag{1.21}$$

여기서 $\overline{a}$를 Δt 시간 동안의 평균가속도라 한다. 속도의 경우와 같이 시각 t에서의 순간가속도 a는

$$a=\frac{dv}{dt} \tag{1.22}$$

로 표시된다.

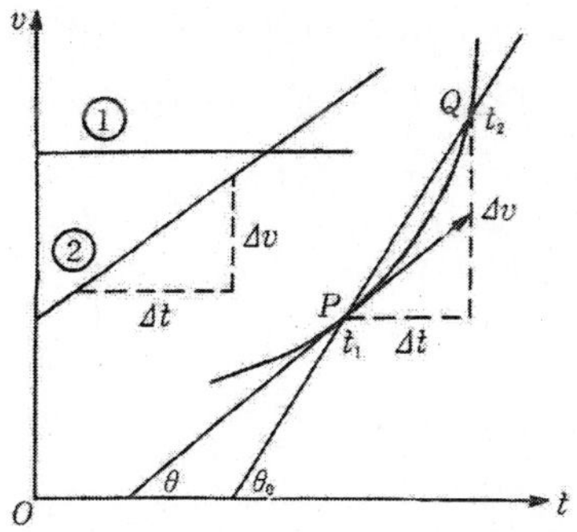

[그림 1.14] $v-t$그래프

[그림 1.14]는 시간과 속력과의 관계를 나타낸 것이다.

등가속도운동은 $t-v$ 곡선에서 축과 경사되어 있는 직선으로 나타나지만, 부등가속도에서는 곡선으로 나타난다. 가속도는 속도의 시간에 대한 변화율이므로 다음과 같이 미분기호를 쓴다.

$$a = \frac{dv}{dt} = \frac{d}{dt}\left(\frac{dr}{dt}\right) = \frac{d^2r}{dt^2} \tag{1.23}$$

가속도의 단위는 cm/s^2, m/s^2, ft/s^2이고, 그 차원은 $[LT^{-2}]$이다. 가속도는 벡터량이므로 속도의 크기가 일정하여도 그 방향이 다르면 가속도를 갖게 된다.

[그림 1.15]와 같이 질점이 O점을 중심으로 등속원운동을 한다면 v_1과 v_2는 크기는 같으나 방향이 다르므로 이 사이에 Δv가 생기고, 따라서 그때마다 $(\lim_{\Delta t \to 0} \Delta v/\Delta t)$의 값이 얻어진다.

운동하는 물체에서 가속도 벡터가 속도 벡터와 평행할 때, 가속도가 정(+)이면 속도는 증가하고, 부(−)이면 감소하는 직선운동을 한다.

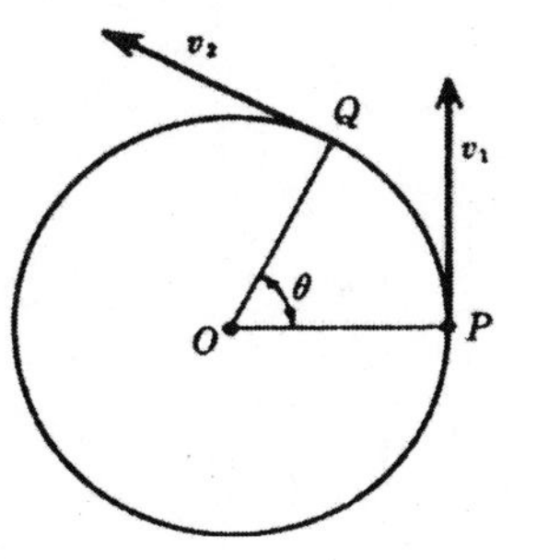

[그림 1.15] 등속원운동

예제 1.8 한 질점이 $s=at^3+bt$에 따르는 운동을 하는 것이 있다. 이 질점의 $t_1=1\text{ s}$, $t_2=2\text{ s}$ 사이의 평균가속도와 t_1, t_2에서의 순간가속도를 구하여라.
(단, $a=2\text{ m/s}^3$, $b=3\text{ m/s}$이다.)

풀이 $v=\dfrac{ds}{dt}=3at^2+b$이므로

t_1에서의 속도 v_1은 $v_1=3\times2\times1+3=9\text{ m/s}$

t_2에서의 속도 v_2은 $v_2=3\times2\times4+3=27\text{ m/s}$

$$\therefore\ \bar{a}=\frac{v_2-v_1}{t_2-t_1}=\frac{27-9}{2-1}=18\text{ m/s}^2$$

또 $a=\dfrac{dv}{dt}=6at$이므로

t_1에서의 순간가속도 a_1은 $a_1=6\times2\times1=12\text{ m/s}^2$

t_2에서의 순간가속도 a_2은 $a_2=6\times2\times2=24\text{ m/s}^2$

(2) 등가속도운동

▌직선운동

이 운동에서는 속도 벡터와 가속도 벡터가 동일직선 위에 있으므로 부호를 고려한 크기만을 취급해도 무방하다.

$t=0$에서의 초기 속도가 v_0이고, t초 후의 속도가 v라면 가속도의 정의에서

$$a=\frac{v-v_0}{t}\ (=\text{const.})$$

따라서

$$v=v_0+at \tag{1.24}$$

식 (1.24)는 시간과 속도 사이의 관계식이며, 이것을 그래프로 그리면 [그림 1.16]과 같이 된다.

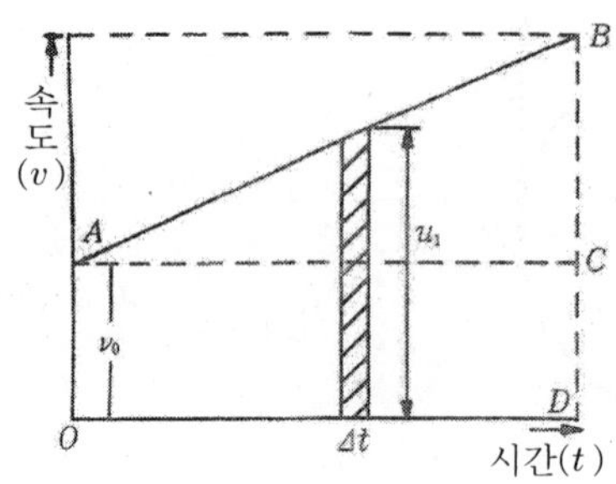

(*AODB*의 넓이는 운동한 거리를 의미한다.)

[그림 1.16] 등가속도 직선운동에 있어서 시간과 속도의 관계

다음에 시간과 변위의 관계를 구하여 보자.

$v = ds/dt$에서 $ds = vdt$가 된다. vdt는 [그림 1.16]의 빗금 부분의 넓이와 같다. 전 시간 t간에 움직인 전체 거리 s는 $OABD$의 넓이와 같다. 따라서

$$s = \left(\frac{v_0 + v}{2}\right)t$$

이것에 식 (1.24)를 대입하여 정리하면

$$s = v_0 t + \frac{1}{2}at^2 \tag{1.25}$$

이것은 변위의 크기와 시간의 관계를 나타낸 식이다. 여기서 주의할 것은 어떤 것은 어떤 벡터이든 그 방향이 주어진 좌표방향과 반대인 경우에는 그 크기가 부(−)가 되어야 한다는 것이다. 식 (1.24)와 (1.25)에서 t를 소거하면

$$2as = v^2 - v_0^2 \tag{1.26}$$

을 얻는다. 식 (1.24), (1.25), (1.26)은 등가속도운동을 다루는 데 가장 기본이 되는 식이다. 공중에서 공기의 저항을 받지 않고 떨어지는 현상을 자유낙하라 한다. 모든 물체가 자유낙하할 때에는 등가속도운동을 한다.

이와 같이 물체가 중력에 의하여 갖게 되는 가속도를 중력가속도라 하고, 이것을 g라고 쓰면 그 크기는 지표부근에서 대략

$$g = 9.8\ \text{m/s}^2 = 32\ \text{ft/s}^2$$

이다. 물체가 연직상방향으로 운동할 때 물체의 높이를 h라 하면, 식 (1.24), (1.25), (1.26)은 각각 $a = -g$로 하여 정리하면

$$v = v_0 - gt$$

$$h = v_0 t - \frac{1}{2}gt^2 \tag{1.27}$$

$$-2gh = v^2 - v_0^2$$

로 된다. 이에 h와 v는 각각 위를 향한 방향을 정(+), 반대인 경우를 부(−)로 하고 계산한다.

예제 1.9 1개의 공을 초속도 30 m/s로 위를 향하여 던졌을 때

(1) 최고 위치에 도달하기에는 몇 초 걸리겠는가?

(2) 최대 거리는 얼마인가?

(3) 지면에 도달할 때까지 몇 초 걸리겠는가?

(4) 지면에 도달할 때의 속도는 얼마인가?

풀이 (1) $g = \dfrac{v - v_0}{t}$에서 $t = 3.06$초 ……… 최고점까지의 소요시간

(2) $-2gh = v^2 - v_0^2$에서 $v = 0$, $g = 9.8\ \text{m/s}^2$, $v_0 = 30\ \text{m/s}$

$$\therefore\ h = \frac{30 \times 30}{2 \times 9.8} = 45.9\ \text{m}\ \cdots\cdots\cdots\ \text{최대 상승거리}$$

(3) 지면에 도달할 때까지에는 최고점까지의 소요시간의 2배이므로 6.12초이다.

(4) 지면에 도달하는 속도는 던질 때의 속도와 같으므로 30 m/s이다.

예제 1.10 90 mil/hr로 달리는 차에 브레이크를 건 후 시간 10초 사이에 30 mil/hr로 감소했다.

(1) 브레이크를 넣고 있는 동안의 가속도가 일정하다고 생각하고, 그 가속도를 구하여라.

(2) 브레이크를 넣고 있는 동안의 이동거리를 구하여라.

(3) 차가 정지하는 데 요하는 시간을 구하여라(단, 1 mile=5280 ft).

풀이 $1\ \text{mil/hr} = \frac{5280}{3600}\ \text{ft/s} = \frac{88}{60}\ \text{ft/s}$

(1) $a = \frac{v - v_0}{t} = \frac{(30-90) \times (88/60)}{10} = -8.8\ \text{ft/s}^2$

(2) $s = v_0 t + \frac{1}{2}at^2 = 90 \times \frac{88}{60} \times 10 + \frac{1}{2}(-8.8) \times 10^2 = 880\ \text{ft}$

(3) $t = \frac{v - v_0}{a} = \frac{(0-90) \times 88/60}{-8.8} = 15\ \text{s}$

예제 1.11 지상 48 ft 되는 점에서 64 ft/s의 속도로 공을 위로 던졌다. 이때 공은 얼마나 높이 올라갔으며, 또 공은 얼마 후 땅에 떨어지겠는가?

풀이 던진 점을 기준으로 하여 위 방향을 +방향으로 취하면, 최고 높이 h인 점에서는 $v=0$, $a=-32\ \text{ft/s}^2$이므로 $2as = v^2 - v_0^2$로부터 $2(-32)h = 0 - 64^2$, $h = 64\ \text{ft}$, 지상에 도달할 때의 변위는 -48 ft이다.

이것에 요하는 시간을 구하기 위하여 $s = v_0 t + \frac{1}{2}at^2$을 이용하면, $-48 = 64t - 1/2 \times 32t^2$이다. 이것을 정리하면, $t^2 - 4t - 3 = 0$, $\therefore\ t = 2 \pm \sqrt{7}$, $2 - \sqrt{7} < 0$이므로 부적당하다. 따라서 구하는 시간은 $(2+\sqrt{7})$ s이다.

포사체의 운동

공중에 비스듬히 던진 물체도 일정한 중력가속도를 받아서 그 진로가 구부러진다. 이 물체를 [그림 1.17]과 같이 초속도 v_0로 던졌다면 1초 후의 속도 v_1은

$$v_1 = v_0 + g \tag{1.28}$$

로 되어 크기가 점차로 줄어들다가 다시 빨라진다. 이 운동은 평면운동이므로, 그 운동평면 내에 좌표계를 도입하여 수평방향을 x축, 연직방향을 y축으로 하면, 물체의 운동은 x방향의 운동과 y방향의 운동으로 나뉜다.

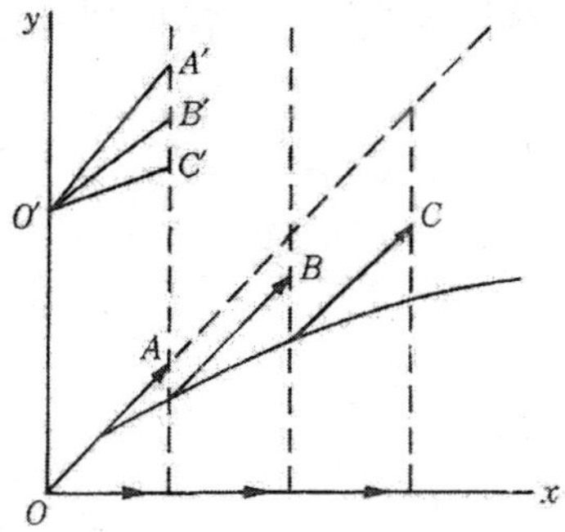

포사체는 경로 상에서 속도의 방향과 크기가 항상 달라진다. 그러나 이들의 속도 벡터의 작용점을 한 점에 평행 이동하고 그 끝을 연결하면 직선으로 된다.

[그림 1.17] 포사체의 운동

자유낙하에서는 x방향은 운동의 변화를 줄 아무런 요소도 없으므로 등속운동을 하게 되고, y방향에서는 가속도가 $-g$인 등가속도운동을 하게 된다.

초속도의 크기를 v_0, 그 앙각을 θ_0라 하고, t초 후의 물체의 속도의 성분을 v_x, v_y라 하면 x방향은 등속운동이므로

$$v_x = v_0 \cos\theta_0 \tag{1.29}$$

y방향은 초속도가 $v_0 \sin\theta_0$, 가속도가 $-g$인 등가속도운동이므로 식 (1.24)에 의하여

$$v_y = v_0 \sin\theta_0 - gt \tag{1.30}$$

그러므로 순간속도의 크기 v와 앙각 θ는

$$v = \sqrt{v_x^2 + v_y^2}, \quad \tan\theta = \frac{v_y}{v_x} \tag{1.31}$$

에서 구할 수 있다.

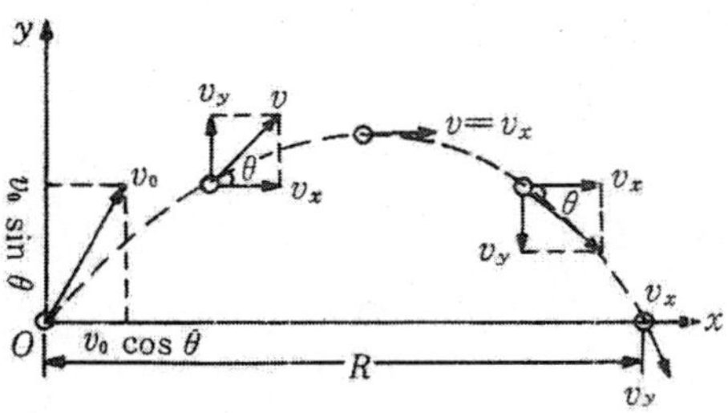

포물선의 운동에서 수평방향의 분속도는 변하지 않으나 수직방향의 분속도는 중력의 가속도에 지배된다.

[그림 1.18] 포물선운동

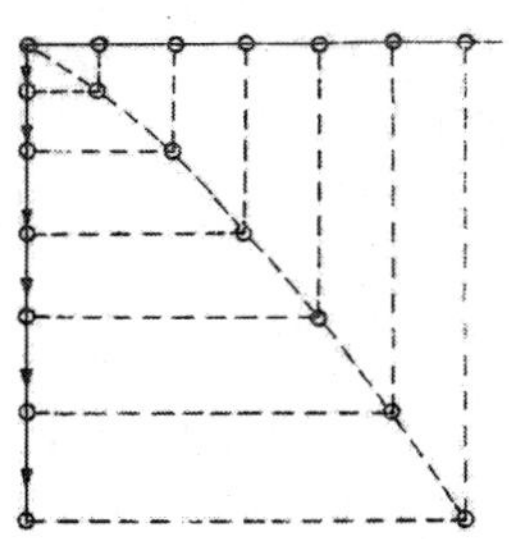

골프공을 한 개는 수평으로 내던지고, 한 개는 동시에 가만히 떨어뜨렸을 때를 그린 것이다.

[그림 1.19] 낙하운동

모든 점에서 속도 벡터는 운동경로의 접선방향이 된다. t초 후의 위치를 x, y라 하면 X, Y방향의 운동에서

$$x = v_0\cos\theta_0 t,\quad y = v_0\sin\theta_0 t - \frac{1}{2}gt^2 \tag{1.32}$$

가 된다.

위의 두 식에서 t를 소거하면

$$y = \tan\theta_0 x - \frac{g}{2(v_0\cos\theta_0)^2}x^2 \tag{1.33}$$

를 얻는다. 이 식은 운동의 궤도를 표시하는 식으로서 포물선의 방정식이다. 식 (1.32), (1.33)로부터 다음의 결과를 얻는다.

① 포사체가 비행하는 시간 t는 식 (1.32)의 제2식에서 $y=0$로 두면, $t=0$(발사시각)과 $t = 2v_0\sin\theta_0/g$(도착시간)이 얻어진다.

② 수평거리 R은 식 (1.32)의 제1식의 t에 위의 값을 대입하면 $R = v_0^2\sin 2\theta_0/g$로 된다. 이 관계는 식 (1.33)에 $y=0$로 두어도 얻어진다. 일정한 초속도로 사정거리를 최대로 하려면 $\theta_0 = 45°$임을 안다.

③ 최고점에 올라가는 데 걸리는 시간은 비행시간의 절반이므로 이것은 $v_0\sin\theta_0/g$, 이것을 식 (1.32)의 제2식에 대입하면 최고 높이 $h = \dfrac{v_0^2\sin^2\theta_0}{2g}$이다. 그러므로 일정한 초속도에서는 $\theta = 90°$에서 가장 높게 올라감을 알 수 있다.

예제 1.12 [그림 1.20]과 같이 공이 지상 8 m 되는 곳에서 수평으로 30° 되는 방향에 초속 30 m/s로 던져졌다.

(1) 공은 얼마나 멀리 가겠는가?

(2) 공이 올라가는 최대 높이는 얼마인가?

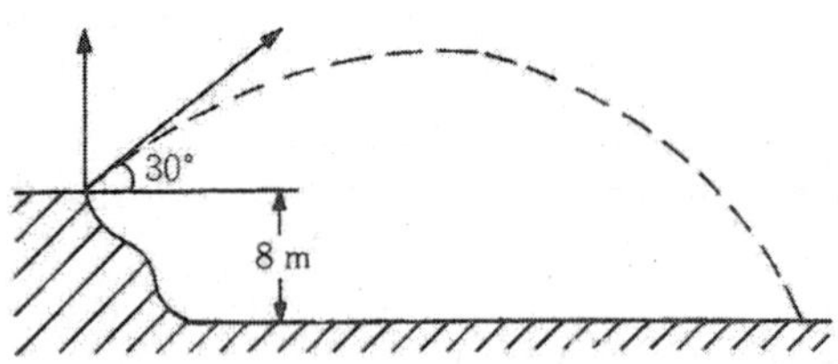

[그림 1.20]

풀이 (1) 수평속도 v_x는 일정하고 $v_x = 30\cos 30° = 26$ m/s, y방향의 초속도 v_{0y}는 $v_{0y} = 30\sin 30° = 15$ m/s, 수직방향의 가속도는 -9.8 m/s^{2}이다.

지상에 도달하는 시간은 Y방향의 변위가 -8 m 되는 시간이므로 식 (1.25)로부터

$-8 = 15t + \frac{1}{2}(-9.8)t^2$로 구해진다. 즉 $t = 3.52$ s이다. 따라서 이 시간에 가는 거리

$s_x = v_x t = 26 \times 3.52 = 91.5$ m

(2) 최고 높이를 h라 하면 y축 운동에 식 (1.27)을 이용하여 $2(-9.8)h = 0^2 - v_{0y}^2$, 따라서

$h = \frac{15^2}{2 \times 9.8} \fallingdotseq 11.5$ m

1.6 곡선운동

원운동

곡선운동(curvilineal motion) 가운데 가장 간단한 것이 원운동이다. [그림 1.21]과 같이 질점이 P에서 Q까지 움직일 때 변위는 Δr이다.

평균속도를 $\bar{v}$라 하면

$$\bar{v} = \frac{\Delta r}{\Delta t}$$

$$\text{순간속도 } v = \lim_{\Delta t \to 0} \frac{\Delta r}{\Delta t} = \frac{dr}{dt}$$

이고, 점 Q가 P점에 접근하면 벡터 Δr의 방향은 원주상 P점에 있어서의 접선방향에 가까워지므로 순간속도의 방향은 P점에 있어서의 원의 접선방향이다. 그러므로 원의 접선방향으로 순간속도 v로서 원운동을 한다.

곡선경로 위의 운동

원래 곡선상의 한 점에서는 그 점에 맞는 곡률중심과 곡률반지름이 있다. 이 곡률중심을 원점으로 하고 극좌표를 쓰면, 곡선상 속도의 법선성분을 생각할 필요가 없게 된다.

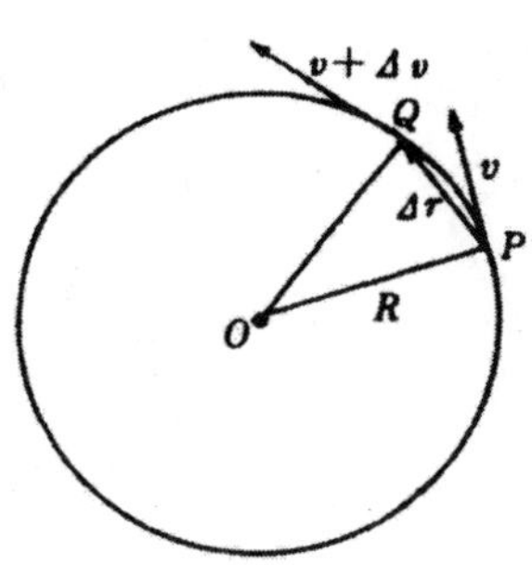

[그림 1.21] 원운동

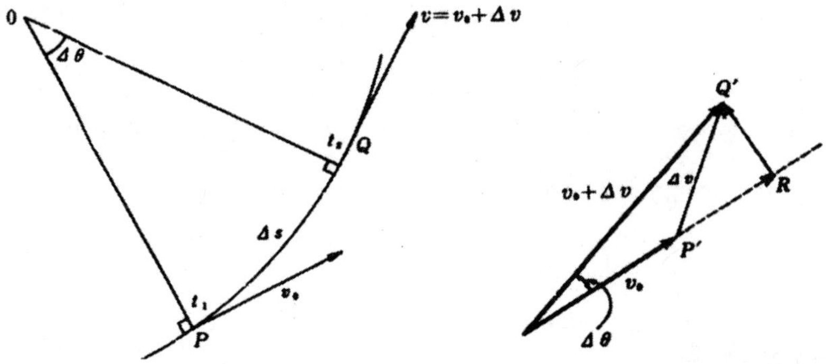

벡터 v와 $v+\Delta v$는 크기와 방향이 다르므로 $(v+\Delta v)-v=\Delta v$는 법선방향 속도성분 RQ'와 접선방향 속도성분 $P'R$이 얻어지므로 법선가속도와 접선가속도가 있게 된다.

[그림 1.22] 곡선운동

[그림 1.22]와 같이 곡선상에 가까이 접근한 두 점을 P, Q라 하고, 속도를 v_0, v중심각을 $\Delta\theta$라 하면 v_0와 v 사이의 각도는 $\Delta\theta$이다. 일반적으로 v_0와 $v_0+\Delta v$는 크기도 다르고 방향도 다르다.

그러므로 $(v+\Delta v)-v=\Delta v$고, 그 극한을 dv라 하면 법선방향의 속도변화 dv_n와 접선방향의 속도변화 dv_t가 얻어진다.

$$a=\frac{dv}{dt}=\lim_{\Delta t\to 0}\frac{P'R+RQ'}{\Delta t}=\lim_{\Delta t\to 0}\frac{P'R}{\Delta t}+\lim_{\Delta t\to 0}\frac{RQ'}{\Delta t}$$

$$=\frac{dv_t}{dt}+\frac{dv_n}{dt}=a_t+a_n$$

$$dv_n=v\,d\theta,\quad \frac{dv_n}{dt}=v\frac{d\theta}{dt},\quad a_n=v\omega,\quad a_n=\frac{v^2}{r} \tag{1.34}$$

을 얻게 된다.

[그림 1.23]에 의하여 알 수 있는 바와 같이 a_n은 항상 곡률중심으로 향한다. 그러므로 구심가속도이다. 곡선운동을 하려면 구심가속도가 적용되지 않으면 안 된다. 그리고 접선가속도는 $a_t=dv_t/dt$가 된다.

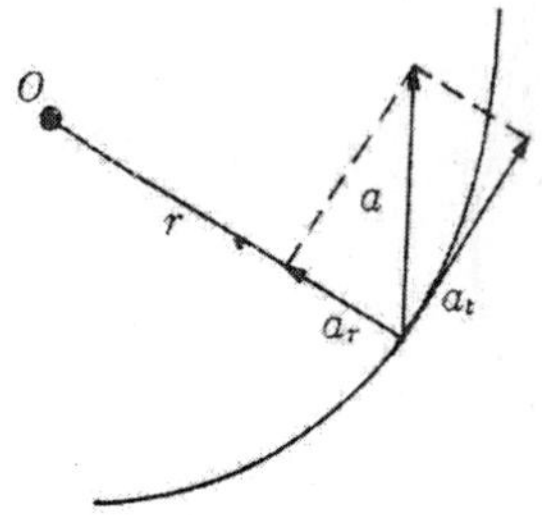

곡선운동에서는 가속도 a가 운동 방향과 일치하지 않는다. 그 성분이 a_n는 법선가속도이고 a_t는 접선가속도이다.

[그림 1.23]

그러므로 곡선의 곡률반지름을 ρ라 하면, 구심가속도 $a_n = v^2/\rho$과 접선가속도 $a_t = d^2s/dt^2$가 생긴다. 직선운동은 $\rho = \infty$일 때이고, 원운동은 $\rho = \text{const}$일 때이다.

예제 1.13 한 대의 차가 72 km/hr로 반지름 200 m의 곡선을 돌고 있다. 어떤 법선가속도가 차를 가게 하는가? 또, 어떤 일정한 접선성분이 20초 동안에 정지해서 이 속력에 도달하는 데 필요한가?

풀이 $72\ \text{km/hr} \times \dfrac{1\ \text{hr}}{3600\ \text{s}} \times \dfrac{1000\ \text{m}}{1\ \text{km}} = 20\ \text{m/s}$

$$\therefore a_n = \frac{(20)^2}{200} = 2\ \text{m/s}^2$$

따라서 소요된 접선성분 a_t는

$$a_t = \frac{20-0}{20} = 1\ \text{m/s}^2$$

주기, 회전수, 각속도와의 관계

등속운동을 할 때 원주를 1회전 하는 데 걸리는 시간, 즉 주기를 T, 단위시간의 회전수를 f라 하면

$$f = \frac{1}{T}, \quad \omega = \frac{2\pi}{T} \tag{1.35}$$

또 속도의 크기 v는

$$v = r\omega = \frac{2\pi r}{T} = 2\pi f r \tag{1.36}$$

따라서 구심가속도 a_n은

$$a_n = r\omega^2 = \frac{v^2}{r} = \frac{4\pi^2 r}{T^2} = 4\pi^2 f^2 r \tag{1.37}$$

그러므로

$$\omega = \frac{2\pi}{T} = 2\pi f$$

■ 연습문제 ■

01 어떤 차가 50 km 동쪽으로 가서 거기서 북쪽으로 30 km, 다시 거기서 북쪽에서 동쪽으로 30° 방향으로 25 km 달렸다. 벡터 그림을 그리고 시발점에서 마지막 지점까지의 거리를 구하여라.

02 세 성분이 각각 다음과 같은 변위 벡터 c, d의 합성 벡터 r의 성분을 구하여라.
$c_x = 7.4,\quad c_y = -3.8,\quad c_z = -6.1 :\quad d_x = 4.4,\quad d_y = -2.0,\quad d_z = 3.3$

03 두 벡터가 $\mathrm{a} = 4\mathrm{i} - 3\mathrm{j}$, $\mathrm{b} = 6\mathrm{i} + 8\mathrm{j}$로 주어졌을 때 벡터 a, b, a + b, b − a 및 a − b의 크기와 방향을 구하여라.

04 다음 벡터의 성분, 크기, 그리고 방향을 구하여라.
(a) A + B (b) B − A (단, $\mathrm{A} = 3\mathrm{i} + 4\mathrm{j}$ 및 $\mathrm{B} = 5\mathrm{i} - 2\mathrm{j}$)

05 (a) 단위 벡터를 사용하여, 한 변의 길이가 a인 정육면체 대각선들을 변의 크기로 표시하여라. (b) 대각선들과 접해 있는 면들과의 각을 구하여라. (c) 대각선들의 길이를 구하여라. (d) 대각선들 사이의 각을 구하여라.

06 벡터가 각각 $\mathrm{A} = 3\mathrm{i} + 3\mathrm{j} - 2\mathrm{k}$, $\mathrm{B} = -\mathrm{i} - 4\mathrm{j} + 2\mathrm{k}$, $\mathrm{C} = 2\mathrm{i} + 2\mathrm{j} + \mathrm{k}$일 때 다음을 구하여라.
(a) $\mathrm{A} \cdot (\mathrm{B} \times \mathrm{C})$ (b) $\mathrm{A} \cdot (\mathrm{B} + \mathrm{C})$ (c) $\mathrm{A} \times (\mathrm{B} + \mathrm{C})$

07 직선상을 움직이는 어떤 물체의 위치는 $x = 3.0t - 4.0t^2 + t^3$으로 표시되며, 이때 x는 m, t는 초이다. (a) $t = 1, 2, 3$ 및 4 s일 때 물체의 위치, (b) $t = 0$에서 $t = 4$ s 사이의 물체의 변위, (c) $t = 2$에서 $t = 4$ s 동안의 시간간격에 대한 평균속도를 구하여라.

08 어떤 입자가 반경 $r(= 5\text{ m})$인 원의 주위를 등속력으로 움직인다. [그림 1.24] 참조. 이 입자가 매 20 s마다 원의 주위를 한 바퀴씩 돈다고 하였을 때, (a) 이 입자의 처음 5 s 동안의 평균속도를 구하여라. (b) 처음 25 s 동안의 평균속도를 구하여라.

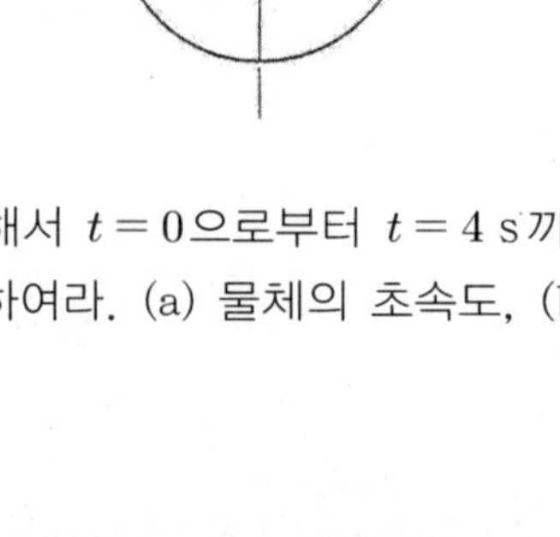

[그림 1.24]

09 문제 7의 물체에 대해서 $t = 0$으로부터 $t = 4$ s까지의 x 대 t 그래프를 그려라. 그래프로부터 다음을 계산하여라. (a) 물체의 초속도, (b) $t = 1, 2, 3$ 및 4 s일 때의 순간속도

10 어떤 질점이 x축 상을 시간에 따라 $x = 50t + 10t^2$로 움직인다. x의 단위는 m이고, t의 단위는 초이다. (a) 처음 3 s 동안의 평균속도, (b) $t = 3.0$ s에서의 순간속도, (c) $t = 3.0$ s에서의 순간가속도를 구하여라.

11 화살이 활에서 쏘아질 때 60 cm 거리 동안 가속을 받는다. 활을 떠날 때의 화살의 속력이 60 m/s라 하면 활에 의한 평균가속도는?

12 운전교습서에 따르면 어떤 자동차가 50 mi/h의 속력으로 달리면서 브레이크를 걸었을 때 186 ft 진행한 다음 세울 수 있다. 30 mi/h의 속력으로 달릴 때는 80 ft가 소요된다. 가속도가 0인 운전기사의 반응시간과 브레이크를 걸었을 때의 가속도가 두 경우 모두 같다고 가정하고, 다음을 계산하여라. (a) 운전기사의 반응시간, (b) 가속도

13 12 m/s의 속도로 상승하고 있는 기구가 지상 80 m 상공에 이르렀을 때 물건이 기구로부터 떨어졌다. 이 물건이 땅에 닿으려면 얼마나 걸리겠는가?

14 수면에서 144 ft 위에 있는 다리에서 돌을 떨어뜨린 다음 1.0 s 후 다른 돌 하나를 수직하게 밑으로 던졌더니 동시에 수면에 닿았다. (a) 둘째 돌의 초속력은? (b) 두 돌의 속력 대 시간의 그래프를 그려라. 첫째 돌을 놓는 순간을 0 s로 하여라.

15 어떤 개가 5 ft(=1.5 m) 높이인 들창을 통하여 꽃병이 솟아올랐다가 다시 떨어지는 것을 보았다. 이 병이 눈에 보인 총시간이 1.0 s라 하면 이 꽃병이 들창 위로 올라간 높이는 얼마인가?

16 어떤 평면상에서 움직이고 있는 입자의 좌표가 $x = 3.0t - 4.0t^2$과 $y = -6.0t^2 + t^3$(단, x, y는 m, t는 s)으로 주어질 때 (a) $t = 3.0$ s일 때 좌표와 변위 벡터, (b) 처음 3.0 s 동안의 평균속도, (c) $t = 3.0$ s일 때의 순간속도, (d) 처음 3.0 s 동안의 평균가속도, (e) $t = 3.0$ s일 때의 평균가속도를 구하여라.

17 포물선운동에서 최고 높이가 $y_{max} = (v_0 \sin\theta_o)^2/2g$임을 보여라.

18 축구공을 앙각 45도, 64 ft/s의 초속력으로 찼다. 그 순간 상대방은 공을 찬 곳에서 60 yd 떨어진 지점에서 공을 잡기 위하여 달려온다. 공을 잡기 위한 속력은?

19 사육제의 거대한 Ferris wheel의 반경이 15 m이고, 수평축을 중심으로 1 min에 5회전을 한다. (a) 최고점에서의 가속도는? (b) 최저점에서의 가속도는?

20 눈이 수직으로 8.0 m/s의 속력으로 내리고 있다. 일직선의 도로를 50 km/h의 속력으로 달리는 자동차 안의 운전기사는 눈송이가 수직면과 얼마의 각도를 이루고 떨어지는 것같이 보이겠는가?

21 멈추어 있는 에스컬레이터는 올라가는 데 90 s가 걸린다. 에스컬레이터가 작동 중에는 가만히 서 있기만 하여도 60 s가 걸린다. 움직이는 에스컬레이터 상에서 걸어 올라간다면 얼마나 걸리겠는가?

02

힘의 평형

Force of Equilibrium

2.1 힘의 정의

물체의 크기나 형상을 변화시켜 주거나 운동 상태를 변하게 해주는 원인을 힘이라 한다. 힘을 수량적으로 나타내려면 크기와 방향을 가리켜야 한다. 그러므로 힘은 벡터량이다.

그림으로 표시하려면 힘을 준 점, 즉 작용점에서 힘의 방향으로 힘의 크기에 비례하는 화살표를 그려서 나타낸다. 이때 화살표가 일치되는 직선을 힘의 작용선이라 한다. 그리고 힘의 작용점, 힘의 크기, 힘의 방향을 힘의 삼요소라 한다.

힘의 크기를 나타내려면 물의 무게와 비교하면 편리하다. 예를 들면, 용수철에 무게 F kgW (킬로그램중)의 추를 달면 용수철이 늘어난다. 이 용수철을 손으로 잡아 당겨서 같은 길이만큼 늘어났다면 손은 용수철에 F kgW 의 힘을 준 셈이다.

그러므로 힘의 단위를 무게의 단위로 쓸 수 있다. 이런 단위를 힘의 중력단위라 해서 앞 장의 단위에서 이미 설명했다.

2.2 운동의 여러 법칙

(1) 관성의 법칙

모든 물체는 외부의 힘에 의하여 그 상태를 변화시키지 않는 한 정지 또는 등속운동을 계속한다. 이것을 뉴턴(Newton)의 운동 제1법칙 또는 관성의 법칙이라 한다. 관성은 외부에서 물체의 운동 상태를 변화시키려 할 때 외력에 저항하는 성질이라 할 수 있다.

(2) 가속도의 법칙

한 물체에 힘이 작용하면 그 물체에 힘이 작용하는 방향으로 가속도가 생기고, 또 가속도의 크기는 힘에 비례한다고 뉴턴은 말하였다. 이것을 뉴턴의 운동 제2법칙 또는 가속도의 법칙이라 한다. 작용하는 힘을 F, 물체의 가속도를 a라 하면

$$F \propto a$$

이다.

우리가 경험하고 있는 사실로서 같은 힘을 작용시킬 때 같은 물질이라도 그 크기에 따라 그 가속도가 다르다는 것을 안다. 지금 물체 A, B에 같은 힘을 작용시켜도 가속도가 달라지는 것은 힘이 그 운동 상태를 변화시키려 할 때 힘에 반항하는 성질, 즉 관성이 다르기 때문이다. 관성의 크기와 가속도는 반비례한다.

이 관성의 크기의 비로 결정되는 양을 질량(mass), 관성질량(inertia mass)이라 한다. 즉 $a_A/a_B = m_B/m_A$. 따라서 한 힘에 대해서 생기는 가속도는 질량 m에 반비례한다. $a \propto (F/m)$ 또는 $F \propto ma$. 그러므로 $F = kma$이다. 여기서 k는 비례상수이다.

단위질량에 작용하여 단위가속도를 생기게 하는 힘이 1이 되도록 정하면

$$F = ma \tag{2.1}$$

위와 같은 단위계는 제1장에서 설명한 바와 같이 절대단위라 한다.

예제 2.1 힘의 단위를 dyne, newton, lb로 써 보아라.

풀이

		질량	가속도	힘
미터계	CGS	1 gm	1 cm/s^2	1 dyne
	MKS	1 kg	1 m/s^2	1 newton
영국계		1 slug	1 ft/s^2	1 lb

예제 2.2 질량이 1500 kg인 자동차가 정지 상태로부터 가속하여 5초간에 13 m/s의 속력을 얻었다. 이때 가속도와 작용한 힘을 구하여라.

풀이 $a = \dfrac{v - v_0}{t} = \dfrac{13\ \text{m/s}}{5}\ s = 2.6\ \text{m/s}^2$

$f = m \cdot a = 1500 \times 2.6 = 3900\ \text{N}$

(3) 작용과 반작용의 법칙

모든 작용에 대하여 늘 방향이 반대이고, 크기가 같은 반작용이 있다. 즉 두 물체 사이의 상호작용은 언제든지 크기가 같고 방향이 반대이다. 이것을 작용-반작용의 법칙 또는 뉴턴의 운동 제3법칙이라 한다. 스프링에 의해서 A, B 두 차가 반발될 때를 생각해 보자.

[그림 2.1]과 같이 두 차를 끈으로 맨 다음 가운데는 스프링으로 연결했다. 스프링을 끊을 경우 A, B 차는 가속도를 얻는다. 이때 가속도의 비는 스프링의 세기나 압축도에 관계없이 두 질량에 반비례한다.

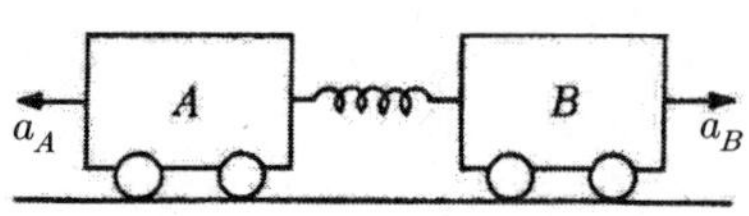

[그림 2.1]

지금 가속도를 벡터 a_A, b_B로 표시하면 m_A/m_B는 (+)이므로 방향이 반대인 가속도의 비 a_B/a_A도 (+)이어야 한다. 따라서 $-a_B$로 하면 $-a_B$의 방향과 a_A가 일치된다. 그러므로

$$\frac{m_A}{m_B} = -\frac{a_B}{a_A} \tag{2.2}$$

$$m_A a_A = -m_B a_B \tag{2.3}$$

운동 제2법칙에 따라 차 A에 작용하는 힘을 F_A, 차 B에 작용하는 힘을 F_B라 하면, $F_A = m_A a_A$, $F_B = m_B a_B$이므로

$$F_A = -F_B \tag{2.4}$$

이다. 따라서 차 A가 차 B에 힘 F_B를 주면, A는 차 B에서 F_A의 힘을 받는다고 말할 수 있다.

2.3 질점의 평형과 강체의 평형

(1) 질점의 평형

물체는 일정한 크기를 가지고 있어서 그 물체에 작용하는 힘의 작용점의 위치에 따라 물체가 곧게 나가기도 하고 회전하기도 한다. 한 물체가 있을 때 그 물체의 회전운동을 생각하지 않게 하기 위하여 물체의 크기를 무시하고, 한 점으로 보았을 때 이런 물체를 질점이라 한다.

이 질점에 작용하는 힘이 전혀 없거나 여러 힘의 벡터 합이 0일 때 질점은 정지 또는 등속직선운동을 한다. 이런 상태를 평형 상태라 한다.

한 질점에 $\mathbf{F}_1$, $\mathbf{F}_2$, $\mathbf{F}_3$의 3개의 힘이 작용할 때 그 질점이 평형이 되는 조건은

$$\mathbf{F}_1 + \mathbf{F}_2 + \mathbf{F}_3 = 0 \tag{2.5}$$

이다. 이들 $\mathbf{F}_1$, $\mathbf{F}_2$, $\mathbf{F}_3$는 벡터의 기호이므로 크기와 방향을 가졌으며, 단순한 크기 F_1, F_2, F_3와는 다르다.

이 경우에 3벡터를 합성하면 한 개의 폐삼각형이 되어야 하므로 [그림 2.2 (b)]에 사인법칙을 적용하면 다음과 같은 관계식이 얻어진다.

$$\frac{F_1}{\sin\alpha} = \frac{F_2}{\sin\beta} = \frac{F_3}{\sin\gamma} \tag{2.6}$$

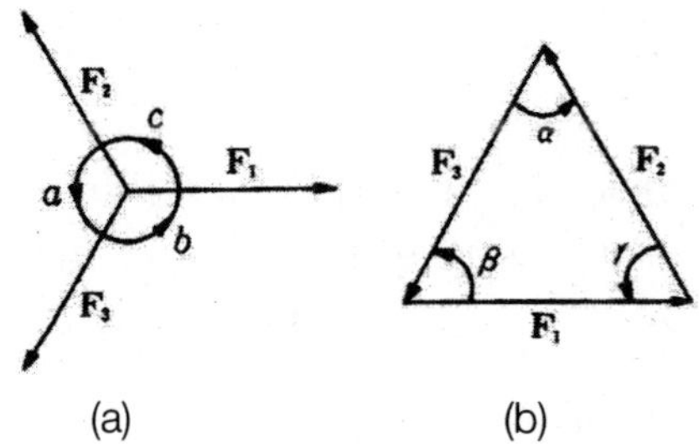

[그림 2.2]

또 그림 (a)와 (b)를 비교하면

$$\frac{F_1}{\sin a}=\frac{F_2}{\sin b}=\frac{F_3}{\sin c} \tag{2.7}$$

인 관계가 있다.

일반적으로 $\mathbf{F}_1$, $\mathbf{F}_2$, $\mathbf{F}_3$, …… 등의 여러 힘이 한 질점에 작용할 때에

$$\mathbf{F}_1+\mathbf{F}_2+\mathbf{F}_3+\cdots\cdots=\sum \mathbf{F}$$

라고 두면 질점의 평형조건은 이들의 합력이 **0**이 되어야 하므로

$$\sum \mathbf{F}=0 \tag{2.8}$$

이다.

실제로 여러 힘을 받아 질점이 평형될 때에는 그들의 각 성분분력을 구하여 문제를 푸는 것이 편리하다. 이때 x, y, z 축 방향의 분력 $\boldsymbol{F}_{x1}$, $\boldsymbol{F}_{x2}$, ……, $\boldsymbol{F}_{y1}$, $\boldsymbol{F}_{y2}$, …, $\boldsymbol{F}_{z1}$, $\boldsymbol{F}_{z2}$, …… 등이라 하면 평형조건은

$$\sum \boldsymbol{F}_{xi}=\mathbf{0},\ \sum \boldsymbol{F}_{yi}=\mathbf{0},\ \sum \boldsymbol{F}_{zi}=\mathbf{0} \tag{2.9}$$

예제 2.3 무게 12 kgW의 철구를 벽에 튼튼한 철사로 매달고, 이를 끈으로 수평방향에서 잡아당겼더니 벽과 철사와의 사이에 30°의 각이 이루어졌다. 철사의 장력 T와 끈의 장력 F를 구하여라.

풀이 [그림 2.3]에서 철구를 O, 그 중력을 W라 하면 $\angle FOT=120°$, $\angle TOW=150°$, $\angle WOF=90°$이므로, 사인법칙을 쓰면

$$\frac{12}{\sin 120°}=\frac{T}{\sin 90°}=\frac{F}{\sin 150°}$$

이다.

$$\therefore\ T=8\sqrt{3}\ \text{kgW},\ F=4\sqrt{3}\ \text{kgW}$$

또 이 문제를 $\sum \boldsymbol{F}xi=0$, $\sum \boldsymbol{F}yi=0$ 식에 의하면

$$\sum \boldsymbol{F}xi=\boldsymbol{F}-\boldsymbol{T}\sin 30°=0$$

$$\sum \boldsymbol{F}yi=\boldsymbol{T}\cos 30°-12=0$$

이것을 정리해도 같은 답을 얻는다.

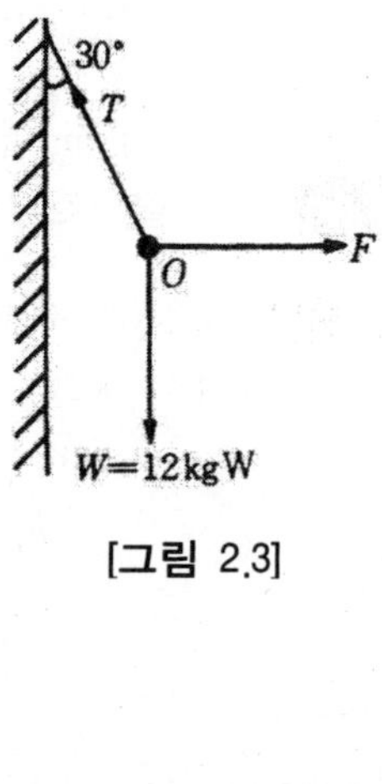

[그림 2.3]

(2) 강체의 평형

강체는 외부에서 힘을 받았을 때, 강체 내의 각 점의 상대적 위치가 조금도 변치 않는 물체를 말한다. 강체가 평형을 이루려면 그 강체는 병진운동도 회전운동도 하지 않아야 한다. 한 질점에 여러 힘이 작용할 때 이들의 작용선은 모두 한 점에서 만나지만, 강체에서는 거의 한 점에서 만나지 않는다.

그러나 이들의 힘을 평행 이동하여서 작용점을 일치시킨 뒤 그 전 합력을 구하였을 때, 만일 그 합력이 **0**이면 물체가 평형을 이루기에 필요한 첫 번째 조건은

$$\sum \mathbf{F}_i = 0$$

또는

$$\sum \boldsymbol{F}_{xi} = 0,\ \sum \boldsymbol{F}_{yi} = 0,\ \sum \boldsymbol{F}_{zi} = 0 \qquad (2.10)$$

가 된다.

이것은 물체의 병진운동이 일어나지 않았을 때의 조건이다.

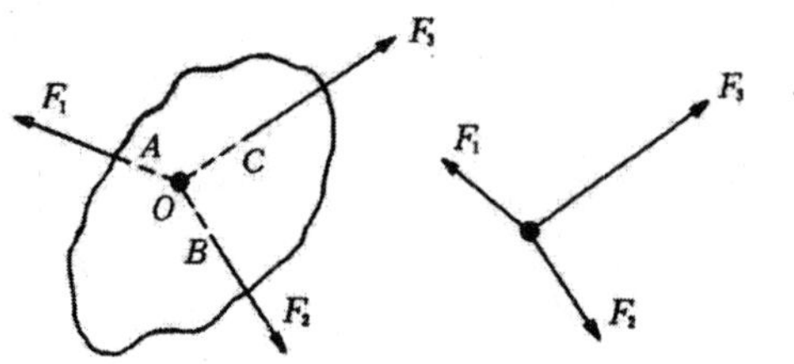

물체는 이 물체에 작용하는 모든 합력이 **0**이고 힘의 모멘트의 합이 **0**일 때 평형이다.

[그림 2.4]

두 번째 조건은 강체에 회전운동이 일어나지 않도록 하여 물체에 주어진 모든 힘의 모멘트의 합이 0이 되어야 한다. 즉, 강체의 평형의 제2조건은 힘의 모멘트 **M**이

$$\sum \mathrm{M}_i = 0$$

이어야 한다.

따라서 이 식을 계산에 쓰려면 편리한 임의의 점에 관한 모멘트를 생각하면 된다. 강체는 위의 두 조건이 동시에 성립할 때에만 평형을 이룬다.

예제 2.4 길이 5 m, 무게 10 kg인 사다리를 두 사람이 양 끝에서 들고 있다. 사다리의 중심은 한 끝으로부터 그 길이의 3/5 되는 곳에 있다. 각 사람이 작용하는 힘은 얼마인가?

풀이 평형 제1조건에서 $F_1 + F_2 = 10$이다. 한 끝에 대한 힘의 모멘트의 총합은 두 번째 조건에서 들고

$$(10 \times 3) - (F_2 \times 5) = 0$$

$$\therefore F_1 = 4\ \mathrm{kgW},\ \ F_2 = 6\ \mathrm{kgW}$$

2.4 힘의 능률

[그림 2.5]와 같이 물체의 한 점 O를 지나는 고정축을 가지고 있고 힘의 작용선이 O점과 만나지 않는 힘을 작용하면 물체는 고정축을 중심으로 회전한다.

힘과 O에서 힘의 작용선까지의 거리를 바꾸어 보면 물체의 회전 상태가 달라진다. 따라서 물체의 회전능률은 힘의 크기와 고정점 O에서 작용선까지의 거리의 두 요소로 결정된다.

[그림 2.5]와 같이 축과 직각으로 r되는 점에 r과 직각으로 P점에 F가 작용하면 힘의 능률 **M**은

$$\overline{M} = \bar{r} \times \overline{F} = rF \tag{2.11}$$

이고, 일반적으로 [그림 2.6]과 같이 축과 직각으로 r와는 θ의 각으로 힘이 작용하고 있을 때의 힘의 능률 **M**은

$$|M| = Fr' = |r||F|\sin(\pi - \theta) \tag{2.12}$$

로 나타낼 수 있다.

힘의 능률 **M**을 힘의 모멘트 또는 회전력(torque)이라 하고, r을 능률의 팔(force arm)이라 정의한다.

M은 벡터량으로서 회전하는 방향으로 오른 나사를 돌릴 때 나사의 끝이 나아가는 방향을 **M**의 방향으로 정한다. 만일 지면을 회전면이라고 하고 시계침과 반대방향으로 돌 때는 지면을 뚫고 나오는 방향이 **M**의 방향이 된다.

따라서 힘의 능률은 F의 방향이 O점에 대하여 시계와 반대방향일 때 (+), 같은 방향일 때 (−)로 약속한다.

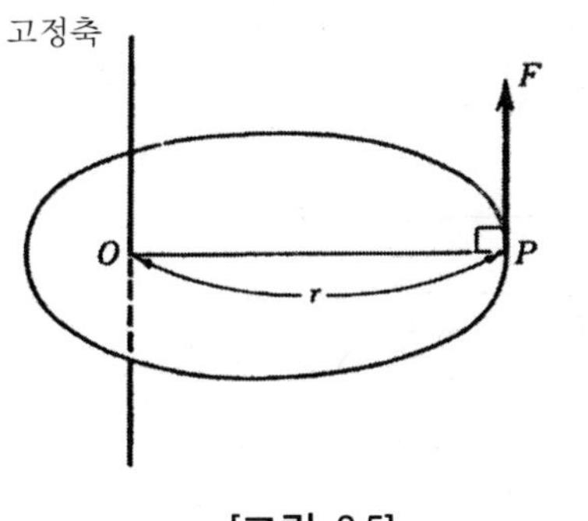

[그림 2.5]

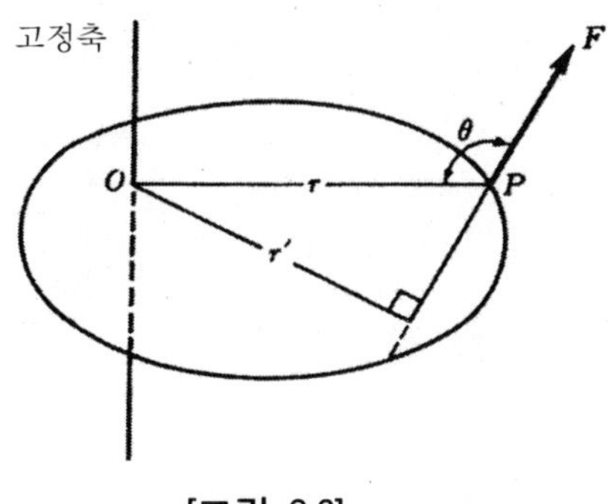

[그림 2.6]

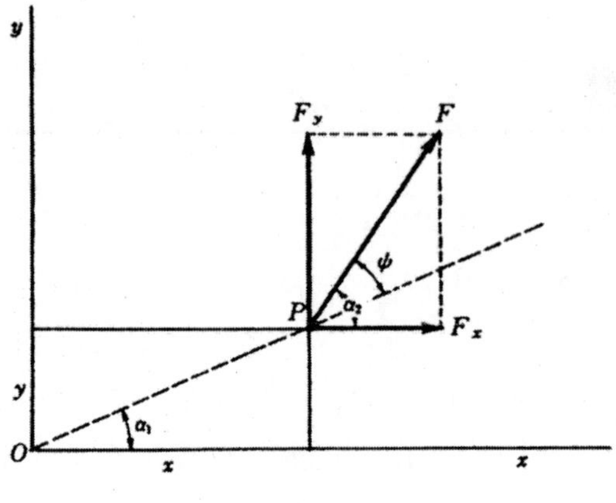

[그림 2.7]

한편 [그림 2.7]과 같이 $x-y$평면 내의 한 점 $P(x, y)$에 작용하는 힘을 $F(F_x, F_y)$라 하고, OP 및 F가 x축과 이루는 각을 α_1, α_2 하면 좌표원점 O에 관한 힘의 능률 $\mathbf{M}$은

$$\mathbf{M} = Fr\sin(\alpha_2 - \alpha_1) = r\cos\alpha_1 F\sin\alpha_2 - r\sin\alpha_1 F\cos\alpha_2$$

$$\therefore \ \mathbf{M} = F_y \cdot x - F_x \cdot y \tag{2.13}$$

예제 2.5 양끝 굵기가 다른 길이 10 m인 막대가 있다. 가는 쪽을 약간 드는 데 20 kgW의 힘이 들었고, 굵은 쪽을 드는 데는 30 kgW의 힘이 들었다. 이 막대의 무게와 중심의 위치를 구하여라.

풀이 막대의 무게를 W kgW, 중심의 위치를 굵은 쪽으로부터 x m 되는 곳에 있다고 하고 힘의 능률을 비교하면,

$$30\text{ kgW} \times 10\text{ m} = W\text{ kgW} \times (10 - x)\text{ m}$$
$$20\text{ kgW} \times 10\text{ m} = W\text{ kgW} \times x\text{ m}$$

이것을 풀면

$$W = 50\text{ kgW}, \quad x = 4\text{ m}$$

즉, 막대의 무게는 50 kgW이고, 중심은 굵은 쪽으로부터 4 m의 곳에 있다.

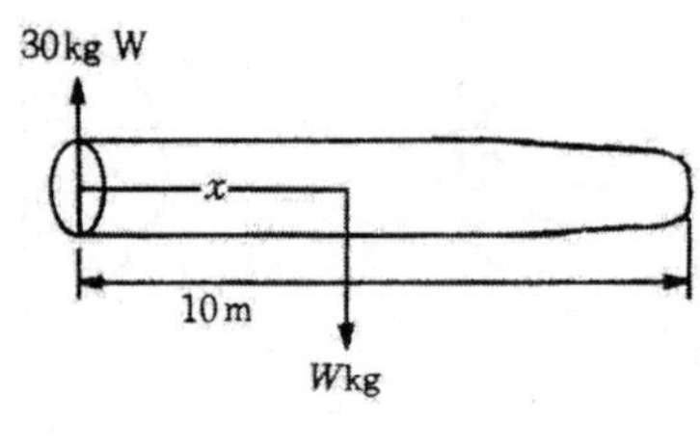

[그림 2.8]

2.5 질량중심

물체를 [그림 2.9]와 같이 아주 작은 부분으로 나누고 각각의 크기에 비례하는 중력을 W_1, W_2, W_3, ……이라 하고, 그 작용점의 좌표를 (x_1, y_1, z_1), (x_2, y_2, z_2), (x_3, y_3, z_3), ……라 할 때 그 중력들의 합인 전체의 중량 W의 작용점 $G(\bar{x}, \bar{y}, \bar{z})$를 그 물체의 무게중심(center of gravity) 또는 질량중심(center of mass)이라 한다.

전체의 중량 W는

$$W = W_1 + W_2 + W_3 + \cdots\cdots = \sum W_i \tag{2.14}$$

이고, 좌표원점 O에 대한 힘의 능률은

$$W\bar{x} = \sum W_i x_i, \quad W\bar{y} = \sum W_i y_i, \quad W\bar{z} = \sum W_i z_i \tag{2.15}$$

로 되어, 물체의 무게중심의 좌표는

$$\bar{x} = \frac{\sum W_i x_i}{W}, \quad \bar{y} = \frac{\sum W_i y_i}{W}, \quad \bar{z} = \frac{\sum W_i z_i}{W} \tag{2.16}$$

로 주어져 물체 내의 고정된 한 점이 된다.

여기서 작게 나눈 부분의 체적을 영에 접근시켜서$(\Delta v \to 0)$ 그 극한을 취하면 무게중심 또는 질량중심 $G(\bar{x}, \bar{y}, \bar{z})$는

$$\bar{x} = \frac{\int x\,dW}{\int dW}, \quad \bar{y} = \frac{\int y\,dW}{\int dW}, \quad \bar{z} = \frac{\int z\,dW}{\int dW} \tag{2.17}$$

또는

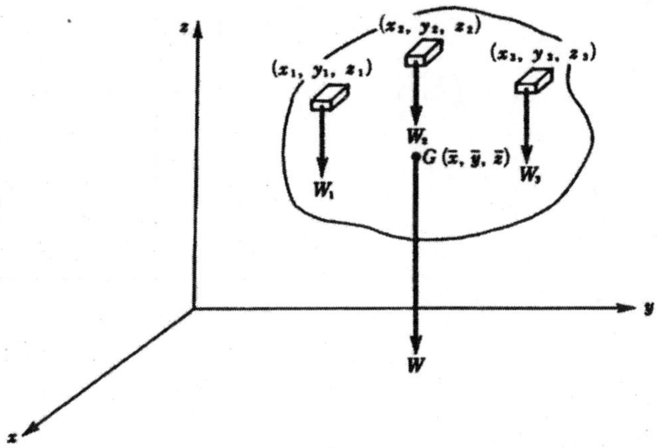

[그림 2.9]

$$\bar{x}=\frac{\int x\,dm}{\int dm},\quad \bar{y}=\frac{\int y\,dm}{\int dm},\quad \bar{z}=\frac{\int z\,dm}{\int dm} \tag{2.18}$$

로 나타낼 수 있다.

만일 균질의 물체로 밀도가 고르다면 중력의 크기는 부피에 비례하므로 부피를 V로 나타내면 위 식은

$$\bar{x}=\frac{\int x\,dV}{V},\quad \bar{y}=\frac{\int y\,dV}{V},\quad \bar{z}=\frac{\int z\,dV}{V} \tag{2.19}$$

로 되며, 밀도가 고르고 두께가 일정한 판상의 물체라면 중력은 면적 S에 비례하므로 식 (2.19)는

$$\bar{x}=\frac{\int x\,dS}{S},\quad \bar{y}=\frac{\int y\,dS}{S} \tag{2.20}$$

이 되고, 단면이 균일하고 가는 철사와 같은 것은 그 중력이 길이 L에 비례하므로

$$\bar{x}=\frac{\int x\,dL}{L},\quad \bar{y}=\frac{\int y\,dL}{L} \tag{2.21}$$

의 식으로 구할 수 있다. 이와 같이 물체의 형상만으로 결정되는 무게중심(또는 질량중심)을 원심(centroid)이라 한다.

예제 2.6 [그림 2.10]과 같은 $y=2x^2$과 $x=1$과 x축으로 싸인 평면도형의 중심의 위치를 구하여라.

풀이 [그림 2.10]에서

$$S=\int_0^1 y\,dx=\int_0^1 2x^2dx=\left[\frac{2x^3}{3}\right]_0^1=\frac{2}{3}$$

식 (2.20)에서

$$\bar{x}=\frac{\int_0^1 xy\,dx}{S}=\frac{3}{2}\int_0^1 2x^3dx=3\left[\frac{x^4}{4}\right]_0^1=\frac{3}{4}$$

$$\bar{y}=\frac{\int_0^1 \frac{y}{2}dx}{S}=\frac{3}{4}\int_0^1 y^2dx=\frac{3}{4}\int_0^1 4x^4dx=3\left[\frac{x^5}{5}\right]_0^1=\frac{3}{5}$$

좌표$\left(\frac{3}{4},\ \frac{3}{5}\right)$의 곳이 중심이 된다.

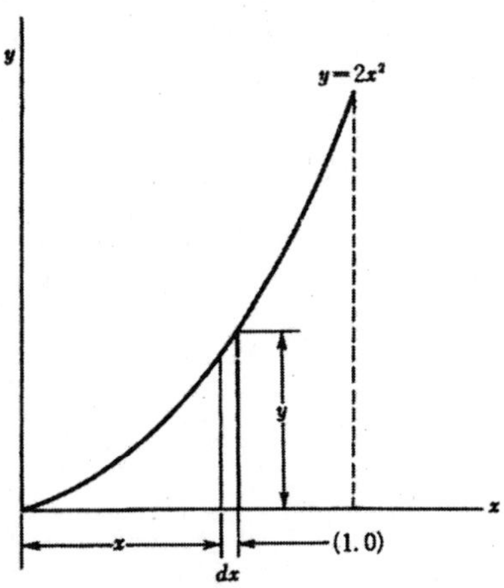

[그림 2.10]

예제 2.7 지름 2 cm, 두께 1 cm인 원판(A)과 지름 1 cm, 길이 6 cm인 막대(B)로 되어 있는 균질한 기계 부속품이 [그림 2.11]과 같이 축을 같이 하고 붙어 있다. 이 중심의 위치를 구하여라.

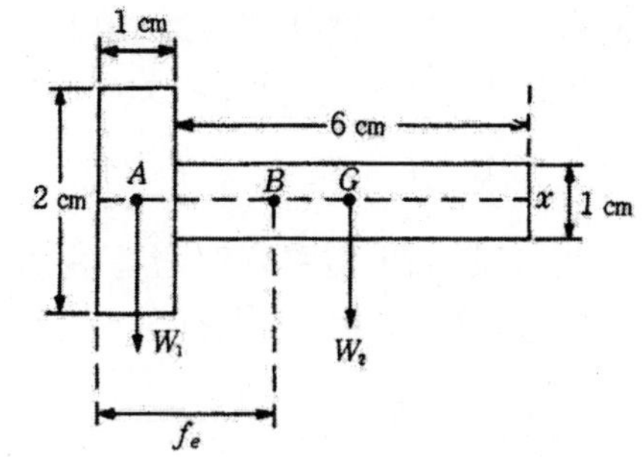

[그림 2.11] 중심의 계산

풀이 대칭성에 의하여 전체의 중심은 축 상에 있고, A와 B의 중심은 각각 그 양단 사이의 중심에 있다. 또, 각각의 무게 비 $W_1 : W_2$는 체적의 비와 같다.

$$\frac{W_1}{W_2} = \frac{\pi \times 1^2 \times 1}{\pi \times (1/2)^2 \times 6} = \frac{2}{3}$$

$$\therefore\ W_2 = \frac{3}{2} W_1$$

원점 O를 축 상 원판의 좌측면에 잡으면 $x_1 = \frac{1}{2}$ cm, $x_2 = 4$ cm이므로

$$\bar{x} = \frac{W_1 \times 1/2 + 3/2\, W_1 \times 4}{W_1 + 3/2\, W_1} = 2.6 \text{ cm}$$

그러므로 전 중심은 O점의 오른쪽 2.6 cm의 축 상에 있다.

■ 연습문제 ■

01 중력이 갑자기 없어져서 지구가 태양의 궤도를 떠나 자유로운 운동을 하게 된다고 가정하자. 지구가 현재의 명왕성의 궤도 반경만한 거리까지 날아가려면 얼마나 오래 걸리는가?

02 어떤 우주선이 20g의 가속에 의한 압력까지 견딜 수 있다. (a) 광속의 1/10의 속력으로 회전할 수 있는 최소 반경은? (b) 이 속력으로 90° 회전하는 데 필요한 시간은?

03 두 벽돌이 마찰 없는 책상에 붙어 있다. [그림 2.12]와 같이 수평으로 힘이 가하여진다. (a) $m_1 = 2.0\ \mathrm{kg}$, $m_2 = 1.0\ \mathrm{kg}$, $F = 3.0\ \mathrm{N}$일 때 두 벽돌 사이에 작용하는 접촉력을 구하여라. (b) 만약, 같은 힘 F가 m_1보다 m_2 쪽으로 가하여진다면 접촉력은 (a)와 같지 않은 2.0 N이 된다. 이를 설명하여라.

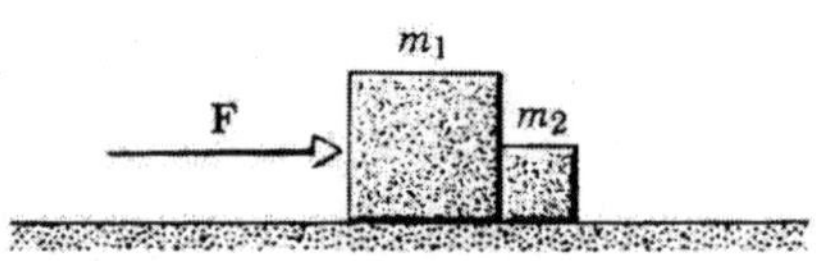

[그림 2.12]

04 425 N의 장력까지 끊어지지 않고 견딜 수 있는 끈에 50 kg의 소녀가 매달려 내려갈 수 있으려면 소녀의 가속도는 최소한 얼마인가?

05 어떤 엘리베이터가 속에 실은 화물까지 합하여 1600 kg의 질량을 가진다. 처음에 20 m/s의 속도로 하강하고 있었다면 50 m 거리 내에서 등가속도로 정지시키기 위해서는 엘리베이터 지지선에 걸리는 장력은?

06 80 kg인 어떤 사람이 낙하산으로 하강하면서 아래쪽으로 2.5 m/s^{2}의 가속을 받는다. 낙하산의 질량은 5.0 kg이다. (a) 공기저항에 의해 낙하산이 받는 상방의 힘은? (b) 사람에 의해 낙하산이 받는 하강력은?

07 100 kg의 사람이 10 m 높이에서 도르래에 의해 70 kg의 모래주머니를 들어 올리며 줄을 잡고 내려오고 있다. (a) 줄에 걸리는 장력은? (b) 땅에 떨어질 때의 속력을 줄이기 위하여 이 사람이 할 수 있는 일이 있는가?

08 비행기가 480 km/h의 속력으로 수평으로 원을 그리며 날고 있다. 만약, 비행기의 날개가 수직방향으로부터 45°의 각도를 이루고 있다면 비행기가 날고 있는 원의 반경은?

09 달의 질량은 지구의 질량의 약 0.013배이고, 달의 중심으로부터 지구의 중심까지의 거리는 지구 반경의 약 60배이다. 지구-달 계의 질량중심은 지구중심에서 얼마나 떨어져 있는가? 지구의 반경은 6400 km로 계산하여라.

10 암모니아(NH_3) 분자의 세 수소(H)원자는 정삼각형을 이루고 있고, 각 원자 중심 사이의 거리는 16.28×10^{-11} m이다. 따라서 각 수소원자 중심에서 삼각형의 중심까지의 거리는 9.39×10^{-11} m이다. 질소(N)원자는 피라미드의 정점에 있고, 3개의 수소원자는 그의 밑변을 형성한다(그림 2.13 참조). 수소-질소 원자 사이의 거리는 10.14×10^{-11} m이다. 질소원자를 기준으로 질량중심을 구하여라.

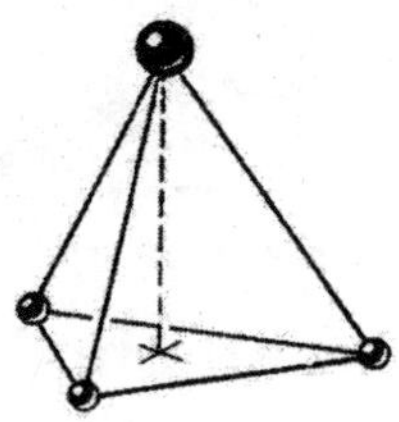

[그림 2.13]

11 질량 M인 기구에서 늘어뜨린 줄사다리에 질량 m인 사람이 매달려 있다. 기구는 땅에 대해서 정지하고 있다. (a) 만약, 사람이 (사다리에 대해서) 속력 v로 사다리를 오르기 시작하면 기구는 (땅에 대해서) 어떤 방향으로 얼마의 속력으로 움직이는가? (b) 올라가는 것을 멈추면 운동은 어떻게 되는가?

12 질량 80 kg인 남자가 여자와 같이 해질 무렵에 30 kg의 통나무배를 타고 산장 호수에서 즐기고 있었다. 통나무배가 잔잔한 수면 위에 정지 상태에 있을 때, 통나무배의 중심에 대하여 대칭적으로 서로 3.0 m 떨어져 위치하고 있던 그들의 자리를 바꾸었다. 남자는 통나무배가 0.40 m 잠수된 것을 알았으며, 여자가 그에게 말하기를 꺼려하던 그녀의 질량을 계산하였다. 얼마인가?

13 길이가 l이고 질량이 m인 가는 막대의 한 끝이 자유롭게 매달려 있다. 이것을 옆으로 잡아당겼다가 최하점을 통과할 때의 각속력이 ω가 되도록 수평축 주위로 흔들었다. 이의 질량중심이 최하점에서 얼마나 높이 올라가겠는가? 마찰과 공기의 저항은 무시하여라.

14 미터자 막대가 50.0 cm라고 적힌 곳에서 칼날에 얹혀서 평형을 이루고 있다. 12.0 cm라고 적힌 곳에 2개의 5원짜리 동전을 걸어 놓았더니 막대는 45.5 cm인 곳에서 평형을 이루었다. 5원짜리 동전의 질량은 5.0 g이다. 미터자 막대의 질량은? 이 방법을 실제로 시험하여 이 문제의 답을 실험적으로 검토하여 보여라.

15 [그림 2.14]는 발뒤꿈치를 마루에서 들어 올려서 발바닥으로 그림의 P처럼 오로지 한 점에서 효과적으로 접촉하고 있을 때의 아랫다리의 해부학적 구조를 표시한 것이다. 65.3 kg(무게 640 N)의 사람이 한쪽 다리의 발끝으로 서 있을 때 종아리의 근육에 미치는 힘과 아랫다리의 뼈에 미치는 힘을 계산하여라. 이들 힘을 사람의 체중과 비교하여라. $a = 5\text{ cm}$, $b = 15\text{ cm}$로 가정하여라.

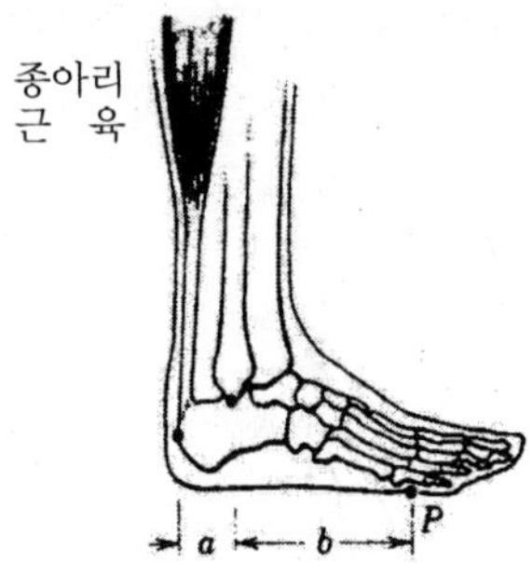

[그림 2.14]

03

질점역학

Particle Mechanics

3.1 질량과 무게

지구상의 모든 물체는 지구의 인력을 받고 있다. 이 인력은 만유인력의 법칙에서 물체와 지구의 상호작용으로 생기는 힘으로써 중력이라 한다.

낙체의 실험에서 중력에 의한 가속도를 측정하면, 일정한 곳에서는 물체의 대소와 물질에 관계없이 항상 일정한 값을 가진다. 물체가 지구에서 받는 인력을 그 물체의 무게라 한다. 따라서 운동 제2법칙에 따라 질량 m인 물체의 무게는

$$W = mg$$

이다. 그런데 g는 지구표면의 위치에 따라 다르므로 일정한 m에 대해서 물체의 무게 W의 값은 장소에 따라 다르나, 질량 m은 항상 일정하다.

그러므로 그 물체의 위치, 운동 상태, 온도 등 시간과 공간에 관계없이 그 물체고유의 불변량을 그 물체의 질량이라 한다. 어느 일정한 위치에서 질량 m_1, m_2인 두 물체의 무게는 각각

$$W_1 = m_1 g, \quad W_2 = m_2 g$$

또 $$\frac{W_1}{W_2} = \frac{m_1}{m_2}$$

이므로 한 곳에서 어떤 두 질량의 비는 그 물체의 무게의 비와 같음을 알 수 있다. 또 물체의 무게로 힘의 단위를 정한 것을 중력단위계 또는 공학단위계라 하고, 중력단위계와 절대단위계 사이에는 다음과 같은 관계가 성립한다.

$$1\,\text{kg중} = 1\,\text{kg} \times 9.8\,\text{m/s}^2 = 9.8\,\text{N}$$

$$1\,\text{gm중} = 1\,\text{gm} \times 980\,\text{cm/s}^2 = 980\,\text{dyne}$$

질량은 기본단위로서 그의 차원은

$$[\text{힘}] = [F] = [MLT^{-2}]$$

이다.

예제 3.1 두 질량 $m_1 = 20$ gm, $m_2 = 30$ gm가 마찰이 없는 도르래에 [그림 3.1]과 같이 줄에 붙어 있다. 두 질량의 가속도와 줄의 장력을 구하여라(단, 줄의 질량은 없다고 생각하여라).

풀이 실의 장력을 T, 공통 가속도를 a라 하면

m_1에 대해서 $m_1 a = T - m_1 g$

m_2에 대해서 $-m_2 a = T - m_2 g$

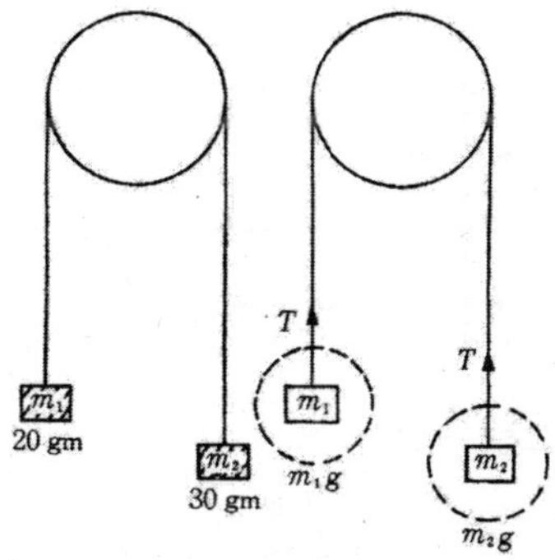

[그림 3.1]

두 식에서

$$a=\frac{m_2-m_1}{m_1+m_2}g=\frac{30-20}{20+30}\times 980=196\ \mathrm{cm/s^2}$$

m_2가 아래로 내려온다.

$$T=\frac{2m_1m_2}{m_1+m_2}g=23520(\mathrm{dyne})=24.0\ \mathrm{gm중}$$

3.2 마찰력과 운동

(1) 마 찰 력

물체를 한 면에 접촉시켜 움직일 때 접촉면은 이 운동을 방해하려는 일종의 저항력을 나타낸다. 이 힘을 마찰력(force of friction)이라 한다. 물체가 움직이려고 할 때 마찰력을 최대 정지마찰력(static friction)이라 한다.

실험에 의하면 마찰력은 접촉면의 넓이에는 관계없고, 두 물체 사이의 접촉면에 수직한 법선력에 비례한다. 여기에서 법선력을 N, 최대 정지마찰력을 f_s라 하면

$$f_s \propto N, \quad f_s = \mu_s N \tag{3.1}$$

가 성립되고, 여기서 μ_s를 정지마찰계수라 한다.

[그림 3.2]와 같이 마찰이 있는 밑변에 물체를 놓고 빗면의 각을 기울여 갈 때, 그 각이 θ_r의 값에 이르러 비로소 면을 따라 물체가 미끄러지기 시작한다. 이 실험에서 물체가 막 미끄러지려 할 때 마찰의 법칙에서

$$W\sin\theta_r = \mu_s W\cos\theta_r, \quad \mu_s = \tan\theta_r \tag{3.2}$$

이 성립되며, 이때 θ_r을 마찰각이라 한다.

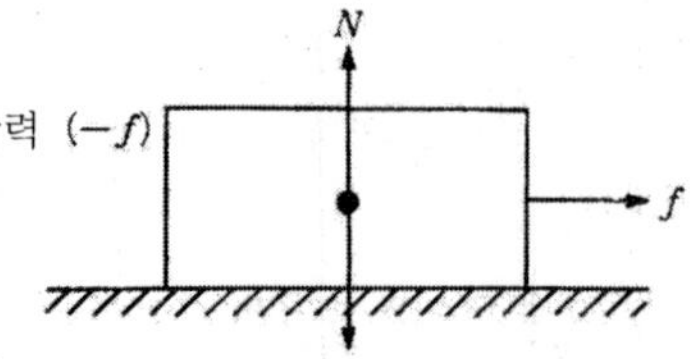

[그림 3.2]

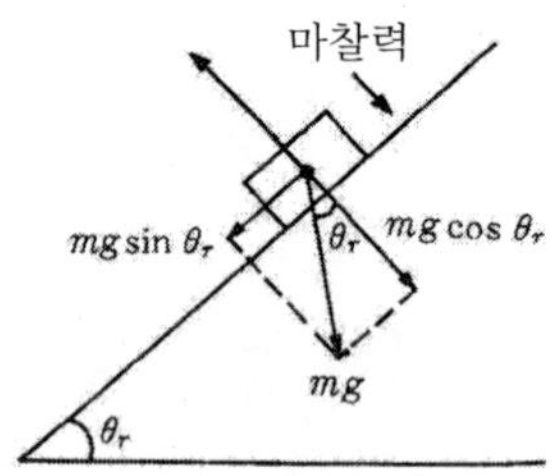

[그림 3.3]

또 물체가 운동하고 있을 때 물체와 접촉면 사이의 저항을 운동마찰력(force of kinetic friction)이라 하며, 그 크기는 접촉면에 수직한 법선력에 수직하므로 $f_k = \mu_k N$ 이다. 이때 μ_k를 운동마찰계수라 하는데, 정지마찰계수보다 작으며 등속운동을 계속하려면 $\mu_k N$ 정도의 힘을 계속 주어야 한다.

구 또는 원주를 물체의 표면에 굴릴 때의 마찰을 회전마찰(rolling friction)이라 한다. 회전마찰은 미끄럼마찰(sliding friction)보다 훨씬 값이(크기가) 작다.

(2) 마찰과 운동

물체를 책상 위에 놓고 일정한 속도로 끌 때에는 마찰력은 항상 물체에 준 힘과 같다. 그러나 끄는 힘이 마찰력보다 크면 물체는 가속도가 생겨서 점차로 속도가 증가한다, 즉, 물체에 준 힘의 일부는 마찰력과 평형을 이루고, 나머지는 물체를 가속시키는 데 쓰인다.

[그림 3.4]와 같이 경사각 θ인 빗면 위에 질량 m인 물체를 얹어 놓았을 때, 물체의 빗면에 대한 수직력 F_n은

$$F_n = mg\cos\theta \tag{3.3}$$

이고, 빗면에 미끄러져 내리는 분력 F_s는

$$F_s = mg\sin\theta \tag{3.4}$$

이다. 이때 운동마찰계수를 μ라 하면 운동마찰력 F_f는

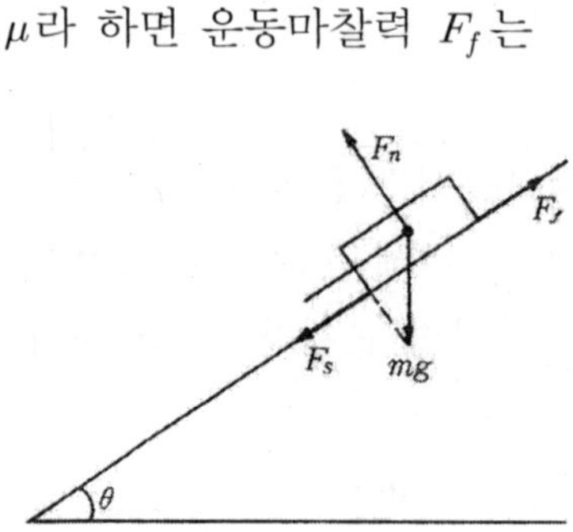

[그림 3.4]

$$F_f = \mu mg\cos\theta \tag{3.5}$$

이다.

따라서 전체적으로 경사면에

$$F_s - F_f = mg(\sin\theta - \mu\cos\theta), \quad a = g(\sin\theta - \mu\cos\theta) \tag{3.6}$$

의 힘이 작용하므로 물체는 $g(\sin\theta - \mu\cos\theta)$의 가속도로 미끄러져 내려가게 된다.

예제 3.2 [그림 3.5]와 같이 무게 10 lb의 물체가 수평과 30도의 각을 이룬 경사면 위를 미끄러져 내려간다. 이때 마찰계수가 0.2이면 가속도는 얼마인가?

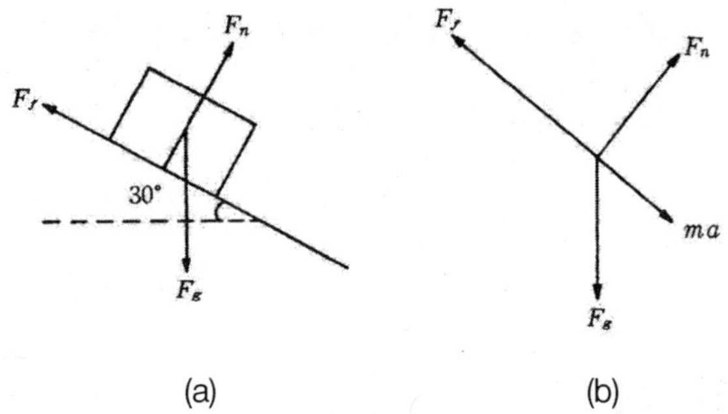

[그림 3.5]

풀이 물체에 작용하는 힘은 중력 10 lb 마찰력 F_f, 마찰계수가 0.2이므로 식 (3.6)을 이용하면

$$a = 32\ \text{ft/s}^2(\sin 30^\circ - 0.2\cos 30^\circ) = 32\left[0.5 - \left(0.2 \times \frac{\sqrt{3}}{2}\right)\right] = 10.56\ \text{ft/s}^2$$

즉, 경사에 따라 아래방향으로 10.56 ft/s^{2}으로 가속된다.

3.3 구 심 력

질점이 등각속도 원운동을 할 때, 원주상의 모든 점에서 속도는 크기가 같고, 원에 접한 방향을 취하므로 질점에 일정한 구심가속도가 작용한다. 원운동은 곡률반지름이 항상 일정한 곡선운동임을 잘 알고 있을 것이다. 그러므로 반지름 r[m], 회전각속도 ω [rad/s], 원주 위의 속력 v[m/s]라 하면 구심가속도 a_n[m/s^2]는 곡선운동에서 말한 바와 같이 식 (1.34)에서

$$a_n = v\omega = \frac{v^2}{r} \tag{3.7}$$

이다. 이때 이 질점의 질량을 m[kg]이라 하면, 이 물체가 받는 힘 F[N]는

$$F = ma_n = m\frac{v^2}{r} = mr\omega^2 \tag{3.8}$$

이다. 이 힘이 등속원운동에서는 반드시 원의 중심을 향한다. 만일 이 힘이 회전반지름의 방향과 일치되지 않는다면, 원의 접선방향의 분력이 생기게 되어서 속력의 변화를 가져오게 되므로 등속원운동, 즉 등각속도 원운동이라고 볼 수 없게 된다. 이리하여 원운동을 하는 물체에 주어야 할 힘인 구심력(centripetal force)을 구하기 위해서는 식 (1.36), (1.37)에 의하여

$$a_n = 4\pi^2 f^2 r = \frac{4\pi^2 r}{T^2}$$

이므로 이것들에 물체의 질량 m을 곱하여서 얻는다. 즉, 구심력 F는

$$F = ma_n = \frac{4\pi^2 mr}{T^2} = 4\pi^2 mf^2 r \tag{3.9}$$

이다.

3.4 관 성 력

지면에 대하여 수평방향으로 등가속도 a로 직선운동을 하는 전차를 생각하자. 바닥에 놓인 물체는 전차와 반대방향으로 미끄러지게 되고 마찰력이 작으면 작을수록 더욱 미끄러짐이 커지게 된다. 전차의 천장에 매달린 손잡이는 일정한 각도로 가울어진 상태에서 정지하여 있게 된다.

[그림 3.6 (a)]에서 지상에 있는 관측자가 바라볼 때 줄의 장력 T의 연직성분은 무게 mg와 같고 T의 수평성분으로 인하여 가속도 a가 얻어지는 것으로 본다.

한편 전차 안에 있는 관측자에게는 손잡이가 정지 상태로 관측되므로 겉보기 힘 $-ma$를 도입하여 수평성분과 평형을 이루고 있다고 보아야 한다. 이 겉보기 힘을 관성력(inertial force)이라 한다.

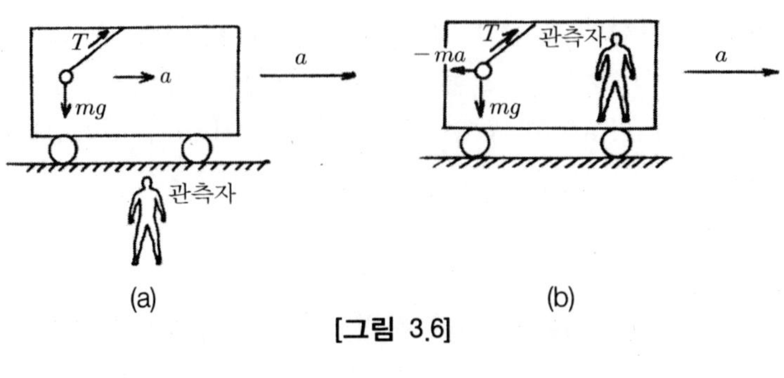

[그림 3.6]

등가속도운동을 하는 물체계에서는 반드시 가속도와 반대방향의 관성력을 고려하지 않으면 안 된다. 지금 일정한 속도 v로 등속원운동을 하고 있는 회전판 위의 물체를 생각하자. 그 물체는 원의 중심방향으로 구심가속도 v^2/r을 갖고 있다. 그런데 회전판 위의 관측자는 물체가 정지 상태에 있는 것처럼 가속되지 않으므로 물체에는 반대방향의 관성력 $-ma=m\dfrac{v^2}{r}$과 평행을 이루고 있다고 보아야 한다. 이 힘을 원심력(centrifugal force)이라 하며 실제로 등속원운동을 하는 물체계에 나타나는 힘이다.

예제 3.3 흔들이의 추에 적당한 횡속도를 주어서 수평면 내에서 원운동을 시킬 수 있는 장치를 원추진자라 한다. [그림 3.7]에서 P의 질량을 m kg, 진자의 길이를 l m, 진자가 연직선과 만드는 각을 θ라 하고, 추의 회전주기 T를 구하여라.

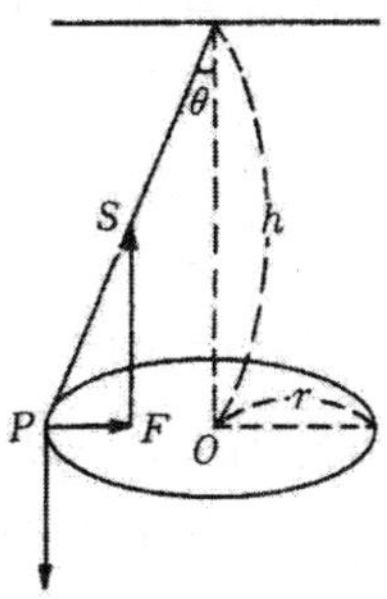

원추진자에서 구심력 F는 장력 S와 추의 장력 mg와의 합력으로 주어진다.

[그림 3.7]

풀이 구심력 F는 $F=mr\omega^2$, 이에 $r=l\sin\theta$, 또 끈의 장력을 s라 하면

$$F=s\sin\theta,\quad mg=s\cos\theta$$

따라서 $$\omega^2=\frac{F}{mr}=\frac{s\sin\theta}{ml\sin\theta}=\frac{mg\sin\theta/\cos\theta}{ml\sin\theta}=\frac{g}{l\cos\theta}$$

$$\therefore\ \omega=\sqrt{\frac{g}{l\cos\theta}},\qquad \therefore\ T=\frac{2\pi}{\omega}=2\pi\sqrt{\frac{l\cos\theta}{g}}=2\pi\sqrt{\frac{h}{g}}$$

3.5 케플러의 법칙과 만유인력

(1) 케플러의 법칙

16세기 중엽까지는 태양과 달을 포함하여 모든 유성들이 지구를 중심으로 운행한다는 천동설을 믿어왔다. 그러나 그 후 케플러(J. Kepler : 1571~1630 독일의 천문학자)가 정밀한 관측값을 여러 해 동안 검토한 결과 다음과 같은 행성에 관한 3개의 법칙을 발견하였다(그림 3.8참조).

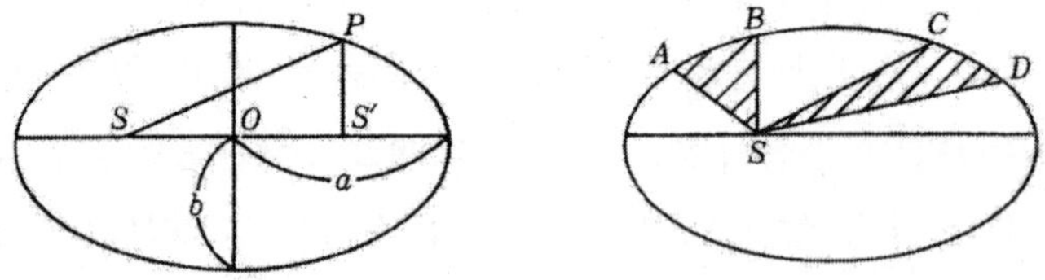

(a) (b)

[그림 3.8]

① 모든 행성은 태양을 초점으로 타원궤도를 그린다(타원궤도의 법칙).

타원은 2개의 초점을 가졌으며, 궤도상의 임의의 점에서 이 두 초점까지의 거리의 합은 항상 일정하다. 따라서 타원의 긴반지름을 a, 짧은반지름을 b, 이심률을 e로 표시하면

$$e = \frac{\sqrt{a^2 - b^2}}{a}$$

로 되어 e가 0에 가까울수록 원에 가깝다(실제로 여러 행성은 e가 극히 작다).

② 태양에서 행성까지의 동경이 단위시간에 그리는 넓이는 같다(면적속도 일정의 법칙).

이로써 행성이 근일점 부근에서는 공전속도의 크기가 커지고, 원일점 부근에서는 작아지게 된다. 이리하여 태양으로부터 인력이 지구에 생기는 원심력과 평형이 되는 궤도상을 운행하게 된다.

③ 공전주기의 제곱은 타원궤도의 긴반지름의 세제곱에 비례한다(조화의 법칙).

이 세 가지 법칙에 의하여 행성의 공전주기를 알면 태양으로부터의 행성의 거리를 알 수 있다.

(2) 만유인력의 법칙

뉴턴은 케플러의 제3법칙으로부터 만유인력의 법칙을 확립시켰다. 행성의 궤도를 간단히 원이라 하고, 그 반지름을 R, 공전주기를 T라 하면 케플러의 제3법칙에서

$$T^2 = kR^3 \text{ (}k\text{는 비례상수)}$$

이고, 그 공전속도 v와 구심력 F는 각각

$$v = \frac{2\pi R}{T}, \quad F = \frac{mv^2}{R}$$

이다. 위의 세 개의 식에서 T와 v를 없애면

$$F = k'\frac{m}{R^2} \text{ (}k'\text{는 비례상수)}$$

여기서, m은 행성의 질량이다. 이로써 행성은 그 질량에 비례하고, 거리의 제곱에

반비례하는 힘으로 태양에게 끌려는 것을 알 수 있다. 또, 작용 반작용의 법칙에 의하여 태양도 그만한 힘으로 행성에 끌리게 되므로, 위 식의 k' 속에는 태양의 질량 M이 들어 있지 않으면 안 된다. 그러므로

$$F = G\frac{Mm}{R^2}\ (G\text{는 비례상수}) \tag{3.10}$$

로 된다.

일반적으로 두 물체 사이에 작용하는 만유인력의 크기는 그 두 물체 사이의 질량의 상승적에 비례하고, 거리의 제곱에 반비례한다. 이 관계를 만유인력의 법칙이라 하며, 천체운동은 모두 이 법칙에 따른다. 모든 쌍의 질점들에서 같은 값을 갖는 만유인력의 상수 G의 값은

$$G = 6.670\times10^{-11}\ \mathrm{N\cdot m^2/kg^2} = 6.670\times10^{-8}\ \mathrm{dyne\cdot cm^2/gm^2}$$

이다.

이 법칙을 쓰면 지구의 질량 M이 얻어진다. 지표상에서 1 kg의 물체에 작용하는 중력은 g_0(N)이므로 지구의 반지름을 r이라 하면

$$g_0 = G\frac{M}{r^2} \tag{3.11}$$

이다. $r = 6.317\times10^6\,\mathrm{m}$, $g_0 = 9.8\ \mathrm{m/s^2}$ 및 G의 값을 대입하면 지구질량인 M은

$$M = 5.97\times10^{24}\ \mathrm{kg}$$

이 얻어진다.

또, 달의 공전속도 v는 다음과 같이 구할 수 있다. 이것은 지구와 달 사이의 만유인력이 달의 구심력으로 된다고 가정하면

$$G\frac{Mn}{R^2} = \frac{mv^2}{R}, \quad \therefore\ v^2 = \frac{GM}{R} \tag{3.12}$$

이다. 이것으로 보아서 알 수 있는 바와 같이 달의 공전속도는 그 질량에 관계되지 않으며, 궤도반지름이 클수록 속도가 줄어든다는 것을 알 수 있다. 이에 달의 공전각속도를 ω라 하면,

$$v = R\omega, \quad \omega = \frac{2\pi}{T}$$

이므로 위 식은

$$\frac{R^3}{T^2} = \frac{GM}{4\pi^2} \tag{3.13}$$

이다. 이 관계는 달뿐만 아니라 인공위성에도 적용되는데 이것은 케플러의 제3법칙에 지나지 않는다.

예제 3.4 지표로부터 지구의 반지름과 동일한 높이의 상공에서 원궤도를 그리며 이동하는 인공위성의 속도는 얼마인가?

풀이 지구반지름을 r, 궤도반지름을 a라 하면 이 궤도에 대하여 $a=2r$이므로

$$v^2 = \frac{g_0 r^2}{2r} = \frac{1}{2} g_0 r$$

실제로 $g_0 = 9.8 \text{ m/s}^2$, $r = 6.317 \times 10^6 \text{ m}$를 넣어서 계산하면

$$v = 5.6 \times 10^3 \text{ m/s}$$

로 된다.

(3) 무중력 상태

지구의 중심으로부터 R인 거리에서 속도 v로 지구의 주위를 원운동하는 로켓은 지구와 로켓의 질량을 각각 M, m이라 하면 식 (3.12)에서

$$G\frac{Mn}{R^2} - \frac{mv^2}{R} = 0$$

의 관계가 성립된다. 로켓 속에 들어 있는 사람에 작용하는 중력은 만유인력에서 원심력을 뺀 값이라야 한다.

그러나 이 사람의 질량도 m이라 하면 위의 식이 그대로 쓰이므로 그 합력은 0이므로 무중력 상태이다. 무중력 상태하에서는 상하의 구별이 나타나지 않는다. 중력은 극에서 크고, 적도에서 작다. 실측에 의하면 위도 φ인 해상 면에서의 중력가속도 g_φ는

$$g_\varphi = (9.832 - 0.052\cos^2\varphi) \text{ m/s}^2$$

이 된다. 또 중력은 높은 곳에 올라갈수록 작아지는데, 실측에 의하면 높이 h m되는 곳에서는 중력가속도 g_h는

$$g_h = g_\varphi - 3.086 \times 10^{-6} h \text{ m/s}^2$$

이다.

■ 연습문제 ■

01 어떤 사람이 마루 위에 놓여 있는 150 lb의 나무상자를 수평면과 15° 되는 각도의 끈으로 끌고 있다. (a) 정지마찰계수가 0.500이라면 나무상자를 움직이기 시작하는 데 필요한 끈의 장력은? (b) 만일 $\mu_k = 0.35$라면 초기 가속도는?

02 5.0 kg의 벽돌이 경사진 면에서 수평력 50 N을 받고 있다(그림 3.9). 벽돌과 경사면 사이의 마찰계수는 0.300이다. (a) 벽돌이 위로 올라간다면 이때의 가속도는? (b) 벽돌의 초속도가 위쪽으로 4.0 m/s이었다면 벽돌이 어느 정도 높이까지 올라갈 수 있겠는가? (c) 벽돌이 최고점까지 올라간 다음에는 어떻게 되겠는가?

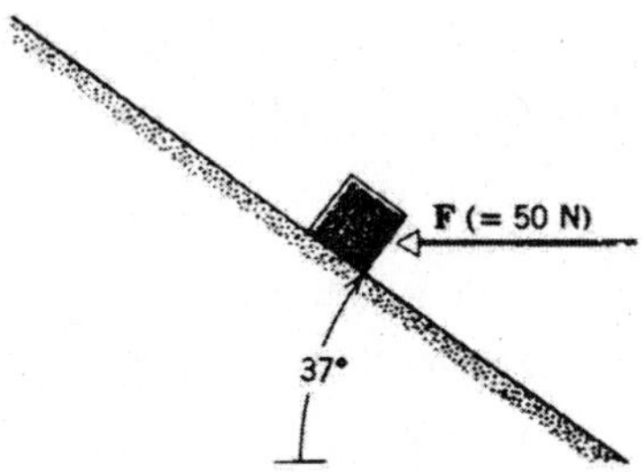

[그림 3.9]

03 벽돌 하나가 φ의 각을 가진 경사면을 등속도로 미끄러져 내려오고 있다. 그리고 같은 경사면 상에서 초속도 v_0로 밀쳐 올려졌다. (a) 정지할 때까지 얼마나 많이 올라가겠는가? (b) 다시 미끄러져 내려오겠는가?

04 [그림 3.10]의 물체 B는 무게가 160 lb(=710 N)이다. 이 물체와 책상 사이의 정지마찰계수가 0.25이면 계가 평형 상태에 있는 한 물체 A가 가질 수 있는 최대 무게는?

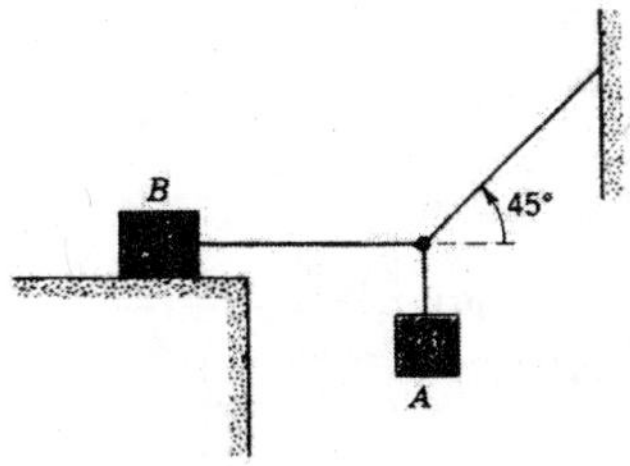

[그림 3.10]

05 마찰이 없는 바닥에 40 kg의 널빤지가 놓여 있고, 또 그 위에 10 kg의 벽돌이 놓여 있다(그림 3.11). 벽돌과 널빤지 사이의 정지마찰계수는 0.60이고, 동마찰계수는 0.40이다. 10 kg의 벽돌에 수평력 100 N이 작용하고 있다. (a) 벽돌의 가속도는? (b) 널빤지의 가속도는?

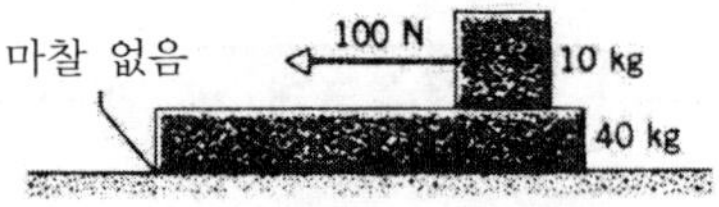

[그림 3.11]

06 질량 m인 벽돌이 [그림 3.12]와 같이 경사진 직각으로 미끄러져 내려오고 있다. 벽돌과 앵글 사이의 동마찰계수를 μ_k라 할 때 벽돌의 가속도를 구하여라.

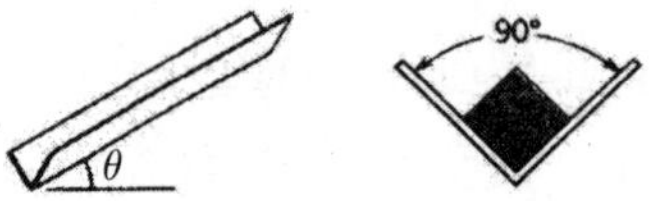

[그림 3.12]

07 고속도로의 원형 커브에서는 60 km/h(=37 mi/h)의 속력으로 주행하게 설계되어 있다. (a) 커브의 반경이 150 m(=490 ft)라 하면 고속도로의 횡경사는? (b) 커브에 횡경사가 없다면 이 속력으로 미끄러짐이 없이 주행하기 위해서는 자동차 타이어와 길 사이의 최소 마찰계수는?

08 횡경사의 원형 고속도로 커브는 60 km/h로 달릴 수 있게 되어 있다. 커브의 반경은 200 m이다. 폭풍우 치는 날에 자동차가 고속도로를 따라 40 km/h의 속력으로 달리고 있다. 자동차가 미끄러지지 않고 달릴 수 있는 타이어와 길 사이의 최소 마찰계수는?

09 2.0 kg의 물체가 무시할 만한 질량을 가진 수평 용수철에 길이가 15 cm 줄어들도록 힘을 가하고 있다. 물체를 놓으면 수평 탁자 위를 60 cm나 움직인 후에 멈춘다. 용수철의 탄성계수는 200 N/m이다. 물체와 탁자 사이의 마찰계수는?

10 미국은 1975년에 약 2.0×10^{12} kW·h의 전기 에너지를 소모하였다. 이 에너지를 얻기 위하여 몇 kg의 물질이 완전히 파괴되어야만 하였는가?

11 [그림 3.13]의 계가 평형을 이루고 있으나 5.0 kg의 물체에 임의의 질량을 더하면 미끄러지기 시작한다. 10 kg의 벽돌과 맞닿은 면 사이의 정지마찰계수는?

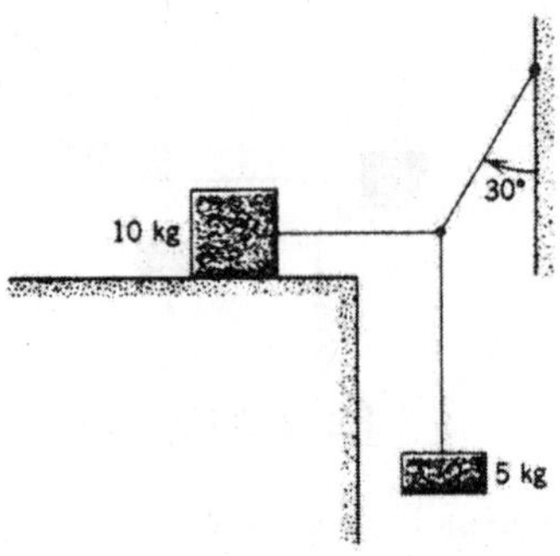

[그림 3.13]

12 반경 R의 균일한 원판에 중심이 원래 원판의 중심에서 $R/2$되는 곳에 있는 반경 r되는 원판을 잘라내었다면 남아 있는 부분의 질량중심의 위치는 어디인가?

04

일과 에너지

Work and Energy

4.1 일

정지하고 있는 물체가 힘을 받으면서 이동할 때 힘은 물체에 일을 하였다고 한다. 힘이 일정하다면 힘이 한 일은 착력점이 움직인 거리와 운동방향의 힘의 성분의 곱으로 정의한다.

힘 F와 변위 S가 같은 방향이면, 일 W는

$$W = FS \tag{4.1}$$

이고, 또 만일 힘과 변위의 방향이 다를 때에는 외력이 한 일은

$$W = F \cdot S = (F\cos\theta)S = FS\cos\theta \tag{4.2}$$

가 된다. F_t는 힘의 변위방향의 성분이며, θ는 힘과 변위 사이의 각이다. 일은 스칼라량으로서 정(+) 또는 부(−)의 크기만을 갖고 있으며, 방향이 반대일 때에는 물체가 외력에 대하여 일을 한 것에 해당한다. 식 (4.2)에서 보면 힘과 변위가 수직인 경우 ($\theta = 90°$)에는 물체가 이동했다고 해도 그 힘이 한 일은 0이다. 그러므로 물체를 원운동시키는 데 요하는 구심력은 언제나 변위에 수직이므로 일을 했다고 할 수 없다.

물체에 작용하는 힘이 일정하지 않은 경우에는 식 (4.2)로는 계산할 수 없으므로 움직인 거리를 짧은 구간으로 나누면 dS 내에서는 힘은 일정하다고 볼 수 있으므로 이 dS 거리 내에서 힘이 한 일은

$$dW = F_t dS$$

이다. F_t는 힘의 변위방향성분이다. [그림 4.2]에서 dW는 빗금 부분의 넓이로 표시된다. 한 점 S_1에서 S_2까지 사이에 힘이 물체에 해준 전체의 일 W는 이런 작은 구간에서 하여 준 일 dW의 합이 되며, [그림 4.2]에서 S_1과 S_2 사이에 있는 곡선의 밑 부분의 넓이와 같게 된다. 그러므로 힘이 물체에 해준 전체 일은

$$W = \sum F_t dS = \int_{S_1}^{S_2} F_t \, dS \tag{4.3}$$

이 된다.

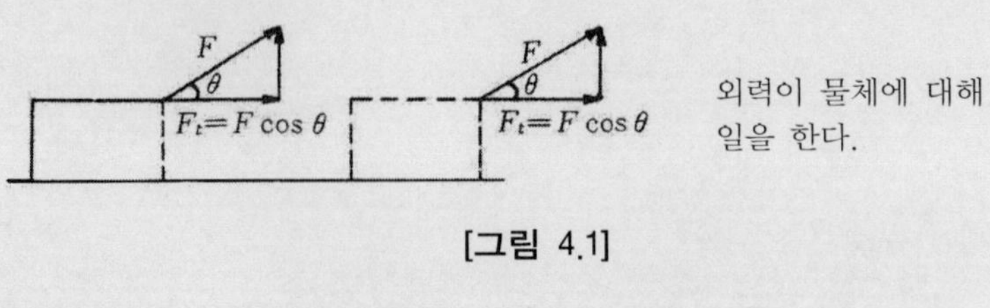

[그림 4.1]

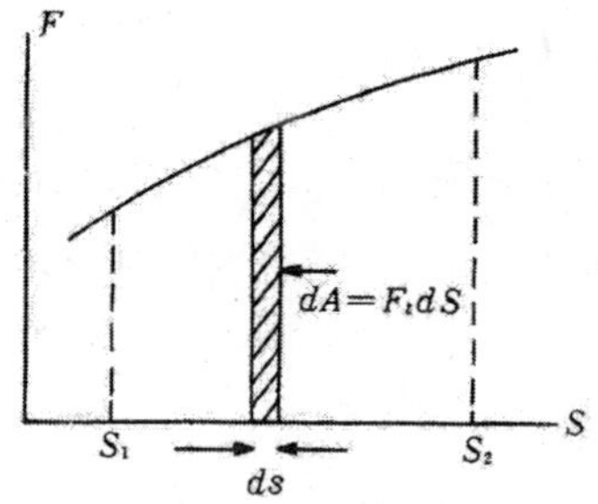

[그림 4.2] 변위와 힘

일의 단위는 MKS계에서 F는 뉴턴(Newton), S는 미터(meter)이므로 일의 단위는 N·m인데, 이것은 줄(joule)이라 하고, CGS계에서는 dyne-cm인 erg이다. 영국 공업 단위계에서는 ft-lb를 일의 단위로 사용한다. 일의 차원은 (ML^2T^{-2})이고, 일의 단위 사이에는 다음과 같은 관계가 있다.

1 joule$=10^7$ erg$=0.7376$ ft−lb

1 ft−lb$=1.356$ joule

예제 4.1 줄다리기 경기에서 한 패(group)가 끊임없이 한 줄에 따라서 5000 N의 합한 힘으로 끌고 있는데, 다른 한 패가 하천을 통하여 표지점에서 10 m를 끌려갔다. 얼마의 일을 한 패가 하였는가? 또 얼마의 일이 다른 패에 의하여 이루어졌는가?

풀이 첫째 패는 $S=10$ m이고 S의 방향에 있어서의 힘의 성분은 5000 N이다.
다른 한 패는 −5000 N이다(이것은 패가 움직이는 방향과는 반대).
따라서 첫째 패에 의한 일 $W=+50000$ J이다.

4.2 운동 에너지

이번에는 질점에 작용하는 합력 F_r에 의해서 행해지는 일을 알아보자. 여기서 $F_r=\Sigma F_i=ma$이다.

$$\text{일 } W=\int_{S_1}^{S_2} F_r \cdot dS=\int_{S_1}^{S_2} ma \cdot dS \tag{4.4}$$

이다. 식 (4.4)에 $a=dv/dt$를 대입하면

$$m\int_{S_1}^{S_2} \frac{dv}{dt} \cdot dS \tag{4.5}$$

그러므로 $m\int_{S_1}^{S_2} \mathrm{v} \cdot dS = m\int_{v_0}^{v} \mathrm{v} \cdot dv$

가 된다. v_0는 변위의 시점 S_1의 속도이고, v는 변위의 종점 S_2의 속도이다.

스칼라곱의 정의식 $\mathrm{A} \cdot \mathrm{B} = a_x b_x + a_y b_y + a_z b_z$를 이용하면

$$W = m\int_{v_0}^{v} (v_x dv_x + v_y dv_y + v_z dv_z) \tag{4.6}$$

라고 쓸 수 있다. 합의 적분은 각 적분의 합과 같으므로

$$W = m\left[\int_{v_{0x}}^{v_x} v_x dv_x + \int_{v_{0y}}^{v_y} v_y dv_y + \int_{v_{0z}}^{v_z} v_z dv_z\right] \tag{4.7}$$

여기서 v_{0x}, v_{0y}와 v_{0z}는 초속도 v_0의 각 성분이고, v_x, v_y와 v_z는 종속도 v의 각 성분이다. 각 항을 적분한 후 정돈하면

$$W = \frac{m}{2}[(v_x^2 + v_y^2 + v_z^2) - (v_{0x}^2 + v_{0y}^2 + v_{0z}^2)]$$

이 된다. $(v_x^2 + v_y^2 + v_z^2) = v \cdot v = |v|^2$과 같으므로

$$W = -\frac{mv^2}{2} - \frac{mv_0^2}{2} \tag{4.8}$$

과 같이 된다.

물체가 운동할 때 힘과 가속도의 성분을 각각 F_t, a_t라 하면 짧은 거리 dS에서 외력이 하는 일 dW는 제2법칙에서

$$dW = F_t dS = m a_t dS$$

a_t는 접선가속도이므로 속도의 크기에만 관계되고 $a_t = \frac{dv}{dt}$이므로

$$dW = m\frac{dv}{dt}dS = m\,dv\frac{dS}{dt} = mv \cdot dv$$

따라서 전체의 일은

$$W = \int dW = \int_{v_0}^{v} mv \cdot dv = \frac{1}{2}mv^2 - \frac{1}{2}mv_0^2$$

식 (4.8)을 보면 외부에서 하여진 일은 일의 전후에서 다음과 같은 2개의 비슷한 항의 차로 나타난다.

$$E_k = \frac{1}{2}mv^2 \tag{4.9}$$

식 (4.5)에 표시된 항을 속도 v인 물체의 운동 에너지(kinetic energy)라 한다. 물체를 가속시키기 위해 외력이 한 일은 운동 에너지의 증가량과 같게 된다. 식 (4.8)에서 $v = 0$라 놓으면 $W = -1/2mv_0^2$이 된다.

이것은 물리학적 뜻으로 보면 속도 v_0인 물체가 정지할 때까지 외력이 한 일을 표시

하는데 그 값이 부(−)이므로 물체가 일을 받는 것이 아니라 오히려 정지할 때까지 물체가 $\frac{1}{2}mv_0^2$의 일을 하는 것을 의미한다. 따라서 속도 v인 물체가 갖는 운동 에너지란 그것이 정지할 때까지 할 수 있는 일을 표시하는 양이다.

예제 4.2 질량 100 slug의 물체가 처음에 5000 ft−lb의 운동 에너지를 가졌는데, 20초 후에는 20000 ft−lb의 운동 에너지를 가진다. 초속도, 종속도, 이동거리, 이 물체에 작용한 일정한 평행력을 각각 구하여라(단, 물체는 마찰이 없는 수평선상에서 직선 운동을 한다).

풀이 $\frac{1}{2}\times 1000\,v_0^2 = 5000 \quad \therefore\ v_0 = 10\ \text{ft/s}$

$\frac{1}{2}\times 100\,v^2 = 20000 \quad \therefore\ v = 20\ \text{ft/s}$

가속도 : $a = \frac{v-v_0}{t} = \frac{20-10}{20} = \frac{1}{2}\ \text{ft/s}^2$

작용한 힘 : $F = ma = 100\times\frac{1}{2} = 50\ \text{lb}$

이동거리 : $S = v_0t + \frac{1}{2}at^2$으로 구할 수 있으나 $FS = \frac{1}{2}(mv^2 - mv_0^2)$을 이용하면

$50\cdot S = 20000 - 5000 \quad \therefore\ S = 300\ \text{ft}$

4.3 중력 위치 에너지

질량 m인 물체를 임의의 수평면을 기준으로 한 높이 h_1에서부터 h_2의 높이까지 연직으로 들어 올릴 때 중력에 대해서 외력이 하는 일 W는

$$W = mg(h_2 - h_1) = mgh \tag{4.10}$$

지금 물체가 [그림 4.3]과 같이 높이 h_1에서 출발하여 임의의 경로를 따라 높이 h_2로 올라가는 경우에는 미소변위 dS 사이에 중력에 반대해서 외력이 한 일 dW는 [그림 4.3]에서 보는 바와 같이

$$dW = mgdS\cos\theta = mgdh$$

이다. 따라서 중력에 대해서 한 일 W는

$$W = \int dW = \int_{h_1}^{h_2} mg\,dh = mgh_2 - mgh_1 \tag{4.11}$$

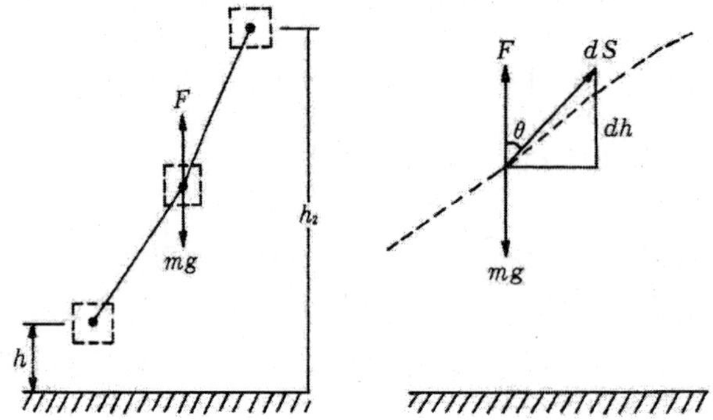

중력 위치 에너지는 경로에는 관계없고, 그 높이 차에만 관계한다.

[그림 4.3]

이다. 그러므로 중력에 대해서 외력이 하는 일은 경로에는 관계없고, 처음과 나중의 높이 차에만 관계된다. 이에

$$E_p = mgh \tag{4.12}$$

로 표시되는 양을 높이 h에서의 물체의 중력 위치 에너지라 한다.

중력에 대한 일은 위치 에너지의 증가량으로 나타난다. 따라서 중력 위치 에너지란 중력장 내에서 높이 때문에 가질 수 있는 능력을 의미한다. 만일 중력장 내에서 질량 m인 물체가 h만큼 낙하했을 때의 속도를 v라 하면, $v^2 = 2gh$이므로 이 식을 $E_k = mv^2/2$에 대입하면 $E_k = mgh = E_p$가 된다.

$-2gh = v^2 - v_0^2$의 식에서 $v = 0$이므로 $2gh = v_0^2$이다. 여기서 종속도가 초속도가 되고, 초속도가 종속도가 된다. 그러므로 $v^2 = 2gh$라고 쓸 수도 있다.

이 뜻은 물체가 h만큼 낙하할 때에 한 일의 양으로서, 이 물체의 위치 에너지의 감소량을 나타내는 양이다. 그리고 물리학적으로 중요한 것은 위치 에너지의 절대값이 아니고, 그 변화량이기 때문에 기준면은 임의로 취해도 무방하다.

예제 4.3 소년이 15 kgW의 썰매를 20°의 경사면에 따라 일정한 속도로 60 m 끌어올린다. 이때 마찰계수는 0.20이다.

(1) 소년이 한 일은 얼마인가?
(2) 각 힘이 한 일을 계산하여라.
(3) 썰매가 60 m 올라가는 동안에 0.5 m/s에서 2.0 m/s로 가속되려면 소년이 작용한 힘은 얼마인가?

풀이 (1) 썰매에 작용하는 모든 힘을 그리면 [그림 4.4]와 같다. F_2는 마력, F_3는 땅이 작용하는 수직항력, F_4는 중력이다. $F_4 = 15 \times 9.8$ N이고, 썰매는 경사면 위에서 평행이므로

$F_3 = F_4\cos20° = 15 \times 9.8\cos20° ≒ 138$ N

$F_1 = F_2 + F_4\sin20° ≒ F_2 + 50.3$ N

그런데 마찰력은

$F_2 = \mu F_3 ≒ 0.2 \times 138 ≒ 27.6$ N

따라서 $F_1 = 27.6 + 50.3 = 77.9$ N

소년이 한 일은 $W = F_1 \times 60 = 77.9 \times 60 = 4674$ J

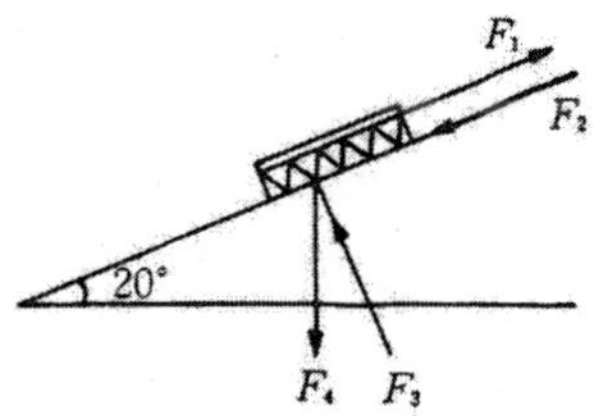

[그림 4.4]

(2) 마찰 F_2가 한 일은 변위와 F_2가 반대

$F_2 \times 60 = -27.6 \times 60 = -1656$ J

따라서 마찰에 반대해서 한 일은 1655 J, 중력 F_4에 반대해서 한 일은

$F_4h(=mgh) = 15 \times 9.8 \times 60\sin20° = 3020$ J

이것은 썰매의 중력 위치 에너지가 된다. 이때 물체는 가속되지 않으므로 전체의 일은 이 두 일의 합과 같다. 즉

1650+3020=4670 J

(3) 소년이 작용하는 힘을 F'라 하면 소년이 하는 일은 $60F'$이며, 이 일은 마찰에 대한 일 W_k, 중력에 대한 일 W_g, 가속시키는 일 W_k 등이 된다.

그런데 $W_f = 1650$ J, $W_g = 3020$ J 이고,

$$W_k = \frac{1}{2}mv^2 - \frac{1}{2}mv_0^2 = \frac{1}{2} \times 15 \times (2.0)^2 - \frac{1}{2} \times 1.5 \times (0.5)^2 = 28 \text{ J}$$

따라서 $60F' = 3020 + 1650 + 28 = 4698$

$$F' ≒ \frac{4698}{60} ≒ 78.3 \text{ N}$$

4.4 에너지 보존의 법칙

중력에 반대하여 하여진 일은 중력 위치 에너지의 증가로 변하고, 물체가 다시 원위치로 돌아갈 때에는 중력은 먼저 받은 만큼의 일을 외부에 할 수 있다. 이와 같은 성질을 가진 힘을 보존력이라 하고, 보존력이 작용하는 공간을 보존력장이라 한다. 보존력장 내에서 외력이 한 일 W는 그 일부가 보존력에 대한 일이 되고, 나머지는 물체를 가속시키는 일이 된다.

[그림 4.5]와 같이 질량 m인 물체가 임의의 높이만큼 낙하하였을 때의 속도를 v_0라 하고, 거기서 다시 h만큼 더 계속해서 낙하했을 때의 속도를 v라 하면 각 위치에서의 역학적 에너지 또는 기계적 에너지(mechanical energy) E_0, E는 다음과 같다.

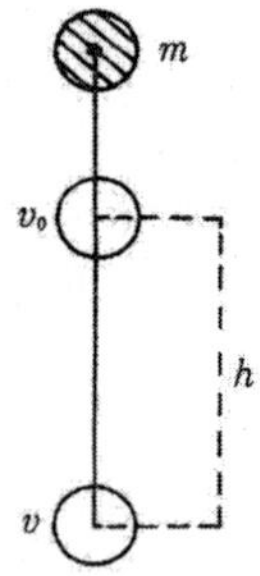

물체가 보존력장에서 낙하

[그림 4.5]

여기서 속도 v인 때의 높이를 0으로 잡아 기준으로 하면,

$$E_0 = E_{k0} + E_{p0} = \frac{1}{2}mv_0^2 + mgh$$

$$E = E_k + E_p = \frac{1}{2}mv^2 + mg \times 0 = \frac{1}{2}mv^2$$

그런데 $v^2 = v_0^2 + 2gh$ 이므로

$$E = \frac{1}{2}mv^2 = \frac{1}{2}m(v_0^2 + 2gh) = \frac{1}{2}mv_0^2 + 2mgh \times \frac{1}{2} = \frac{1}{2}mv_0^2 + mgh = E_0$$

$$E = E_k + E_p = \text{일정} \tag{4.13}$$

하다. 그러므로 보존력에 대한 일은 위치 에너지의 증가량(ΔE_p)과 같고, 물체를 가속시키는 일은 운동 에너지의 증가량(ΔE_k)과 같다. 따라서 $E = W$이고,

$$W = \Delta E_k + \Delta E_p \tag{4.14}$$

가 된다. 특히, 외부에서 일이 하여지지 않는 경우에는 $W = 0$이므로

$$\Delta E_k + \Delta E_p = 0 = \text{const} \tag{4.15}$$

이다. 운동 에너지와 위치 에너지를 합하여 역학적 에너지라 한다. 식 (4.15)는 보존력만이 작용하는 경우에는 전 역학적 에너지가 일정함을 표시하고 있다. 이것을 역학적 에너지 보존의 법칙(conservation law of mechanical energy)이라 한다.

단진동의 에너지

질량 m인 물체가

$$y = A\sin\omega t$$

에 따른 단진동을 한다. 물체의 변위가 y일 때 운동 에너지 E_k는 속도 v가

$$v = \frac{dy}{dt} = A\omega\cos\omega t \text{ 이므로}$$

$$E_k = \frac{1}{2}mv^2 = \frac{1}{2}m\omega^2(A^2 - y^2) \tag{4.16}$$

한편 변위가 y일 때 복원력을 받는 물체의 위치 에너지는 복원력에 대항해서 물체를 y만큼 변위시키는 데 요하는 일과 같다. 복원력은 $F=-ky$이므로

$$E_p = \int_0^y (-F)\,dy = \int_0^y (ky)\,dy = \frac{1}{2}ky^2 \tag{4.17}$$

$k = m\omega^2$이므로

$$E_p = \frac{1}{2}m\omega^2 y^2 \tag{4.18}$$

그러므로

$$E = E_k + E_p = \frac{1}{2}m\omega^2 A^2 = \frac{1}{2}kA^2 \tag{4.19}$$

따라서 전 역학적 에너지는 변위에 관계없이 일정하며, 진폭의 제곱에 비례한다. 즉 단진동의 경우에도 역학적 에너지 보존원리가 성립된다.

에너지는 역학적 에너지 이외에 열에너지, 전자적 에너지, 화학적 에너지 등 여러 형태가 있을 수 있다. 이들의 에너지는 서로 변하여 가지만, 한 고립계 내에서 이들의 총 에너지양은 항상 일정함을 차차 알게 될 것이다. 이것이 넓은 의미의 에너지 보존법칙이다. 아인슈타인(Einstein)의 상대론에 의하여 질량이 변하여 에너지로 될 수 있다는 이론은 최근에 원자폭탄 등의 현상으로 실증되었다. 에너지를 E, 질량을 m, 광속도 $c=3\times10^8$ m/s라 할 때, m의 질량이 에너지로 변할 때 $E=mc^2$의 관계가 성립한다. 넓은 의미에서는 우주 내의 총 질량과 에너지의 합은 불변이라 말할 수 있다. 따라서 1 kg은 9×10^{16} J에 해당하는 에너지를 가진다. 이 식은 핵물리학에서 쓰이는 중요한 식이다.

예제 4.4 $E = E_k + E_p = \frac{1}{2}kA^2$ 식의 그래프를 그리고, 전 역학적 에너지 보존원리를 설명하여라.

예제 4.5 질량 0.5 kg인 물체가 반지름 1 m의 연직인 사분원경로를 따라 미끄러져 내려간다. 밑면에서 그 속력이 3 m/s라면 이때 마찰로 인해 열로 소모된 에너지는 얼마인가?

풀이 외부에서 해준 일이 없으므로 운동 에너지의 변화, 위치 에너지의 변화 및 마찰로 생긴 열 Q의 합은 0이다.

$$\left(\frac{1}{2}mv_2^2 - \frac{1}{2}mv_1^2\right) + (mgh_2 - mgh_1) + Q = 0$$

$$v_2 = 3\text{ m/s},\ \ v_1 = 0,\ \ h_2 = 0,\ \ h_1 = 1\text{ m}$$

$$Q = -\left(\frac{1}{2}\times0.5\times9-0\right) - (0-0.5\times9.8\times1) = 2.65\text{ J}$$

4.5 만유인력의 위치 에너지

지구와 물체의 질량을 각각 M, m 및 그 중심 사이의 거리를 r이라 하면 만유인력 $F = G(Mm/r^2)$(G는 만유인력 상수), 중력의 가속도를 g라 하면 물체의 무게 $W = mg$이므로

$$g = \frac{GM}{r^2} \tag{4.20}$$

로 주어진다. 대개 지표로부터 높이 h되는 곳에까지 위치 에너지는 중력의 가속도를 일정하다고 보고 mgh로서 나타냈으나, 실은 지구 중심으로부터의 거리의 제곱에 반비례하는 것이다.

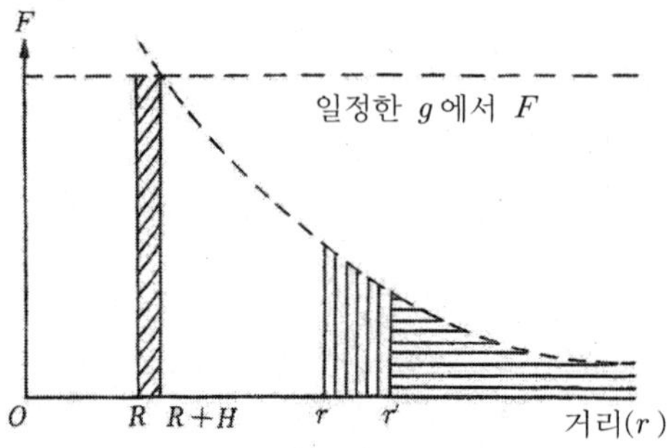

지구반지름을 R이라 하면 지표로부터 높이 h인 곳의 만유인력의 위치 에너지는 $r=\infty$에서 $R+h$까지의 곡선 아래의 면적인데 무한원을 기준으로 하고 (−)의 값을 가진다.

[그림 4.6]

[그림 4.6]에서 점선은 g가 일정하다 하고 $F = mg$인 선을 나타내며, 이때의 위치 에너지 mgh(그림의 R은 지구반지름)는 사선 부분의 면적이 된다. 그러나 중력가속도가 높이에 따라서 줄어가는 경우에는 높이 h에서의 위치 에너지는 같은 구간 내에서 우선 밑 부분의 넓이와 같게 된다. 그 넓이를 E_p라 하면,

$$E_p = \int_R^{R+h} F dr = GMm \int_R^{R+h} \frac{1}{r^2} dr = -GMm\left(\frac{1}{R+h} - \frac{1}{R}\right)$$

$$= \frac{GMmh}{R(R+h)} \tag{4.21}$$

높이 h가 지구의 반지름에 비하여 극히 작다면

$$-GMm\left(\frac{1}{R+h} - \frac{1}{R}\right) = -\frac{GMm}{R}\left[\frac{1}{1+\dfrac{h}{R}} - 1\right]$$

$$=-\frac{GMm}{R}\left[\left(1+\frac{h}{R}\right)^{-1}-1\right]=-\frac{GMm}{R}\left(-\frac{h}{R}+\frac{h^2}{R^2}-\cdots\cdots\right)\fallingdotseq\frac{GMmh}{R^2}$$

그러므로 $E_p = mgh$ 식이 된다.

만유인력에서는 무한원방의 위치 에너지를 기준으로 하고 이것을 0으로 한다. 따라서 유한거리의 위치 에너지는 이보다 작으므로 (−)로 나타내는 방법을 쓴다. 즉, 이 거리 r에서의 E_p는

$$E_p=\int_{\infty}^{r}Fdr=\int_{\infty}^{r}\frac{GMm}{r^2}dr=-\frac{GMm}{r^2} \tag{4.22}$$

따라서 거리 r'와 $r(r'>r)$와의 위치 에너지의 차 ΔE_p는

$$\Delta E_p = GMm\int_{r}^{r'}\frac{1}{r^2}dr=-GMm\left(\frac{1}{r'}-\frac{1}{r}\right) \tag{4.23}$$

$r=R,\ r'=R+h$로 대입하면 식 (4.21)과 같은 결과를 얻는다. 식 (4.22)로 보아 $-G(Mm/r)$은 무한원방의 위치 에너지를 0으로 보았을 때, 거리 r의 곳에서의 위치 에너지이다. 이것은 [그림 4.6]의 세로 선 $r=r'$의 오른쪽의 곡선 및 r축 사이의 면적을 말한다. 무한원방에서 정지하였던 물체가 중력장에서 낙하할 때 에너지 보존의 원칙에서 위치 에너지가 감소되는 동시에 속도가 증가한다. 이에 거리 r에서의 낙하속도를 v라고 하면

$$\frac{1}{2}mv^2-G\frac{Mm}{r}=0,\qquad \therefore\ v=\sqrt{\frac{2GM}{r}} \tag{4.24}$$

반대로 이 식은 거리 r에서 연직상방으로 향하여 이만한 초속도로 쏘아 올리면, 무한원방에서 정지하게 된다. 다시 말하면 이런 속도로 발사하면 영원히 지구에 돌아오지 않게 되므로 이것을 이탈속도라 한다.

지구반지름을 R_1, 지표에서의 이탈속도를 v_E라 하고 $G=6.67\times10^{-11}\ \mathrm{Nm^2kg^{-2}}$, $R=6.37\times10^6$ m, $M=6.0\times10^{24}$ kg을 쓰면

$$v_g=\sqrt{\frac{2GM}{R}}=11.2\ \mathrm{km/s}$$

로 된다.

예제 4.6 달은 지구에서 38×10^4 km 떨어져 있다. 지구 이외의 다른 천체들은 모두 무시하고 무한원에 대한 위치 에너지는 얼마인가? 또, 지구표면에 대한 값은 얼마인가? (단, 달의 질량은 7.4×10^{22} kg이다)

풀이 무한원에 대한 위치 에너지는

$$-\frac{GMm}{r}=-\frac{6.67\times10^{-11}\times6\times10^{24}\times7.4\times10^{22}}{38\times10^7}=-7.7\times10^{28}\ \mathrm{J}$$

무한원에 대한 지구표면에서 달이 갖는 위치 에너지는

$$-\frac{GMm}{r}=-\frac{6.67\times10^{-11}\times6\times10^{24}\times7.4\times10^{22}}{6.37\times10^{6}}=-464\times10^{28}\text{ J}$$

그러므로 지표에 대한 달의 위치 에너지는

$$-7.7\times10^{28}-(-464\times10^{28})\fallingdotseq=4.56\times10^{30}\text{ J}$$

4.6 공 률

(1) 공 률

한 일의 총량과 더불어 그 일을 하는 시간적 비율을 생각할 필요가 있다. t sec 동안에 W만큼 일을 한다면 평균 공률 $\bar{p}$는

$$\bar{p}=\frac{W}{t}$$

만약 일을 하는 시간적 비율이 균일하지 않다면 어떤 시각에서의 공률을 순간적 공률이라 하고

$$p=\frac{dW}{dt} \tag{4.25}$$

와 같다.

(2) 공률의 단위

- MKS 단위계

  1 Watt = 1 joule/s, 1 kW = 1000 Watt = 1000 joule/s

- 영국 공학단위계

  1 HP = 550 ft−lb/s = 33000 ft−lb/min = 746 Watt = 0.76 kW ≒ 3/4 kW

  1 kilowatt 시(kWh) = 3600 × 1000 = 3600000 joule = 3.6×10^{6} joule

  1 마력 = 1 HP−hr = 550 × 3600 = 1.98 × 106 ft−lb

(3) 공률과 속도

한 물체가 일정한 힘 F를 가지고 힘의 방향으로 S의 변위를 할 때, 외력이 한 일은,

$$W=F\cdot S$$

이고, 이때 평균공률은

$$\bar{p} = \frac{W}{t} = F \cdot \frac{S}{t} = F\bar{v}$$

여기서, $\bar{v}$: 평균속도이다. p와 v가 순간값일 때 공률은

$$p = F \cdot \frac{dx}{dt} = Fv \tag{4.26}$$

예제 4.7 분사식 비행기의 엔진이 3000 lb의 추진력을 낸다면 600 mi/hr=880 ft/s의 속도에서 공률은 몇인가?

풀이 $p = F \cdot v = 3000 \times 880$ ft−lb/s=2640000 ft−lb/s

$$= \frac{2.64 \times 10^6}{550} = 4800 \text{ HP}$$

4.7 간단한 기계

(1) 기 계

외부에서 가한 힘의 방향, 또는 크기를 바꾸는 장치를 기계라 한다. 간단한 기계에는 경사면, 나사 잭, 지렛대, 크랭크축, 도르래 등이 있다.

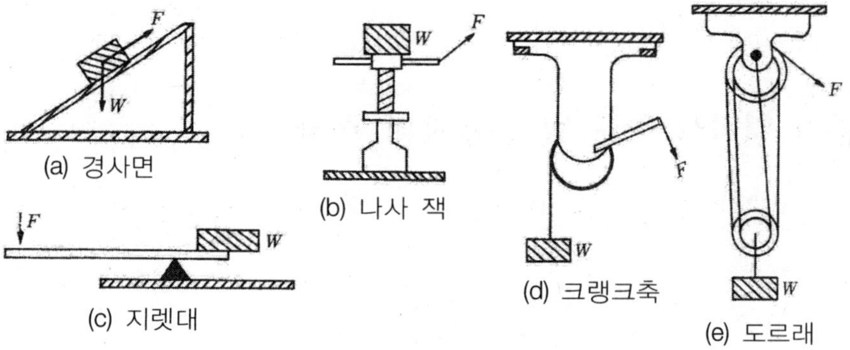

[그림 4.7] 간단한 여러 가지 기계

(2) 일의 원리와 역학적 이율

에너지 보존법칙에 의하여 마찰이 없을 때는 기계에 해준 일만큼의 일을 기계가 또 다른 물체에 한다. 이것을 일의 원리라 한다.

그러나 실제에는 해준 일의 일부는 마찰력에 대한 일이 되므로, 기계가 하는 일은 그만큼 적어진다. [그림 4.8]에 있어 W는 3개의 줄로 지지되어 있고, 전 줄을 통하여 F와 같은 줄의 장력이 작용하고 있다.

$$3F = W \tag{4.27}$$

일의 원리에서 F의 이동한 거리를 S, W가 이동한 거리를 x라 하면

$$FS = Wx \tag{4.28}$$

식 (4.27), (4.28)에서 $W/F = 3$, 또 $S = 3x$

힘은 물건의 1/3이 들지만 거리는 3곱 이동하여야 한다. 외력에 대한 하중의 비를 역학적 이율(mechanical advantage)이라 한다. 즉,

$$MA \equiv W/F \tag{4.29}$$

(3) 효 율

입력(기계에 대해서 한 일)에 대한 출력(기계가 한 유용한 일)의 비의 값을 기계의 효율(efficiency)이라 한다.

$$E = \frac{\text{기계가 한 일(work out)}}{\text{기계에 대해서 한 일(work in)}} \tag{4.30}$$

또 $$E = \frac{\text{work out}}{\text{work in}} \times 100\,\% \tag{4.31}$$

마찰과 다른 소모가 없는 이상적 기계는 E가 100%이다.

(4) 효율과 역학적 이율 및 공률과의 관계

W는 이상적 기계가 내는 힘, W'를 실제 기계가 내는 힘이라 하면, E의 정의에 따라

$$E = \frac{W'S}{WS} = \frac{W'/F}{W/F} = \frac{\text{실제 기계의 } MA}{\text{이상 기계의 } MA} \tag{4.32}$$

또 이상적 기계의 공률을 p, 실제 기계의 공률을 p'라 하면

$$E = \frac{\dfrac{W'S}{t}}{\dfrac{WS}{t}} = \frac{p'}{p} \tag{4.33}$$

예제 4.8 [그림 4.8]과 같은 복도르래를 통하여 질량 60 kg의 물체를 높이 1 m 끌어올리기에는 얼마만한 힘이 들겠는가?(단, 움직도르래의 질량은 2.5 kg, 마찰력은 4.9 N 이 된다고 한다)

풀이 물체를 1 m 끌어올리면 끈을 3 m 잡아당겨야 하므로 구하려는 힘을 F(N)이라면

$$F\times 3=(60\times 9.8+2.5\times 9.8)\times 1+4.9\times 1$$

$$\therefore\ F=205.8\ \text{N}$$

또, 기계적 이율 R은

$$R=\frac{60\times 9.8}{205.8}=\fallingdotseq 2.9$$

기계의 효율 E는

$$E=\frac{60\times 9.8\times 1}{205.8\times 3}=0.953=95.3\%$$

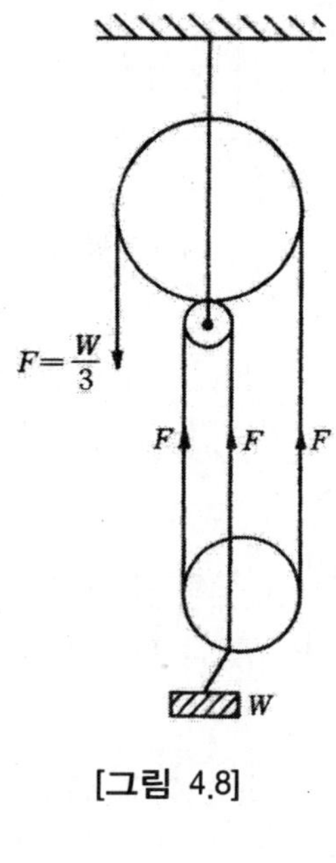

[그림 4.8]

■ 연습문제 ■

01 50 kg의 트렁크가 일정한 수평력에 의해 30° 비탈면 위를 등속으로 6.0 m 올라간다. 비탈면과 트렁크와의 마찰계수는 0.2이다. 다음 힘에 의한 일을 계산하여라. (a) 가한 힘, (b) 마찰력, 그리고 (c) 중력

02 5.0 kg의 물체가 [그림 4.9]에 나타낸 것같이 위치에 따라 변하는 힘에 의해 마찰이 없는 수평면 위를 직선으로 움직인다. 물체가 원점에서 $x = 8.0$ m까지 움직일 때 가한 힘이 한 일은?

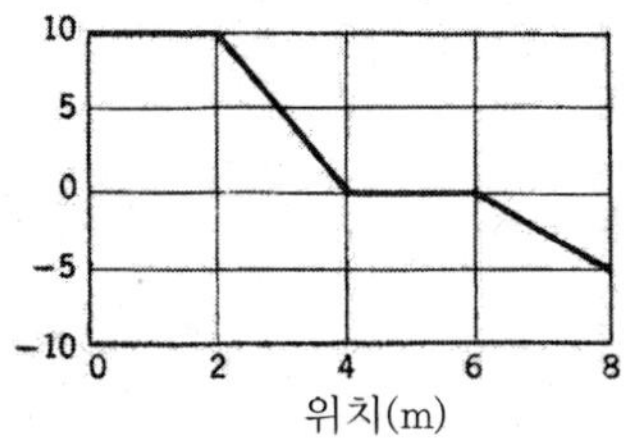

[그림 4.9]

03 뛰고 있는 사람이 그의 반의 질량을 가진 한 소년의 운동 에너지의 반을 가지고 있다. 이 사람이 속력을 1.0 m/s 증가하면 이 소년과 같은 운동 에너지를 가지게 된다. 어른과 소년의 원래의 속력은?

04 물체의 위치가 $x = 3t - 4t^2 + t^3$으로 주어지는 시간의 함수를 따르게 하는 힘이 3.0 kg의 물체에 가하여진다. 여기서, x는 m, t는 초로 표시된다. 처음 4.0 s 동안에 힘이 한 일을 구하여라.

05 1200 m^3의 물이 매초마다 100 m 높이의 폭포에서 떨어진다. 낙차에 의해 물이 얻은 운동 에너지의 3/4이 전기 에너지로 변환된다면 발전기의 일률은?

06 정지 상태에 있던 15 kg의 물체에 5.0 N의 순 힘을 가한다. (a) 0~1 s, 1~2 s, 2~3 s 사이의 각 일을 계산하고, (b) 3 s 후의 순간 일률을 구하여라.

07 보트를 등속도로 끄는 데 필요한 힘은 속력에 비례한다. 한 척의 보트를 2.5 mi/h의 속력으로 끄는 데 10 HP이 필요하다면, 이 보트를 7.5 mi/h의 속력으로 끄는 데 몇 마력이 필요한가?

08 1.5 MW의 기차가 전 일률을 발휘하여 6.0 min 동안 기차의 속도를 10 m/s에서 25 m/s로 가속시키고 있다. (a) 마찰을 무시하고 기차의 질량을 계산하여라. (b) 기차의 속력

을 그 시간 간격 동안에 초단위의 시간의 함수로 찾아내어라. (c) 기차를 가속하기 위한 힘을 이 시간 간격 동안에 시간의 함수로 찾아내어라. (d) 그동안 기차가 움직인 거리는 얼마인가?

09 마찰이 없는 탁자 위에 전 길이의 1/5이 탁자 밖에 걸려 있는 쇠사슬이 놓여 있다. 만일, 쇠사슬의 길이가 l이고 질량이 m이라면 밖에 걸린 부분을 다시 탁자 위로 당기기 위하여 얼마의 일을 하여야 하는가?

10 질량 m_1과 m_2의 입자 사이에 작용하는 인력이 다음 식으로 주어진다. 즉

$$F = k\frac{m_1 m_2}{x^2}$$

k는 상수이고, x는 두 입자 사이의 거리이다. 다음을 구하여라. (a) 위치 에너지 함수와 (b) 이 두 질량을 $x = x_1$에서 $x = x_1 + d$로 떼어놓는 데 필요한 일 값

11 2.0 kg의 물체가 0.40 m의 높이로부터 탄성계수 $k = 1960$ N/m인 용수철 위로 떨어진다. 이 용수철이 압축될 수 있는 최대 거리를 구하여라(저항은 무시).

12 어떤 특수한 용수철은 후크의 법칙을 따르지 않음을 알 수 있다. 거리 x(meter 단위)를 늘렸을 때 용수철이 내는 힘(Newton 단위)은 길이가 느는 데 반대하는 방향으로 크기가 $52.8x + 38.4x^2$임이 알려졌다. (a) 용수철을 $x = 0.500$ m에서 $x = 1.00$ m로 늘리는 데 필요한 전체 일을 계산하여라. (b) 용수철의 한 끝을 고정하고 용수철을 $x = 1.00$ m만큼 늘렸을 때 다른 한 끝에 질량 2.17 kg의 물체를 매단다. 만일, 이때 물체를 정지 상태로부터 풀어놓는다면 용수철이 $x = 0.500$ m인 곳에 돌아오는 순간의 속력은? (c) 용수철이 가하는 힘은 보존력인가, 비보존력인가?

13 [그림 4.10]의 끈의 길이는 l=120 cm이다. 공을 놓으면 점선 호를 따라 내려간다. 이 회전에서 공이 최저점에 다다를 때 속력은?

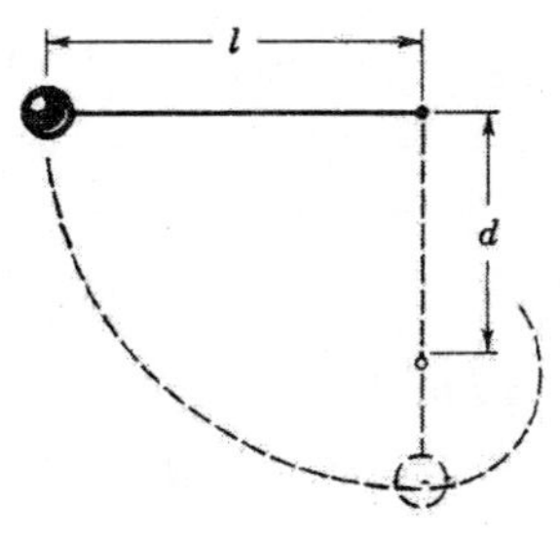

[그림 4.10]

14 용수철총의 용수철은 4.0 lb/in의 탄성계수를 가지고 있다. 총을 30°의 각으로 위로 기울였을 때 2.0 oz의 공이 6.0 ft 높이까지 올라갔다. 용수철을 얼마나 압축하였는가?

15 두 어린이가 마찰이 없는 탁자 위에 수평으로 놓인 용수철이 장치된 구슬총으로 마루 위에 있는 조그만 상자를 맞추려고 하는 놀이를 하고 있다(그림 4.11). 첫 번째 어린이가 용수철을 1.0 cm 압축시켜 구슬을 표적에 못 미친 20 cm 앞에 떨어뜨렸는데, 표적은 탁자 가장자리로부터 수평으로 2.0 m에 있다. 같은 구슬이 상자 안에 떨어지게 하기 위하여 두 번째 어린이는 이 용수철을 얼마나 압축시켜야 하겠는가?

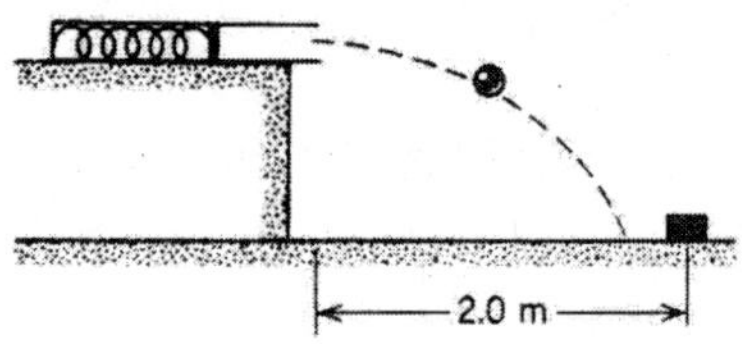

[그림 4.11]

16 길이 l, 추의 질량이 m인 단진자가 [그림 4.12]에서 보는 바와 같이 줄이 연직과 θ_0의 각을 이룰 때($0 < \theta_0 < \pi/2$) v_0의 속력을 가지고 있다. g와 앞에 주어진 양으로부터 (a) 가장 낮은 점에 있을 때의 추의 속력 v_1과, (b) 만약 줄이 운동을 하는 동안 수평의 위치를 가지게 된다면 v_0가 가질 수 있는 최솟값 v_2를, 그리고 (c) $v_0 > v_3$라면 진자가 진동하지 않고 오히려 연직원(鉛直圓) 주위를 계속 움직이게 되는 속력 v_3를 결정하여라.

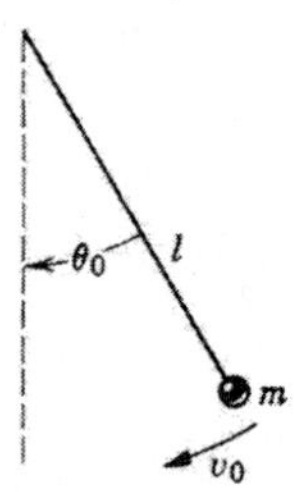

[그림 4.12]

17 에스컬레이터가 8.0 m 위인 위층과 연결되어 있다. 이것의 길이는 12 m이고 60 cm/s의 속력으로 이동한다. (a) 이것이 평균질량 75 kg의 사람을 최고 매분 100사람씩 운반하여야 한다면 이것을 돌리는 모터의 일률은? (b) 80 kg의 사람이 에스컬레이터를 10 s 동안에 걸어올라 갔다. 모터는 이 사람에게 얼마의 일을 하였는가? (c) 이 사람이 중간에서 돌아서서 공간적으로 같은 높이에 머무르도록 에스컬레이터에서 걸어내려 온다면 모터는 그에게 일을 하겠는가? 그렇다면 이렇게 하기 위하여 모터가 하여야 할 일률은? (d) 이 사람이 모터의 일률은 소비시키지 않고 에스컬레이터를 따라 걸을 수 있는(다른) 방법이 있는가?

18 탄성계수가 120 N/m인 압축된 용수철에서 3.0 kg의 물체가 풀려났다. 용수철을 떠난 후 이 물체는 마찰계수 0.20인 수평면 위를 정지할 때까지 8.0 m를 움직여 간다(그림

4.13). (a) 이 물체의 최대 운동 에너지는? (b) 이 물체가 풀리기 전 용수철은 얼마나 압축되어 있었는가?

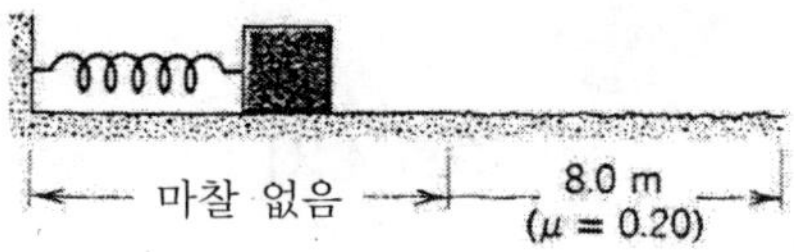

[그림 4.13]

19 4.0 kg의 물체가 128 J의 운동 에너지를 가지고 30°의 경사면 위로 올라가기 시작한다. 마찰계수가 0.30이라면 얼마나 경사면을 미끄러져 올라가겠는가?

20 [그림 4.14]에 있는 4000 lb의 엘리베이터가 1층에 멈춰 있을 때 엘리베이터의 케이블이 끊어지는 순간, 그 밑바닥과 탄성계수 k=10,000 lb/ft인 완충 용수철 사이의 거리는 d = 12 ft이다. 안전장치가 보호용 선로를 누르고 있어서 1000 lb의 일정한 마찰력이 엘리베이터의 운동을 줄인다. (a) 용수철에 닿기 직전의 엘리베이터의 속력, (b) 용수철이 줄어드는 길이 x, (e) 엘리베이터가 다시 '튀어' 올라갈 거리, (d) 에너지 보존법칙을 사용해서 정지할 때까지 엘리베이터가 움직인 대체적인 전체 거리를 구하여라. 왜 답은 부정확한가?

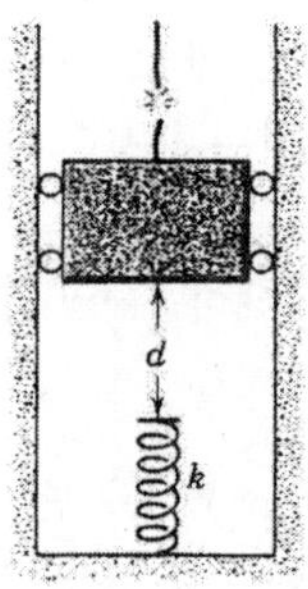

[그림 4.14]

21 다음 운동 에너지를 갖는 전자의 속력은? (a) 1.0×10^5 eV, (b) 1.0×10^6 eV

22 1.0 kiloton의 우주선을 정지 상태로부터 0.10 c의 속력으로 가속시키려면 얼마만큼의 물질을 에너지로 전환시켜야 하는가?

23 일식에서 월식까지 태양으로 향하는 지구의 가속도는 변한다. 백분율은?

24 반경 R인 납 구의 중심에 구형 공동이 있다(그림 4.15 참조). 이 공동은 납 구의 중심을 지나고 구의 바깥쪽 표면에 닿는다. 공동이 생기기 전의 구의 질량은 M이다. 구의 중심과 공동의 중심을 연결하는 직선상에 납 구의 중심으로부터 거리 d만큼 떨어진 곳에 질량 m인 조그만 구가 있다면 만유인력법칙에 따라 납 구가 조그만 구를 당기는 힘은?

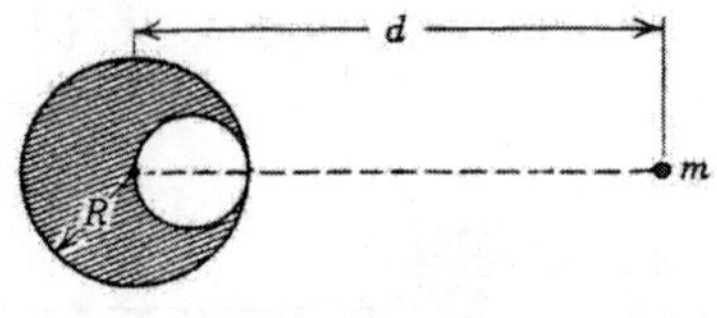

[그림 4.15]

25 중력가속도가 4.9 m/s^{2}이 되려면 지구 표면으로부터 얼마나 올라가야 하는가? 지구의 질량은 6.4×10^{24} kg이며, 평균 반경은 6.4×10^6 m이다.

26 어떤 중성자성(극히 무거운 별)은 1 s에 1회전을 한다고 알려졌다. 이 별의 반경이 20 km 라면 빠른 회전에 의하여 별 표면의 물체가 안 '떨어지고' 붙어 있기 위한 별의 최소 질량은?

27 적도에서 주기가 정확히 1 s인 진자의 남극에서의 주기는?

28 (a) g를 측정하기 위하여 어떤 물체를(정확히) 10 m 거리를 떨어뜨리는 방법을 사용한다면, 결과가 0.1% 이내로 정확하기 위해서는 거리와 시간을 어느 정도 정확하게 측정하여야 하는가? (b) 이 방법의 정확성과 진자를 많은 횟수로 흔들어서 측정하는 방법의 정확성을 비교하여라.

29 태양에서 화성까지의 평균거리는 태양에서 지구까지의 거리의 1.52배이다. 화성이 태양 둘레를 1회전하는 데 몇 년이나 걸리는가?

30 화성은 궤도 반경이 9.4×10^6 m인 위성 Phobos를 가지고 있다. 그 주기가 7 h 39 min 일 때 화성의 질량을 구하여라.

31 같은 질량 M을 가진 3개의 동등한 구가 한 변이 L인 정삼각형의 꼭짓점에 각각 있다. 만일, 이 구들이 서로의 인력의 영향으로 정삼각형을 유지하면서 이 삼각형의 외접 원운동을 하며 회전하기 위해서는 얼마의 속력으로 움직여야 하는가?

32 지구 표면에서 수직상방으로 초속 10 km/s로 물체를 포사하였다. 대기의 저항을 무시할 때 지구 표면으로부터 얼마나 높이 올라가겠는가? 지구의 반경을 6400 km/s로 하여라.

33 (a) 반경이 500 km/s이고, 표면의 중력가속도가 3.0 m/s^{2}인 가상적인 혹성으로부터의 탈출속도는? (b) 1000 m/s의 수직 속도로서 혹성의 표면을 떠나면 물체가 올라갈 수 있는 높이는? (c) 고도 1000 km/s(혹성의 중심으로부터 1500 km/s)에서 떨어진다면 혹성을 때릴 때의 이 물체의 속력은?

34 2개의 동일한 별이 서로 10^{10} m 떨어져 있다. 각각의 질량이 10^{30} kg이고 반경은 10^5 m 이다. 처음에는 서로 정지하여 있다. (a) 상호 거리가 처음의 반으로 줄어들 때 두 별의 속력은? (b) 충돌하기 직전 두 별의 속력은?

35 각각의 질량이 3×10^{30} kg인 이중성이 서로의 공통 질량중심에 대하여 회전하고 있다. 별들의 상호 거리는 10^{11} m이다. (a) 공통 각속력은? (b) 운석이 이중성의 궤도면에 직각으로 질량중심을 지난다. 이중성의 중력장으로부터 탈출하기 위하여 운석이 가져야 하는 속력은?

36 질량이 m인 2개의 지구위성 A 및 B를 지구 중심에 대한 (거의) 원 궤도에 놓았다. 위성 A는 고도 4000 mi에서 궤도를 그리며 돌고, 위성 B는 12,000 mi의 고도에서 궤도를 그리며 돈다. 지구의 반경 R_e는 4000 mi이다(그림 4.16). (a) 궤도에 있어서 위성 A에 대한 위성 B의 위치 에너지의 비율은?(각 위성이 그 궤도에서 무한원까지 갈 때 요구되는 일 값으로 설명하여라.) (b) 궤도에서 위성 A에 대한 위성 B의 운동 에너지의 비율은? (c) 만일, 각 위성의 질량이 1.0 slug 라면 전 에너지는 어느 것이 더 큰가? 얼마만큼 큰가?

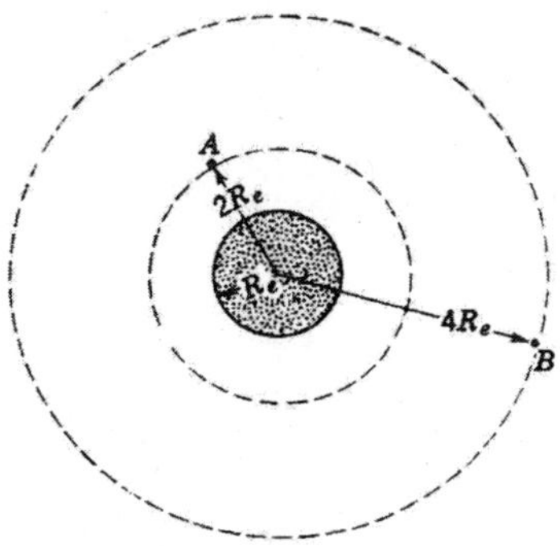

[그림 4.16]

37 지구질량의 2.0×10^{-4}배인 소혹성이 지구와 태양 사이의 거리의 두 배인 곳에서 태양 주위를 공전한다. (a) 소혹성의 주기는 몇 년인가? (b) 지구에 대한 소혹성의 운동 에너지의 비는?

05

운동량과 충돌

Momentum and Collision

5.1 운동량과 역적

운동하고 있는 물체는 속도나 질량이 클수록 정지시키는 데 큰 힘이 든다. 질량 m인 물체가 어떤 시각에 속도 v로 운동할 때 질량과 속도의 곱인 mv는 그 물체의 운동의 크기를 나타내는 동시에, 그 운동 상태를 유지하려는 능력을 나타내는 값으로서 이것을 그 물체의 운동량(momentum)이라 한다. 이때 운동량을 p라 하면

$$p = mv \tag{5.1}$$

로 나타낸다.

뉴턴(Newton)의 운동방정식 $F = ma$에서 질량 m이 일정하면

$$F = m \cdot a = m\frac{dv}{dt} = \frac{d(mv)}{dt} = \frac{dp}{dt} \tag{5.2}$$

로 된다. 이것은 뉴턴의 운동에 관한 제2법칙이 "물체의 운동량의 시간적 변화율이 그 물체에 작용하는 외력과 같다"라 표현할 수 있음을 나타낸다. 그리고 운동량은 그 방향이 속도방향으로 주어지는 벡터량이 되며, 식 (5.2)는 다음과 같이 x, y, z성분으로 분해된다.

$$F_x = \frac{dp_x}{dt}, \quad F_y = \frac{dp_y}{dt}, \quad F_z = \frac{dp_z}{dt} \tag{5.3}$$

다음에 식 (5.2)의 양변에 힘이 작용하는 시간 dt를 곱하면

$$Fdt = dp \tag{5.4}$$

로 표시된다. 이것은 시간 dt 동안에 작용한 힘의 총량을 나타내는 값으로서 역적(impulse)이라 하며, 힘의 방향과 같은 방향의 벡터량이 된다. 식 (5.4)를 적분하면

$$\int_0^t Fdt = \int_{p_1}^{p_2} dp = p_2 - p_1$$

로 된다. 이것은 한 물체에 작용한 역적의 총량은 그 물체의 운동량의 변화량과 같다는 것을 나타낸다.

그리고 이 식으로부터 극히 짧은 시간 동안에 어느 정도의 운동량의 변화를 줄 수 있는 순간적인 큰 힘을 생각할 수 있는데, 이것을 충격력(impulse force)이라 한다. 그 예로는 망치로 못을 때릴 때의 힘이나, 그릇이 콘크리트 바닥에 떨어질 때 깨지는 힘, 화약이 폭발할 때의 힘 등이 있다.

예제 5.1 질량이 3000 kg인 화물자동차가 20 km/h의 속도로 달리다가 갑자기 1초 사이에 정지하려면 이 차에 속도와 반대방향으로 얼마만큼의 힘을 가해야 하는가?

풀이 구하는 힘을 F라 하면 역적과의 관계로부터

$$F \times 1\,\text{s} = 0 - 3000\,\text{kg} \times 20\,\text{km/h}$$

$$\therefore\ F = \frac{-3000\,\text{kg} \times 20 \times 1000\,\text{m}/3600\,\text{s}}{1\,\text{s}} = -1.70 \times 10^4\,\text{N}$$

예제 5.2 10 gm의 대리석 공이 40 m의 높이에서 공이 튕길 수 없는 모래 속에 떨어질 때 지구에 주는 역적은 얼마인가?

풀이 $v^2 = v_0^2 + 2gs$에서

$$v_0 = 0,\quad v = \sqrt{2gs},\quad v = \sqrt{2gs} = \sqrt{2 \times 9.8 \times 40} = 28\,\text{m/s}$$

따라서 역적 $I = Ft = mv = 0.01\,\text{kg} \times 28\,\text{m/s} = 0.28\,\text{kgm/s}$

5.2 운동량의 보존

(1) 두 질점계와의 관계

질량 m_a, m_b의 두 질점 A, B가 상호작용한다고 하자. 간단하게 하기 위하여 이 상호작용의 힘은 어느 한쪽 질점에 작용하는 유일한 힘이라고 가정한다. 뉴턴의 제3법칙에 의하면 질점 a가 질점 b에 작용하는 힘 F_{ab}와 질점 b가 질점 a에 작용하는 힘 F_{ba}는 크기가 같고 방향이 반대이다. 즉

$$F_{ab} = -F_{ba} \tag{5.5}$$

다음에 두 질점 A, B의 상호작용 전의 속도를 각각 v_a, v_b, 상호작용 후 시각 t 때의 속도를 각각 v'_a, v'_b라 하면 A, B의 두 질점의 역적은

$$\int_0^t F_{ab}\,dt = m_a v'_a - m_a v_a \tag{5.6}$$

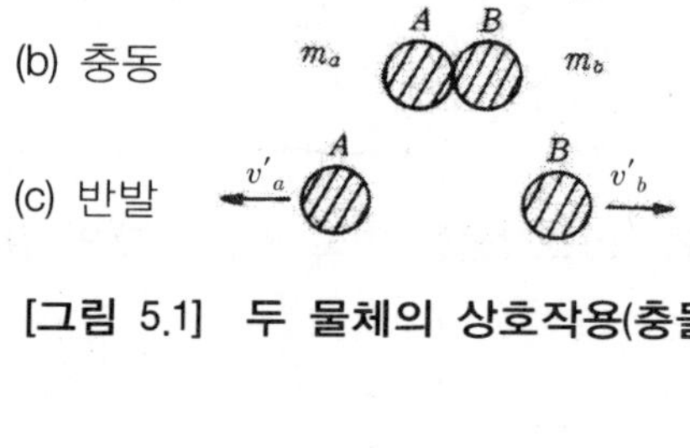

[그림 5.1] 두 물체의 상호작용(충돌)

$$\int_0^t F_{ba}\,dt = m_b v'_b - m_b v_b \qquad (5.7)$$

로 된다. 위 두 식을 더하여 식 (5.5)를 적용하면

$$m_a v'_a - m_a v_a + m_b v'_b - m_b v_b = 0$$

이것으로부터

$$m_a v_a + m_b v_b = m_a v'_a + m_b v'_b = 0 \qquad (5.8)$$

가 얻어진다. 이 식의 좌변은 두 질점의 작용 전의 운동량의 합이고, 우변은 작용 후의 운동량의 합이며, 이것이 같다는 것은 서로 작용하고 있는 두 질점의 운동량의 합은 언제나 일정함을 나타낸다. 이것을 운동량의 보존법칙(conservation law of momentum)이라 한다.

(2) 많은 질점계와의 관계

[그림 5.2]와 같이 n개의 질점으로 된 계를 생각하자. 각 질점들은 뉴턴의 제3법칙에 따라 상호작용을 하지만, 계 외에서는 어느 질점에도 힘이 전혀 작용하지 않는다고 가정한다. 이 계의 운동량은 각 질점의 운동량의 벡터 합이 될 것이다. 뉴턴의 제2법칙을 각 질점에 대해서 각각 쓴다면 다음과 같은 n개의 식을 얻는다.

$$dp_1/dt = f_{12} + f_{13} + \cdots\cdots + f_{1n}$$
$$dp_2/dt = f_{21} + f_{23} + \cdots\cdots + f_{2n}$$
$$\vdots$$
$$dp_n/dt = f_{n1} + f_{n2} + \cdots\cdots + f_{n(n-1)}$$

질점 사이의 상호작용의 힘은 뉴턴의 제3법칙에 따르므로 일반적으로 $f_{ij} = -f_{ji}$로 표시할 수 있다.

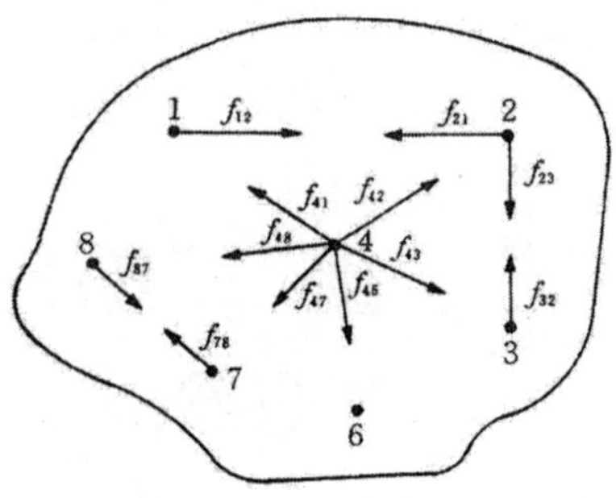

[그림 5.2] 상호작용을 하고 있는 n개의 질점계

위의 n개의 식을 전부 변끼리 더한다면

$$dp_1/dt + dp_2/dt + \cdots\cdots + dp_n/dt = 0 \tag{5.9}$$

가 된다. 이것은

$$\frac{d}{dt}(p_1 + p_2 + p_3 \cdots\cdots + p_n) = \frac{dp}{dt} = 0 \tag{5.10}$$

과 같다. 그리하여 이 식은 외력이 작용하지 않는 질점계의 운동량의 총합 p는 일정함을 나타내고 있으며, 이와 같은 n개의 질점계에 있어서도 운동량의 보존의 법칙이 성립됨을 알 수 있다.

예제 5.3 찰흙덩이로 만든 추를 가진 진자가 있다. 이 추($M = 200$ kg)에 탄환($m = 5$ kg)을 쏘아 넣었더니 진자의 추가 밀리면서 높이(h) 2 m까지 올라갔다고 한다. 탄환의 속도 v를 구하여라.

풀이 충돌 후의 찰흙과 탄환의 속도를 V라고 쓰면,

$$mv = (M+m)V, \quad 5 \times v = (200+5)V$$

이 합체의 운동 에너지가 위치 에너지로 변하였으므로

$$\frac{1}{2}(m+M)V^2 = (M+m)gh$$

$$\frac{1}{2} \times (200+5)V^2 = (200+5) \times 9.8 \times 2$$

위 두 식에서 V를 소거하면,

$$v = 256.7 \text{ m/s}$$

5.3 로켓의 이론

로켓은 그 자신으로부터 고속도의 기체를 계속 다량으로 뿜어냄으로써, 그 반작용으로 속도를 점차로 빨리 내도록 되어 있다. 지표로부터 연직상방으로 향하여 올라가는 로켓을 생각한다. 이 로켓과 이에 실은 연료와의 질량을 m, 어느 순간에서는 상승속도를 v라 하면, 시간 Δt 동안에 질량 Δm의 기체를 방출하는데 이 기체의 로켓을 기준으로 하는 하향속도를 v_r라 하자.

이 기체의 지구에 대한 속도는 $v - v_r$, 따라서 이 기체의 운동량은 $\Delta m(v - v_r)$, 이 시간이 경과하면 로켓과 연료와의 질량은 $m - \Delta m$로 감소되며, 그 속도는 $v + \Delta v$로 증가한다. 따라서 그 운동량은 $(m - \Delta m)(v + \Delta v)$로 된다. 그런데, 외력의 충격량은 운동량의 변화로 나타난다.

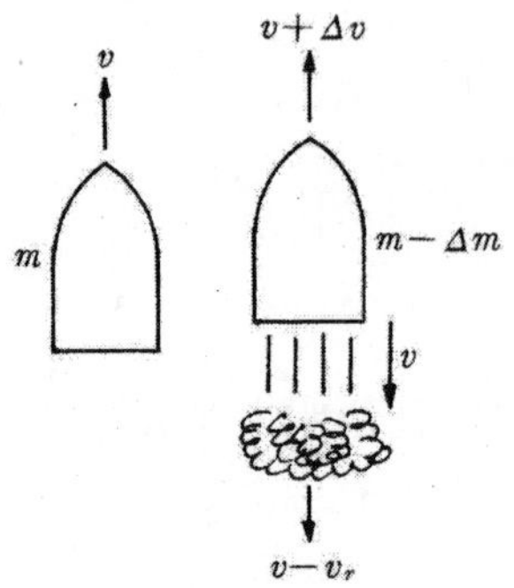

분사기체의 로켓에 대한 하향 속도를 v_r이라 하면 지표에 대한 상대속도는 $v-v_r$이다.

[그림 5.3]

이 로켓에 주어지는 외력은 중력이다. Δt 동안 분사 후에 운동량의 합과 분사 전의 전 운동량과의 차이는 중력에 의한 충격량과 같아야 하므로, 상방을 E로 취하면

$$-mg\Delta t = [(m-\Delta m)(v+\Delta v) + \Delta m(v-v_r)] - mv$$

위 식에서 $\Delta m \Delta v$ 항을 무시하고, 정리하면

$$\frac{\Delta v}{\Delta t} = \frac{v_r}{m}\frac{\Delta m}{\Delta t} - g \qquad (5.11)$$

이에 $\Delta v/\Delta t$는 로켓의 평균가속도가 된다. Δm은 (+)의 값을 취하였으나 미분 기호를 쓸 때에는 로켓의 질량이 시간에 따라서 감소하므로 (−)의 값을 갖는 질량의 변화를 표시하지 않으면 안 된다. 즉

$$\frac{dv}{dt} = \frac{v_r}{m}\frac{dm}{dt} - g \qquad (5.12)$$

$$\therefore\ dv = -v_r\frac{dm}{m} - gdt$$

v_r과 g를 일정하다고 가정하면 $t=0$ 때의 속도와 질량 v_0, m_0, $m=m_0$일 때 정지 상태에서 출발한다고 하면 t초 후의 속도 v는

$$v = -v_r \log\frac{m}{m_0} - gt$$

로 되고, 방출기체의 질량은

$$m = m_0 e^{-\frac{v+gt}{v_r}} \qquad (5.13)$$

로 되어 지수함수로 나타난다.

예제 5.4 로켓이 최초 1초 동안은 6800 ft/s의 하향속도로 그 질량의 1/60의 가스를 방출한다. 이 로켓의 평균가속도는 얼마인가?

풀이 $\Delta m/m = 1/60$, $\Delta t = 1\ \mathrm{s}$, $g = 32\ \mathrm{ft/s^2}$이므로 평균가속도 $\bar{a}$는 식 (5.11)에 의하여

$$\bar{a} = \frac{\Delta v}{\Delta t} = \left(6800\ \mathrm{ft/s} \times \frac{1}{60} \times \frac{1}{1\ \mathrm{s}}\right) - 32\ \mathrm{ft/s^2} = 81\ \mathrm{ft/s^2}$$

5.4 충 돌

(1) 1차원에서의 정면충돌

동일선상에서 움직이는 두 구가 충돌하는 경우, 작용력도 역시 이 선상에 있게 되고, 충돌(collision) 후에도 같은 선상에 계속하여 운동하는 1차원적 정면충돌을 다루어 보자.

충돌에서 부딪치는 물체를 표사체(projectile)라 하고, 표사체에 맞는 물체를 표적(target)이라 하며, 충돌 전후에서 충돌체 전체의 운동 에너지가 보존되는 충돌을 탄성충돌(elastic collision)이라 한다.

그러나 일반적인 경우는 충돌할 때 운동 에너지가 열과 소리 등으로 손실되어 운동 에너지가 보존되지 않는데, 이런 충돌을 비탄성충돌(non-elastic collision)이라 한다.

지금 A, B 두 물체의 질량을 각각 m_1, m_2, 충돌 전의 속도를 v_1, v_2, 충돌 후의 속도를 v'_1, v'_2라 할 때 운동량 보존법칙에 의하여

$$m_1v_1 + m_2v_2 = m_1v'_1 + m_2v'_2 \tag{5.14}$$

이것이 탄성충돌을 한다고 하면 충돌 전후의 운동 에너지가 보존되므로

$$\frac{1}{2}m_1v_1^2 + \frac{1}{2}m_2v_2^2 = \frac{1}{2}m_1v'^2_1 + \frac{1}{2}m_2v'^2_2 \tag{5.15}$$

식 (5.14)에서

$$m_1(v_1 - v_1') = m_2(v_2' - v_2) \tag{5.16}$$

식 (5.15)에서

$$m_1(v_1^2 - v_1'^2) = m_2(v_2'^2 - v_2^2)$$

$$m_1(v_1 + v_1')(v_1 - v_1') = m_2(v_2' + v_2)(v_2' - v_2) \tag{5.17}$$

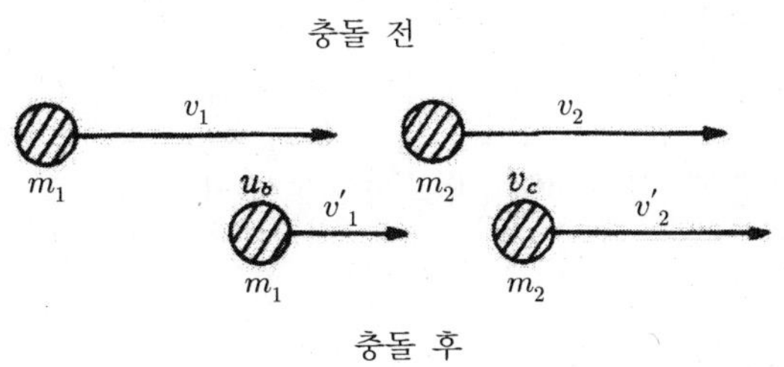

탄성충돌은 충돌체의 속도를 다시 안내한다. 일차원 충돌을 보여준다.

[그림 5.4]

식 (5.17)에 식 (5.16)을 대입하면

$$v_1 + v_1{}' = v_2{}' + v_2 \tag{5.18}$$

식 (5.18)을 다시 고쳐 쓰면

$$v_1 - v_2 = v_2{}' - v_1{}'$$

$$-(v_2 - v_1) = v_2{}' - v_1{}' \tag{5.19}$$

의 관계를 얻는다. 또한 식 (5.18)에서

$$v_2{}' = v_1 + v_1{}' - v_2$$

이것을 식 (5.16)에 대입하여 정리하면

$$v_1{}' = \frac{m_1 - m_2}{m_1 + m_2} v_1 + \frac{2m_2}{m_1 + m_2} v_2 \tag{5.20}$$

마찬가지로 식 (5.18)에서

$$v_1{}' = v_2{}' + v_2 - v_1$$

이것을 식 (5.16)에 대입하여 정리하면

$$v_2{}' = \frac{m_2 - m_1}{m_1 + m_2} v_2 + \frac{2m_1}{m_1 + m_2} v_1 \tag{5.21}$$

로 표시된다.

위의 결과로부터 다음과 같은 몇 가지 중요한 결론이 얻어진다.

1) m_1이 m_2에 비하여 대단히 큰 경우

$$m_1 - m_2 \fallingdotseq m_1, \quad m_1 + m_2 \fallingdotseq m_1$$

로 볼 수 있으므로 식 (5.20)과 (5.21)에서

$$\frac{2m_2}{m_1 + m_2} \fallingdotseq 0, \quad \frac{2m_1}{m_1 + m_2} \fallingdotseq 2, \quad \frac{m_1 - m_2}{m_1 + m_2} = 1, \quad \frac{m_2 - m_1}{m_1 + m_2} = -1$$

따라서

$$v_1 \fallingdotseq v_1{}', \quad v_2{}' \fallingdotseq 2v_1 - v_2 \tag{5.22}$$

즉, 충돌 후 A의 속도는 거의 변하지 않고 B의 속도가 심히 변함을 알 수 있다.

2) m_1과 m_2가 같은 경우

이때는 식 (5.20)과 (5.21)에서

$$v_1{}' = v_2, \quad v_2{}' = v_1 \tag{5.23}$$

로 되어 충돌 후 그 속도가 교환된다. 다음에 일반적인 비탄성충돌에서는 식 (5.19)를

$$e = -\frac{v_2{}' - v_1{}'}{v_2 - v_1} \tag{5.24}$$

로 정의되는 충돌 전후의 상대속도의 비를 나타내는 상수 e를 취한다. 이것은 충돌되는 두 물체의 종류에 따라서 결정되는 상수로서 반발계수(coefficient of restitution)라 한

다. 식 (5.24)로부터

$$v_2' - v_1 = -e(v_2 - v_1) \tag{5.25}$$

가 얻어지며, 이 식과 식 (5.14)로부터 v_1'과 v_2'를 구하면

$$\left.\begin{aligned} v_1' &= v_1 + \frac{m_2(v_2 - v_1)}{m_1 + m_2}(1+e) \\ v_2' &= v_2 + \frac{m_1(v_1 - v_2)}{m_1 + m_2}(1+e) \end{aligned}\right\} \tag{5.26}$$

이 된다.

이때 $e = 1$인 경우 탄성충돌이 되며, $0 \le e < 1$인 경우 비탄성충돌, 특히 $e = 0$인 경우를 완전 비탄성충돌이라 한다. 어떤 물체가 질량이 대단히 큰 벽에 충돌하여 반발할 때에는 $m_2 \to \infty$, $v_2' = v_2 = 0$으로 보고 식 (5.25)에서

$$v_1' = -ev_1$$

인 관계로부터 반발계수 e의 값을 실험적으로 구한다.

(2) 탄성구의 사면충돌

[그림 5.5]와 같이 A, B 두 구가 최초 v_1, v_2인 속도로 구의 중심 O_1, O_2를 연결하는 직선 O_1O_2와의 각이 각각 α, β인 방향으로 운동하여 점 C에서 충돌한 후 O_1, O_2와의 각이 α', β'의 방향으로 각각 v_1', v_2'인 속도로 반발하였다고 할 때는

$$v_1 \sin\alpha = v_1' \sin\alpha' \tag{5.27}$$

$$v_2 \sin\beta = v_2' \sin\beta' \tag{5.28}$$

$$v_1' \cos\alpha' = v_1 \cos\alpha + \frac{m_2(v_2\cos\beta - v_1\cos\alpha)}{m_1 + m_2}(1+e) \tag{5.29}$$

$$v_2' \cos\beta' = v_2 \cos\beta + \frac{m_1(v_1\cos\alpha - v_2\cos\beta)}{m_1 + m_2}(1+e) \tag{5.30}$$

인 관계가 성립된다. 이 4개의 식으로부터 v_1', v_2', α', β'를 구할 수 있다. 또한 식 (5.29)에 m_1을, 식 (5.30)에 m_2를 곱해 줌으로써

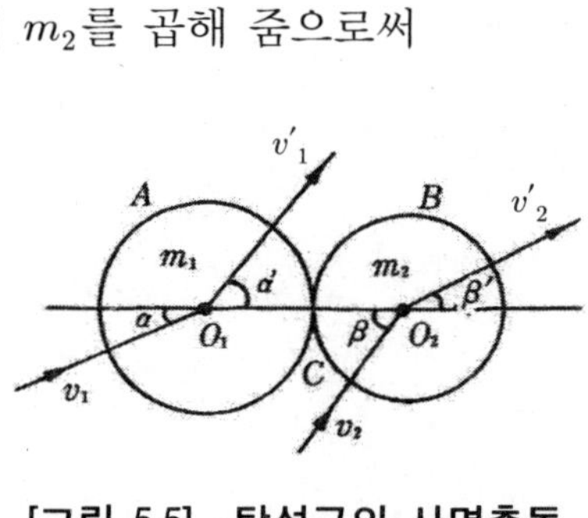

[그림 5.5] 탄성구의 사면충돌

$$m_1v_1\cos\alpha + m_2v_2\cos\beta = m_1v_1'\cos\alpha' + m_2v_2'\cos\beta' \qquad (5.31)$$

을 얻는데 이것은 O_1, O_2의 방향에서의 운동량이 불변임을 나타내고 있다.

예제 5.5 질량 5 kg의 물체 A와 질량 3 kg의 물체 B가 각각 2 m/s의 속도로 마주 향하여 움직이다가 충돌하였다. 이 충돌을 완전한 충돌이라 할 때 충돌 후의 A와 B의 속도를 구하라. 또 이 충돌에서 에너지 보존법칙이 성립되는가 알아보아라.

풀이 충돌 후의 속도를 각각 v_A, v_B라 하면 운동량 보존법칙에 의하여

$$5\times 2+3(-2)=5\times v_A+3\times v_B$$

즉, $5v_A+3v_B=4$

또 완전탄성충돌이므로

$$v_A-v_B=-2[2-(-2)]$$

$$\therefore\ v_A=-1\ \text{m/s},\ \ v_B=3\ \text{m/s}$$

또 충돌 전의 운동 에너지의 총합은

$$E_0=\frac{1}{2}\times 5\times 2^2+\frac{1}{2}\times 3\times(-2)^2=16\ \text{J}$$

충돌 후의 운동 에너지의 총합 E는

$$E=\frac{1}{2}\times 5\times(-1)^2+\frac{1}{2}\times 3\times(3)^2=16\ \text{J}$$

따라서 에너지 보존법칙이 성립된다.

■ 연습문제 ■

01 816 kg의 아반떼 자동차가 다음과 같으려면 얼마의 속력을 가져야 하는가? (a) 16 km/h로 달리는 2650 kg의 그랜저 자동차와 같은 운동량을 가질 경우, (b) 같은 운동 에너지를 가질 경우, (c) 그랜저 자동차 대신에 9080 kg의 트럭을 사용하여 같은 계산을 하여라.

02 760 m/s의 속력을 가진 10 g 총알의 (a) 운동량과 (b) 운동 에너지를 구하여라. (c) 450 kg의 사슴이 동일한 운동량을 가지려면 얼마나 빨리 움직여야 하는가?

03 30 m/s의 속력을 가진 5.0 kg의 물체가 45°의 각도로 강철판에 부딪치고 같은 속력과 각도로 다시 튀어나온다(그림 5.6). 이 물체의 선운동량의 변화(크기와 방향)는?

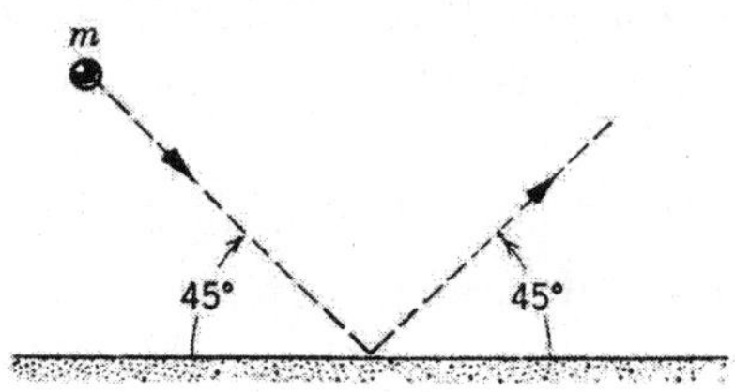

[그림 5.6]

04 기관총은 50 g의 총알을 1000 m/s의 속력으로 쏠 수 있다. 총을 손에 쥐고 있는 사수는 총에 대하여 180 N(=40 lb)의 평균력을 가할 수 있다. 그가 매분 쏠 수 있는 최대 총알 수를 결정하여라.

05 1000 m/s의 속력을 가지고 수평으로 발사된 40 g 총알의 다발이 마찰이 없는 수평한 탁자 위에서 자유롭게 움직일 수 있는 10 kg의 나무토막에 박힌다. 15개의 총알이 박힌 후의 나무토막의 속력은?

06 로켓이 6.0×10^3 m/s의 속력으로 태양계로부터 멀어져 가고 있다. 로켓 엔진이 작동하여 상대속도 3.0×10^3 m/s로 배기가스를 분사하고 있다. 이 순간의 로켓의 질량은 4.0×10^4 kg이고, 가속도는 2.0 m/s^{2}이다. (a) 태양계에 대한 배기가스의 속도는? (b) 엔진이 가동하는 동안 어떤 비율로 배기가스는 분사되고 있는가?

07 정지 상태의 그릇이 깨어져서 세 조각이 났다. 같은 질량을 가진 조각 2개는 서로 직각 방향으로 30 m/s의 속력으로 날아갔다. 나머지 조각은 다른 조각의 3배의 질량을 가지고 있다. 이것이 깨어지는 순간, 이 조각의 속도의 크기와 방향은?

08 한 제트 비행기가 180 m/s(=600 ft/s)로 비행한다. 엔진은 매초 70 kg(=4.8 slug)의 질량을 가진 68 m^3(=2400 ft^3)의 공기를 흡입한다. 공기는 매초 2.9 kg(=0.20 slug)의 연료를 연소시키는 데 사용한다. 연소물을 압축해서 비행기 뒤로 비행기에 대해 490 m/s(=1600 ft/s)로 내뿜는 데 에너지를 사용한다. (a) 이 제트 엔진의 추진력과 (b) 전달된 일률(마력)을 구하여라.

09 질량 m, 속력 v인 공이 한 벽에 수직으로 충돌한 다음 같은 속력으로 튀어나갔다. 충돌시간을 t라 하면 공이 벽에 가한 평균력은?

10 당구를 치는 사람이 10 ms 동안에 50 N의 평균력을 당구공에 가하였다. 이때 공의 질량이 0.20 kg이라면 충돌 후의 속력은?

11 10 kg인 물체의 힘이 0에서 50 N까지 4.0 s 동안에 일정하게 증가한다. 이 물체가 정지 상태로부터 출발하였다면 이 물체의 최종 속력은?

12 질량 10 g의 탄환이 질량 2.0 kg인 탄동진자에 맞았다. 이 진자의 질량중심이 위로 12 cm 올라갔다. 탄환이 진자 속에 파묻혀 있다고 가정하고 초속을 구하여라.

13 1개의 α입자(질량 4.0 u)가 정지하고 있던 금원자(질량 197 u)의 핵 1개와 탄성정면충돌을 한다. 이 α입자의 운동 에너지의 손실률은?

14 질량 m인 전자가 정지하고 있는 질량 M인 한 원자와 정면충돌한다. 충돌로 인해서 특정한 크기의 에너지 E가 원자의 내부에 저장된다. 전자가 가져야 할 최저의 초속 v_0는?(힌트 : 보존원리는 최후의 전자의 속력 v와 최후의 원자의 속력 V에 대한 2차방정식을 유도한다. 극소값 v_0는 v와 V의 실수에 대한 기본적인 해의 요구에 따른다)

15 질량 $m_1 = 2.0$ kg인 토막이 10 m/s의 속력으로 마찰이 없는 탁자를 미끄러진다. 바로 앞에 질량 $m_2 = 5.0$ kg인 토막이 3.0 m/s의 속력으로 같은 방향으로 움직인다. [그림 5.7]과 같이 용수철 상수 $k = 1120$ N/m이고, 질량을 무시할 수 있는 용수철이 m_2에 붙어 있다. 토막이 부딪칠 때 용수철이 휘지 않고 훅의 법칙을 만족한다면 용수철의 최대 수축은?

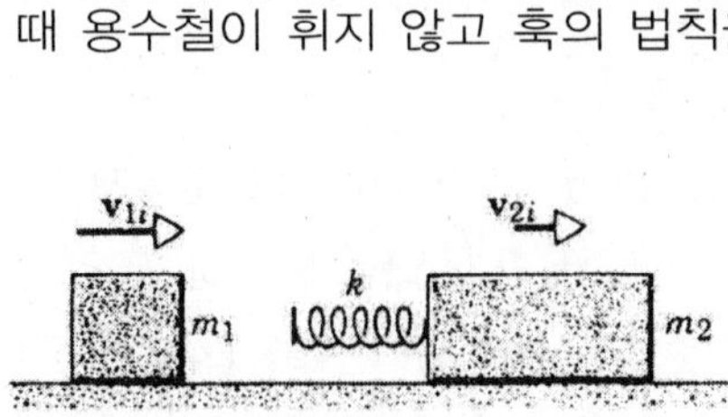

[그림 5.7]

16 1개의 양성자(원자질량 1.0 u)가 500 m/s의 속력으로 정지하고 있던 다른 양성자와 탄성충돌 한다. 처음 양성자는 처음 방향으로부터 60°로 산란된다. (a) 충돌 후의 두 양성자의 속력은? (b) 충돌 후 표적 양성자의 속도의 방향은?

17 정지하고 있던 어떤 핵이 3개의 입자로 분해된다. 그들 중에서 2개는 발견되었고, 질량과 속도는 [그림 5.8]과 같다. (a) 질량이 12×10^{-27} kg이라고 알려진 세 번째 입자의 운동량은? (b) 이 분해과정에 얼마의 에너지가 포함되어 있는가?

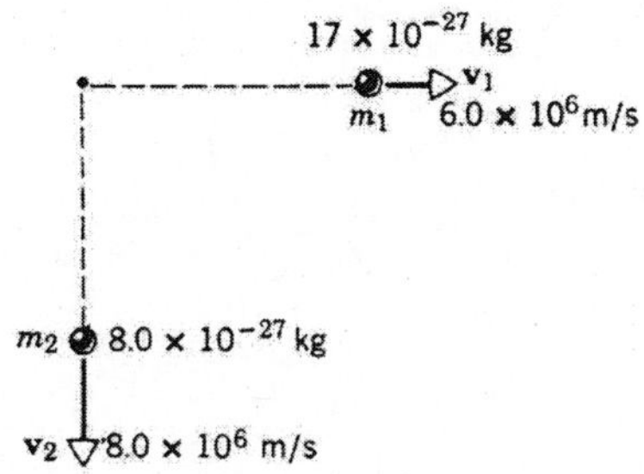

[그림 5.8]

18 반경 r_1의 구가 반경 r_2인 구와 부딪친다. 접촉충돌에 대한 단면적은?

19 초속 10 m/s를 가진 공이 중심이 초속도에 수직인 선상에 있고, 서로 닿아 있는 2개의 똑같은 공과 탄성충돌을 한다(그림 5.9). 첫 번째 공은 접촉점을 똑바로 겨냥하여 던져졌고 모든 공들은 마찰이 없다. 충돌 후의 세 물체 모두의 속도를 구하여라(힌트 : 처음에 정지하고 있던 두 공의 방향은 충돌 중에 받은 충격의 방향에 의하여 알 수 있다).

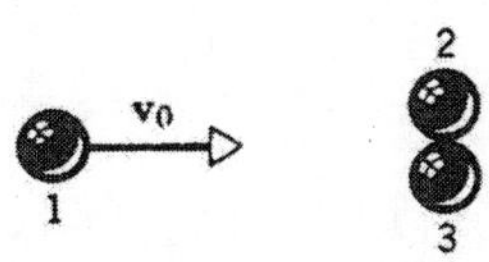

[그림 5.9]

06

회전운동

Rational motion

6.1 회전운동

일정한 각속도로 회전하는 운동을 등각가속도운동이라 한다. 그러나 어떤 물체가 정지하거나, 회전할 때에는 각속도가 변하여 각가속도가 작용을 하는데, 등각가속도일 때의 회전운동(kinematics of rotation)을 등각가속도운동이라 한다.

이런 회전운동에서 각가속도를 α, 각속도를 ω, 각변위를 θ라 하면 이 사이의 관계식은 등가속도 직선운동의 경우와 같은 방법으로 구할 수 있다. 그러나 여기에서는 적분을 써서 구해 본다.

$$\alpha = \frac{d\omega}{dt}, \quad d\omega = \alpha dt \tag{6.1}$$

식 (6.1)을 적분하면

$$\int d\omega = \int \alpha\, dt + c_1 \quad \therefore\ \omega = \alpha t + c_1$$

만약 $t = 0$일 때 각속도를 ω_0라 하면 $c_1 = \omega_0$

$$\omega = \omega_0 + \alpha t \tag{6.2}$$

θ를 구해 보면

$$\omega = \frac{d\theta}{dt} \quad \text{즉, } d\theta = \omega dt$$

적분하면 식 (6.2)에 의하여

$$\int d\theta = \int \omega_0 dt + \int \alpha dt + c_2$$

$$\therefore\ \theta = \omega_0 t + \frac{1}{2}\alpha t^2 + c_2$$

이므로 $t = 0$에서 각을 기점으로 할 때에는 $c_2 = 0$이므로

$$\theta = \omega_0 t + \frac{1}{2}\alpha t^2 \tag{6.3}$$

그리고 각가속도는

$$\alpha = \frac{d\omega}{dt} = \frac{d\omega}{d\theta}\frac{d\theta}{dt} = \omega\frac{d\omega}{d\theta}$$

적분하면

$$\int \alpha d\theta = \int \omega d\omega + c_3, \quad \therefore\ \alpha\theta = \frac{1}{2}\omega^2 + c_3$$

$t = 0$에서 $\theta = 0$, $\omega = \omega_0$이므로 이것을 위 식에 대입하면 적분상수 c_3는

$$c_3 = -\frac{1}{2}\omega_0^2$$

이다. 그러므로

$$2\alpha\theta = \omega^2 - \omega_0^2 \qquad (6.4)$$

로 된다.

등각가속도운동과 등가속도 직선운동에 있어서는 다음과 같은 관계식이 성립한다. 그것을 서로 비교하면 다음과 같다.

〈표 6.1〉 선량 및 각량

선 량	각 량
$s = v_0 t + \frac{1}{2}at^2$	$\theta = \omega_0 t + \frac{1}{2}\alpha t^2$
$v = v_0 + at$	$\omega = \omega_0 + \alpha t$
$2as = v^2 - v_0^2$	$2\alpha\theta = \omega^2 - \omega_0^2$

예제 6.1 어떤 전기 모터가 3600 rpm으로 돌 때 전류를 끊었다. 이 모터는 100초 동안에 고른 각가속도로 돌다가 정지하였다고 하면 그 각가속도는 얼마이며, 정지하기까지의 회전수는 얼마인가?

풀이 3600 rpm은 60 rps이므로 각속도는 $2\pi \times 60$ rad/s이다. 각가속도는

$$\alpha = \frac{0 - 120\pi}{100} = -1.2\pi \text{ rad/s}^2$$

100초 동안에 돌은 각도 θ는

$$\theta = \omega_0 t + \frac{1}{2}\alpha t^2 = 120\pi \times 100 + \frac{1}{2} \times (-1.2\pi) \times 100^2 = 6000\pi \text{ rad}$$

회전수 N은

$$N = \frac{6000\pi}{2\pi} = 3000 \text{ rpm}$$

6.2 관성능률

(1) 회전관성

정지한 회전체를 회전시키거나 등각속도로 회전하는 회전체의 각속도를 변화시키려면, 회전체는 처음 운동 상태를 계속하려는 관성이 있어서 이에 대항하는 회전력이 필

요하다. 즉, 회전력이 작용하지 않는 한 회전체는 정지 또는 등각속도운동을 계속한다. 이러한 성질을 회전관성이라 한다.

(2) 관성능률

[그림 6.1]에서 길이가 r이고, 굵기가 같은 막대기 한쪽 끝에 수직으로 F의 힘을 작용시키면 막대기는 고정축 O의 주위를 회전한다. 막대기를 매우 짧게 나누었을 때 각 부분의 질량을 $m_1, m_2, \cdots\cdots, m_n$, 각 부분에 작용하는 힘을 $f_1, f_2, \cdots\cdots f_n$, 각 부분의 접선가속도를 $a_1, a_2, \cdots\cdots, a_n$, O로부터의 거리를 $r_1, r_2, \cdots\cdots, r_n$, 이때의 각가속도를 α라 하고, 각 부분의 회전력을 $M_1, M_2, \cdots\cdots, M_n$이라 하면

$$M_1 = f_1 r_1 = m_1 a_1 r_1 = m_1 r_1^2 \alpha$$

$$M_2 = f_2 r_2 = m_2 a_2 r_2 = m_2 r_2^2 \alpha$$

$$\vdots$$

$$M_n = f_n r_n = m_n a_n r_n = m_n r_n^2 \alpha$$

막대기에 작용하는 전 회전력은

$$M = \Sigma M_i = (\Sigma m_i r_i^2)\alpha$$

$\Sigma m_i r_i^2$은 물체에 따라 일정한 상수이고, 이것을 I라 하면

$$I = \Sigma m_i r_i^2 \quad \therefore\ M = I\alpha \tag{6.5}$$

I는 회전력에 저항하는 성질 즉, 회전관성의 크기를 나타내는 관성능률(moment of inertia)이라 한다.

회전력이 물체에 작용하여 생긴 각가속도는 그 물체의 관성능률에 반비례하고 회전력에 비례함을 알 수 있다. 이것은 $F = ma$와 형식이 같으므로 회전운동에 있어서의 뉴턴의 제2법칙 또는 각가속도법칙이라 한다.

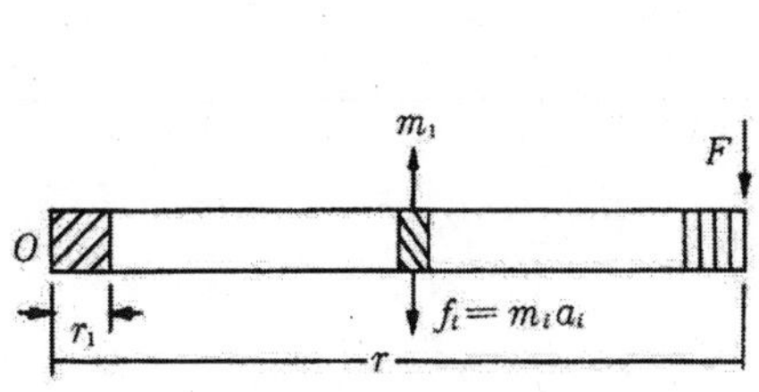

[그림 6.1]

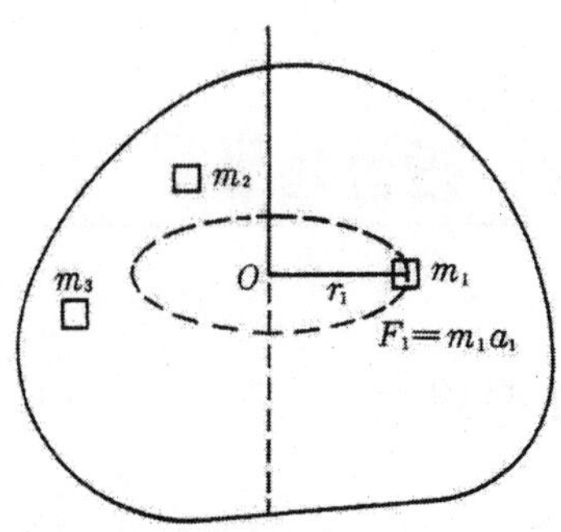

[그림 6.2]

(3) 회전반지름

물체에서 모든 부분의 질량이 집중된 질량중심은 일정한 중력장에서 무게중심과 일치되는 점이다. 회전체가 한 축에 대해 같은 것과 같은 관성 모멘트를 가지도록 전 질량이 집중된 점을 취하고, 이 점과 축 사이의 거리를 호 회전체의 회전반지름이라 한다. 회전반지름 R, 관성 모멘트 I의 관계식은

$$I = mR^2$$

$$R^2 = \frac{\sum m_i r_i^2}{\sum m_i} = \frac{\sum m_i r_i^2}{m}$$

$$R = \sqrt{\frac{\sum m_i r_i^2}{m}} \tag{6.6}$$

6.3 슈타이너(Steiner)의 정리

물체의 관성 모멘트는 그 회전축의 위치에 따라서 값이 달라진다. 그러므로 물체의 관성 모멘트를 계산할 때에는 질량중심을 지나는 축에 대한 관성 모멘트와 이 축에 평행한 다른 축에 대한 관성 모멘트 및 수직축에 대한 관성 모멘트를 구하는 것이 편리한 때가 있다.

(1) 평행축 정리

질량중심을 지나는 축에 대한 관성능률을 I_{cm}라 하고, 이 축에서 x되는 거리에 있는 평행한 축에 대한 관성능률을 I_x라 할 때 $I_x = I_{cm} + Mx^2$임을 증명하자.

[그림 6.3]에서

$$r_i' = r_i + x, \quad I_x = \sum m_i r_i'^2$$

$$I_{cm} = \sum m_i r_i^2$$

$$I_x = \sum m_i (r_i + x)^2 = \sum m_i r_i^2 + \sum m_i x^2 + 2\sum m_i r_i x$$

$$= I_{cm} + x^2 \sum m_i + 2x \sum m_i r_i$$

그런데 $\sum m_i r_i$는 질량중심에 대해서는 0이므로

$$I_x = I_{cm} + Mx^2 \tag{6.7}$$

이 됨을 알 수 있다.

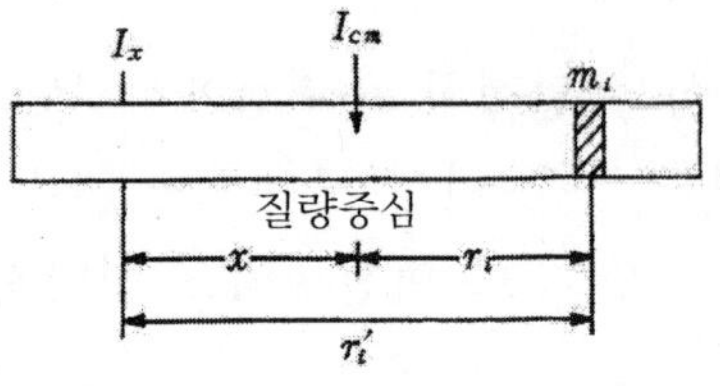

[그림 6.3]

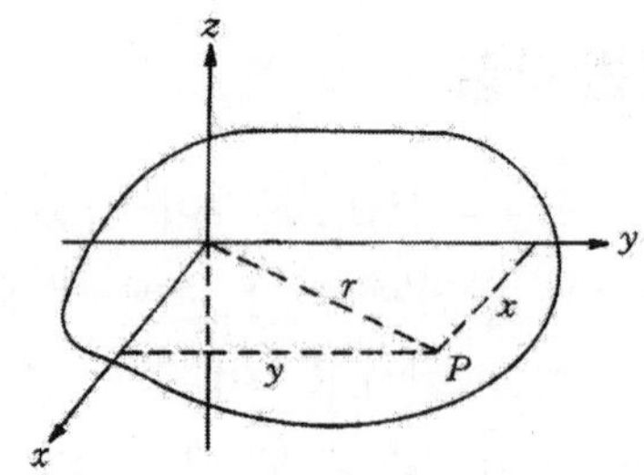

[그림 6.4]

(2) 수직축 정리

평면판에 있어서 서로 수직한 x, y의 두 축에 대한 관성능률을 I_x, I_y라 할 때 두 축의 교점에서 면에 수직한 z축에 대한 관성능률은 I_x와 I_y를 합친 것과 같다(그림 6.4 참조).

증명을 하면

$$I_x = \Sigma m_i y_i^2, \quad I_y = \Sigma m_i x_i^2, \quad I_z = \Sigma m_i r_i^2$$

$$I_x + I_y = \Sigma m_i (y_i^2 + x_i^2) = \Sigma m_i r_i^2$$

그러므로

$$I_z = I_x + I_y \tag{6.8}$$

이 됨을 알 수 있다.

예제 6.2 접선 주위로 돌아가는 구의 관성능률은 얼마인가?

풀이 축은 r만큼 이동한다. 그것은 접선이나 지름에 나란하기 때문에 어느 지름에 대해서나

$$I = \frac{2}{5}mr^2$$

$$\therefore I = \frac{2}{5}mr^2 + mr^2 = \frac{7}{5}mr^2$$

6.4 관성능률의 계산

질량이 연속적으로 분포되어 있는 물체의 관성능률에서는 $I = \Sigma mr^2$의 정의식에서 표시된 합이 적분으로 대치된다. 즉,

$$I = \int r^2 dm \tag{6.9}$$

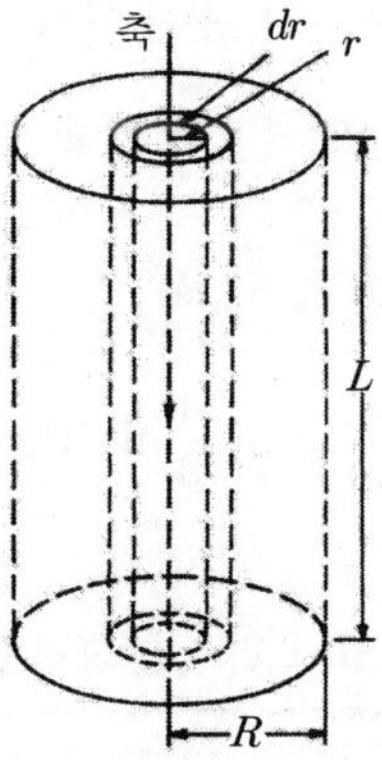

[그림 6.5]

고체의 관성능률을 알아보기 위해서 균일한 고체원통의 대칭축에 대한 관성능률을 계산해 보자.

[그림 6.5]에서와 같이 반지름 r, 두께 dr, 길이 L인 무한히 얇은 원통의 질량을 dm이라 하면, $dm = \rho dv$, ρ는 물체의 밀도이고, dv는 원통의 체적으로

$$dv = (2\pi r dr) \times L$$

따라서

$$dm = 2\pi r L \rho dr$$

관성률 I는

$$I = \int r^2 dm = 2\pi L \rho$$

$$\int_0^R r^3 dr = 2\pi L \rho \frac{R^4}{4}$$

그런데 원통의 전 질량 m은 $m = \rho \pi R^2 L$이므로

$$I = \frac{1}{2} m R^2 \tag{6.10}$$

이와 비슷한 계산에 의하여 관성능률이 얻어진다.

예제 6.3 강체가 한 축의 주위를 각속도 ω로 회전할 때 관성 모멘트를 I라 하면 그 회전운동 에너지 $E = 1/2\, I\omega^2$임을 증명하자.

풀이 강체의 미소 부분의 질량을 m_1, m_2, m_3, ……라 하고, 그 미소 부분에서 축까지의 거리를 각각 r_1, r_2, r_3, ……라 하면, 각선속도는 $r_1\omega$, $r_2\omega$, $r_3\omega$, …… 등이므로

$$E_k = \frac{1}{2} m_1 (r_1\omega)^2 + \frac{1}{2} m_2 (r_2\omega)^2 + \frac{1}{2} m_3 (r_3\omega)^2 + \cdots\cdots$$

$$= \Sigma \frac{1}{2} m_i (r_i\omega)^2 = \frac{\omega^2}{2} \Sigma m_i r_i^2 = \frac{1}{2} I\omega^2$$

예제 6.4 길이 $2a$m, 질량 Mkg인 굵기가 곧은 막대의 중앙점에 대한 관성모멘트가 $\frac{1}{3}Ma^2$ kg-m^{2}일 때 그 막대의 한 끝점에 대한 관성 모멘트를 구하여라.

풀이 $I_c = 2\int_0^a x^2 \frac{M}{2a}dx = \frac{1}{3}Ma^2, \quad I = I_{cm} + Ma^2$

$$\therefore I = \frac{1}{3}Ma^2 + Ma^2 = \int_0^{2a} x^2 \frac{M}{2a}dx = \frac{4}{3}Ma^2(\text{kg-m}^2)$$

〈표 6.2〉 관성능률

물 체	크 기	축의 위치	관성능률
굵기가 균일한 가는 봉	길 이 l	중심을 지나 봉에 수직	$M\frac{l^2}{12}$
굵기가 균일한 가는 봉	길 이 l	한 끝을 지나 봉에 수직	$M\frac{l^2}{3}$
직육면체	변의 길이 a, b, c	중심을 지나 a, b면에 수직	$M\frac{a^2+b^2}{12}$
원 판	반지름 R	지름	$M\frac{R^2}{4}$
원 판	반지름 R	중심을 지나 판에 수직	$M\frac{R^2}{2}$
구	반지름 R	어떤 지름	$M\frac{2R^2}{5}$
엷은 중공원통환	반지름 R	원통의 중심축	MR^2
환상원통	안지름 R_1 바깥지름 R_2	원통의 중심축	$\frac{1}{2}M(R_1^2+R_2^2)$

6.5 회전운동 에너지

(1) 일과 운동 에너지

원판 회전체에 줄을 감아 [그림 6.6]과 같은 일정한 힘 F로 밑으로 당기면, 미소각 $d\theta$만큼 회전함에 따라 점 P도 ds만큼 이동하므로 $ds = rd\theta$이다. ds 방향의 F의 성분은 [그림 6.6]에서 보는 바와 같이 $F\cos\varphi$이고 이때 힘이 한 일은

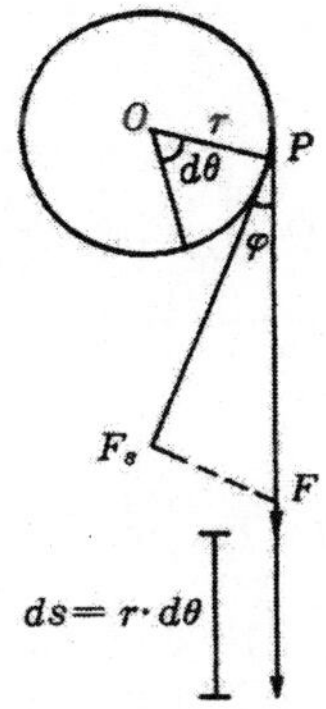

[그림 6.6]

$$dW = (F\cos\varphi)ds = (F\cos\varphi)rd\theta$$

가 된다. 그리고 $rF\cos\varphi$는 그 축에 관한 F의 모멘트(능률) M이므로

$$dW = Md\theta \tag{6.11}$$

가 된다.

식 (6.11)은 ds만큼 변위하는 동안에 힘 F가 한 일 $dW = Fds$와 비슷한 식이다. 즉, 회전축의 O에 대한 관성능률을 I라 하고, 일정한 각가속도를 α라 하면 각변위 사이에 작용한 전체의 일은

$$W = \int dW = M\int_0^\theta d\theta$$

이다. 만일 M가 일정하다면 $W = M\theta$가 된다. 회전의 제2법칙에서

$$M = I\alpha = I\frac{d\omega}{dt}$$

이므로

$$dW = I\frac{d\omega}{dt}d\theta, \quad dW = I\frac{d\theta}{dt}d\omega$$

따라서

$$dW = I\omega\, d\omega \tag{6.12}$$

이다. 식 (6.12)를 적분하면 전체 일 W는

$$W = \int dw = \int_{\omega_0}^{\omega} I\omega d\omega = \frac{1}{2}I\omega^2 - \frac{1}{2}I\omega_0^2 \tag{6.13}$$

가 된다. $\frac{1}{2}I\omega^2$은 $\frac{1}{2}mv^2$과 비슷한 형식으로 이것을 회전운동 에너지라 한다. 따라서 외부에서 한 일은 마찰이 없을 때 회전운동 에너지의 증가량과 같다.

(2) 회전운동 에너지의 보존

만일 외부에서 일을 하여 주지 않으면 일정한 회전각속도를 유지하게 되어 물체의 모멘트를 주지 않으므로

$$W = M\theta = 0$$

가 된다. 그러므로 외부에서 한 일 $W=0$이므로 식 (6.13)에서

$$\frac{1}{2}I\omega^2 - \frac{1}{2}I\omega_0^2 = 0$$

$$\therefore \ \frac{1}{2}I\omega^2 = \frac{1}{2}I\omega_0^2 \tag{6.14}$$

를 얻게 되어서 회전운동 에너지 보존법칙이 성립된다.

(3) 공 률

공률의 정의에 따라 공률 P는

$$P = \frac{dW}{dt} = M\frac{d\theta}{dt} = M\omega \tag{6.15}$$

이므로 선운동식 $P = Fv$와 같은 형식이 된다.

예제 6.5 지름이 5 ft이고, 무게가 320 lb인 원판 모양으로 된 플라이휠을 펀치프레스(punch press)에 동력을 공급하는 데 사용한다. 구멍을 뚫는 동안 200 rpm에서 100 rpm으로 감소된다면 얼마나 일(ft-lb)이 행해지는가?

풀이 관성능률

$$I = \frac{1}{2}mr^2 = \frac{1}{2}\cdot\frac{320}{32}\times(2.5)^2 = 31.3 \text{ slug}\cdot\text{ft}^2$$

$$\Delta K\cdot E = \frac{1}{2}I\omega^2 - \frac{1}{2}I\omega_0^2 = \frac{1}{2}\times 31.3\left[\left(\frac{2\pi\times100}{60}\right)^2 - \left(\frac{2\pi\times200}{60}\right)^2\right] = -515 \text{ ft-lb}$$

6.6 각운동량

힘의 모멘트와 각속도는 벡터량이므로 회전에 관한 뉴턴의 제2법칙을 벡터로 표시하기로 한다.

(1) 각운동량과 각충격량

회전운동의 제2법칙에서 등각가속도운동일 때에는

$$\mathrm{M} = I\alpha = I\frac{d\omega}{dt} \tag{6.16}$$

을 얻는다. 여기서 관성 모멘트 I와 각속도 ω를 곱한 벡터량을 각운동량(angular momentum) L이라 한다. 그러므로 회전력은 단위시간의 각운동량의 변화와 같다. 식 (6.16)에서

$$\mathrm{M} = \frac{d\mathrm{L}}{dt} \tag{6.17}$$

변형하면 $\mathrm{M}dt = d\mathrm{L}$이다. 벡터량 $\mathrm{M}dt$를 각충격량(각역적)이라 하며, 이것은 선운동의 충격량 $\mathrm{F} \cdot dt$와 비슷하고, 각운동량의 변화량과 같다. 즉

$$\mathrm{M}dt = I\omega - (I\omega)_0$$

이다.

(2) 각운동량의 보존법칙

한 물체가 일정한 축 주위를 돌고 있고, 회전력이 전혀 작용하지 않는다면

$$Mt = I\omega - I\omega_0 = 0$$

이다. 그러므로 $I\omega = I\omega_0 = \mathrm{const}$(일정)

즉, 일정한 축에 대한 회전체의 각운동량은 불변이므로 이것을 각운동량의 보존법칙이라 한다. 외부로부터 회전력을 받지 않으면 어떤 축에 대한 물체나 물체계의 각운동량은 일정하다.

두 물체가 서로 작용하고 있을 때 회전력을 주는 물체는 받는 물체가 얻는 만큼 각운동량을 잃는다. 즉, 물체계에서 계 내의 물체 사이에 상호작용의 전후를 통하여 전 각운동량은 변하지 않고 보존된다.

예제 6.6 무게 80 lb인 소년이 반지름 6 ft인 고체원판 회전대(40 lb)의 중앙에서 5 ft 되는 곳에 있다. 이 소년이 땅에 대한 속도 0.3 ft/s로 원을 그리며 회전대 위에서 달리기 시작한다면 회전대는 얼마나 빨리 돌아가기 시작하며, 또 소년의 목마에 대한 속도는 얼마나 되겠는가?

풀이 소년과 회전대의 처음 운동량은 영이다. 소년의 관성 모멘트는 $m_i r_i^2$이므로, 그 각운동량은 $m_i r_i^2 \omega_1$이고, 이것은 회전대의 각운동량 $\frac{1}{2} m_2 r_2^2 \omega_2$와 비긴다.

$$\frac{80}{32} \times 5^2 \times \frac{0.3}{5} - \frac{1}{2} \times \frac{40}{32} \times 6^2 \times \omega_2 = 0$$

$$\therefore\ \omega_2 = \frac{1}{6}\ \text{rad/s}$$

그러므로 회전대의 중심에서 5 ft인 곳의 속도는

$$5 \times \frac{1}{6} = 0.833\ \text{ft/s}$$

이고, 소년은 회전대에 대하여

$$0.834 + 0.3\ \text{ft/s}$$

의 속도로 움직인다.

6.7 병진운동을 겸한 회전운동

많은 운동은 병진운동이나 회전운동 중 어느 하나를 취하는 것이 아니고, 이 두 운동을 합친 것이다. 그러므로 모든 강체의 운동에서는 그 물체의 질량중심의 병진운동과 질량중심을 지나는 축 주위의 회전운동을 동등하게 보고 풀어야 한다.

회전운동과 병진운동이 함께 일어나는 문제를 에너지 관계에 의해서도 풀 수 있는데, 고정축에 관해서 측정된 질점계의 운동 에너지는

$$T = \frac{1}{2}\sum_i m_i v_i^2 \tag{6.18}$$

이 고정축 위의 원점에 관한 각 질점의 위치 벡터는

$$\mathbf{r}_i = \mathbf{r}_c + \mathbf{r}_i'$$

이며, 이 위치 벡터의 시간에 관한 미분은

$$\mathbf{v}_i = \mathbf{v}_c + \mathbf{v}_i'$$

여기서 $\mathbf{v}_c$는 질량중심의 속도, $\mathbf{v}_i'$는 i번째 질점의 질량중심에 대한 속도이다. $\mathbf{v}_i \cdot \mathbf{v}_i = v_i^2$임을 생각하면 물체의 운동 에너지

$$T = \frac{1}{2}\sum_i m_i(\mathbf{v}_c\mathbf{v}_c + 2\mathbf{v}_c\mathbf{v}_i' + \mathbf{v}_i'\mathbf{v}_i')$$

$$T = \frac{1}{2}Mv_c^2 + \frac{1}{2}\sum_i m_i v_i'^2 + \mathbf{v}_c \cdot \sum_i m_i \mathbf{v}_i' \tag{6.19}$$

질량중심의 정의로 두 번의 끝항은 0이다. 물체가 강체라면 모든 질점에 대해서 $v_i' = r_i\omega_0$이고 운동 에너지의 식은

$$T = \frac{1}{2}Mv_c^2 + \frac{1}{2}\sum_i m_i r_i'^2\,\omega_0^2$$

$$T = \frac{1}{2}Mv_c^2 + \frac{1}{2}I_0\omega_0^2 \tag{6.20}$$

이다. 여기서 ω_0는 질량중심에 관하여 계산된 물체의 각속도이다. 이와 같이 물체의 운동 에너지는 그 물체와 같은 질량을 가지고 질량중심과 함께 운동하는 질점의 운동 에너지와 질량중심에 관한 물체의 회전운동 에너지의 합과 같다.

지금까지 생각하여 온 원주의 전체 에너지는 면 위를 구르므로

$$E = \frac{1}{2}Mv_c^2 + \frac{1}{2}I_0\omega_0^2 + Mgh \tag{6.21}$$

위 식에서 h는 어떤 임의의 기준면에 대한 원주의 질량중심의 높이이다. 원주는 미끄러지지 않고 구르므로 마찰력은 일을 하지 않는 정적인 힘이다. 그러므로 원주의 전체 에너지는 일정하여야 한다. 식 (6.21)을 시간에 관하여 미분하면

$$0 = Mv_c a_c + I_0\omega_0\alpha_0 + Mg\frac{dh}{dt}$$

$$|\omega_0| = |v_c|/r, \quad |a_0| = |a_c|/r, \quad dh/dt = -v_c\sin\theta$$

이므로 전과 같이 $a_c = \frac{2}{3}g\sin\theta$이 된다.

예제 6.7 길이가 0.20 m인 0.30 kg의 막대가 마찰이 없는 책상에 놓여 있다. 그 막대의 한 끝에 길이와 직각방향으로 45 kgm/s의 역적을 준다면 어떻게 움직이겠는가?

풀이 막대의 중심에 있는 질량중심은 $\int Fdt = mv - mv_0$로 어느 정도 정해지는 역적의 방향으로 움직인다.

$$mv = 0.5 \text{ kgm/s}$$

$$v = \frac{0.5}{0.3} = 1.66 \text{ m/s}$$

회전역적은

$$\int Mdt = \int Frdt = 0.10\int Fdt = 0.10 \times 0.5 = 0.05 \text{k gm}^2/\text{s}$$

관성능률은

$$\frac{1}{2}ml^2 = \frac{1}{12}\cdot(0.2)^2\cdot(0.3) = 0.0010 \text{ kgm}^2$$

그리하여 회전 역적식 $\int Mdt = I\omega$

$$\omega = \frac{0.05}{0.0010} = 50 \text{ rad/sec}$$

6.8 세차운동 및 지구의 자전효과

(1) 세차운동

[그림 6.7]과 같이 팽이를 ω로 돌려 연직방향과 a의 각을 이루도록 수평면에 놓는다. 팽이의 중심에서 아래로 무게 W가 작용하여 y축을 회전축으로 하는 회전력 M_0를 주게 된다. 벡터 $\mathbf{M}_0$의 방향은 [그림 6.7]과 같이 팽이의 축(z)과 직각이다. 극히 짧은 시간 dt 동안의 회전역적은 M_0dt이고, 이 회전역적은 각운동량의 변화량 $d(I\omega)$와 방향과 크기가 같다. 따라서 팽이의 회전축은 [그림 6.7]과 같이 축과 축이 직각인 점선 방향으로 천천히 돌게 된다. 이와 같은 운동을 세차운동(precession)이라 한다.

지구는 구형이 아니고 납작한 회전타원체이기 때문에 달의 인력으로 지구의 자전축과 수직인 축에 대해서 회전력이 작용한다. 이것으로 말미암아 지축은 서서히 세차운동을 한다. 지구의 극은 25,800년에 완전한 원을 그리게 될 것이다.

예제 6.8 자이로스코프(gyroscope)에 대해서 설명하여라.

〈표 6.3〉 병진과 회전운동의 제량 사이의 비슷한 것들

개념	병진	회전	주
변 위	s	θ	$s=r\theta$
속 도	$v=ds/dt$	$\omega=d\theta/dt$	$v=r\omega$
가속도	$a=dv/dt$	$\alpha=d\omega/dt$	$a=r\omega^2$
힘, 모멘트	F	M	$M=Fr$
일정 가속도	$v=v_0+at$ $s=v_0t+\frac{1}{2}at^2$ $2as=v^2-v_0^2$	$\omega=\omega_0+\alpha t$ $\theta=\omega_0t+\frac{1}{2}\alpha t^2$ $2\alpha\theta=\omega^2-\omega_0^2$	
관 성	m	I	$I=\Sigma mr^2$
제2법칙	$F=ma$	$M=I\alpha$	
일	$dW=F\cdot ds$	$dW=M\cdot d\theta$	
공률	$P=Fv$	$P=M\omega$	
운동 에너지	$E_k=\frac{1}{2}mv^2$	$E=\frac{1}{2}I\omega^2$	
운동량	mv	$I\omega$	
충격량	$F\cdot dt$	$M\cdot dt$	

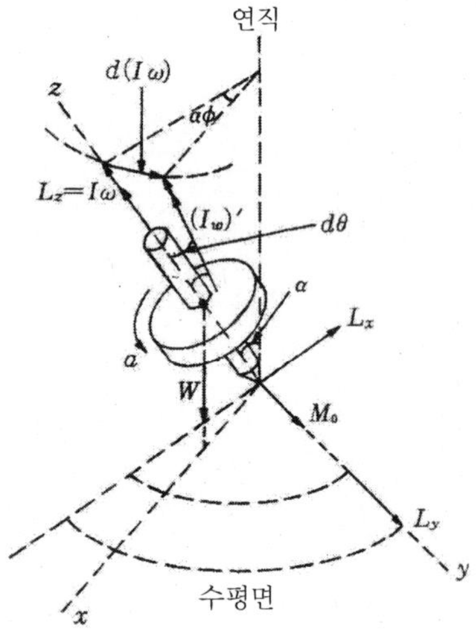

[그림 6.7] 팽이의 세차운동

(2) 지구의 자전효과

지금까지 지구가 정지하고 있다고 보아서 지표물에 대한 좌표계를 써서 역학형상에 뉴턴의 법칙을 적용하였다. 그러나 지구는 $\omega = 2\pi/86400 = 7.28 \times 10^{-5}$ rad/s로 자전하면서 또한 태양에 대해서 공전을 하고 있다. 따라서 지구상의 물체의 운동은 지구의 정지좌표계에 의한 물체의 운동을 정확하게 따르지 않는다. 물체의 운동은 좌표계가 달라지면 일반적으로 다르다. 지구를 기준좌표계로 취하면 유성(행성)의 운동은 타원이 아닌 복잡한 운동을 하지만, 태양을 기준으로 하면 타원궤도를 그리므로 간단히 다룰 수 있다.

운동하고 있는 물체에 놓인 관측자는 그 물체가 가속도를 가질 때 관성력이라는 힘이 나타난다. 버스 안에 탄 사람이 버스의 직선속력이 달라질 때나 커브를 돌 때 느끼는 힘이 바로 이 관성력이다.

동력학에 있어 $F = m \cdot a$를 $F + (-m \cdot a) = 0$라고 쓰면 정역학 문제가 된다. $-m \cdot a$의 힘이 관성력이다. 또 원운동에 있어 구심력 $F = mr\omega^2$를 $F + (-mr\omega^2) = 0$라고 쓰면, 구심력과 반대방향인 원심력 $mr\omega^2$이 나타난다.

① 지구의 자전으로 인해 생기는 관성력에는 첫째 원심력이 있다. 원심은 구심력과 방향이 반대이고, 크기가 같다. 지구의 표면이 아직 굳어지기 전에 지구의 자전에 의한 원심력과 중력을 합성한 방향으로 물질이 유동하여, 지표면상에서 중력의 분력과 원심력의 분력이 비기도록 되어 회전타원체가 되었다고 볼 수 있다(그림 6.8 (a)).

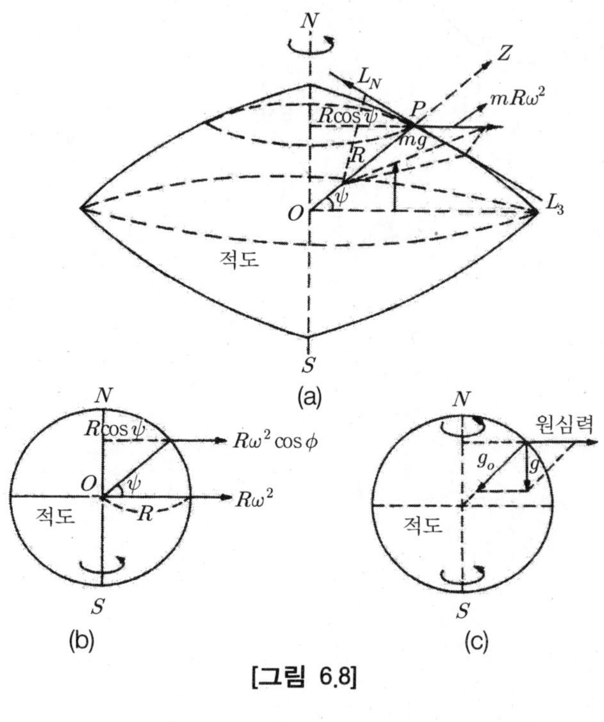

[그림 6.8]

또, 중력에 의한 가속도 g의 값이 위도에 따라 다른 값을 가지는 것도 이 원심력이 위도에 따라 다르기 때문이다(그림 6.8 (b)).

어떤 지상에서 중력을 측정하면 본래의 중력, 즉 만유인력 mg_0와 원심력을 같이 측정하므로, 측정한 mg는 이 두 합력이다(그림 6.8 (c)).

② 다음으로 지구자전으로 말미암아 지구상에서 운동하는 물체에 코리올리(Coriolis)의 힘이 나타난다. 지구상에서 운동하는 물체에는 항상 운동방향에 직각으로(운동방향을 향하여 북반구에서는 오른편으로 굽어지는 방향이고, 남반구에서는 왼편으로 굽어지는 방향) 지구자전의 각속도 ω와 물체의 속력의 곱에 비례하는 관성력($F=2mv\omega r$)이 작용하고, 이것을 코리올리의 힘이라 한다. ω는 작으므로 포탄과 같은 빠른 속도에는 잘 나타나고, 속도가 빠르지 않으면 잘 나타나지 않는다. 그러나 태풍, 무역풍, 해류 등의 현상에는 큰 영향을 준다.

예제 6.9 코리올리의 가속도란 무엇이며, 일상생활에서 볼 수 있는 곳을 알아보아라. 특히 기차 속에서 코리올리의 가속도 현상이 일어나는가? 일어난다면 왜 그런가?

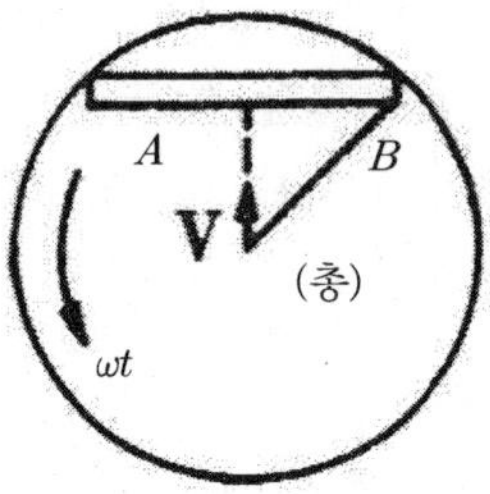

회전체 위에서 O점으로부터 A를 향하여 총을 쏘면 B에 맞는다. 즉 회전체에 고정된 관측자에게는 코리올리의 힘이 나타난다.

[그림 6.9]

■ 연습문제 ■

01 회전하는 바퀴의 가장자리의 한 점의 각위치는 $\theta = 4.0t - 3.0t^2 + t^3$으로 주어진다. 여기서 θ는 radian이고 t는 초로 표시된다. t=2.0 s에서 t=4.0 s 사이의 평균 각가속도는?

02 바퀴가 각가속도 α로 회전한다.

$$\alpha = 4at^3 - 3bt^2$$

여기서 t는 시간이며 a, b는 상수이다. 이 바퀴의 초기 각속력을 ω_0라 하고, 다음에 대하여 식으로 표시하여라. (a) 각속력, (b) 시간의 함수로 된 회전각

03 사진회전판이 78 rev/min에서 느려져서 모터가 꺼진 지 30 s 뒤에는 정지하여 버렸다. (a) (균일한) 각가속도를 구하여라. (b) 이 시간에 몇 회전을 하는가?

04 고정된 축 주위를 회전하는 균일한 원판이 정지 상태로부터 일정한 각가속도로 가속된다. 어떤 시간에 10 rev/s의 속력으로 회전하고 있다. 이후에 60 rev을 더 돈 다음의 각속력은 15 rev/s이었다. 다음을 계산하여라. (a) 각가속도, (b) 60 rev에 필요로 하였던 시간, (c) 10 rev/s의 각속력을 얻는 데 필요로 한 시간, (d) 정지 상태로부터 원판이 10 rev/s의 각속력을 얻는 동안의 회전수

05 33.3 rev/min로 회전하는 직경 12 in(=30 cm)의 레코드판의 가장자리의 가속도는?

06 질량 M의 동전이 턴테이블의 중심에서부터 거리 R만큼 떨어져 있다. 정지마찰계수는 μ_s이다. 동전이 떨어져 나갔을 때 턴테이블 회전속력은 ω_0에서 ω로 증가하였다. (a) ω_0를 M, R, g, μ_s로 표시하여라. (b) 턴테이블에서 떨어져 나갈 때의 동전의 궤도를 그려 보아라.

07 (a) $r = ix + jy + kz$, $F = iF_x + jF_y + kF_z$일 때 토크 $\tau = r \times F$를 구하여라. (b) 만약 r과 F가 주어진 평면 내에 있으면 그 평면 내에 성분을 가지지 않음을 보여라.

08 3.0 kg의 물체가 속도 $v = 5i - 6j$ m/s로 $x = 3.0$ m, $y = 8.0$ m에 위치한다. 여기에 음의 x방향으로 7.0 N의 힘이 작용한다. (a) 이 물체의 각운동량은? (b) 이 물체에 작용한 토크는? (c) 시간의 변화에 따른 각운동량의 변화율은?

09 각속력을 구하여라. (a) 초침, (b) 분침

10 (a) 질량이 M이고 반경이 R인 고체 원통과 질량이 M이고 반경이 $R/\sqrt{2}$인 원륜의 중심축에 대한 회전관성이 동일함을 보여라. (b) 주어진 축에 대하여 회전관성을 변화시키지 않고 물체의 전 질량이 이 축으로부터 일정한 거리에 모일 수 있다고 할 때 이 거리를 회전반경이라 한다. k를 회전반경이라 할 때 다음과 같이 됨을 보여라.

$$k = \sqrt{\frac{I}{M}}$$

이것은 일반적으로 '등가원륜'의 반경을 준다.

11 미터자 막대가 한쪽 끝을 바닥에 대고 서 있다. 그리고 쓰러진다. 다른 쪽 끝이 바닥에 닿는 순간의 속력을 구하여라. 다만, 바닥 쪽의 끝이 미끄러지지 않는다고 가정하여라.

12 한 자동차 엔진이 1800 rev/min의 속력으로 회전할 때 100 HP(75 kW)를 낸다. 가한 토크는?

13 질량이 각각 M인 2개의 동일한 벽돌이 반경 R, 회전관성 I인 마찰 없는 도르래와 가벼운 끈으로 연결되어 있다(그림 6.11). 끈이 활차에서 미끄러지지 않고, 면과 벽돌 사이에 마찰이 있는지 없는지는 모른다. 이 물체가 움직일 때 도르래는 시간 t 동안 각 θ만큼 회전하였고 벽돌의 가속도는 일정하다. (a) 도르래의 각가속도는? (b) 두 벽돌의 가속도는? (c) 끈의 아래위 부분의 장력은? 답은 M, I, R, θ, g, t로 표시하여라.

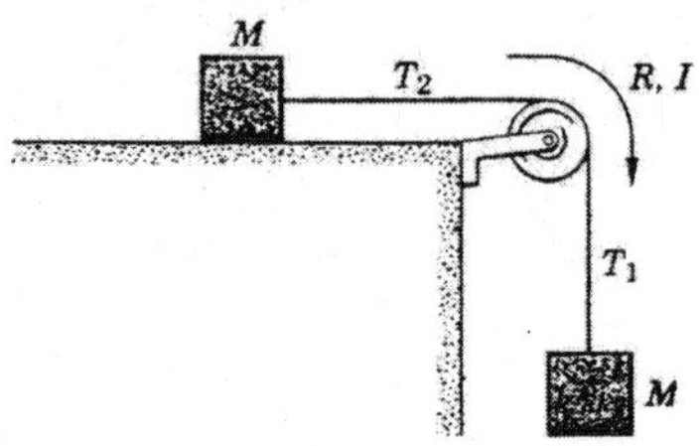

[그림 6.10]

14 자동차의 총 질량이 1700 kg이며, 정지에서 40 km/h로 10 s 동안 가속하였다. 자동차의 각 바퀴는 질량이 32 kg이고, 회전반경(문제 10 참조)이 30 cm이다. 10 s 간격 끝에서, (a) 자동차에 대한 각 바퀴의 회전운동 에너지, (b) 각 바퀴의 총 운동 에너지, (c) 자동차의 총 운동 에너지를 구하여라.

15 반경 R, 질량 m의 물체가 수평면 위를 미끄러지지 않고 속력 v를 가지고 구른다. 이 물체는 최대 높이 h까지 언덕 위로 굴렀다. 만일, $h = 3v^2/4g$이라면 (a) 물체의 회전관성은? (b) 물체는 무엇이겠는가?

16 부록의 수치를 사용하여 (a) 지구가 축 주위를 자전할 때의 각운동량, (b) 태양 주위에 대한 지구궤도운동의 각운동량을 구하여라.

17 전기 모터의 회전자는 중심축에 대해서 회전관성 $I_m = 2 \times 10^{-3}\ \mathrm{kg \cdot m^2}$을 가지고 있다. 모터는 축 주위로 회전관성 $I_p = 12\ \mathrm{kg \cdot m^2}$을 가진 우주탐색기의 축에 평행하게 붙어 있다. 우주탐색기를 축 주위로 30° 돌게 하는 데 필요한 회전자의 회전수를 계산하여라.

07

탄성 및 단진동

Elastic and simple harmonic oscillation

7.1 탄성체

고체에 힘이 작용하면 고체 내의 각 질점 사이의 상대적 위치가 변화한다. 외력을 받는 물체의 끝, 또는 체적의 변화는 결국 물질의 분자 사이의 힘에 의하여 결정된다. 외력이 물체에 작용하면 고체의 모양이 변하고, 또 이 외력에 대항하여 원상태로 복구하려는 힘, 즉 복원력이 생겨 외력과 비긴다. 이 힘을 탄성력이라 하고, 이런 성질을 가지는 물체를 탄성체라 한다.

외력과 탄성력이 항상 비기고 외부의 힘을 없앨 때, 곧 원상태로 완전 복구하는 이상적 물체를 완전탄성체라 한다.

그러나 실제의 물체는 외력을 가할 때, 어느 한계를 넘어서면 외력을 없애도 원상태로 돌아오지 않는다. 물질의 이러한 성질을 소성(plasticity)이라 한다. 보통의 물체는 다 탄성과 소성의 두 성질을 가진다.

7.2 응력과 변형

(1) 응 력

물체가 외력을 받아 모양이 변하면 탄성에 의하여 물체 내부의 임의의 면을 경계로 하는 양측의 부분은 서로 힘의 작용을 받는다. 이 내부의 면에 작용하는 단위면적당의 힘을 응력(stress) 또는 변형력이라 한다. 이 경계면의 넓이를 A, 한 면에 작용하는 힘을 F라 하고, 응력을 S라 하면

$$S = \frac{F}{A} \tag{7.1}$$

이다.

응력의 방향은 이것이 작용하는 면에 대해서 일반적으로 어떤 기울기를 가질 수 있으나, 이것을 그 면의 법선방향과 평행한 방향으로 분해해서 생각할 때 이를 각각 수직응력과 접선응력이라 한다. 접선응력은 면에 따라 미끄러지려는 응력이 있는데, 이것을 미끄럼응력 또 전단응력이라 한다.

[예 1] 물체의 면에 수직으로 외력이 작용할 때

1) 장력이 작용할 때

[그림 7.1(c)]는 외력에 대항하여 탄성력이 각 부분을 서로 당기고 있다. 수직단면의 응력을 당기는 응력, F/A이다. 그림 (d)의 응력은 수직응력과 접선응력 F_L/A로 분해된다.

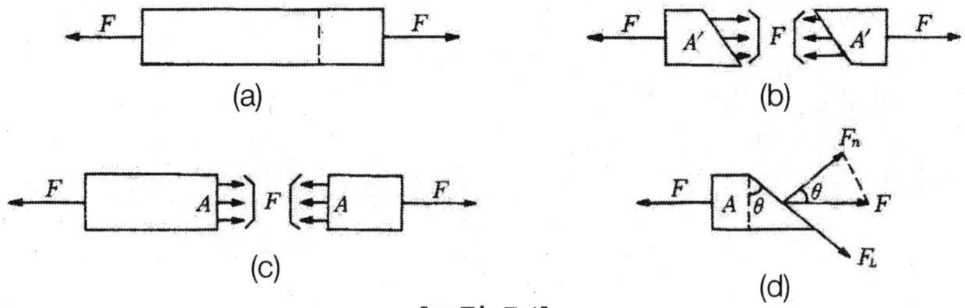

[그림 7.1]

2) 압축력이 작용할 때

[그림 7.2(b)]는 각 부분이 딴 부분을 밀고 있으므로 압축응력이다.

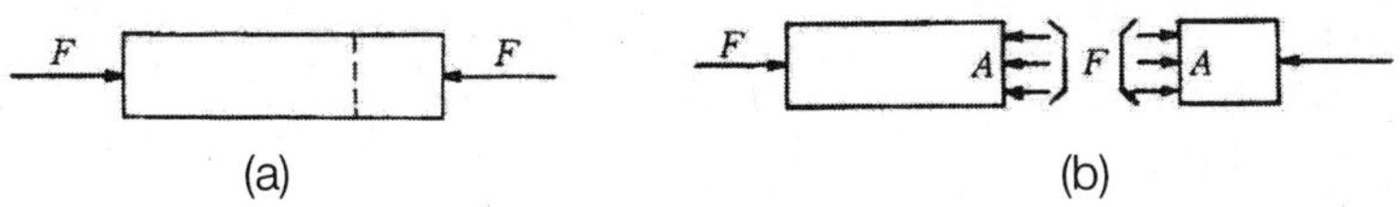

[그림 7.2]

[예 2] 물체의 면에 전단력이 작용할 때

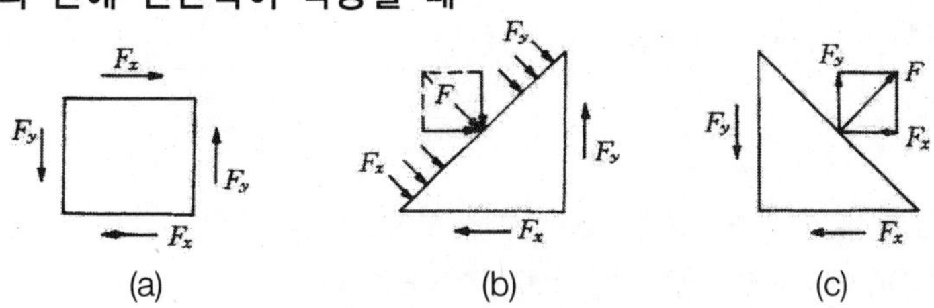

[그림 7.3]

(2) 변 형

변형(strain)이란 말은 외력이 작용하기 전의 물체의 크기와 꼴에 대한 외력이 작용했을 때의 상대적 변화율을 말한다. 종류에 따라 변형을 각각 다음과 같이 정의한다.

▌길이의 변형

[그림 7.4]와 같이 길이 l_0인 막대기 양 끝에서 크기가 같고 방향이 반대인 힘이 작용하여 길이 l이 되었을 때

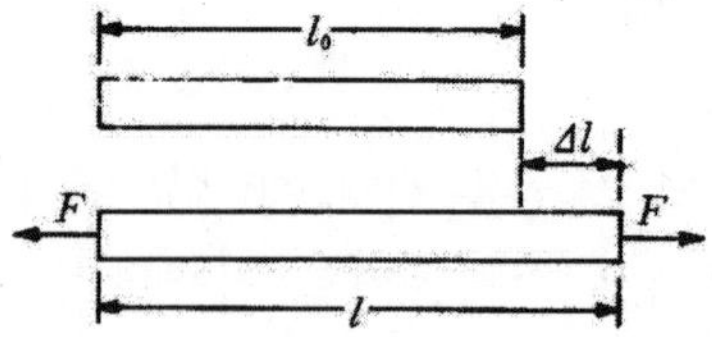

[그림 7.4]

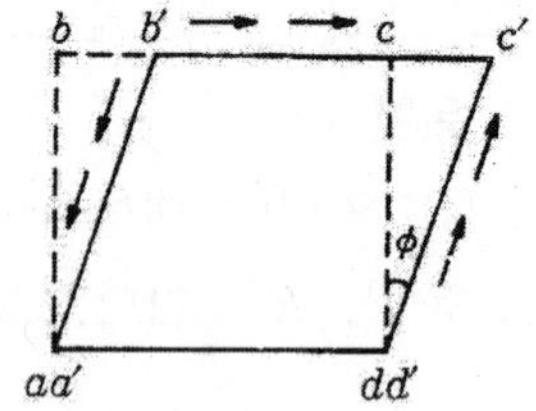

[그림 7.5]

$$\text{늘어난 변형} = \frac{l-l_0}{l_0} = \frac{\Delta l}{l_0} \qquad (7.2)$$

와 같이 정의한다. 압축될 때에는 같은 방법으로 감소한 길이와 본래 길이의 비를 압축 변형이라 한다.

전단변형

[그림 7.5]와 같이 면에 전단력이 작용할 때 [예 2]의 [그림 7.3]에서와 같이 한 대각면에는 장력, 한 대각면에는 축력이 작용하는 것과 같다.

[그림 7.5]에서

$$\frac{bb'}{ab} = \frac{cc'}{dc} = \tan\phi \qquad (7.3)$$

또 ϕ가 극히 작을 때에는

$$\tan\phi \fallingdotseq \phi(\text{radian}) \qquad (7.4)$$

이것을 전단변형(shearing strain)이라 한다.

체적변형

물체의 면에 항상 수직으로 같은 압력이 작용할 때나, 또는 장력이 작용할 때 체적변화 Δv의 원체적 V_0에 대한 비를 체적변형이라 한다.

$$\text{체적변형} = \frac{\Delta v}{V_0} \qquad (7.5)$$

훅의 법칙

[그림 7.6]은 한 금속 막대기가 점점 증가하여 당기는 힘을 받을 때 응력의 변형을 그린 것이다.

O부터 A까지는 직선적으로 변화한다. 다시 말해 이 부분에서는 응력과 변형 사이에 비례관계가 있다. 이때 외력을 없앤다면 실험 물체는 그 원래의 길이로 돌아간다. 즉 O에서 A까지의 부분은 완전탄성영역이다.

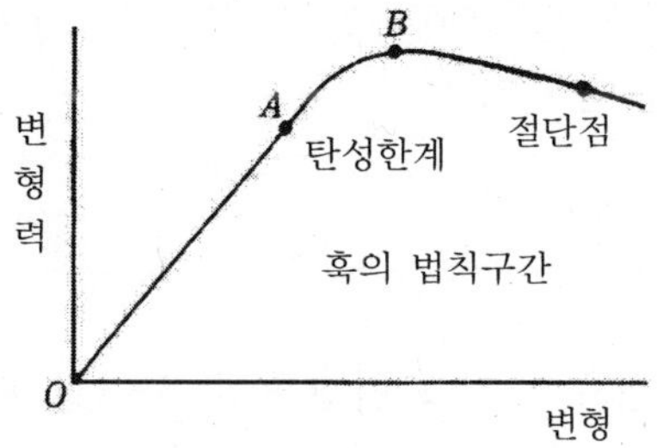

[그림 7.6]

그리고 B까지 변형하였을 때 외력이 없어지면 실험물체는 원래의 길이로 돌아가지 않고 변형만 남는다. 이것을 영구변형이라 한다. A를 넘어선 변형을 일으킬 때 물체는 소성을 나타낸다. 점 A를 물질의 탄성한계점 또는 비례한계점이라 한다.

따라서, 물체가 늘어나는 길이는 달아맨 물질의 무게에 비례하는 것을 알 수 있다. 만일 물체가 스프링이라면 스프링은 그 늘어난 길이에 비례하는 힘을 내고 있다고 말할 수 있다. 즉

$$F_s \propto \Delta L$$

또는

$$F_s = -k\Delta L \tag{7.6}$$

여기서 k를 스프링의 역상수(force constant)라 하고, k는 길이의 단위증가량에 대하여 스프링이 내는 힘의 증가량을 나타낸다. 그러므로 탄성한계 내에서는 응력과 변형은 비례한다. 이것을 훅(Hooke)의 법칙이라 한다.

7.3 각종 탄성률

(1) Young률

길이가 l_0이고, 단면적이 A인 금속막대기에 장력 F_n이 반대방향으로 작용하여 Δl만큼 늘어났다면 이때 변형은 $\Delta l / l_0$이다. 훅의 법칙에 따라서

$$\frac{F_n}{A} \propto \frac{\Delta l}{l_0}$$

$$\frac{F_n}{A} = Y\frac{\Delta l}{l_0}, \quad Y = \frac{F_n/A}{\Delta l/l_0} \tag{7.7}$$

Y를 Young률 또는 길이의 탄성률이라 한다. 변형은 비의 값이 순수이므로 Young률의 단위는 단위면적당 힘으로 표시한다.

(2) 강 성 률

전단력 F_L가 넓이 A에 작용하여 미끄럼변형이 일어날 때 ϕ가 극히 작다면

$$\frac{F_L}{A} = n\tan\phi = n\phi$$

$$n = \frac{F_L/A}{\phi} \tag{7.8}$$

이때 n을 강성률이라 한다. ϕ는 차원이 없으므로 n도 역시 단위면적당 힘으로 표시한다.

(3) 체적의 탄성률

물체의 전 표면적을 A, 표면에 직각으로 작용하는 전 표면력이 F이면 압력 $p = F/A$이므로

$$p = B\frac{-\Delta V}{V_0}, \quad B = -\frac{p}{\Delta V/V_0} \tag{7.9}$$

여기서 B를 체적의 탄성률이라 하며, (−)는 체적이 감소하므로 B가 (+)가 되도록 붙인 것이다. B의 단위는 압력의 단위와 같다. 체적의 탄성률의 역수를 압축률 K라 하는데, 물리상수표에는 체적의 탄성률보다 압축률이 많이 실려 있다.

$$K = \frac{1}{B} = -\frac{\Delta V}{pV_0} \tag{7.10}$$

(4) 푸아송의 비

가로의 변형과 이에 관련된 세로의 변형과의 비를 푸아송(Poisson) 비라 한다.

정의에 의하여

$$\alpha = -\frac{\Delta D/D_0}{\Delta L/L_0} \tag{7.11}$$

이다.

여기서 D_0는 실험재료가 변형되지 않았을 때의 가로의 크기이다. 이 정의에서 (−)가 나타난 것은 길이가 증가하여 (+)의 세로 변형이 있으면 면적이 감소하여 (−)의 가로 변형이 일어나기 때문이다. 이와 같이 푸아송 비는 양수이고 물질의 탄성상수의 하나이다.

〈표 7.1〉 Young률, 강성률 및 체적의 탄성률

물질 이름	Young 률		강성률		체적의 탄성률	
	dyne/cm^2 ($\times 10^{11}$)	1b/in^2 ($\times 10^6$)	dyne/cm^2 ($\times 10^{11}$)	1b/in^2 ($\times 10^6$)	dyne/cm^2 ($\times 10^{11}$)	1b/in^2 ($\times 10^6$)
알루미늄	7	10	2.4	3.4	7	10
놋 쇠	9	13	3.5	5.1	6.1	17
구 리	10~12	14~18	4	6	12	17
선 철	8~10	12~14			9.6	14
단 철	18~20	26~29			15	21
납	1.5	2.3	0.5	0.8	0.8	1.1
강 철	19~21	27~30	8	12	16	23

예제 7.1 길이 10 m이고 단면의 지름이 1 mm인 강철선이 250 N의 응력을 받아 1.45 cm 늘어났다. 이 강철선의 변형과 응력 및 강철의 Young률을 계산하여라.

풀이 $변형=\dfrac{1.45\times 10^{-2}}{10}=1.45\times 10^{-3}$

$$응력=\frac{250}{\frac{\pi}{4}(10^{-3})^2}=3.2\times 10^5\ \mathrm{N/m^2}$$

$$Y=\frac{응력}{변형}=\frac{3.2\times 10^9}{1.45\times 10^{-3}}=2.2\times 10^{11}\ \mathrm{N/m^2}$$

예제 7.2 문제 7.1에서 강철선의 부피를 1% 감소시키려면 얼마의 압력이 필요한가?

풀이 $-\dfrac{\Delta V}{V}=\dfrac{1}{100}$

표에서 $B=16\times 10^{11}\ \mathrm{dyne/cm^2}$이므로, 따라서

$$\Delta p=B\frac{1}{100}=16\times 10^9\ \mathrm{dyne/cm^2}$$

약 16000 atm이 필요하다.

7.4 탄성 에너지

철사나 스프링의 늘어난 길이를 Δl 또는 x, 외력을 F라 하면 훅의 법칙에 따라

$$F=k_0x \tag{7.12}$$

가 된다.

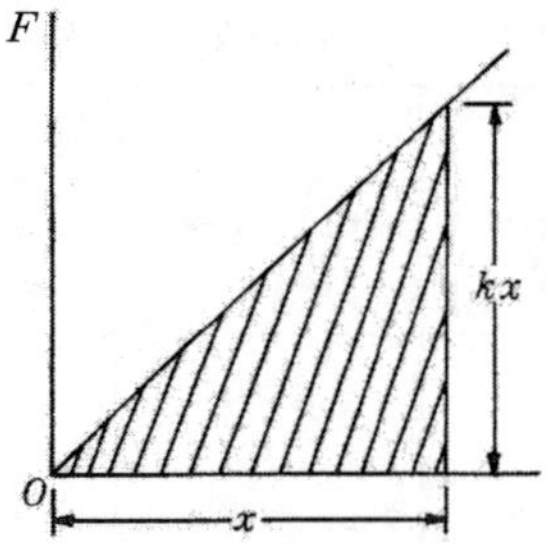

[그림 7.7]

이때 k_0를 역정수(force constant)라 한다. 처음 상태에서 x만큼 늘이는 데 필요한 일을 생각하자. F는 x에 따라 변화한다. 따라서

$$W = \int_0^x F dx = \int_0^x k_0 x dx = \frac{1}{2} k_0 x^2 \tag{7.13}$$

과 같다.

x만큼 늘이는 데 필요한 외력은 스프링이 되돌아갈 때 같은 크기의 일을 할 수 있으므로, 이 외력은 탄성 위치 에너지로 보존된다.

7.5 단진동운동

질점이 반지름 r인 원을 일정한 속력 v로 운동할 때 질점의 운동을 y축 상에 투영하면 $OBOB'O$를 왕복운동하며 진동한다.

임의의 점 A를 기점으로 하여 A초 동안에 θ의 각변위가 생긴다 하고, 이때 각속도를 ω라 하면 질점의 y축 상의 변위는 $y = r\sin\theta$, $\theta = \omega t$이므로

$$y = r\sin\omega t \tag{7.14}$$

이다.

이와 같은 주기적인 운동을 조화운동 또는 단진동이라 한다. 식 (7.14)는 단진동을 나타내는 식이다. 중심 O에서 최대 변위 r을 진폭(amplitude), 진동의 위치를 표시하는 각 θ를 위상, 1회 왕복하는 시간을 주기(T), 1초 동안의 왕복수를 진동수(f)라 하며 등속원운동을 할 때와 같이

$$T = \frac{1}{f}, \quad \omega = \frac{2\pi}{T} = 2\pi f$$

의 관계가 성립된다.

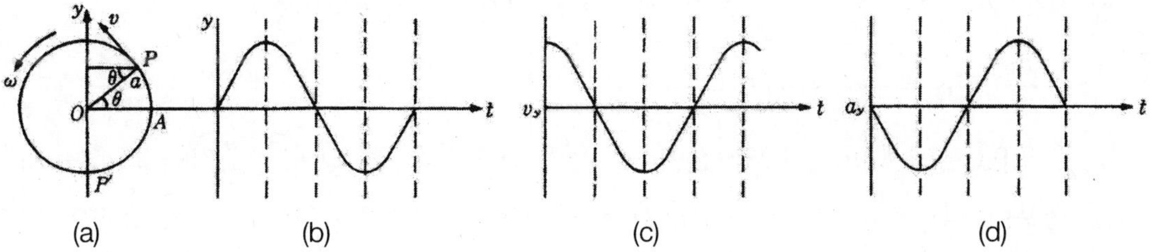

[그림 7.8]

[그림 7.8]에서 속도 v의 y축 상의 성분 v_y는 $v_y = v\cos\omega t$, $v = r\omega$이므로

$$v_y = r\omega\ \cos\omega t \tag{7.15}$$

v_y의 시간에 대한 변화하는 모양은 [그림 7.8(c)]와 같다. 또 구심가속도를 a라면 a의 y축의 성분 a_y는 $a_y = -a\sin\omega t$, $a = r\omega^2$이므로

$$a_y = -r\omega^2\ \sin\omega t \tag{7.16}$$

이다.

a_y의 시간의 관계는 [그림 7.8(d)]와 같다. 식 (7.14)를 식 (7.16)에 대입하면

$$a_y = -\omega^2 y$$

(1) 기하학적 고찰

[그림 7.9(a)]에서 점 P의 운동은 점 Q의 운동을 y축 상에 투영한 것이다. 여기서 점 P의 속도 v_y는 점 Q의 속도 $v_t(=r\omega)$의 y성분과 같다. 따라서

$$v_y = v_t\cos\omega t = r\omega\cos\omega t \tag{7.17}$$

$\cos^2\omega t = 1 - \sin^2\omega t$이므로

$$v = \pm\,\omega\sqrt{r^2 - y^2}$$

위 식에서 변위가 0일 때는 최대 속도를 가지지만 변위가 증가함에 따라 속도가 감소하여 최대 변위 r에서는 속도가 0이 됨을 알 수 있다.

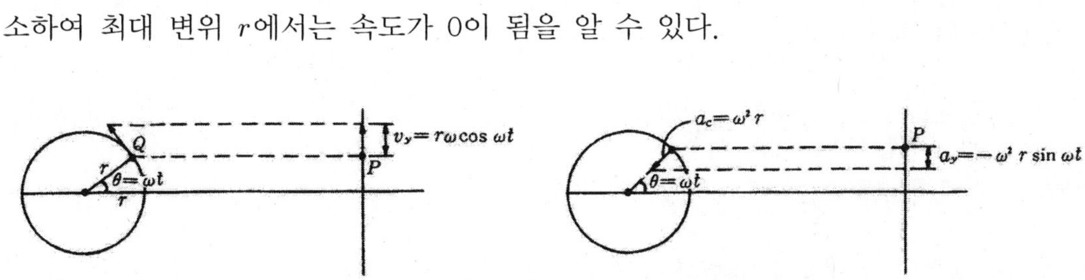

(a) 단진동에서의 속도변화 (b) 단진동에서의 가속도변화

[그림 7.9]

점 P의 가속도 a_y는 식 (7.17)을 시간으로 미분해서 얻어진다.

$$\frac{dv_y}{dt} = a_y = -r\omega^2 \sin\omega t \tag{7.18}$$

[그림 7.9 (b)]에서 보는 바와 같이 점 P의 가속도는 점 Q의 구심가속도 $a_c(=r\omega^2)$의 y 성분이 되므로 $a_y = -r\omega^2\sin\omega t$가 된다. (−)부호는 변위와 가속도의 방향이 반대이기 때문이다.

$$\frac{d^2y}{dt^2} = a_y = -r\omega^2\sin\omega t = -\omega^2 y \tag{7.19}$$

식 (7.17)에서 $\omega^2 = 4\pi^2 f^2$이므로

$$a_y = -4\pi^2 f^2 y$$

따라서

$$f = \frac{1}{2\pi}\sqrt{\frac{-a_y}{y}}, \quad T = \frac{1}{f} = 2\pi\sqrt{\frac{y}{-a_y}} \tag{7.20}$$

질점의 질량을 m이라 하면 y축 위의 힘의 성분은

$$ma_y = F_y = -m\omega^2 y, \quad m\omega^2 = k$$

라 두면,

$$F_y = -ky$$

일반적으로 변위를 S, 힘을 F라 하면

$$F = -kS \tag{7.21}$$

이것이 일반적으로 단진동을 하는 물체가 받는 힘을 표시한다.

단진동을 할 때 힘은 언제든지 변위와 반대로 작용하여 항상 중심을 향하고 크기는 중심에서 변위에 비례한다. 이런 힘을 복원력이라 한다. 역으로 한 직선상을 움직이는 질점에 작용하는 힘이 한 정점에서의 거리에 비례하는 인력을 받을 때에는 단진동이 된다.

$$F = ma, \quad ma = -kS, \quad a = -\frac{k}{m}S$$

식 (7.19)와 비교하면, $\omega^2 = \dfrac{k}{m} = 4\pi^2 f^2 = \dfrac{4\pi^2}{T^2}$이므로

$$f = \frac{1}{2\pi}\sqrt{\frac{k}{m}}, \quad T = 2\pi\sqrt{\frac{m}{k}} \tag{7.22}$$

이다.

예제 7.3 [그림 7.10]과 같이 질량 5 lb가 스프링에 지지되어 있다. 이 스프링이 처음 길이보다 4 inch 늘어났다. 만일 스프링이 그에 달린 5 lb 질량과 같이 진동한다면 진동수와 주기는 얼마가 되겠는가?

풀이 복원력이 5 lb이므로

$$5 = -m\omega^2\left(-\frac{1}{3}\right), \quad m\omega^2 = \frac{5}{1/3} = 15\ \text{slug/s}^2$$

따라서,

$$\omega^2 = \frac{15}{5/35} = 96\ \text{rad}^2/\text{s}^2$$

진동수 $f = \frac{\omega}{2\pi} = \frac{\sqrt{96}}{2\pi} = 1.56\ \text{cycle/s}$

$$T = \frac{1}{f} = \frac{1}{1.56} = 0.64\ \text{s}$$

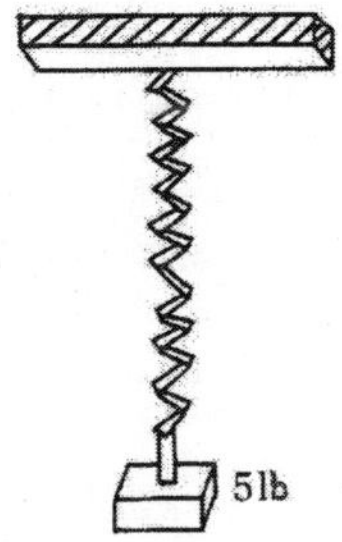

[그림 7.10]

7.6 단진동의 예

(1) 나선형 스프링에 달린 종의 운동

훅의 법칙에 따라 x만큼 늘어났을 때 복원력은 $F = -kx$, 추의 질량이 m이면

$$ma = -kx, \quad a = -\frac{k}{m}x$$

식 (7.22)에서

$$f = \frac{1}{2\pi}\sqrt{\frac{k}{m}}, \quad T = 2\pi\sqrt{\frac{m}{k}} \qquad (7.23)$$

(2) 단 진 동

질점이 θ각변위를 할 때 줄의 장력 T와 중력 mg의 합력이 추에 작용한다. 이 합력은 $m \cdot g\sin\theta$와 같고 각변위와 항상 반대방향이므로,

$$F = -mg\sin\theta = ma \qquad (7.24)$$

θ가 극히 작을 때에는

$$\sin\theta \fallingdotseq \theta, \quad l\theta = x$$

식 (7.24)는

$$m \cdot a = -mg\theta = -mg\frac{x}{l} \qquad a = -g\frac{x}{l}$$

$$\therefore\ f = \frac{1}{2\pi}\sqrt{\frac{g}{l}}, \quad T = 2\pi\sqrt{\frac{l}{g}} \qquad (7.25)$$

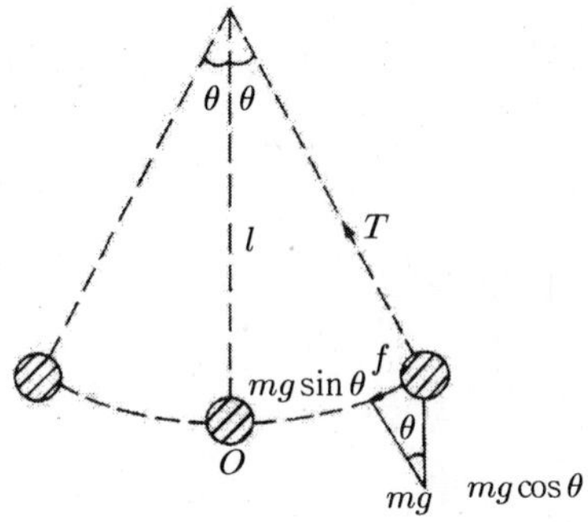

[그림 7.11]

식 (7.24)로부터 진폭이 작으면 단진자의 주기는 추의 질량과 진폭에는 관계없이 진자의 길이에 따라서 일정하다. 이것을 진자의 등시성이라 한다.

θ가 클 때에는 θ와 $\sin\theta$는 근사적으로 같을 수 없고, 이 운동은 단진동이 안 된다. 단진자의 주기를 정확히 계산하면,

$$T = 2\pi\sqrt{\frac{l}{g}}\left(1 - \frac{2}{2^2}\sin^2\theta^2 + \frac{1^2\times3^2}{2^2\times4^2}\sin^4\frac{\theta}{4} + \cdots\cdots\right)$$

이 되며, 여기서 θ는 진폭이다. $\theta = 7°$에서 식 (7.23)의 T를 계산하면 오차는 약 0.1% 이다.

(3) 각 진 동

단진동과 비슷한 성질을 가진 회전운동에서 각단진동을 고찰하면 각단진동이란 크기가 기준위치로부터 각변위에 비례하고, 각변위와 반대방향의 각가속도를 가진 한 축 주위의 회전운동이다. 해석적으로는 ϕ를 각변위라 하면

$$a = -\omega^2\phi \tag{7.26}$$

위 식은 단진동의 식 $a = -\omega^2 y$를 회전운동의 양으로 대치한 것에 불과하므로 각단진동의 식은 다음과 같이 쉽게 구해진다.

$$\left.\begin{array}{l} \text{각변위 } \theta = \phi = \phi_0\sin\omega t \\ \text{각속도 } \Omega = \omega\phi_0\cos\omega t \\ \text{각가속도 } a = -\omega^2\phi_0\sin\omega t \\ \text{주 기 } T = \dfrac{2\pi}{\omega} = 2\pi\sqrt{\dfrac{-\phi}{a}} \end{array}\right\} \tag{7.27}$$

여기서 ϕ_0는 각진폭이고 Ω는 진동체의 각속도인데, 상수인 $\omega = 2\pi/T$와 혼돈하지 말아야 한다.

예제 7.4 변위가 5 cm인 때, 25 dyne의 복원력을 받는 질량 20 gm의 물체가 진폭 8 cm인 단진동을 한다. (1) 힘의 상수, (2) 주기, (3) 변위가 6 cm인 때의 속도와 가속도를 구하여라.

풀이 (1) $F=ky$에서 $k=\frac{25}{5}$ dyne/cm

(2) $T=2\pi\sqrt{\frac{m}{k}}=2\pi\sqrt{\frac{20}{5}}=4\pi$ s

(3) $v=\pm\omega\sqrt{x^2-y^2}$ 에서 $\omega^2=\frac{k}{m}$ 이므로

$$v=\pm\sqrt{\frac{k}{m}}\sqrt{r^2-y^2}=\pm\sqrt{\frac{5}{20}}\cdot\sqrt{8^2-6^2}=\pm\frac{\sqrt{28}}{2}\text{ cm/s}\fallingdotseq\pm 2.65\text{ cm/s}$$

$$a=-\frac{k}{m}y=-\frac{5}{20}\times 6=-1.5\text{ cm/s}^2$$

(4) 물리진자

고정된 수평축의 주위로 자기무게로 인하여 진동하는 강체를 진자 또는 복진자라 한다. 질량중심이 θ만큼 변위할 때 O를 지나는 수평축에 대한 능률은 [그림 7.12]에서

$$M=-mgh\sin\theta,\quad M=I\alpha$$

$$\alpha=\frac{M}{I}=-\frac{mgh\sin\theta}{I}$$

θ가 극히 작을 때에는 $\sin\theta\fallingdotseq\theta$, $\alpha=-\frac{mgh}{I}\theta$

그러므로

$$T=2\pi\sqrt{\frac{I}{mgh}},\quad f=\frac{1}{2\pi}\sqrt{\frac{mgh}{I}} \tag{7.28}$$

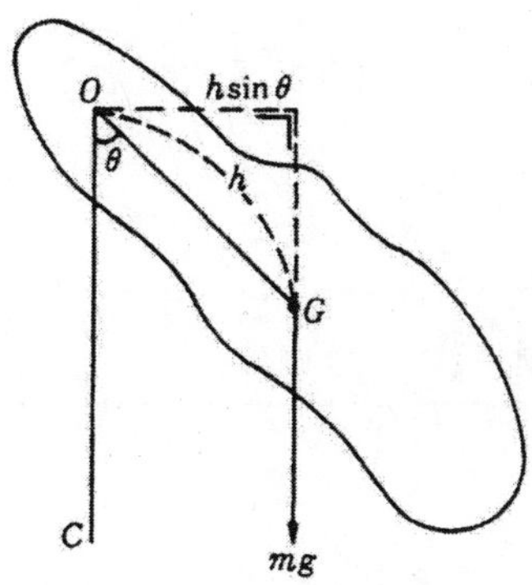

[그림 7.12]

7.7 진동중심

물리진자와 주기가 같은 등주기단진자의 길이를 L_0라 하면,

$$T = 2\pi\sqrt{\frac{L_0}{g}} = 2\pi\sqrt{\frac{I}{mgl}}$$

$$\text{또는 } L_0 = \frac{I}{ml} \tag{7.29}$$

따라서 물리진자는 회전축에서 거리 $L_0 = \dfrac{I}{ml}$인 질량이 한 점에 집중되어 있는 단진자와 같다. 이 점을 진동중심이라 한다.

[그림 7.13]에서 진동중심이 C에 있을 때 이를 지나는 축을 물리진자의 회전축으로 해도 그 주기는 같다. 이때, P가 새로운 진동중심이 된다.

이때, 기점과 진동중심은 서로 공액이라 한다. 또 O를 회전축으로 하는 야구봉에 공이 진동중심과 부딪치면 회전축에 전혀 충격을 주지 않는다. 이 성질 때문에 진동중심을 충격중심이라고도 한다.

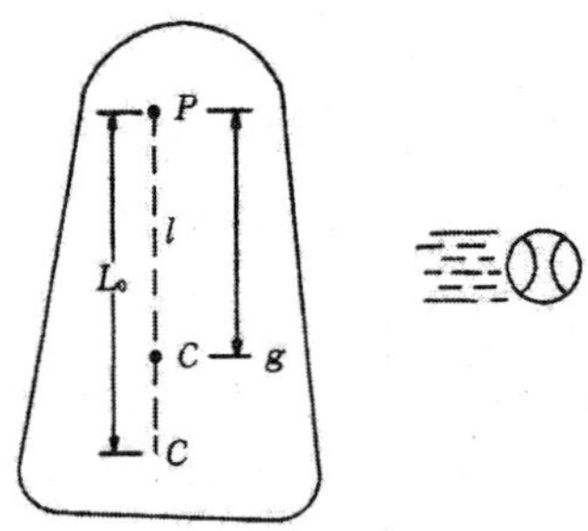

[그림 7.13]

7.8 단진동의 에너지

식 (7.15)에서 v_y인 속도를 가진 질량 m인 질점의 운동 에너지는

$$K \cdot E = \frac{1}{2}mv_y^2 = \frac{1}{2}mr^2\omega^2\cos^2\omega t = \frac{1}{2}m\omega^2(r^2 - y^2) \tag{7.30}$$

$y=0$일 때, 즉 중심 O에서 v_y가 최대가 되므로 이때 운동 에너지는 최대의 값 $\frac{1}{2}mr^2\omega^2$이다. 한편 변위가 y일 때의 위치 에너지는 복원력 F에 대항해서 x만큼 변위할 때 하는 일과 같으므로

$$P \cdot E = \int_0^y (-F)dy = m\omega^2 \int_0^y y\,dy = \frac{1}{2} m\omega^2 y^2 \tag{7.31}$$

$y=r$일 때 위치 에너지가 최대가 된다. 일반적으로 y일 때의 운동 에너지와 위치 에너지의 합은

$$K \cdot E + P \cdot E = \frac{1}{2} m\omega^2 r^2 = \text{일정} \tag{7.32}$$

즉, 에너지 보존법칙을 만족한다.

탄성력에 의한 역장도 보존력장이고 보존력이다. 그러나 실제에 있어서 진동운동을 할 때에는 마찰력, 공기의 저항이 있기 때문에 진동 에너지는 점차 감소하며 진폭이 줄어든다. 이것을 감쇠진동이라 한다. 이 운동방정식은 처음 진폭을 a_0, 변위를 y라 할 때

$$y = a_0 e^{-\lambda t} \sin\omega t \tag{7.33}$$

와 같이 표시되는데 $e^{-\lambda t}$를 감쇠인수라 한다.

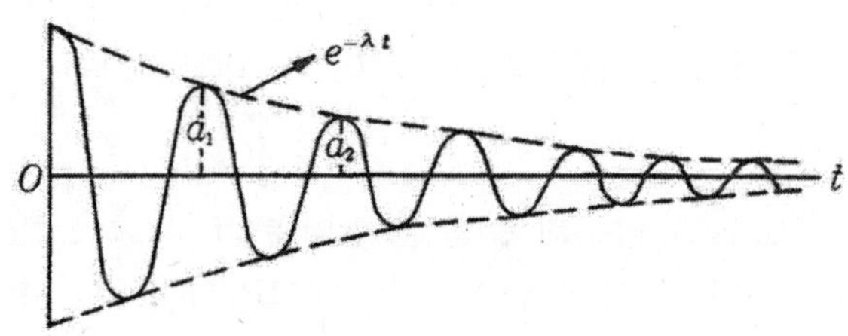

[그림 7.14]

■ 연습문제 ■

01 진동하는 질량-용수철계가 운동을 반복하는 데 0.75 s가 걸린다. 다음을 구하여라.
(a) 주기, (b) Hz 단위로 진동수, (c) rad/s 단위로 각진동수

02 1.0×10^{-5} s의 주기와 1.0×10^{3} m/s의 최대 속력으로 단조화 운동을 하는 질량 1.0×10^{-20} kg인 물체의 최대 변위를 구하여라.

03 질량 0.10 kg인 작은 물체가 진폭 10 cm이고 주기가 0.20 s인 단조화 운동을 한다. (a) 물체에 작용하는 최대력은? (b) 만일, 진동이 용수철에 의한 것이라면 용수철의 힘 상수는?

04 0.10 kg의 물체가 미끄러운 수평면 위의 직선상을 전후로 운동한다. 원점으로부터의 변위는 다음 식으로 주어진다.

$$x=(10\text{cm})\cos\left[(10\text{rad/s})t+\frac{\pi}{2}\text{rad}\right]$$

(a) 진동수는? (b) 물체가 얻는 최대 속력은? 또, 이때의 x는? (c) 물체의 최대 가속도는? 또, 이때의 x는? (d) 물체가 이 운동을 하기 위하여 물체에 작용하는 힘은?

05 두 질점이 동일 직선상에서 같은 진폭과 같은 진동수로서 단조화 운동을 하고 있다. 이 둘이 반대방향으로 움직여서 서로 엇갈릴 때마다 그때의 변위는 진폭의 1/2이다. 이 둘 사이의 위상차는?

06 한 물체가 진동수 2.0 Hz의 단조화 운동을 수평면상에서 하고 있다. 물체와 면 사이의 정지마찰계수는 0.50이다. 물체가 변에 따라 미끄러지지 않는 한도에서 진폭은 얼마나 커질 수 있는가?

07 (a) 변위가 진폭 A의 1/2이 될 때 단조화 운동에서 총 에너지의 몇 분의 1이 운동 에너지이고, 몇 분의 1이 위치 에너지인가? (b) 운동 에너지와 위치 에너지가 반반일 때의 변위는?

08 3.0kg의 물체가 1차원에서 단진동을 하고, 그 변위는 다음과 같다.

$$x=(5.0\text{ m})\cos\left[\left(\frac{\pi}{3}\text{ rad/s}\right)t-\frac{\pi}{4}\text{ rad}\right]$$

(a) 위치 에너지가 전체 에너지의 1/2인 x는? (b) 물체가 평형위치에서 (a)의 위치까지 움직이는 데 필요한 시간은?

09 반경이 15 cm인 8.0 kg의 내충구가 방의 천장에 연직선으로 매달려 있다. 구를 1.0 rad 비트는 데 0.20 N·m의 토크가 필요하다. 이 위치에서 구를 놓으면 진동의 주기는?

10 (a) 길이가 2.0 m인 단진자의 진동수는? (b) 소진폭을 가정하였을 때 상방으로 2.0 m/s^2으로 가속되는 승강기 내에서는 그 진동수는 어떻게 되겠는가? (c) 자유낙하할 때의 진동수는?

11 줄을 따라 진행하는 횡파는 방정식 $y = 6.0\sin(0.02\pi x + 4.0\pi t)$에 의해서 주어진다. x와 y가 cm 단위로 표시되고, t가 초단위로 표시된다. 다음을 계산하여라.
(a) 진폭, (b) 파장, (c) 진동수, (d) 속력, (e) 파동의 전파방향
(f) 줄 속의 어느 한 입자가 갖는 최대 횡속력

12 정현파가 줄을 따라 진행한다. 어떤 한 점이 최대 변위에서 0 변위로 오는 데 걸리는 시간이 0.17 s라 하면 (a) 주기는? (b) 진동수는? (c) 파장이 1.4 m라면 파동의 속력은?

13 파장 10 cm, 진동수 400 Hz 그리고 진폭 2.0 cm로서 $+x$방향으로 현에 따라 진행하는 횡파의 식을 써라. (b) 현 위의 한 점의 최대 속력은? (c) 파동속도는?

14 길이가 2.0 m(=6.6 ft), 질량이 0.060 kg(=0.0041 slug)인 밧줄이 500 N(=110 lb)의 장력을 받을 때의 횡파의 속력은?

15 단조화 횡파가 현을 따라 왼쪽($-x$) 방향으로 진행한다. [그림 7.15]는 시간 $t = 0$일 때 위치의 함수로 변위를 그린 것이다. 현의 장력은 3.6 N이고, 선밀도는 25 g/m이다. (a) 진폭, (b) 파장, (c) 파동 속력, (d) 주기 및 (e) 현 내의 한 입자의 최대 속력을 계산하여라. (f) 진행파를 나타내는 식을 써라.

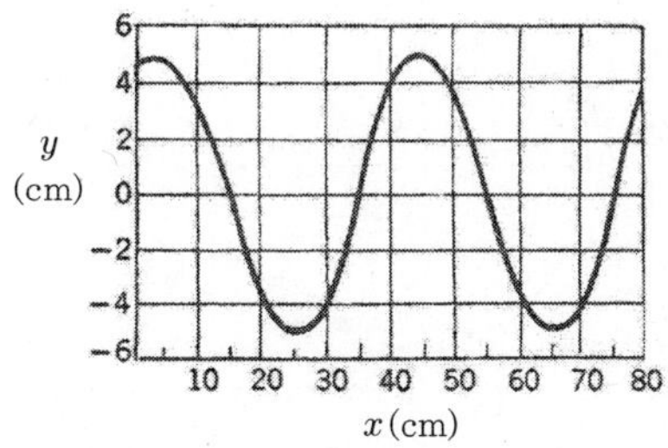

[그림 7.15]

16 등방적이고 흡수성이 없는 매질 내에 있는 1.0 W 강도의 파원으로부터 구면파가 방출되고 있다. 파원으로부터 1.0 m 떨어진 곳에서 이 파동의 강도는?

17 점파원으로부터 모든 방향으로 균일하게 파동이 퍼져나가고 있다. (a) 점파원으로부터 임의의 거리 r에 있는 매질의 변위 y에 관한 식 $y = \dfrac{Y}{r}\sin k(r - vt)$의 정당성을 논의하여라. 또, 이 파동의 속력, 전파 방향, 주기성 및 강도에 관해서 고찰하여라. (b) 상수 Y의 차원은 무엇인가?

18 두 파동이 동일한 긴 현을 따라 진행한다. 현의 왼쪽에 있는 파원은 $y=(6.0\text{ cm})\cos\pi/2[(2.0\text{ m}^{-1})x+(8.0\text{ s}^{-1})t]$의 파동을 발생시키고, 오른쪽에서는 $y=(6.0\text{ cm})\cos\pi/2[(2.0\text{ m}^{-1})x-(8.0\text{ s}^{-1})t]$의 파동을 발생시킨다.
(a) 각 파동의 진동수, 파장, 속력 및 (b) 운동을 하지 않는 점(마디)의 위치를 구하여라.
(c) 운동이 최대가 되는 곳은?

19 정확한 방법으로 연주할 때 정확한 바이올린의 최저 진동수는 A음(440 Hz)이다. 만일, 현의 길이가 변하지 않았다고 하면 A음보다 높은 가능한 2개의 진동수는?

20 길이가 3.0 m인 긴 현이 진폭이 1.0 cm이고, 3개의 배를 가지는 정상파로 진동한다. 파동속력은 100 m/s이다. (a) 진동수는? (b) 결합하여 이 정상파를 이루는 두 파동의 식은? $x=(10\text{ cm})\cos\left[(10\text{ rad/s})t+\frac{\pi}{2}\text{ rad}\right]$

08

유체역학

Fluid Hydrodynamics

8.1 유체의 압력

(1) 유 체

기체, 액체를 합쳐서 유체(fluid)라 한다. 유체의 공통된 성질은 전단력에 대해서 전단응력이 작용하지 않는다는 것이다. 전단력에 대해서 전단응력이 조금도 작용하지 않는 유체는 실제에 없으나, 고체에 비해서 매우 적으므로 근사적으로 전단응력이 없는 이상적인 유체를 생각하여 이것을 완전유체 또는 이상유체라 한다.

실제의 유체는 점성(viscosity)이 있어 전단응력이 매우 적지만 작용한다. 기체는 일반적으로 체적을 쉽게 변화시킬 수 있으나, 액체의 체적을 변화시키는 데는 큰 힘이 필요하므로 보통의 힘으로는 거의 압축되지 않는다고 생각해도 좋다. 압축할 수 없다고 생각해도 좋은 유체를 비압축성 유체라 하고 압축성 유체와 구별한다.

(2) 유체의 정압력

정지하고 있는 액체와 상호간 또는 다른 물체의 면에 미치는 압력을 액체의 정압력이라 한다.

① 정지하고 있는 액체가 기벽 또는 액체 내에서 정지하고 있는 물체에 미치는 압력은 그 모양에 관계없이 항상 그 표면에 직각으로 작용한다. 만일 압력이 기벽 또는 물체의 표면에 직각이 아니라면 그 면에 작용하는 수직분력은 서로 평형이 되나 평행분력은 그 면에 따라 유체를 운동시킨다. 이것은 정지하고 있다는 가정에 모순된다.

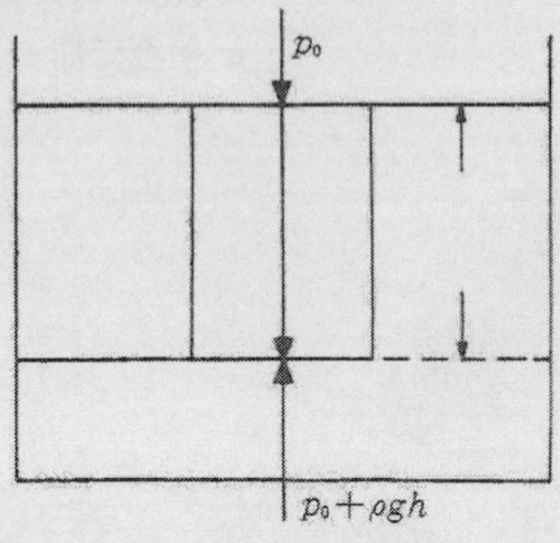

[그림 8.1]

② 중력에 의한 유체의 압력 : 책상 위에 둔 물체는 중력을 받아 책상면에 압력을 미친다. 이와 마찬가지로 지구표면상의 대기도 중력으로 인해 지면에 압력을 준다. 액체의 표면에서 깊이 h에 있는 수평면을 생각하면 이 면을 경계로 하여 위쪽의 액체는 아래쪽의 액체에 압력을 미친다. 그 크기 P는 생각하고 있는 면의 단위면적당 연직상방에 놓인 유체가 받는 전 중력, 즉 액체의 표면이 받는 대기압 p_0와 액체에 작용하는 중력의 합과 같다. 액체의 체적은 $L \times 1$이고, 액체의 밀도를 ρ라 하면 그 질량은 ρh이므로 이것에 작용하는 중력은 $\rho g h$이다. 따라서

$$P = p_0 + \rho g h \tag{8.1}$$

대기압을 무시하면

$$P = \rho g h \tag{8.2}$$

즉, 중력의 작용을 받고 있는 액체의 압력은 깊이에 비례한다. 정지한 액체 내의 같은 수평면에 있는 각 점에 있어서의 압력의 세기는 면의 상하좌우로 같다. 만일 그렇지 않으면 압력이 큰 쪽에서 작은 쪽으로 유체가 이동해야 한다.

8.2 파스칼의 원리

[그림 8.2]와 같이 많은 피스톤을 가진 그릇 안에 액체를 가득 넣고, 단면적 S_A인 피스톤 A에 F의 힘을 작용시켜 x만큼 밀어 넣으면 액체는 비압축체이므로 밀려들어간 액체의 체적만큼 다른 피스톤을 밀고 나가야 한다. 피스톤 D, B를 고정시키면 단면적 S_c인 피스톤 C는 힘 f를 받고 y만큼 밀려 나간다. 피스톤 A가 액체에 미치는 압력을 P_A라 하면

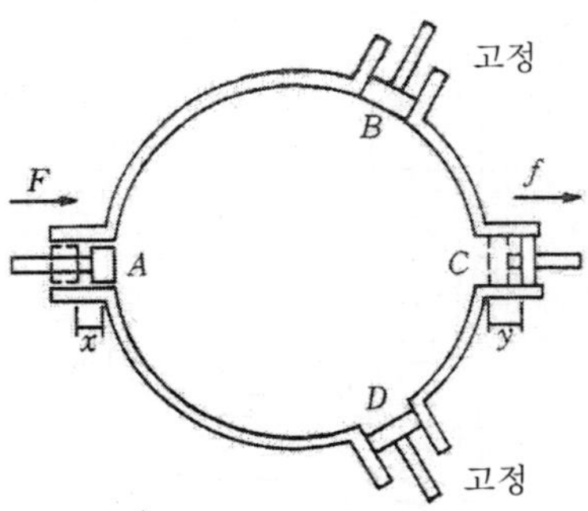

[그림 8.2]

$$P_A = F/S_A \tag{8.3}$$

C에 미치는 압력을 P_C라 하면

$$P_C = f/S_C \tag{8.4}$$

A에서 들이민 체적과 C에서 밀려 나간 체적은 같으므로

$$S_A x = S_C y \tag{8.5}$$

식 (8.3), (8.4), (8.5)에서

$$\frac{P_A}{P_C} = \frac{F/S_A}{F/S_C} = \frac{FS_C}{FS_A} = \frac{F_x}{F_y} \tag{8.6}$$

한편 일의 원리에 따라

$$F_x = F_y \tag{8.7}$$

식 (8.6), (8.7)에서

$$P_A = P_C \tag{8.8}$$

다른 피스톤에 미치는 압력도 마찬가지이고, 그릇의 다른 면에 대해서도 P_A의 압력을 미치게 된다.

이와 같이 밀폐된 액체의 일부분에 가한 압력은 그 크기가 변하지 않고 액체 각 부분에 전달된다. 이것을 파스칼(Pascal)의 원리라 한다. 수압기는 이 원리에 의하여 작은 힘으로 큰 힘을 얻도록 만든 기계이다.

예제 8.1 [그림 8.3]과 같은 수압기에 있어 a가 10 in^2이고, A가 1000 in^2, f가 10 lb일 때 F를 얼마로 하면 비기는가?

풀이 파스칼의 원리에 따라 유체 내의 압력이 같다. 따라서

$$P = \frac{f}{a} = \frac{F}{A}$$

$$F = f\frac{A}{a} = 10 \times \frac{1000}{10} = 1000 \text{ lb}$$

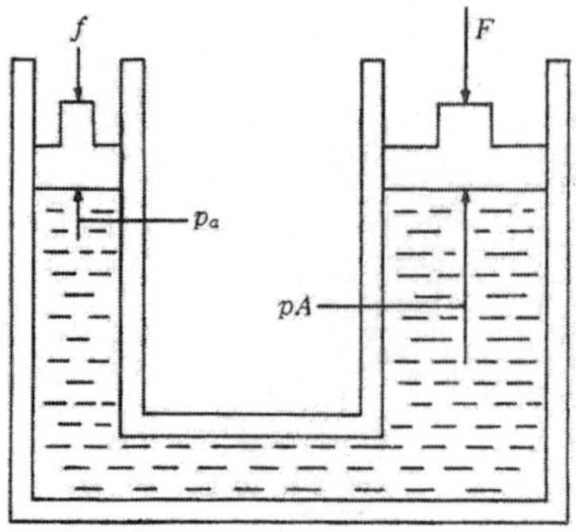

[그림 8.3]

8.3 압 력 계

가장 간단한 압력계(manometer)는 [그림 8.4 (a)]와 같은 폐관압력계이다. 액체가 들어 있는 U형관의 한쪽 끝은 추정하려는 압력에, 다른 끝은 대기에 노출되어 있다. 왼쪽 액주 밑면에서의 압력은 $p+\rho g y_1$이고, 오른쪽 액주의 밑면에서의 압력은 $p_a+\rho g y_2$이며, 이 두 압력은 같으므로

$$p+\rho g y_1 = p_a + \rho g y_2$$

따라서 $p-p_a = \rho g(y_1 - y_2) = \rho g h$ (8.9)

압력 p를 절대압력이라 하고, 이것과 대기압의 차 $p-p_a$를 게이지 압력이라 한다. 게이지 압력은 액주의 높이의 차에 비례한다.

대기압을 측정하는 데는 수은기계를 쓴다. 한쪽이 열린 관에다 수은을 가득 채우고, 이 관을 수은 통에다 엎어 세우면 관 내의 수은은 약간 하강하여 수은통의 수평면에서 약 76 cm의 높이 근처에 머문다(그림 8.4(b)). 이것은 관의 길이와 무관하다. 이때 관 내의 빈 공기에는 수은의 증기가 들어 있으나 실온에서는 그 압력은 대단히 적어서 무시할 수 있다. 수은 통과 수은주와의 액면의 차는 대기압에 의한 것으로 다음 관계가 성립한다.

$$p_i = \rho g(y_2 - y_1) = \rho g h \tag{8.10}$$

수은주의 높이가 76 cm되는 대기압이 1기압(atm)이다.

$$1\ \text{atm} = 76\ \text{cmHg} = 1.013\times10^6\ \text{dyne/cm}^2 = 14.7\ \text{lb/in}^2$$

만일 수은 대신 물을 쓰는 기압계라면 수은의 밀도가 물의 13.6배가 되므로 관의 깊이는 76×13.6 m= 10.336 m 이상이 되어야 할 것이다.

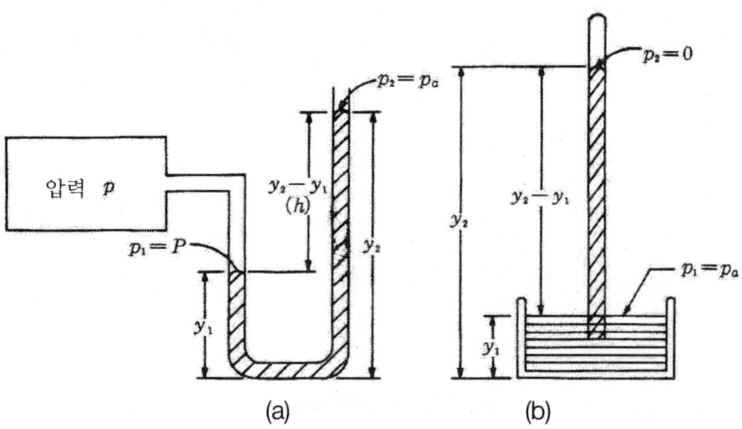

[그림 8.4]

8.4 아르키메데스의 원리

[그림 8.5]와 같이 밑넓이 S, 높이 H인 원통을 액체 속에 연직으로 표면에서 깊이 h에 놓았을 때를 생각한다. 상하 양면에 작용하는 압력을 각각 p_1, p_2, 액면의 대기압을 p_a, 액체의 밀도를 ρ라 하면

$$p_1 = p_a + \rho g h \tag{8.11}$$

$$p_2 = p_a + \rho g (h + H) \tag{8.12}$$

물체의 밑면에서 연직상방으로 향하는 힘은 Sp_2, 윗면에서 연직하방으로 작용하는 힘은 Sp_1이고 그 합력 F의 크기는 $F = S(p_2 - p_1) = \rho SHg$이고, 방향은 연직상방이다. SH는 원통의 부피이므로 ρSH는 원통부피와 같은 액체 질량이고, ρSHg는 무게이다. 물체는 동체적의 액체의 무게만한 부력을 받는다. 이것을 아르키메데스(Archimedes)의 원리라 한다.

이 원리는 물체가 어떤 모양을 하고 있든지, 또 물체의 무게가 있을 때도 마찬가지로 성립한다. 식 (8.11)에 있어 물체의 밀도를 ρ'라 하면 밑면에 하방으로 작용하는 힘은

$$F_1 = P_1 S + \rho' HSg = (p_a + \rho g h)S + \rho' HSg \tag{8.13}$$

같은 면에 상방으로 작용하는 힘은

$$p_2 = p_2 S = p_a S + \rho g (h + H) S \tag{8.14}$$

$$W' = F_1 - F_2 = \rho' HSg - \rho SHg = W_a - W \tag{8.15}$$

W_a는 공기 중의 물체의 무게, W'는 액체 중의 물체의 무게, W는 물체와 같은 부피의 액체의 무게이다. 액체 중의 물체의 무게는 물체가 배제한 동체적의 액체의 무게만한 부력을 받아 가벼워지고, $W_a > W$이면 합력은 하방으로 작용하여 물체는 가라앉고, $W_a < W$이면 외력을 가하지 않는 한 뜬다. 이런 것을 부체라 한다. 물체가 배제한 액체의 중심을 가상하여 부심이라 하고, 부력은 부심에 전 부력이 작용한 것과 같다. 부체의 중심은 항상 중심보다 높다.

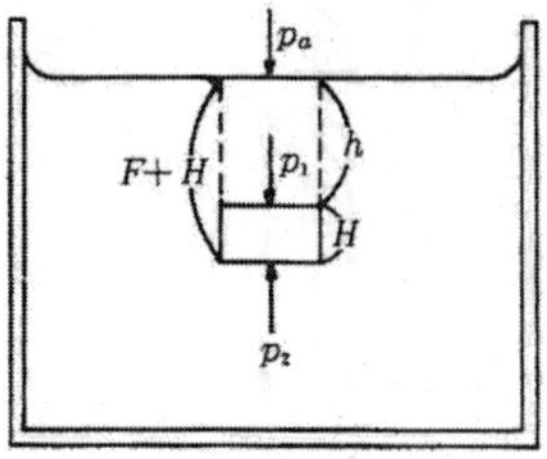

[그림 8.5]

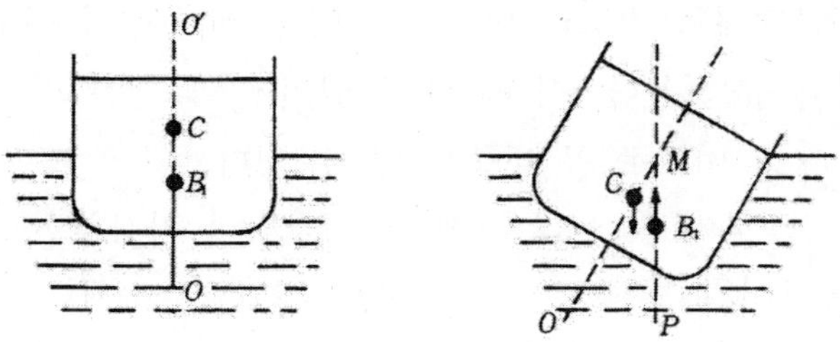

[그림 8.6]

(1) 물체의 안전

[그림 8.6]에 있어 C는 배의 중심이고 B_1, B_2는 부심이다. 배가 기울어질 때 부심의 작용선과 물체의 중심선과 만나는 점 M을 경심이라 한다. 배가 안정한 상태로 돌아가려면 경심 M이 C보다 높아야 한다. M이 C보다 낮으면 더욱 기울어지려는 우력이 작용하여 뒤집어진다.

(2) 아르키메데스의 원리의 응용

물보다 무겁고 또 물에 녹지 않는 고체는 아르키메데스의 원리를 써서 그 부피와 비중을 측정할 수 있다.

▎고체의 체적

식 (8.15)에서 $HS = V$라 두면

$$W_a = W' = W = \rho V g$$

여기서, ρ는 액체의 밀도이다. 따라서

$$V = \frac{W_a - W'}{\rho g} \tag{8.16}$$

위 식에서 W_a와 W'를 측정하고 ρ를 알면 고체가 불규칙한 형태라도 그 체적을 측정할 수 있다.

▎고체의 비중

① 액체보다 무거운 고체의 비중 식 (8.16)에 있어 고체의 밀도를 ρ_0라면

$$W_a = V\rho_0 g$$

$$\rho_0 = \frac{W_a}{Vg} = \frac{W_a}{W_a - W}$$

$$\sigma_0 = \frac{\rho_0}{\rho} = \frac{W_a}{Vg} = \frac{W_a}{W_a - W} \tag{8.17}$$

ρ_0/ρ는 물체와 액체의 밀도의 비이다. 이것을 비중이라 하고, 보통 4℃의 물의 밀도에 대한 비의 값을 쓴다. 식 (8.15)에 있어 물에 대한 비중은 W_a와 W'를 측정하면 $\rho = 1\ \text{gm/cm}^2$이므로 곧 비중을 알 수 있다.

② 물보다 가볍고 또 물에 녹지 않을 때는 추를 따라 가라앉힌다.

물체의 공기 중에서의 무게 ………………………………… W_a

물체와 추의 물속에서의 무게 …………………………… W'

추만의 물속에서의 무게 ………………………………… W''

물속에서의 물체만의 무게 ……………………………… $W' - W''$

$$\sigma = \frac{W_a}{W_a - (W' - W'')} \tag{8.18}$$

③ 물에 녹는 것은 녹지 않는 액체에 넣어 측정하고, 그 액체의 비중을 알면 물에 대한 비중을 알 수 있다. 액체의 비중은 비중병을 쓴다.

〈표 8.1〉 고체, 액체의 밀도

고 체	밀도(gm/cc)	액 체	밀도(gm/cc)
알루미늄	2.7	알코올	0.81(0℃)
놋쇠	8.4	벤젠	0.90(0℃)
구리	8.9	클로로포름	1.53(0℃)
코르크	0.24	글리세린	1.26(0℃)
유리	2.6	수은	13.60(0℃)
금	19.3	기름(윤활유)	0.91(20℃)
얼음	0.97	테레빈유	0.87(15℃)
철	7.8	순수(純水)	1.00(4℃)
납	11.4	바닷물	1.03(15℃)
우라늄	18.7		
소나무	0.5		

8.5 일정한 압력차에 대항해서 하는 일

[그림 8.7]에서 펌프의 단면적은 A이고, 수관 T에서는 일정한 정수압 P가 작용하고 있다 하자. 파스칼의 원리에 따라 피스톤의 단위 넓이에 작용하는 힘은 P이다. 그러므로 액체를 매우 천천히 밀어내자면 피스톤에 작용해야 할 힘은

$$F = PA \tag{8.19}$$

이다. 피스톤이 거리 x를 움직일 때 한 일은

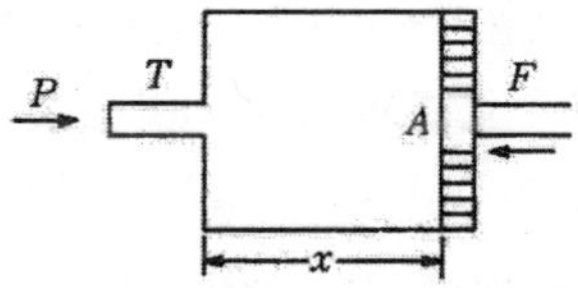

[그림 8.7]

$$W = Fx \tag{8.20}$$

이때 유출되는 액체의 부피는 $V = Ax$, 식 (8.19), (8.20)에서

$$W = PV \tag{8.21}$$

압력이 일정하지 않을 때, 부피를 V_1에서 V_2만큼 밀어낼 때 하는 일은

$$W = \int_{v_1}^{v_2} P dV \tag{8.22}$$

이 적분을 하자면 압력과 부피의 함수관계를 알아야 한다. 기체는 체적이 변하면 일반적으로 P도 변하므로 이 식은 기체에 대해서 매우 중요한 식이 된다.

8.6 정상류와 연속원리

(1) 정 상 류

다음은 흐르는 유체에 대해서 생각하기로 한다. 일반적으로 유체의 운동을 상세히 논하는 것은 복잡하다. 흐르는 유체 내의 임의의 한 점을 취할 때 그곳을 흐르는 유체의 유속이 시간에 관계없이 항상 일정하면 그 흐름을 정상류라 한다. 유속은 위치에 따라 변할 수 있다.

유체 내에서 가상적인 곡선을 그렸을 때 이 곡선상의 각 점에서의 유속이 이 곡선에 접하면 이 곡선을 유선이라 한다. 유선의 정의로 보아 유선은 (공간적으로) 서로 교차하지 않는다. 유체 내의 한 폐곡선을 지나는 유선의 묶음을 유속이라 한다. 흐름은 유속에서 앞으로 새어 나갈 수 없다.

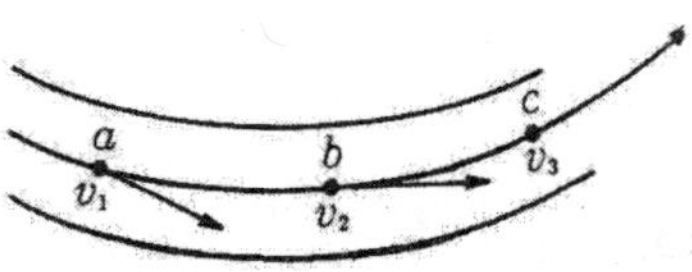

(a) 정상류

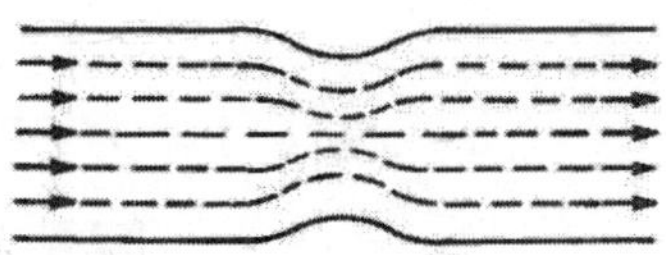

(b) 유선

[그림 8.8]

유체의 흐름은 세 가지로 대별할 수 있다. 처음 두 가지는 퍼텐셜류와 와류(vortex flow)인데 전자는 관 내의 유체의 흐름과 같은 병진형이고, 후자는 어떤 축 주위로 유체가 원을 그리는 회전형이다.

이 같은 흐름은 유속이 적은 범위에서만 일어나며 정상류에 속한다. 유속이 커지면 유선이 완전히 분열되고 국부적으로 적은 와류 같은 것이 생기는 흐름이 있다. 이것을 난류(turbulent flow)라 하는데 난류에서는 저항이 급격히 증가하며, 유체의 전진이 비교적 완만하다.

(2) 연속원리

이 정리는 정상류에서 어떤 유속의 한 단면적 S_1을 지나는 유량이 동일시각에 다른 단면적 S_2를 지나는 유량과 같아야 한다는 것이다. 그렇지 않으면 S_1, S_2 사이의 유체량에 변동이 생기게 되고 정상류라는 가정에 모순된다. [그림 8.9]에서 S_1에서의 밀도를 ρ_1, 유속을 v_1, 압력을 p_2라 하고, S_2에서 이에 대항하는 양을 각각 ρ_2, v_2, p_2라 하면 t초 사이에 흐르는 유체질량은 S_1, S_2에 각각 $\rho_1 v_1 S_1 t$, $\rho_2 v_2 S_2 t$가 된다. 따라서 연속원리는

$$\rho_1 v_1 S_1 = \rho_2 v_2 S_2 \tag{8.23}$$

로 표현된다. 유체가 비압축성인 경우에는 $\rho_1 = \rho_2$이므로 식 (8.23)은 다만

$$v_1 S_1 = v_2 S_2 \tag{8.24}$$

vS는 단위시간에 단면적 S를 흐르는 유체의 체적이다. 식 (8.24)에서 $S_1 < S_2$이면 $v_1 > v_2$이다. 즉, 단면적이 작은 곳일수록 유속은 크다.

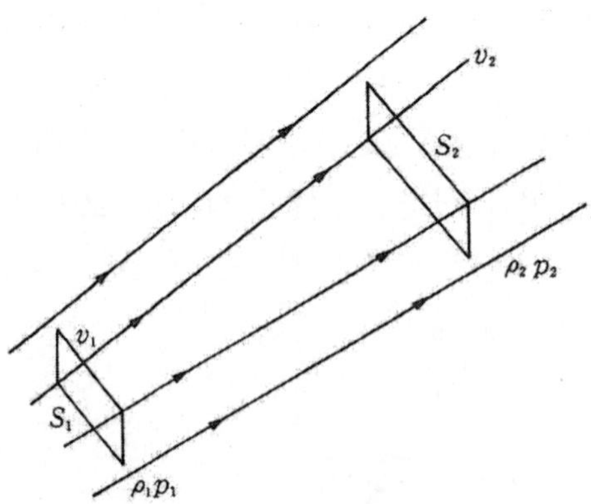

[그림 8.9] 연속원리

8.7 베르누이의 정리

(1) 정 리

[그림 8.10]과 같이 한 끝 S_1에서 양력 p_1으로 압력을 받으면서 속도 v_1으로 흘러들어가고 다른 끝에서 양력 p_2로 밀려 나가는 정상류를 생각하자.

S_1에서 단위시간에 단위체적당 운동 에너지 $(\rho/2){v_1}^2$과 위치 에너지 $\rho g h_1$을 가진 유체가 압력 p_1에 밀려 $S_1 v_1$만큼 흘러들어간다. p_1이 단위시간에 단위체적당 하는 일(공율)은 $p_1 S_1 v_1$이다.

따라서 유관 내에 유체가 가지고 들어오는 에너지양은 매초

$$\left(\frac{1}{2}\rho_1 {v_1}^2 + \rho_1 g h_1\right) S_1 v_1 + p_1 v_1 S_1$$

마찬가지로 S_2에서 흘러나가는 에너지의 양은

$$\left(\frac{1}{2}\rho_2 {v_2}^2 + \rho_2 g h_2\right) S_2 v_2 + p_2 v_2 S_2$$

이다. 이 두 가지가 같지 않다면 유관 내의 에너지가 시간과 더불어 증감하므로 정상류라는 가정에 어긋난다. 따라서

$$v_1 S_1\left[\frac{1}{2}\rho_1 {v_1}^2 + \rho_1 g h_1 + p_1\right] = v_2 S_2\left[\frac{1}{2}\rho_2 {v_2}^2 + \rho_2 g h_2 + p_2\right]$$

그런데 비압축성 유체에서는 $S_1 v_1 = S_2 v_2$ 또 $\rho = \rho_1 = \rho_2$이므로

$$\frac{{v_1}^2}{2} + g h_1 + \frac{p_1}{\rho} = \frac{{v_2}^2}{2} + g h_2 + \frac{p_2}{\rho} \tag{8.25}$$

$$\frac{v^2}{2} + g h + \frac{p}{\rho} = \text{const} \tag{8.26}$$

$$\frac{v^2}{2g} + h + \frac{p}{\rho g} = \text{const} \tag{8.27}$$

이것을 베르누이(Bernoulli)의 정리라 한다.

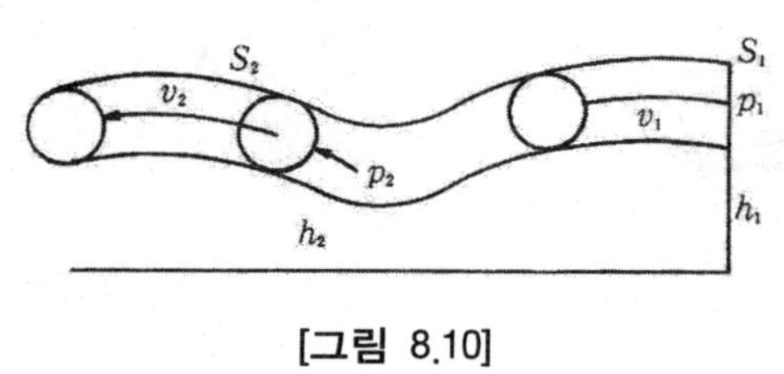

[그림 8.10]

식 (8.27)에서 $p/\rho g$를 압력낙차(pressure head), $v^2/2g$를 등속낙차(velocity head), h를 고도낙차(elevation head)라 한다. 정상류가 아닌 경우 이 정리는 유관속의 한 유선에만 적용된다.

(2) 정리 응용

▌가는 구멍으로 흘러나오는 유출속도

[그림 8.11]과 같이 고도낙차 h인 탱크로부터 액체가 가는 구멍을 유출할 때, P는 이때의 대기압이고 이것은 h가 크지 않을 때는 같다.

$$\frac{P}{\rho}+gh+\frac{v_1^2}{2}=\frac{P}{\rho}+\frac{v_2^2}{2}$$

또는

$$\frac{v_1^2}{2}+gh=\frac{v_2^2}{2}$$

그런데 $a_1 \gg a_2$이므로 $v_2 \gg v_1 = 0$이라고 볼 수 있으므로

$$v_2 = \sqrt{2gh} \qquad (8.28)$$

▌유속과 유율

[그림 8.12]와 같이 수평으로 흐르는 한 유선이 A에서는 속도가 v_1이고, B에서는 v_2, 또 두 점의 압력을 p_1, p_2라면 고도낙차는 0이므로 식 (8.26)에서

$$\frac{p_1}{\rho}+\frac{v_1^2}{2}=\frac{p_2}{\rho}+\frac{v_2^2}{2}$$

한편 비압축체에 대한 연속원리에서 $a_1v_1 = a_2v_2$, $p_1 - p_2$에 대해서 풀면

$$p_1 - p_2 = \frac{1}{\rho}v_1^2\left\{\left(\frac{a_1}{a_2}\right)^2 - 1\right\} \qquad (8.29)$$

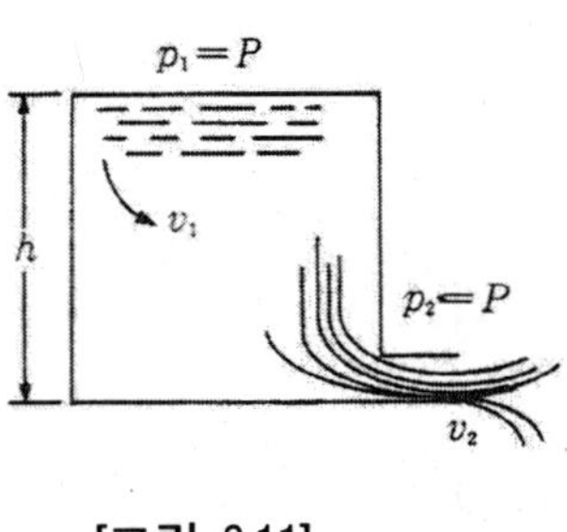

[그림 8.11]

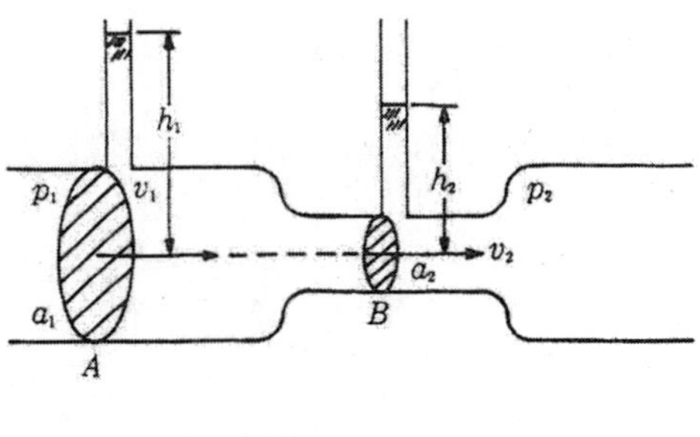

[그림 8.12]

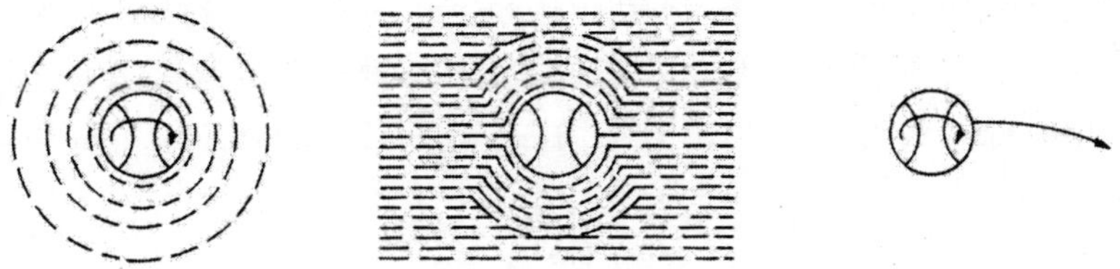

(a) (b) (c)

[그림 8.13]

$a_1 > a_2$이므로 $v_2 > v_1$이고 $p_1 > p_2$이다. 이 압력차를 측정하므로 a_1을 흘러나가는 유속과 유율(단위시간에 흐르는 유체의 체적)을 알 수 있다. 매초 A를 통과하는 액체의 부피를 Q라 하면 $Q = a_1 v_1$이므로 식 (8.29)에서

$$v_1 = \sqrt{\frac{2(p_1 - p_2)}{[(a_1/a_2) - 1]\rho}}$$

$$Q = v_1 a_1 = a_1 \sqrt{\frac{2(p_1 - p_2)}{[(a_1/a_2) - 1]\rho}} \tag{8.30}$$

마그누스(Magnus) 효과

지금까지 유체에 대해서 베르누이의 정리를 이용했으나 기체는 고도낙차가 그다지 큰 구실을 못하고, 유속과 압력이 매우 관계가 깊다. [그림 8.13]과 같이 공을 자전시키면서 던지면 아래쪽의 공기의 유속은 공의 회전에 의하여 밀리는 공기의 속도와 합하고, 위쪽이 느리게 된다. 따라서 아래쪽은 압력이 작고 위쪽은 압력이 커서 공은 하방으로 커브를 그린다.

비행기 날개의 양력

비행기가 프로펠러 또는 분사기로 추진하면 날개 둘레에 흐르는 기류가 위쪽은 속도가 빠르고 아래쪽은 속도가 느리므로 상방으로 양력이 작용하여 자중에 이겨 떠오르게 된다.

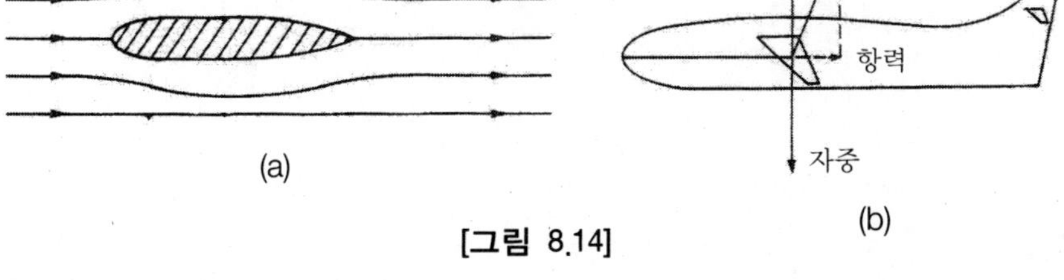

(a) (b)

[그림 8.14]

예제 8.2 단면의 지름이 1 cm인 관 속을 물이 10 m/s인 유속으로 흘러들어간다. 이 관이 5 m 낮아지고 단면의 지름은 2 cm로 커진다면 이곳에서의 유속과 압력은 얼마인가?(단, 유입구에서의 압력은 3×10^5 N/m^{2}이고, 물의 밀도는 1000 kg/m^{2}이다.)

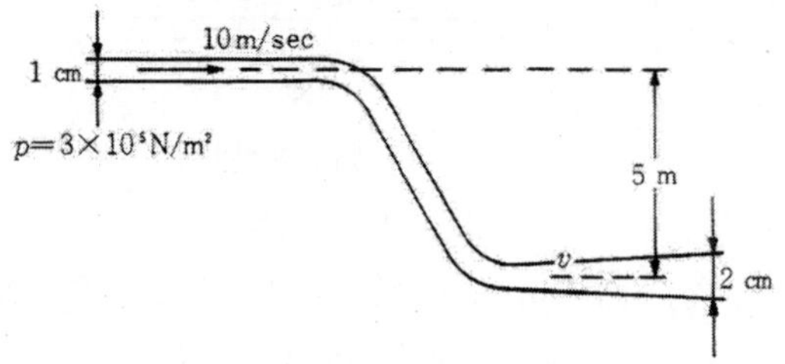

[그림 8.15]

풀이 베르누이의 정리식에서

$$\frac{3\times10^5}{1000}\times\frac{1}{2}(10)^2+9.8\times0=\frac{p_2}{1000}+\frac{1}{2}v_2^2+9.8(-5)$$

$$10\pi(0.005)^2=v_3\times\pi(0.01)^2,\quad v_2=2.5\ \text{m/s}$$

그러므로

$$p_2=3.96\times10^5\ \text{N/m}^2$$

예제 8.3 가장 깊은 점의 깊이가 280 m인 미시건호 바닥의 압력은 얼마인가?

풀이 표면의 압력을 P_1이라 하면 이것은 대기압과 같다. h_2를 0으로 하면 h_1은 280 m이다.

$$P_2=10^5+1000\times9.8\times280=28.4\times10^5\ \text{N/m}^2$$

예제 8.4 물에 2/3 잠기고 떠 있는 판자가 있다. 이 판자의 밀도는 얼마인가?

풀이 판자의 두께와 면적이 t, A이면 몰려나간 물의 무게는

$$\frac{2}{3}tA\times1000\times9.8\ \cdots\cdots\ ①$$

이다. 판자의 무게는

$$tA\times\rho\times9.8\ \cdots\cdots\cdots\cdots\ ②$$

①=②이므로

$$\rho=\frac{2}{3}\times1000=667\ \text{kg/m}^3$$

8.8 점성과 난류

유체는 전혀 마찰이 없을 수는 없다. 상대적인 내부운동이나, 고정된 표면에 대한 상대운동이 있을 때에는 마찰이 있다. 유체 내에서 이 마찰은 연속적인 전단과정으로 생긴다. 유체 내에 접하는 두 다른 층 사이에는 분자에 의하여 일종의 마찰이 생긴다. 이것을 점성이라 한다. 액체는 이 점성이 기체보다 매우 크다.

[그림 8.16]은 운동하는 상부 벽과 정지한 하부 벽 사이의 액체층의 일부분을 표시하고 있다. 움직이는 면과 접촉하고 있는 액체는 면과 같은 속도를 갖게 된다.

정지한 외부 벽에 접촉한 액체는 정지하게 된다. 액체의 중간층의 속도는 화살표로 표시한 바와 같이 한쪽 벽에서 다른 쪽 벽으로 균일하게 증가한다. 이러한 꼴의 흐름을 층류라 한다. 상층이 운동을 하면 고체 때와 같이 전단력이 작용하여 a, b, c, d가 a, b, c', d'와 같이 모양이 달라지고, 고체와 달라 일정한 전단력에 대해서 계속 꼴이 변화한다. 이때 층류 사이에는 마찰에 의하여 전단응력이 작용한다.

그러나 전단응력은 고체와 달라 전단변형에 비례하지 않고 그 시간적 변화율에 비례한다. 액체의 체적이 a', b', c', d'의 모양을 가지는 순간의 변형은 dd'/ad 즉 dd'/L이며, 따라서 그 시간적 변화율은 dd'의 변화율의 $1/L$과 같다. 그런데 dd'의 시간적 변화율은 다만 d'의 속도로서 바로 운동벽의 속도 v와 같다. 전단응력이 전단변형의 시간적 변화율에 비례하므로 전단응력을 τ라 하면

$$\tau = \frac{F}{A} = \propto \frac{v}{L}, \quad \tau = \frac{F}{A} = \eta \frac{v}{L}$$

$$\therefore \; F = \eta \frac{Av}{L} \tag{8.31}$$

η로 표시한 비례상수는 점성계수(coefficient of viscosity)라 한다. 식 (8.31)은 운동력에 따른 식이고, 층이 변하면 L과 v가 변하고, 또 F와 η도 변한다.

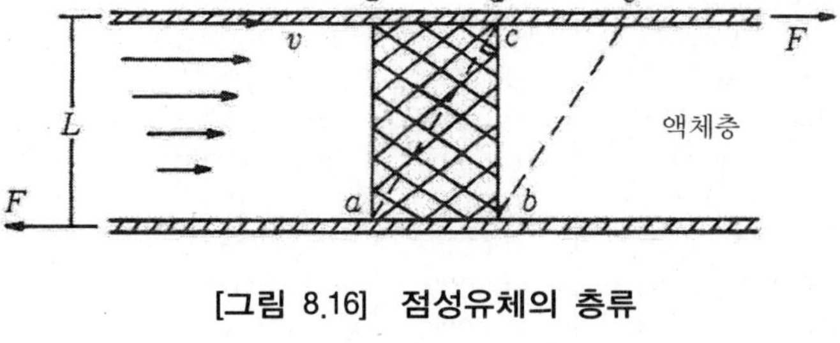

[그림 8.16] 점성유체의 층류

v/L는 y방향의 속도의 변화율과 같으므로 L을 y의 변수로 바꾸어 쓰고 v/y를 dv/dy라 하면 각 종류의 임의의 면에 있어서의 전단응력과 전단력은

$$\tau = \eta \frac{dv}{dy} \tag{8.32}$$

$$F = \eta A \frac{dv}{dy} \tag{8.33}$$

로 표시된다.

η의 단위는 CGS로는 1dyne-s/cm^{2}이고, 이것을 1 poise라 한다. 작은 점선은 보통 1 centipoise(1 cp= 10^{-2} poise)나 micropoise(1 μp= 10^{-6} poise)로 표시한다. MKS로는 매초 1 radian의 유체의 전단율에서 1 N/m^{2}의 응력을 발생하는 점성도인데 이 단위를 dekapoise라 한다.

점성의 원인은 액체에서는 주로 분자 간의 인력이고, 기체에 있어서는 분자충돌로 운동량의 전이과정이다. 그러므로 액체의 점성계수는 온도가 증가하면 감소하고, 기체의 경우에는 온도와 더불어 증가한다. 점성유형은 퍼텐셜 유형은 한 파라미터가 어떤 한계값보다 적은 때에만 가능하다. 이 파라미터의 결정에는 온도가 중요한 역할을 한다.

예를 들면 장애물 주위의 흐름은 낮은 유속에서는 퍼텐셜 유형인데 어떤 한계속도를 넘으면 난류가 생겨, 유체의 혼동 상태와 많은 에너지 손실을 가져온다. 퍼텐셜 유형을 경계 짓는 한계 파라미터는 레이놀즈수(Reynolds數 : K)이다.

$$K = \frac{\rho v a}{\eta} \tag{8.34}$$

여기서 a는 유체운동이 상대적으로 일어나는 고체의 크기를 상징하는 양이다.

관 내의 유체인 경우에는 a는 관의 안지름이고, 원주나 구 주위를 흐르는 유체에서는 a는 이 물체의 반지름이다. 레이놀즈수의 한계값은 물체의 모양에 따라 변한다. 대체로 보아 $K < 1000$에서 난류(turbulent flow)가 발견되는 일이 거의 없고 $K > 10{,}000$에서 퍼텐셜 유형은 전혀 발견되지 않는다.

〈표 8.2〉 점성계수

액체(poise)		기체($\eta \times 10^5$)	
유 황(187℃)	560.00	공 기(20℃)	181.2
아주까리기름(20℃)	10.71	공 기(99℃)	220.3
글 리 세 린(20℃)	14.8	공 기(302℃)	299.3
물 (0℃)	0.0179	He (15℃)	196.9
물 (100℃)	0.0124	H_2 (15℃)	88.9
에 테 르(20℃)	0.0024	H_2O (100℃)	132.0
수 은(20℃)	0.0154	A (15℃)	220.8
액 체 공 기(-192℃)	0.0017	CO_2 (15℃)	14.5
이 황 화 탄 소(20℃)	0.0037	에테르(16℃)	73.0
에 틸 알 코 올(20℃)	0.0030	벤 젠(19℃)	79.0

난류의 문제는 고속비행기나 미사일의 발명으로 중요시하게 되었다. 점성유체를 지배하는 방정식의 답은 퍼텐셜이든 난류이든 간에 지극히 곤란하며, 정확히 풀 수 있는 것은 극히 드물다. 원통관 내를 흐르는 퍼텐셜류에 대해서는 쉽게 답을 얻을 수 있는데 길이 t, 반지름 r인 관에서 유출되는 단위시간에 대한 유량 Q는

$$Q = \frac{\pi r^4}{8\eta l}(P_1 - P_2) \tag{8.35}$$

이다. 이 식을 푸아죄유(Poiseuille)의 방정식이라 한다.

점성저항

운동속도 v로 운동체가 점성저항만 받을 때에는 저항력 R는 속도와 점성 η의 상승적에 비례한다.

$$R = C\eta v$$

여기서 C는 모양과 길이로 결정되는 비례상수이다. 만일 반지름 r의 구이면 해석적으로

$$R = 6\pi r\eta v$$

가 됨을 스토크스(Stokes)가 유도하였다. 이것을 스토크스의 법칙이라 한다.

관성저항

속도가 매우 빨라지면 뒷부분에 난류가 생기고 유체의 밀도를 ρ, 물체의 운동방향의 사영면적을 S라 하면 이때의 저항은

$$R = CS\frac{\rho v^2}{2}$$

이다. C를 저항계수라고 하고, 이것은 그 물체의 모양에 따라 결정된다. 유선체가 가장 저항이 적으므로 배, 비행체는 유선형으로 만든다. [그림 8.17]은 같은 사영면적을 가지는 물체의 저항계수를 비교한 것이다.

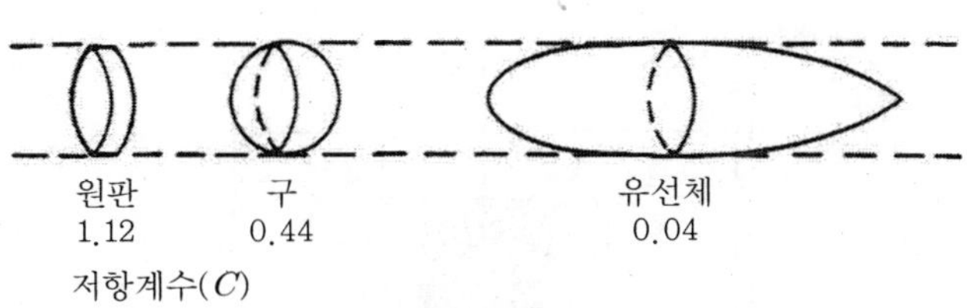

[그림 8.17]

■ 연습문제 ■

01 어떤 간호원이 반경 1.1 cm인 주사기 피스톤에 9.5 lb(=42 N)의 힘을 가할 때 압력의 증가를 구하여라.

02 해양의 수면 아래 500 ft(150 m)인 곳의 압력을 $\mathrm{lb/in^2}$으로 구하여라. 해수의 상대밀도는 1.03이며, 해면의 대기압은 $14.7\ \mathrm{lb/in^2}(=1.0\times10^5\ \mathrm{Pa})$이다.

03 키가 1.83 m(=6.00 ft)인 사람의 뇌와 발 사이의 유체정역학적 혈압차를 측정하여라. 피의 밀도는 $1.06\times10^3\ \mathrm{kg/m^3}$라고 가정하여라.

04 서로 섞이지 않는 세 종류의 액체가 원통형 용기에 부어졌다. 각 액체의 양과 밀도는 다음과 같다. $0.50\,l$, $2.6\ \mathrm{g/cm^3}$, $0.25\,l$, $1.0\ \mathrm{g/cm^3}$, $0.40\,l$, $0.80\ \mathrm{g/cm^3}$. 용기의 바닥에 미치는 합력은? (대기압의 기여는 무시하여라)

05 바닥이 동일한 높이에 있는 2개의 동일한 용기에 밀도 ρ인 액체가 들어 있다. 각 밑변의 면적은 A이며 용기 내의 액체의 높이는 각각 h_1, h_2이다. 두 용기가 연결되어 액면의 높이가 같아질 때 중력에 의하여 이루어지는 일을 구하여라.

06 내부 안경이 8.0 cm이고, 외부 반경이 9.0 cm인 속이 빈 구가 비중 0.80인 액체에 반이 잠겨 있다. 구를 만든 물질의 밀도는?

07 한 변의 길이가 L(2.0 ft)이고, 무게 W(1000 lb)인 속이 진공인 입방체가 [그림 8.18]에서처럼 밀도 $\rho(2.0\ \mathrm{slug/ft^3})$의 액체가 담긴 뚜껑이 없는 통 속에 줄로 매달려 있다. (a) 단면적 $A(4.0\ \mathrm{ft^2})$의 물체 상부에서 액체와 대기압에 의하여 받는 전하향력, (b) 물체의 바닥에서 받는 전상향력, (c) 줄의 장력을 구하여라.

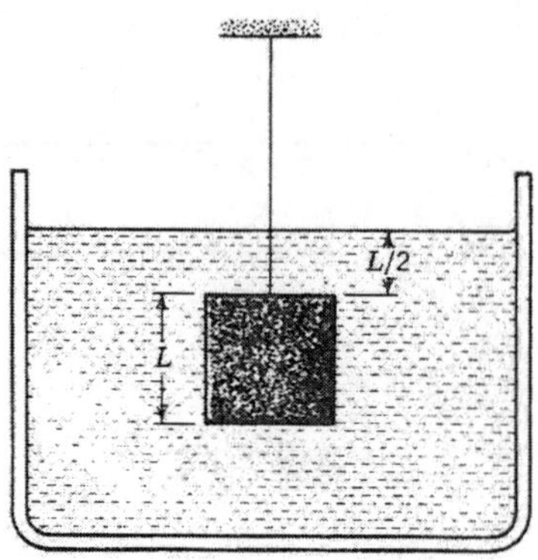

[그림 8.18]

08 공기 중에서는 60 lb(질량=27 kg), 물속에서는 40 lb(질량=18 kg)인 철주물이 있다. 이 주물 속에 있는 공동의 체적은? 철의 비중은 7.80이다.

09 내부 직경이 0.75 in인 정원용 호스가 직경 0.050 in의 구멍이 24개 있는 산수기에 연결되어 있다. 호스 속의 물의 속력이 3.0 ft/s이면 산수기 구멍을 나가는 물의 속력은?

10 내부 직경이 d인 수도꼭지로부터 물이 초속 v_0로 계속 흘러나온다. 꼭지 아래 거리 h의 항으로 물줄기의 직경을 표시하여라(공기저항을 무시하고 물방울이 생기지 않는다고 가정하여라).

11 한 사람이 물이 들어 있는 U관의 한쪽 끝을 15 m/s의 속력으로 불었다면 양쪽 물기둥의 높이 차이는?

12 단면이 큰 탱크에 물이 깊이 D(1.0 ft)까지 차 있다. 탱크 밑바닥의 단면적 A(1.0 in^2)인 구멍에서 물이 흘러나온다. (a) 물이 흘러나가는 율을 ft^3/s로 표시하여라. (b) 흐름의 단면적이 구멍의 단면적의 반이 되는 곳은 탱크의 밑바닥에서 얼마 떨어진 곳인가?

13 질량 500 g, 면적 80 cm^{2}의 판의 한쪽 끝에 돌쩌귀를 달았다. 만약, 바람이 판의 윗면에만 분다면, 판을 수평으로 유지하기 위한 공기의 속력은?

14 날개의 아랫면을 지나는 유속이 110 m/s이면, 장력이 900 Pa(=19 lb/ft^2)이 되기 위해서는 윗면의 유속이 얼마이어야 하는가? 공기의 밀도는 1.3×10^{-3} g/cm^{3}이다.

09

열과 열역학 제1법칙

Heat and The First Law of Thermodynamics

9.1 개 요

열역학은 일과 열을 포함한 에너지의 변환과 에너지 변환에 관련된 물질의 물리적 성질을 취급하는 학문이다. 에너지는 일 또는 일의 형태로 한 계에서 다른 계로 전달된다. 일과 열은 모두 계와 주위와의 상호작용으로 정의되므로 계의 경계를 통과할 때만 정의된다. 이 장에서는 간단한 과정에서 일과 열량을 구하고, 에너지의 보존법칙으로 알려진 열역학 제1법칙의 식을 유도한 뒤, 이 법칙을 등압, 등적, 등온 그리고 단열과정 등의 특수과정에 대하여 응용함으로써 열역학 제1법칙을 이해하는 데 도움이 되게 했다.

9.2 열과 에너지의 형태

온도가 다른 두 계를 접촉시켜 두면 이 계들의 최종 온도는 고온계와 저온계 사이에 적당한 온도를 유지하게 된다. 19세기 초까지는 열소(caloric)라는 물질이 각 물체 속에 들어 있다고 가정함으로써 고온체는 저온체보다도 더 많은 열소를 가지게 되어, 이 두 물체를 접촉시켜 두면 온도가 같아질 때까지 고온체에 있는 열소가 저온체로 옮아간다고 생각하였다.

그러나 열이란 그 총량이 불변한 어떤 물질로 인정하려고 하는 개념은 결국에 가서는 실험적 사실과 양립할 수 없게 된다. 그렇지만, 아직도 우리는 많은 온도변화를 보통 고온체로부터 저온체로 무엇인가를 이송하는 현상이라고 설명하고 있다. 즉, 이 무엇이 곧 열(heat)이라 한다. 그러므로 열이란 오직 온도차에 의해서만 계와 그 계외체(surrounding) 사이에 이동되는 그 무엇이다. 이런 생각은 유용하지만 실험적 정의는 아니었다. 마침내 열은 물질이 아니라 에너지 형태라는 것이 톰슨(Benjamin Thomson)에 의하여 최초로 밝혀졌다. 여기에서 한 계에 역학적 일을 한다는 것과 외부의 열원으로부터 이 계에 일을 준다는 것과는 등가라는 관념이 싹이 트게 되었다. 즉, 효과에 있어서 일과 열은 모두 에너지의 형태라는 것이다.

그리고 줄(Joule)은 에너지의 두 형태로서의 열과 일의 등가관계를 실험적으로 확실하게 하여 주었고, 헬름홀츠(Helmholtz)는 처음으로 열과 역학적 에너지뿐만 아니라 에너지의 모든 형태가 모두 동등한 것인데, 한 형태의 에너지가 다른 형태의 같은 양의 에너지로 나타나는 것이라고 똑똑히 표현하였다.

9.3 열량과 비열

물체에 열을 가하면 물체 안에 특수한 변화가 생기므로 이에 관해서 열 Q의 단위는 정량적으로 정의된다. 만일, 물 1 kg을 데워서 그 온도를 14.5℃에서 15.5℃로 올렸다고 하면 우리는 이 계에 1 kcal의 열을 주었다고 말하고, 1 cal의 10^{-3}kcal와 같다.

또한 공학계에서는 열량의 단위로 Btu(British Thermal Unit)가 쓰이는데, 이것은 물 1파운드(pound)를 63°F에서 64°F로 온도를 올려주는 열량이다. 즉

$$1\,\text{kcal} = 1000\,\text{cal} = 3.968\,\text{Btu}$$

이다. 물체를 일정한 온도만큼 올려주는 데 드는 열량은 물질의 종류와 양에 따라서 매우 다른데, 그 물체의 온도를 올려주는 데 드는 열량 ΔQ와 이에 따른 온도변화를 ΔT라 하면, 이 두 값의 비를 열용량(heat capacity)이라 한다. 즉

$$C' = \text{열용량} = \frac{\Delta Q}{\Delta T} \tag{9.1}$$

열용량은 물체를 단위온도로 올려주는 데 필요한 열량이므로 같은 물질이라도 질량이 클수록 그 값이 크다. 물질의 단위질량에 대한 열용량을 비열(specific heat)이라 한다. 비열은 물체를 구성하고 있는 물질의 한 특성이다.

$$c = \frac{\text{열용량}}{\text{질량}} = \frac{\Delta Q}{m\Delta T} \tag{9.2}$$

물체의 열용량이라든가 물질의 비열은 모든 온도에 대하여 항상 일정한 것은 아니고, 온도에 따라서 다르다. 그러나 일정한 온도의 범위 내에서는 비열은 상수라고 볼 수 있다. 물의 비열은 0~100℃의 범위를 넘으면 그 값이 1000 cal/gm℃의 1% 미만만큼 적어진다. 식 (9.2)의 비열을 유일무이하게 정의한 것은 아니다. 이때는 열 ΔQ를 물질에 가할 때의 조건도 밝혀 주어야 한다. 즉 물질에 열을 가하는 동안 일정한 대기압이라는 조건을 둘 수도 있다. 그 밖의 많은 조건도 있을 수 있으므로 비열의 값이 다르게 나타난다. 비열 c의 값을 얻으려면 정압에서의 비열 c_p, 정적에서의 비열 c_v와 같이 조건을 명시해야 된다.

여기에서 칼로리와 Btu를 써서 정의되는 비열은 다음과 같이 정확히 성립된다.

$$1\,\text{cal/gm℃} = 1\,\text{kcal/kg℃} = 1\,\text{Btu/lb°F}$$

〈표 9.1〉 여러 가지 고체의 C_p (상온 1.0 기압하에서)

물　질	비　열 (cal/gm℃)	분자량 (gm/mole)	몰(mole) 열용량 (cal/mole℃)
알루미늄	0.215	27.0	5.825
탄　소	0.121	12.0	1.46
구　리	0.0923	63.5	5.85
납	0.0305	207	6.32
은	0.0564	108	6.09
텅 스 텐	0.0321	184	5.92

그리고 물의 비열은 1.00 cal/gm℃인데, 이것은 다른 모든 물질의 비열보다 매우 크다는 데 유의하여야 한다.

9.4 열의 일당량

열이 에너지의 한 형태라 한다면 모든 에너지의 단위는 열의 단위도 될 수가 있다. 그러므로 역학적 일의 MKS 단위는 joule이고 열량의 단위는 kcal이다. 즉 몇 joule이 1 kcal이며, 몇 foot-pound가 1 Btu에 해당하는가를 알아보자.

열 단위와 역학적 단위의 상대적 크기는 줄(Joule)의 실험에 의하여 밝혀졌으며, 일정량의 물에 역학적 에너지를 줌으로써 물의 온도상승을 측정하면 joule 대 칼로리라는 비가 측정된다. 이것이 이른바 열의 역학적 당량(mechanical equivalent of heat)이다.

[그림 9.1]과 같이 추가 내려가면 용기 속의 날개(페달)가 물을 교란하도록 되어 있다. 이 교란의 결과로 물의 마찰력에 의하여 열이 발생하는데, 그 열량은 액체의 온도를 측정함으로써 알 수 있다.

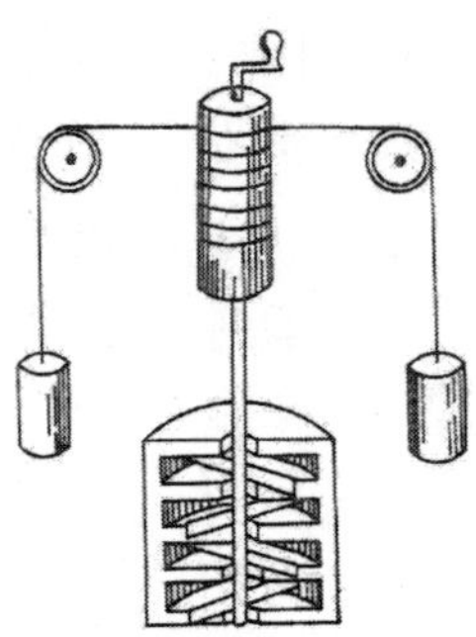

열의 일당량을 결정하기 위한 줄(Joule)의 실험장치. 낙하는 추가 날개를 돌리는 결과 용기 내의 물을 휘저어서 그 온도를 올라가게 한다.

[그림 9.1]

실험 결과로 액체의 종류와 양 또는 추가한 일에 관계없이 4186 joule의 역학적 에너지는 1 kg의 물의 온도를 14.5℃에서 15.5℃ 올려주는 데 1 kcal의 열량이 나타남을 보여주었다.

$$1\,\text{kcal} = 1000\,\text{cal} = 4186\ \text{joule}$$

$$1\,\text{But} = 252.0\,\text{cal} = 777.9\,\text{ft-lb} \tag{9.3}$$

다시 말하면 하여 준 일 W joule이 전부 열 Q kcal로 변하였다고 하고, 그 비를 joule/kcal이라 하면 이때 J를 열의 일당량이라 하며, 다음 식으로 표현된다.

$$J = \frac{W}{Q} = 4186\ \text{joule/kcal} \tag{9.4}$$

9.5 열과 일

열은 물체 속에 보유하고 있는 열량에 대하여 평가할 뿐, 물체의 성질을 말하는 것은 아니다. 다만 열은 두 물체 사이의 온도차에 의하여 한 물체에서 다른 물체로 흐르는 에너지이며, 줄의 실험에서 우리는 일정한 율로 계에 일을 하여 주었고, 또한 일정한 비율로 열에너지가 계외체(surrounding)에 발산됨으로써 계는 일정한 온도에 달하여서 정상 상태가 이루어졌다고 짐작할 수 있다. 즉, 일과 열은 계에 출입하는 양만으로 평가하는 것이다.

일이라는 것은 중력, 전기력, 자기력 등의 역학적 수단에 의한 에너지 수송의 척도이고, 열은 온도차에 의하여 수송된 에너지의 척도이다.

[그림 9.2]에서와 같이 가동 피스톤을 가진 실린더 속에 밀폐되어 있는 기체분자에 관하여 생각하자.

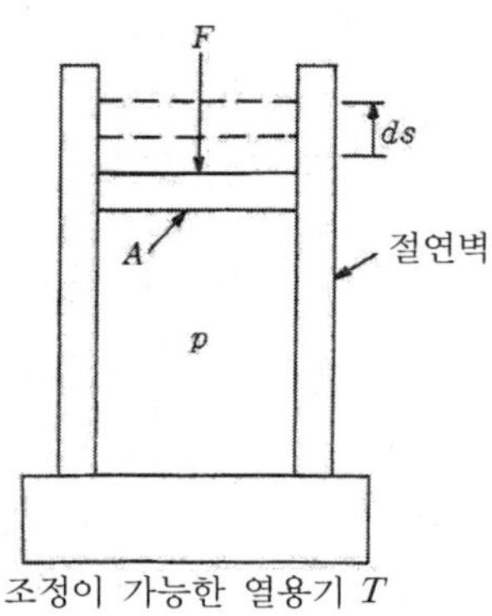

압력 p의 기체가 팽창하면서 피스톤에 일을 하게 한다. 열은 열용기로부터 이 계에 출입이 가능하다.

[그림 9.2]

분자들로 된 이 계가 서로 작용할 수 있는 계외체는 실린더의 벽과 피스톤이다. 이 계의 성질은 기체의 압력, 온도, 체적, 화학적 상태 등으로 나타낼 수 있다. 기체는 피스톤에게 일을 주는데 피스톤의 안쪽과 바깥쪽의 힘의 불균형에 의하여 피스톤이 움직인다. 이 과정에서 기체는 처음의 상태 p_i, V_i 및 T_i에서 나중의 상태 p_f, V_f 및 T_f로 변한다.

[그림 9.2]에서 기체와 피스톤의 저항을 받으면서 팽창하는 모습을 볼 수 있다. 피스톤은 무한소의 거리 ds만큼 밀어 올리면 기체가 하는 일 dW는

$$dW = F \cdot ds = pA\,ds = p\,dV \tag{9.5}$$

여기서 dV는 기체의 체적의 미분변화량을 나타낸다. 피스톤이 크게 움직임으로써 기체가 하는 전체의 일 W를 얻으려면 압력 p가 피스톤 변위에 따라 어떻게 변하는가를 알아야 되므로 일 W는

$$W = \int dW = \int_{V_i}^{V_f} p\,dV \tag{9.6}$$

이 적분은 [그림 9.3] $p-V$ 선도에서 곡선 밑의 면적이다. 계의 변화가 초기 상태 i와 최종 상태 f만 주어졌어도 그 사이의 변화방법은 여러 가지가 있을 수 있다.

[그림 9.4]를 예로 들면 i부터 a까지는 정압변화이고, a부터 f까지는 정적변화이다. 이때 팽창하는 기체가 하는 일은 직선 ia 밑의 면적의 크기이다. 또, 다른 방법의 하나는 경로 ibf이다. 이 경우 기체에 의하여 하여진 일은 직선 bf 밑의 면적의 크기이다.

i부터 f에 이르는 연속된 곡선은 무수히 많은데, 기체에 의하여 이루어진 일은 위의 두 경우와는 또 다른 값이 된다.

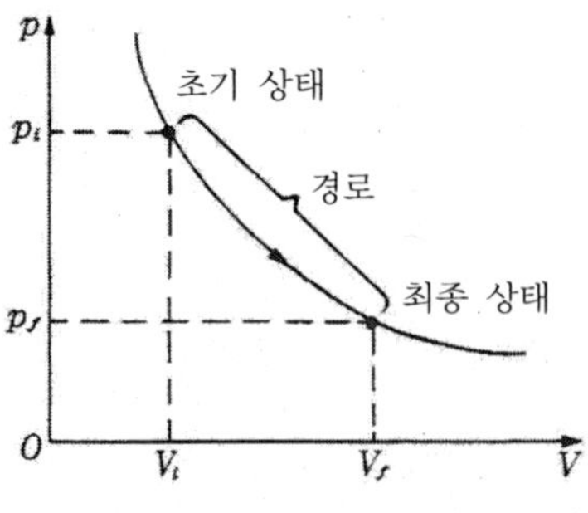

기체에 의해 하여진 일의 양은 $p-V$ 곡선 밑의 면적과 동일하다.

[그림 9.3]

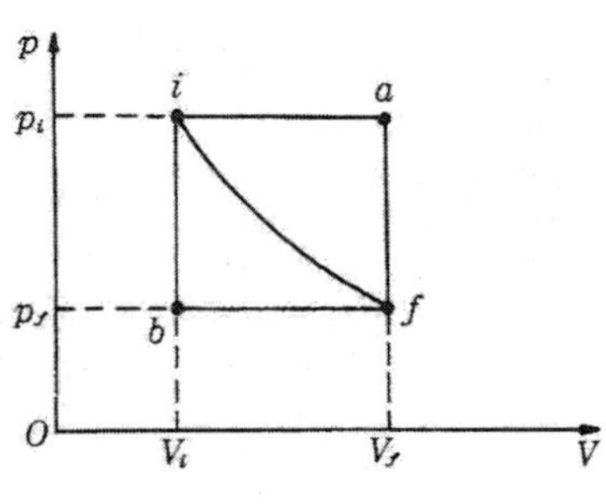

계에 의해 하여진 일은 초기 상태 i와 최종 상태 f에 관계될 뿐만 아니라 중간 경로에도 관계된다.

[그림 9.4]

그러므로 기체에 의하여 행해지는 일의 양은 처음과 나중 상태에 의존될 뿐만 아니라 중간경로와도 관계가 있다는 것이다. 열의 이동과정에 있어서도 마찬가지로 상태 i는 온도 T_i로, 상태 f는 온도 T_f로 나타낸다. 계에 흘러들어간 열은 그 계가 어떻게 가열되었는가에 달려 있다.

예를 들면 정압 p_i에서 가열하는 온도 T_i에 도달하게 하고, 이어서 정온에서 압력을 최후값 p_f로 변하여 주기도 하며, 또는 처음에 압력을 p_f까지 낮췄다가 동일 압력에서 이것을 가열하여서 최종 온도 T_f까지 가열하기도 한다. 하여튼 그 밖에도 여러 경로가 있는데, 각 경로마다 그 결과가 달라진다. 그러므로 열의 이동과정도 일의 경우와 마찬가지로 계가 얻거나 잃거나 하는 열량은 계의 초기 상태나 최종 상태에 의존할 뿐 아니라 중간경로에도 관계됨을 알 수 있다.

9.6 열역학 제1법칙

열과 일을 서로 결합시켜서 생각할 때 계가 흡수한 열량은 Q, 계가 한 일을 W라 하고 계를 한 상태 i에서 최종 상태 f에 도달하게 하는데, 그 경로는 제각기 달라도 f만은 일정하도록 실험을 반복하였더니 모든 경우에 대하여 $Q-W$라는 양은 모두 같았다는 것을 알았다.

즉, Q나 W는 서로 독립적으로 취해진 경로에 관계되지만, $Q-W$는 그 계가 상태 i로부터 상태 f까지 어떤 경로를 취하였는가에는 전연 좌우되지 않고, 오직 처음의 평형 상태와 나중의 평형 상태에만 관계된다. 마찰이 없는 중력장에는 물체가 시점 i로부터 종점 f까지 운동할 때, 중력이 한 일은 다만 두 점의 위치에만 관계되는 것이고, 그 물체가 어떠한 경로를 통하여 움직였는가에는 전연 관계없다는 것을 역학으로부터 상기할 것이다. 즉, 물체의 위치 에너지를 공간좌표의 함수로써 나타낸다면, 그 처음값에서 나중값을 감한 것이 물체를 이동시키는 데 한 일이 된다는 것을 결론지을 수 있겠다.

마찬가지로 열역학에서도 계가 초기 상태 i로부터 최종 상태 f로 변할 때의 양 $Q-W$는 처음과 나중의 좌표에만 관계있고, 그 두 위치 간에 취해진 경로에는 전연 관계가 없다는 것을 실험으로 알았다. 우리는 이 함수를 내부 에너지 함수(internal energy function)라 한다.

내부 에너지 함수를 U자로 나타내면 상태 i에서 내부 에너지는 U_i, 상태 f에서의 내부 에너지는 U_f로 표시된다. 그러므로 U_f-U_i는 계의 내부 에너지의 변화량이 되는데, 이것은 계의 변화과정에 관계없는 양이다.

$$U_f - U_i = \Delta U = Q - W \tag{9.7}$$

위치 에너지 때와 같이 내부 에너지에 있어서도 중요한 것은 그 변화량이다. 만일 어떤 기준 상태에서 임의의 값이 내부 에너지로서 주어진다면, 다른 상태에서의 내부 에너지의 값이 주어질 수 있다. 식 (9.7)을 열역학 제1법칙(first law thermodynamics)이라 한다. 이 식 (9.7)에서 Q는 계에 열이 들어올 때는 양(+)이고, W는 계가 일을 할 때에 양(+)이다.

만일 계가 오직 무한소의 상태변화를 일으켰다면 계가 무한소의 열 dQ를 흡수하고, 계가 무한소의 일 dW를 하였을 때, 내부 에너지의 변화량 dU도 무한소가 된다. dW와 dQ가 완전미분이 아닐지라도, 미분형으로 열역학 제1법칙을 다음과 같이 쓴다.

$$dU = dQ - dW \tag{9.8}$$

열역학 제1법칙은 평형 상태에 있는 모든 열역학계는 내부 에너지 U라는 상태변수를 가지고, 미분적으로 그 변화량 dU에서 식 (9.8)로 주어진다.

열역학 제1법칙은 한 평형 상태에서 다른 평형 상태에 이르는 자연계의 여러 과정에 이용되고 있다. 계가 평형 상태에 있다는 말은 계가 압력, 체적, 온도, 자기장 등과 같은 일정한 매개변수의 타당한 양으로 기술될 수 있는 경우에 대한 말이다. 제1법칙은 계가 초기 상태로부터 최종 상태에 이르는 도중의 비평형 상태에서도 성립된다. 예를 들면, 밀폐된 구리 철통에 들어 있는 폭죽이 폭발할 때에도 열역학 제1법칙을 적용할 수 있다.

열역학 제1법칙으로는 풀지 못하는 중요한 의문이 있다. 예를 들면, 에너지가 모든 과정에 있어서 보존된다고 하지만, 어떠한 특별한 과정이 실제로 일어날 수 있는지 어떤지는 알려 주지 못하고 있다. 그러나 열역학 제2법칙이라고 하는 완전히 상이한 법칙이 이것을 풀어 준다. 그리고 열역학에 관한 많은 문제가 제2법칙에 의존하고 있는데 그것은 다음 장에서 다루겠다.

예제 9.1 어떤 기체에 5 kcal의 열을 주었더니 팽창하여 3000 joule의 일을 하였다. 이 기체의 내부 에너지의 변화를 구하여라.

풀이 $dU = dQ - dW$에서 $dU = 5\times10^3\times4.168 - 3000 = 17.9\times10^3$ joule

예제 9.2 다음과 같은 경우에 계의 내부 에너지의 변화를 구하여라.

(1) 계가 2 Btu의 열을 흡수하고 같은 시간에 389 ft-lb의 외부 일을 하였다.

(2) 계가 300 cal의 열을 흡수하고 같은 시간에 419 joule의 일이 계에 행해졌다.

(3) 부피가 일정한 기체로부터 5 Btu의 열이 이동했다.

풀이 $Q = \Delta U + W$를 사용하면 Q, W와 ΔU는 같은 단위계로 표시되며 Q는 열이 계에 더해졌을 때는 양(+)으로 계에서 방출하였을 때는 음(−)의 양이다. 그리고 W는 계에 의해 일이 행해지면 양(+)이고, 계에 일이 행해지면 음(−)의 양이다.

(1) $\Delta U = Q - W = 2\ \text{Btu} - (389/777.9)\ \text{Btu} = +1.5\ \text{Btu}$

(2) $\Delta U = Q - W = 300\ \text{cal} - (-419/4.19)\ \text{cal} = +400\ \text{cal}$

(3) 부피가 무변화이므로 과정이 진행되는 동안 행해진 일은 없다.
$\Delta U = Q - W = -5\ \text{Btu} - 0 = -5\ \text{Btu}$

9.7 열역학 제1법칙의 응용

기체가 팽창할 때 이것이 계외체에 하는 일 W는 $W = \int p dV$ 이므로 여기서 압력이 일정하고, 체적이 일정량만큼 변한다면 그때 기체가 한 일은

$$W = \int_{V_i}^{V_f} p dV = p \int_{V_i}^{V_f} dV = p(V_f - V_i) \tag{9.9}$$

으로 되어 체적변화량에 비례한다. 이와 같이 정압하에서 일어나는 과정을 등압과정(isobaric process)이라 한다.

[그림 9.5]는 등압과정을 표시한다.

이 계는 원통용기에 들어 있는 물이다. 마찰 없이 오르내리는 피스톤 위에 모래를 얹어서 적당한 압력을 가하면 피스톤은 자동적으로 평형의 위치에 머물게 되고, 열은 밖으로부터 버너로 이 계에 공급된다. 만일 계속 가열하면 물은 끓어서 그 일부는 수증기로 변하고 이 계는 서서히 팽창할 것이다. 일정한 압력을 유지하고 있는 피스톤에 쐐기로 죄거나 모래를 집어내거나 하면 이 열과정에서는 등압변화로 될 수 없다.

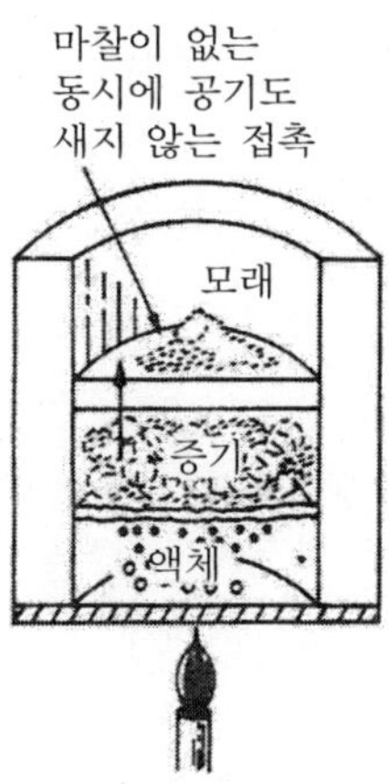

일정 압력으로 물을 끓인다. 압력은 모래와 피스톤의 무게에 의하여 일정하게 유지된다.

[그림 9.5]

이제 질량 m인 액체의 상을 일정한 온도와 압력을 가진 물체로 변화시키는 경우를 생각하자. V_e, V_u를 각각 액체와 수증기의 체적이라 하고, 정압에서 물질이 V_e에서 V_u로 팽창할 때 한 일은

$$W = p(V_u - V_e) \tag{9.10}$$

이제 L을 단위질량의 물질이 정온, 정압에서 액체로부터 기체로 변할 때에 드는 열량, 즉 증발열(heat of vaporization)이라 하면 상태가 변하는 동안에 질량 m인 물질에 의하여 흡수된 열량은

$$Q = mL \tag{9.11}$$

열역학 제1법칙으로부터

$$\Delta U = Q - U \tag{9.12}$$

따라서 이 과정에 대해서는 식 (9.12)에 식 (9.10)과 식 (9.11)을 대입하면

$$\Delta U = mL = -p(V_u - V_e) \tag{9.13}$$

열이 계 내를 흘러들어 오지도 않고, 계 외로 흘러나가지도 않은 채 일어나는 과정을 단열과정(adiabatic process)이라 한다. 단열과정에서는 $Q = 0$이므로 열역학 제1법칙은 식 (9.12)에서

$$\Delta U = (U_f - U_i) = -W \tag{9.14}$$

즉 $\Delta U + W = 0$

따라서, 이 계의 내부 에너지는 그 계에 하여 준 일만큼 정확히 증가한다. 만일 단열과정으로 일이 계에 하여진다면, 계의 내부 에너지는 정확히 이 계가 한 외부적 일의 양과 같은 양만큼 감소된다. 일반적으로 내부 에너지가 증가하면 계의 온도는 상승하고, 이와 반대로 내부 에너지의 감소로 계의 온도를 낮추게 한다. 단열적으로 팽창하는 기체는 외부에 일을 하는 셈이므로 내부 에너지는 감소한다.

이런 과정은 흔히 저온을 얻는 데 쓰이고 있다. 공기를 단열적으로 압축하는 동안에 온도가 상승한다는 사실은 자전거의 펌프가 더워지는 것을 보아도 잘 알 수 있다. [그림 9.6]에서 간단한 단열과정을 보였다.

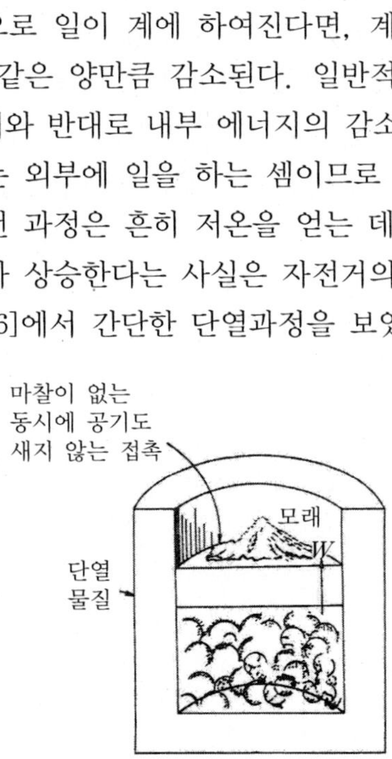

단열과정에서는 계 내로 또는 계로부터 밖으로의 일의 출입이 없다. 그림에서 용기벽은 절연되어 있다. 모래를 제거하거나 더함으로써 기체의 체적은 단열적으로 변화한다.

[그림 9.6]

계는 열 절연체로 되어 있는 원통 속에 들어 있는 기체이다. 열은 계와 계외체 사이를 출입할 수 없다. 여기에서도 마찰이 없고, 꼭 들어맞는 피스톤 위에 모래를 올려놓았다. 계와 계외체 사이에 허용되는 유일한 상호작용은 일을 한다는 것뿐이다. 이와 같은 과정은 피스톤에다 모래를 더 가하거나 또는 덜어 줌으로써 일어나게 할 수 있으며, 그 결과 기체는 압축될 수도 있고, 또는 피스톤에 대항하여 팽창할 수도 있다.

단열과정에서는 많은 공학적인 예가 있는데, 그중에는 증기기관의 실린더 속에서 수증기의 팽창, 내연기관에서의 고온가스의 팽창, 디젤 기관차나 압축기에서의 공기압축 등이 그것이다. 이들의 과정은 실린더의 벽을 통하여 열의 드나드는 양이 극히 작은 만큼 급속히 이루어진다. 공기 속을 통과하는 음파는 공기를 단열적으로 압축과 팽창을 시키면서 진행한다. 이론적으로 더 흥미 있는 것은 자유팽창(free expansion)의 과정이다. 이것은 단열과정이지만 이 계에 대하여나, 또는 이 계에 의하여 일이 하여지지는 아니한다. 이와 비슷한 과정을 얻으려면 전체가 열적 절연물질로 쌓여져 있고, 기체가 들어 있는 한쪽 용기를 진공으로 된 다른 용기에다 틀마개(stopcock)를 달아서 연결한 장치를 쓴다(그림 9.7). 마개를 갑자기 틂으로써 기체의 일부는 진공 쪽으로 옮겨가면서 자유팽창한다. 열적 절연 때문에 이 과정은 단열적이고, 또 용기의 벽이 강체이므로 계에 대하여 외적 일은 하지 않는다. 그러므로 제1법칙은 $Q=0$ 및 $W=0$이다.

따라서 이 과정에서는 $U_i = U_f$가 된다. 즉, 자유팽창에서는 팽창 전의 내부 에너지와 팽창 후의 내부 에너지는 동일하다. 자유팽창은 과정이 준정적으로 진행될 수 없다는 점에서 종래에 주었던 예와는 다르다. 일단 틀마개를 열기만 하면 더 이상 과정을 조정할 수도 없다. 중간 상태에서는 전체로서 계의 압력, 체적, 온도 등이 계의 특징을 나타내는 유일한 값을 갖지 아니한다.

즉 계는 불평형 상태를 거쳐서 진행되는 것이므로, 이 과정의 경로는 $p-V$ 도표에 그려낼 수 없다. 다만 초기 상태와 최종 상태는 잘 알려져 있는 평형 상태에 있으므로 이 두 점을 도표상에 점찍을 수는 있다. 자유팽창은 비가역적인 좋은 예이다.

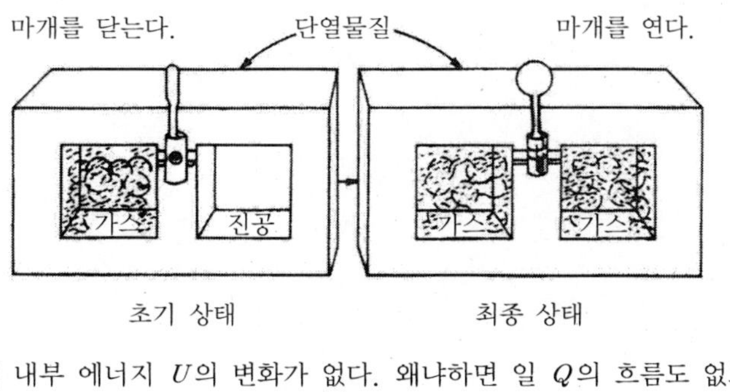

이때 내부 에너지 U의 변화가 없다. 왜냐하면 일 Q의 흐름도 없고, 외부로부터의 일 W도 없기 때문이다.

[그림 9.7]

예제 9.3 대기압하에서 $1.0\ cm^3$의 체적을 갖는 1 gm의 물을 끓이면 $1671\ cm^3$의 증기가 된다. 1기압하에서 증기열은 539 cal/gm이 된다.

풀이 따라서, $m=1.00$ gm이면

$$Q=mL=539\ \text{cal}$$

이 양은 계외체로부터 계에 가해진 열을 표시하는 양이다.

$$W=p(v_0-V_0)=(1.133\times10^5\ \text{nt/m}^2)(1671-1)\times10^{-6}\ \text{m}^3=169.5\ \text{joule}$$

계외체에 대하여 계에 의해 한 일을 나타내는 이 양은 양(+)이다.

1 kcal는 4186 joule과 같으므로 $W=41$ cal가 된다.

$$\Delta U=U_0-U_1=mL-p(U_0-V_1)=(539-41)\text{cal}=498\ \text{cal}$$

따라서 (100℃, 1기압에서) 물 1 gm을 증발시키는 데 필요한 539 cal의 열량 중에서 41 cal는 팽창 시의 외부적 일에 소모되고, 498 cal는 계 내에 증가되는 내부 에너지의 증가로 소모된다. 이 에너지는 액체 상태에 있는 H_2O 분자 간의 강한 인력에 대항해서 한 내부적 일을 표시한다.

■ 연습문제 ■

01 증기점에서의 이상기체 온도가 373.15K라 할 때 일정한 체적의 기체가 증기점에서 갖는 압력과 물의 3중점에서 갖는 압력과의 비는 이 기체를 정적으로 유지할 때 어떤 극한값을 갖게 되는가?

02 어떤 온도에서 다음의 쌍들은 동일한 값을 갖는가?
(a) 화씨와 섭씨온도, (b) 화씨와 켈빈온도, (c) 섭씨와 켈빈온도

03 팔로마(Palomar)산 천문대의 한 망원경의 파이렉스 유리 거울의 직경이 200 in이다. 팔로마산에서의 온도변화 간격은 −10~50℃이다. 거울 직경의 최대 변화를 결정하여라.

04 온도 0℃에서 철제 철도선로가 놓여졌다. 선로의 표준 길이는 12.0 m이다. 온도가 42℃까지 상승하더라도 선로 사이에 압력이 없도록 하려면 선로 사이의 간격은?

05 알루미늄 합금 막대 길이가 실온(20℃)에서 10.0 cm이고, 물의 비등점에서 0.015 cm이다. (a) 물의 빙점에서의 막대의 길이는? (b) 막대의 길이가 10.009 cm일 때 온도는?

06 놋쇠로 만들어진 추를 가지고 있는 진자시계가 20℃에서 정확한 시각을 유지하도록 설계되어 있다. 이 시계를 0℃에서 작동시킬 때 시간당 몇 초의 오차가 생기는가?

07 유리창의 크기가 10℃에서 정확하게 20 cm(=7.9 in)와 30 cm(=11.8 in)이다. 유리창의 온도가 40℃일 때 그 면적은 얼마만큼 늘어나는가?

08 반경이 10.0 cm(3.94 in)인 알루미늄 구를 0~100℃까지 가열할 때 체적의 변화는?

09 길이 1.0 m의 수직 유리관에 어떤 액체가 20℃의 온도에서 반으로 채워져 있다. 이 유리판이 30℃의 온도로 가열된다면 이때 액체의 높이는?
단, $\overline{\alpha}_{유리} = 1.0\times10^{-5}/℃$, $\overline{\beta}_{액체} = 4.0\times10^{-5}/℃$ 이다.

10 분자량이 50 g/mol인 물질이 있다. 이 물질 30g 시료에 75 cal를 가하면 온도가 25~45℃ 증가한다. (a) 이 물질의 비열은? (b) 이 물질의 몰(mole) 열용량은?

11 질량이 0.055 kg, 비열이 0.2 cal/g℃인 온도계가 15.0℃를 가리키고 있다. 이 온도계를 0.3 kg의 물에 완전히 담갔더니 물과 동일 최종 온도가 되었다. 만약 온도계가 44.4℃를 가리키고 정확하다면 다른 열손실을 무시할 때 온도계를 담그기 전의 물의 온도는?

12 2개의 금속으로 된 사각 막대가 [그림 9.8 (a)]와 같이 이어져 있다. 이 막대들을 통하여 2 min 동안에 10 cal의 열이 흐른다면, 이 막대들이 [그림 9.8 (b)]와 같이 연결되어 있을 때 10 cal의 열이 통과하는 데 걸리는 시간은?

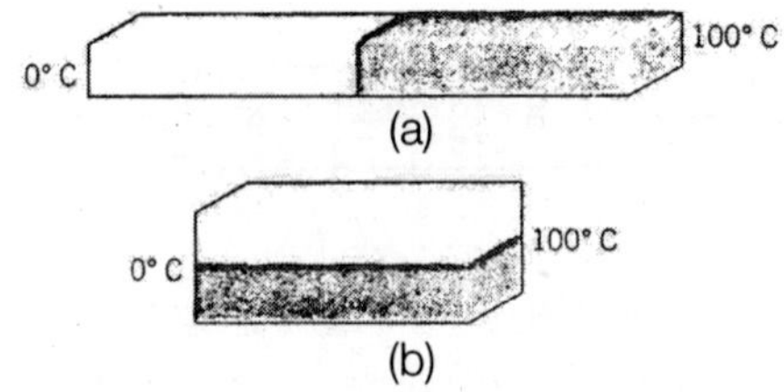

[그림 9.8]

13 길이 2.0 m, 폭 0.75 m인 두 바람막이 문을 통과하는 열류를 비교하여라. (a) 한 문은 문 면적의 75%가 두께 3.0 mm인 유리로 되어 있고, 나머지는 1.5 mm 두께의 알루미늄 평판으로 되어 있다(문틀의 면적은 무시한다). (b) 다른 한 문은 전체가 2.5 cm 두께의 나무로 되어 있다. 단, 문 앞뒤 면의 온도차는 60℉(33℃)라고 하여라.

14 (a) 162 ft 높이의 나이아가라(Niagara) 폭포에서 떨어지는 물의 가능한 온도상승을 계산하여라. (b) 이 온도상승을 저해하는 요인은 무엇들인가?

15 최초의 무게가 50.0 kg인 0℃의 얼음덩어리가 초속력 5.38 m/s로 수평면 위를 미끄러진다. 그리고 28.3 m/s를 전진한 후 정지한다. 얼음덩어리와 면 사이의 마찰에 의해서 녹은 얼음의 질량을 계산하여라.

16 어떤 기체가 [그림 9.9]에서 보이는 $p-V$ 도표의 B 경로에 따라서 1.0 m^3에서 4.0 m^3로 팽창한다. 그리고는 A 경로나 C 경로를 통해서 이 기체가 다시 1.0 m^3의 체적으로 수축한다. 각 경우의 완전한 순환에 대해서 기체가 한 일을 구하여라.

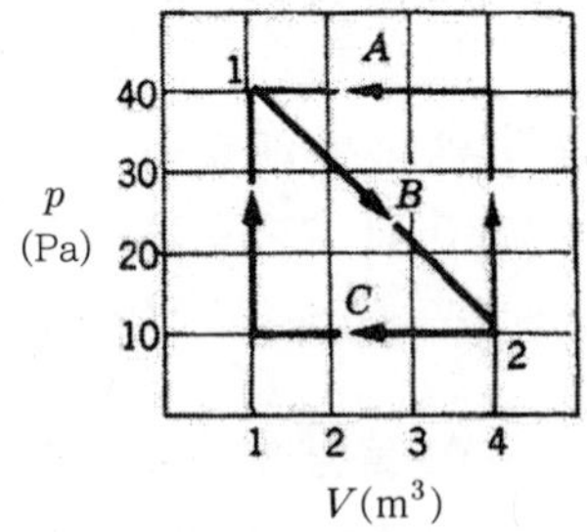

[그림 9.9]

17 철구가 10 m의 높이에서 콘크리트 바닥에 떨어져서 0.5 m 튀어 올랐다. 모든 거시적인 역학적 에너지가 충돌 시에 구에 흡수되었다고 가정한다. 철의 비열은 0.12 cal/g℃이다. 충돌 동안 (a) 구에 열이 가하여졌는가? (b) 구에 일이 행하여졌는가? (c) 내부 에너지 변화가 있었는가? 그렇다면 얼마인가? (d) 첫 충돌 후 구의 온도는 얼마나 올라가겠는가?

10

열역학 제2법칙과 엔트로피

The Second Law of Thermodynamics

10.1 개 요

열역학 제1법칙은 에너지의 보전만 규정하며, 한 에너지 형태에서 다른 에너지로 변환될 수 있는가의 가능성에 대해서는 설명하지 못한다. 그러나 실제 문제에 있어서 일은 완전히 열로 바꿀 수 있는데도 불구하고, 주어진 열에너지를 완전히 일로 바꾸는 기계를 만들어 낼 수는 없다.

이 장에서는 이와 같은 제한의 성격을 이해하고 그것을 기본적인 술어를 써서 표시할 수 있도록 엔트로피의 개념 및 열역학 제2법칙을 수식화했다. 이 개념이나 이론은 걷잡기 힘들고 추상적이라 생각되기는 하나 이 이론이야말로 실제 응용 면에 있어서 물리학상의 가장 실용적이고, 성과 많은 분야의 하나인 것이다.

10.2 가역과정과 비가역과정

열역학적으로 평형을 유지하고 있는 전형적인 계에 관하여 알아보자. 마찰이 없이 움직이는 피스톤을 가진 원통 속의 기체압력, 온도 T, 체적 V, 질량 m이 측정되었다고 하면, 평형 상태(equilibrium states)하에서 이들 열역학적 변수는 시간에 관계없이 일정하다. 벽과 밑바닥이 이상적인 열 절연체와 열도체로 되어 있는 원통이 같은 온도를 유지하고 있는 큰 증류(reservoir) 위에 놓여 있다(그림 9.2).

이제 등온하에서 계를 다른 평형 상태로 변화시키고 부피만 절반으로 감소시키는데, 다음 두 가지 극단적인 경우를 생각하기로 하자.

① 피스톤을 갑자기 눌러서 열원과 기체가 열평형이 되도록 하면 기체는 거칠어지고, 압력과 온도는 구해지지 않는다. 즉, 주어진 체적과 관련압력 또는 온도의 값이 얼마인가를 알 수 없으므로 $P-V$ 선도에 연속적으로 그려 넣을 수가 없게 된다. 그러므로 이 계는 한 평형 상태 i에서 다른 평형 상태 f로 비평형 상태(unequilibrium states)를 거쳐서 도달하게 된다(그림 10.1(a)).

② 처음에 수 개의 모래알을 피스톤에 얹어 놓고, 마찰 없는 피스톤으로 기체를 극히 서서히 압축하면, 계의 체적은 줄어들고 온도는 올라가게 되어 계는 평형을 잃게 되지만(그 변화는 극히 미미하다) 매우 작은 양의 열이 열류로 옮겨감으로써 곧 계는 새로운 평형에 도달하게 되며 기체의 온도와 열류의 온도는 같게 된다.

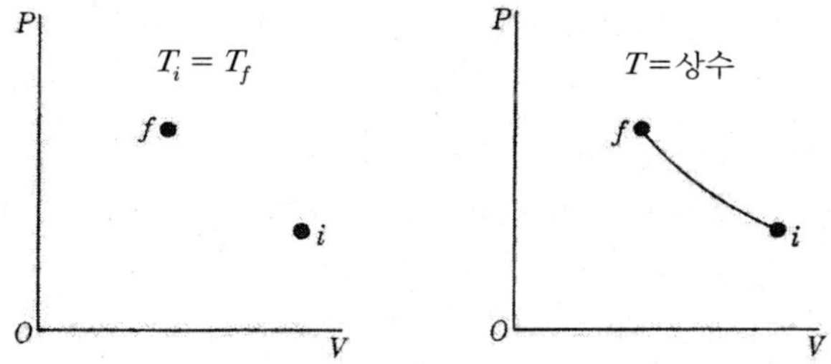

(a) 비가역과정 (b) 가역과정

[그림 10.1]

이때 피스톤을 눌러 내리는 설린더 속의 기체의 압력보다 극히 작은 차 dp만큼 커야 한다. 이런 절차를 무수히 반복하면 등온하에서 계를 마른 평형 상태로 변화시킬 수 있다. 이 과정을 통하여 일정량의 열량 Q는 계에서 증류로 옮겨진다.

그러므로 계가 어떤 과정을 거쳐서 하나의 상태에서 다른 상태로 변하였을 때, (a)의 과정처럼 그 계 및 외부의 모든 상태를 원상태로 돌릴 수 없을 때 이것을 비가역과정(irreversible process)이라 하며, (b)의 과정과 같이 계외체의 미소한 변화에 의하여 원상태로 되돌아올 수 있는 과정을 가역과정(reversible process)이라 한다.

우리는 원통을 열원(heat reservoir)으로부터 떼어 놓고 기체의 체적을 단열적으로 압축시킬 수 있다. 가역단열과정(reversible adiabatic process)에서는 모래를 얹는 기술을 사용하여 피스톤을 극히 서서히 눌러야 하지만, 비가역단일과정(irreversible adiabatic process)에서는 피스톤을 급격히 거칠게 밀어 내려야 한다. 단열 압축하는 동안에 기체의 온도는 상승할 것이다.

제1법칙에서 $Q=0$, 피스톤을 밀어 내면서 한 일은 계의 내부 에너지의 증가량 ΔU이고 $W=\int PdV$로 주어진다(P가 일정한 값을 갖는 경우). $\int PdV$는 다만 가역과정에 대하여 $P-V$ 선도상의 곡선 밑의 넓이인데, 이것이 그 동안에 한 일 W가 된다. 이리하여 내부 에너지의 변화 ΔU와 온도변화 ΔT는 가역 및 비가역단열과정에 대해 동일할 수 있다.

10.3 카르노 순환과정

실제 기체로 된 한 계가 실린더의 피스톤 장치에 평형 상태로 있다고 하자. 이 계의 계외체를 변화시킴으로써 기체를 팽창시킬 수도 있고 압축시킬 수도 있으며, 에너지를 열의 상태로 더할 수도 있고 빼어낼 수도 있다. 이들의 현상을 비가역적 또는 가역적으로 할 수도 있다. 또한 일련의 과정을 통하여 계가 원래의 평형 상태로 돌아오게 할 수도 있는데, 이 전체 과정을 순환(cycle)이라 한다. 또 이 속의 과정이 모두 가역적이었다면 이것을 가역순환(reversible cycle)이라 한다.

1824년 카르노(Sadi Carnot)에 의하여 제시된 카르노 순환은 열을 일로 변화시키는 중요한 가역순환이다. 그 계는 기체와 같은 작용물질로 되어 있다.

작용물질(working substance)은 고저 두 열원 사이에서 ① 등온팽창, ② 단열팽창, ③ 등온압축, ④ 단열압축의 4단계의 과정을 거쳐 순차적으로 순회하여, 한 순환을 마치고 고온도에서 얻은 일의 일부를 변환하게 하는 열기관(heat engine)이다. 작용물질이 이상기체일 때 이 순환을 $P-V$곡선으로 표시하면 [그림 10.2 (a)]와 같다.

지금 작용물질을 넣은 원통 Z는 완전한 절연체로 되어 있고, 그 저면에서만 열이 자유롭게 출입하고, 그 열용량이 무한소라 하면, 첫째 과정에서는 [그림 10.2 (b)]에서와 같이 Z를 고온도 $R_1(T_1)$에 접촉시켜서 아주 서서히 피스톤을 움직여서 작업물질을 준정적으로 온도 T_1에서 등온 팽창시켰고, 두 번째 과정에서는 Z를 열적으로 절연되어 있는 대(臺) K에 접촉시켜서 역시 준정적으로 단열팽창을 시킨다. 세 번째와 네 번째의 과정에서는 Z를 각각 저온도 $R_2(T_2)$와 K에 접촉시켜서 위의 과정과 같이 준정적으로 등온압축과 단열압축을 해서 순환을 완성하게 한다.

이때 작업물질은 첫 번째 과정에서는 열원 R_1에서 Q_1의 일을 받고 외부에 일 W_1을 하고, 두 번째 과정에서는 외부에 일 W_2만 하고 열을 받지 않으며, 세 번째 과정에서는 일 W_4만 받아 첫 번째 상태로 돌아간다. 그러므로 결국 작업물질은 R_1에서 Q_1의 열을 받고 R_2에는 Q_2의 열을 준다.

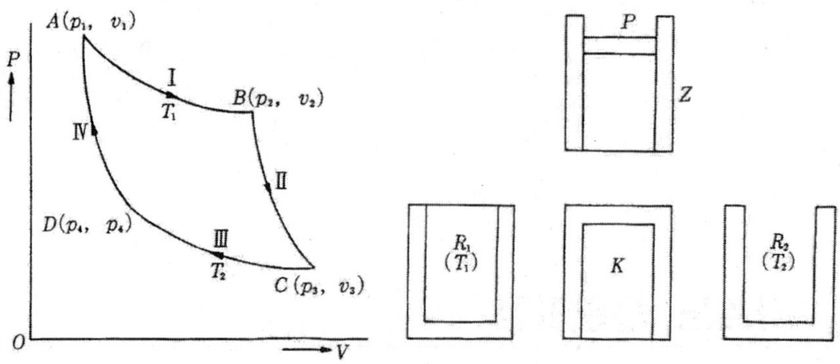

(a) (b)

[그림 10.2] 카르노의 순환

이 사이에 $W_1 + W_2 - W_3 - W_4$에 해당하는 일을 외부에 한다. 이 일 W는

$$W = Q_1 + Q_2 \tag{10.1}$$

1 mole의 기체에 대해서는

$$\begin{aligned} Q_1 &= \int_{V_1}^{V_2} P dV \\ &= \int_{V_1}^{V_2} \frac{RT_1}{V} dV \\ &= RT_1 \ln \frac{V_2}{V_1} \end{aligned} \tag{10.2}$$

이고, 마찬가지로

$$Q_2 = RT_2 \ln \frac{V_4}{V_3} = -RT_2 \ln \frac{V_3}{V_4} \tag{10.3}$$

이 된다. V_1, V_2, V_3, V_4 사이에는

$$P_1 V_1 = P_2 V_2, \quad P_2 V_2^{r} = P_3 V_3^{r}$$

$$P_3 V_3 = P_4 V_4, \quad P_4 V_4^{r} = P_1 V_1^{r}$$

와 관계가 있다. 여기에서 입력 P를 소거하면

$$\frac{V_2}{V_1} = \frac{V_3}{V_4} \tag{10.4}$$

가 성립되어야 한다.

그러므로 카르노 순환의 일 W는

$$W = R(T_1 - T_2) \ln \frac{V_2}{V_1} \tag{10.5}$$

이 된다.

카르노 순환과정에서 계는 열량 Q_1을 받아 $(Q_1 - Q_2)$의 일을 하고, Q_2를 저온부에 방사하였으므로 열기관의 효율(efficiency) e는 한 순환과정 동안에 기관이 수행한 순 일(net work)과 한 순환에 고온의 열원으로부터 받아들인 열과의 비로 표현된다.

그러므로 다음의 식이 성립된다.

$$e = \frac{W}{Q} = \frac{Q_1 - Q_2}{Q_1} = 1 - \frac{Q_2}{Q_1} \tag{10.6}$$

를 한 순환의 효율이라 한다.

그리고 이 값은 식 (10.2), (10.3), (10.4), (10.6)에 대입하여 풀면

$$e = \frac{T_1 - T_2}{T_1} = \frac{Q_1 + Q_2}{Q_1} \tag{10.7}$$

이 된다.

그러므로 이상기체를 작용물질로 한 카르노 기관의 효율은 고온부와 저온부의 온도 차에만 의해 결정된다. 여기서 T_2가 절대영도가 아닌 한 효율은 100%가 되지는 않는다. 실용기관은 비가역적이기 때문에 식 (10.7)로 주어지는 효율보다 적으며, 따라서 이 식은 실용기관의 효율의 상한이라 볼 수 있는 것이다.

카르노 기관을 역으로 작동시키면 카르노 냉동기(refrigerator)가 되는데, 모두 과정이 가역적이므로 저열원 T_2에서 흡수된 열량 Q_2와 고열원 T_1에 방출한 열량 Q_1의 비는 식 (10.7)에 따라 각각의 온도 비와 같다.

$$\frac{Q_1}{Q_2} = -\frac{T_1}{T_2} \tag{10.8}$$

이 되고, 이 냉동기를 작동시키는 데 요하는 일 W는

$$W = Q_1 + Q_2 \tag{10.9}$$

이다.

예제 10.1 작용물질로서 이상기체를 쓸 때 카르노 기관의 효율은 $e = (T_2 - T_1)/T_1$이 됨을 증명하여라(그림 10.3, 10.4 참조).

풀이 등온선 ab에 따라 팽창, 따라서 이상기체의 내부 에너지는 변하지 않는다. 제1법칙으로부터 이 팽창과정 중 기체가 흡수한 열량 Q_1은 이 팽창과정 중에 한 일의 양 W_1과 같아야 한다.

$$Q_1 = W_1 = nRT_1 \ln V_2/V_1$$

를 얻는다. 같은 방법으로 cd에 따라서의 압축과정에 대해서는

$$Q_2 = W_2 = nRT_2 \ln V_3/V_4$$

을 얻는다. 첫 번째 식을 두 번째 식으로 나누면

$$\frac{Q_2}{Q_1} = \frac{T_1 \ln(V_2/V_1)}{T_2 \ln(V_3/V_4)}$$

을 얻는다. 또 이상기체에 대한 등온과정을 기술하는 방정식에서 우리는 경로 ab 및 cd에 대해서 각각

$$P_1V_1 = P_2V_2, \quad P_3V_3 = P_4V_4$$

를 얻으며 단일과정을 기술하는 방정식으로부터 경로 bc 및 ad에 대하여 각각

$$P_2V_2{}^r = P_3V_3{}^r, \quad P_4V_4{}^r = P_1V_1{}^r$$

를 얻는다. 이 네 개의 식을 모두 곱하고 양변에 나타나는 공통인수 $P_1P_2P_3P_4$를 상쇄하면

$$V_1V_2{}^rV_3V_4{}^r = V_2V_3{}^rV_4V_1{}^r$$

을 얻는데 이 식으로부터

$$(V_2V_4)^{r-1} = (V_3V_1)^{r-1}$$

따라서 $\dfrac{V_2}{V_1} = \dfrac{V_3}{V_4}$를 얻게 된다.

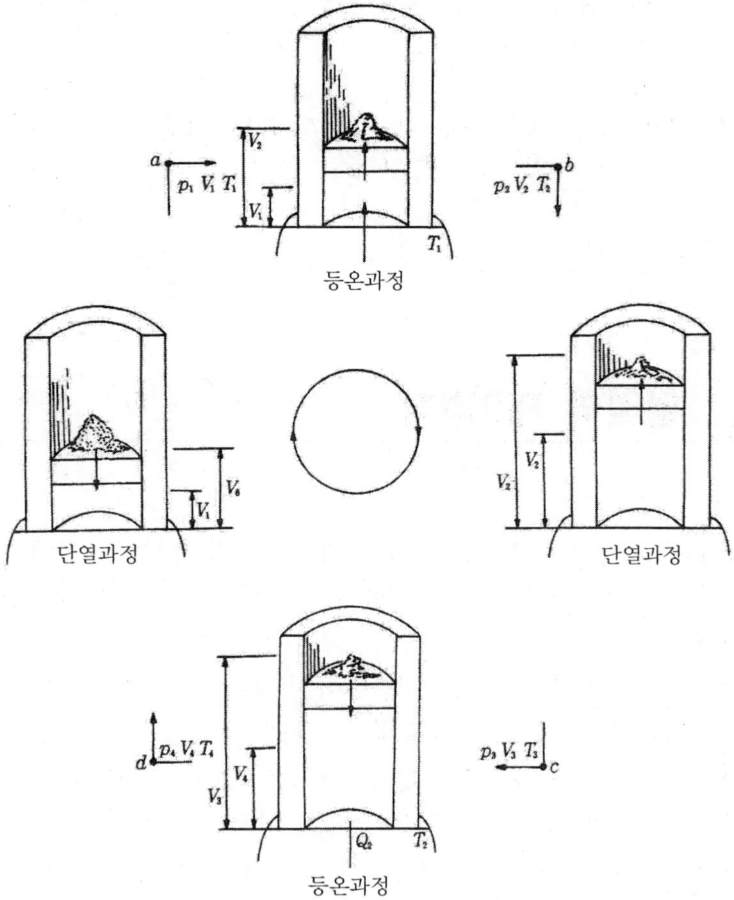

카르노 순환, 점 a, b, c 및 d는 그림 10.4와 대응한다. 위의 그림은 각 점을 연결하는 과정의 중간 단계를 나타낸다. 피스톤의 화살표는 팽창(모래를 제거함으로써)과 압축(모래를 더 놓음으로써)을 나타낸다.

[그림 10.3]

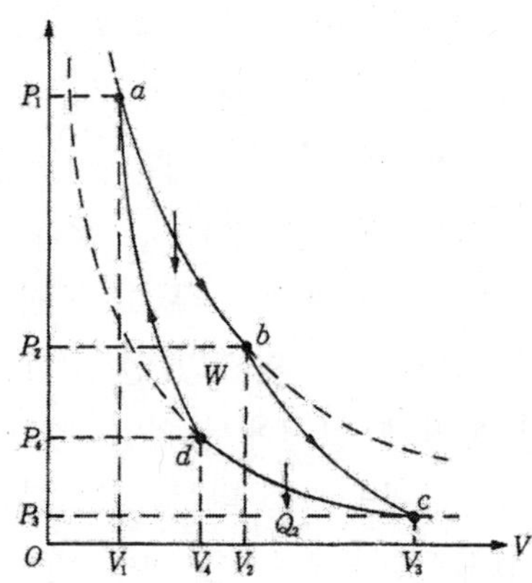

그림 10.2의 카르노 순환과정을 이상기체에 대하여 $P-V$에 그려 놓았다.

[그림 10.4]

이 결과를 Q_1/Q_2에 대입하여 구한 위 식에 대입하면

$$\frac{Q_1}{Q_2} = \frac{T_1}{T_2} \tag{10.10}$$

이 되고, 따라서 $e = 1 - Q_2/Q_1 = 1 - T_2/T_1$을 얻는다. 그러므로

$$e = \frac{Q_1 - Q_2}{Q_1} = \frac{T_1 - T_2}{T_1}$$

을 얻게 된다.

10.4 열역학 제2법칙

열역학 제1법칙은 열과 역학적 에너지가 서로 변환하는 과정에서 그 사이의 양적인 관계를 나타내는 것뿐으로 변화의 방향에 대해서는 나타내지 않았다.

다시 말해 온도가 다른 두 물체를 접촉시키면 고온의 물체는 열을 잃고 저온의 물체는 열을 얻는다. 이때 잃고 얻은 두 열량이 같다는 것은 제1법칙으로 설명이 되지만 열전도(heat conduction)가 고온의 물체에서 저온의 물체로 이동하는지, 또는 그와 반대인지는 제1법칙만으로서는 알 수 없다. 경험에 의하면 열에너지는 고온의 물체로부터 저온의 물체로 자연적으로 흐르나, 외부에서 일을 해주지 않고는 저온의 물체에서부터 고온의 물체로 계속적으로 열을 이동시킬 수는 없는 것이다. 이와 같이 열 이동의 진행 방향을 결정하여 주는 것이 열역학 제2법칙(second law of thermodynamics)이다.

1830년 클라우지우스(Clausius)는 다음과 같이 말하였다. “열에너지를 낮은 온도의 계에서 높은 온도의 계로 두 계 내에 존재하는 에너지만으로는 이동시킬 수 없다.”

이 말을 가장 간단한 경우에 적용시켜 보면 뜨거운 물체를 찬 물체와 접촉시켜 둘 때 뜨거운 물체는 더 뜨거워지고 찬 물체는 더 차지는 일은 결코 있을 수 없다는 것이다. 다시 말하면 열은 낮은 쪽에서 높은 온도 쪽으로 거슬러 올라갈 수 없다는 것이다.

그리고 1852년 켈빈-플랑크(Kelvin-Plank)가 말한 제2법칙은 일정량의 열에너지를 취해서 이것을 완전히 역학적인 일로 전환시키는 기관을 만들 수 없다. 즉, 이 말이 뜻하는 것은 열을 역학적인 일로 실제로 전환시키는 기관은 모두 그 과정의 결과로, 기관이 취한 열 가운데 약간은 낮은 온도 쪽에서 소비되지 않으면 안 된다는 것이다.

그러므로 열역학 제2법칙은 한 순환과정 동안에 열원에서 열을 뽑아 완전히 역학적 일로 바꾸는 외에 아무런 영향을 주지 않는 열기관을 만든다는 것은 불가능하다. 즉 열역학 제2법칙은 어떠한 열기관도 100%의 효율을 가질 수 없으며, 반드시 공급받은 열에너지의 일부분은 다른 에너지로 변환된다는 것이다.

10.5 열 기 관

1824년 카르노는 처음으로 열기관론을 기술하였는데, 거기에서 가역기관과 카르노 가역순환의 개념을 발전시켰다. 즉, “같은 두 온도 사이에서 작동하는 모든 가역기관의 효율보다 더 큰 효율은 가질 수 없다”라는 중요한 정리를 발견하였다.

클라우지우스와 켈빈은 이 정리는 열역학 제2법칙의 필연적 결과라는 것을 증명하였다. 온도 T_1과 T_2 사이 $T_1 > T_2$에서 작동하는 2개의 가역기관 H와 H'를 생각한다. 이 두 기관은 서로 작용물질이나 초기 압력 그리고 행정의 길이가 달라도 좋다. H를 순방향으로, H'를 냉동기에서와 같이 역방향으로 작동시킨다고 하자.

순기관 H는 T_1에서 열에너지 Q_1을 취하고, T_2에서 열에너지 Q_2를 방출한다. 역기관(냉동기) H'는 T_2에서 열 Q_2'를 취하고, T_1에다 열 Q_1'를 방출한다고 하자(그림 10.5). 이제, 두 기관을 역학적으로 연결시키고 행정의 길이를 조정함으로써 H에 의하여 할, 순환(cycle)당에 한 일은 H'를 작동시키는 데 충분하다고 하자(그림 10.5). H의 효율 e가 H'의 효율 e'보다 크다고 하면 $e > e'$이므로

$$\frac{Q_1 - Q_2}{Q_1} > \frac{Q_1' - Q_2'}{Q_1'} \tag{10.11}$$

그런데, 한쪽 기관의 매 순환마다 하는 일은 다른 쪽 기관이 매 순환마다 하는 일과 같으므로

$$W = W' \tag{10.12}$$

즉, $$Q_1 - Q_2 = Q_1' - Q_2' \tag{10.13}$$

이 관계를 비교하여 보면 $Q_1 - Q_2 > 0$이므로

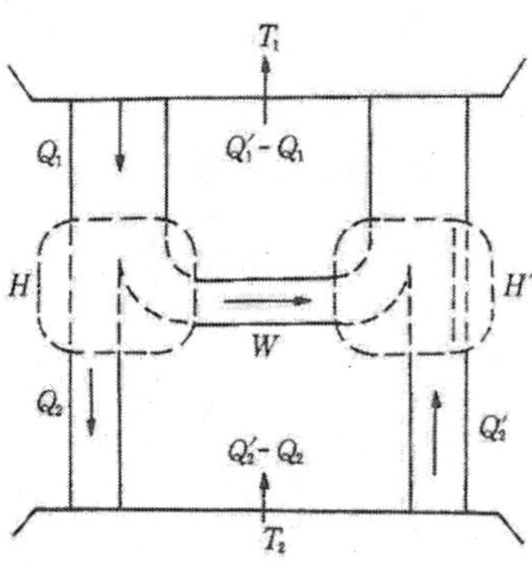

[그림 10.5] 카르노 정리의 증명

$$\frac{1}{Q_1} > \frac{1}{Q'_1} \tag{10.14}$$

또는

$$Q_1 < Q'_1 \tag{10.15}$$

그런데 일이 같으므로

$$Q_2 < Q'_2 \tag{10.16}$$

이리하여 고열원은 열 $Q_1' - Q_1 (> 0)$을 얻고, 저온열은 열 $Q_2' - Q_2 (> 0)$을 잃는다. 이 과정에서 결합계 $H+H'$에 의해 하여진 일이 없으므로 아무런 일도 하지도 않고 저온의 물체에서 고온의 물체로 옮겨간 셈이 된다. 이것은 열역학 제2법칙의 클라우지우스의 의견과 모순된다. 따라서 e는 e'보다 클 수가 없다. 마찬가지로 같은 이론에 의하여 기관을 역으로 작동시킴으로써 e'는 e보다 클 수 없다는 것을 증명할 수 있다.

그러므로 $e=e'$가 되어 카르노 정리의 전반을 증명한 셈이 되고, 다음 H가 비가역관이라 가정하고 위에서와 같은 방법으로 e비가 보다 클 수가 없다는 것을 증명할 수가 있다. 그러나 H를 역방향으로 돌릴 수는 없다. 따라서 e'가 e비보다 클 수 없다는 것을 증명할 수는 없다. 따라서 e비는 e'와 같거나 또는 보다 작다. 그러나 $e'=e$ 가역이므로

$$e_{\text{비가역}} \le e_{\text{가역}} \tag{10.17}$$

이란 결과를 얻는다.

따라서 카르노의 정리의 후반이 증명되었다.

10.6 엔트로피

서로 다른 두 계가 열평형(thermal equilibrium)에 있는 열역학 제0법칙 (zeroth law of thermodynamics)은 온도 T와 관계가 있었고, 제1법칙은 내부 에너지 U와 관계가 있었다. 이 절에서는 열역학 제2법칙이 엔트로피(entropy) S라 하는 열역학 변수로 양적 표현을 할 수 있다. 우선 카르노 순환을 생각하여 보면 이런 순환에서는 식 (10.10)에 의하여

$$\frac{Q_1}{T_1} = -\frac{Q_2}{T_2} \tag{10.18}$$

라는 것을 알 수 있다.

이에 Q들은 양(+)의 양인데, 다만 Q의 크기 또는 절대값만을 다룬 것이다. 만일 열

이 계에 들어오는 것을 양, 나가는 것을 음이라 하면 위의 관계는 다음과 같이 된다.

$$\frac{Q_1}{T_1}+\frac{Q_2}{T_2}=0 \tag{10.19}$$

이 식은 카르노 순환에 대하여 대수량 Q/T의 총화가 영(0)이라는 뜻이다.

여기서 임의의 순환가역과정을 고찰해 보자. [그림 10.6]에 나타낸 바와 같이 이 과정을 미소 카르노 순환과정의 집합으로 대치시켜 보기로 한다.

$\varDelta Q$를 온도 T에서 작용물질에 주어진 열량이라면, 각 미소 카르노 순환과정에 대하여

$$\frac{\varDelta Q_1}{T_1}+\frac{\varDelta Q_2}{T_2}=0 \tag{10.20}$$

을 얻는다. 주어진 순환가역과정에 접근하는 모든 미소 카르노 순환과정을 합치면

$$\sum\frac{\varDelta Q_i}{T_i}=0 \tag{10.21}$$

인 관계가 성립한다. 극한에 가서는 위 식의 Σ는 적분기호로 대치되니까 결국 임의의 순환가역과정에서

$$\oint\frac{dQ}{T}=0 \tag{10.22}$$

인 관계가 성립한다.

여기서 기호 $\oint$는 한 순환, 즉 기점에서 한 바퀴 돌면서 다시 기점까지 적분한다는 뜻이다. 식 (10.21)은 계가 한 상태 a에서 다른 상태 i와 나중 상태 f에만 의존한다는 것을 뜻한다.

이 함수를 S라 하면,

$$\oint_i^f\frac{dQ}{T}=S_f-S_i \tag{10.23}$$

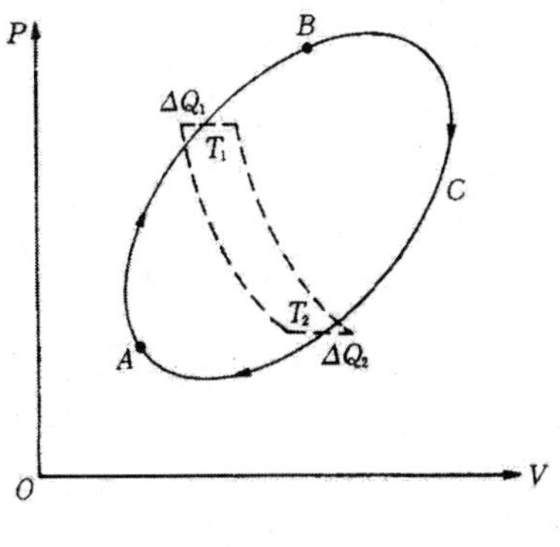

임의의 순환가역과정은 일련의 미소 카르노 순환과정으로 대치될 수 있다.

[그림 10.6]

또는

$$\frac{dQ}{T} = dS$$

라고 쓸 수 있다.

이 S를 계의 엔트로피(entropy)라 하며, S_i, S_f는 각각 상태 i, f에서의 엔트로피이다. 즉 가역과정이란 그 어느 쪽 방향으로도 동등하게 일어나는 과정이고, 가역과정에 대하여는 계 및 계외체의 총 엔트로피는 변하지 않은 채 남아 있게 된다. 그러므로 엔트로피는 가역과정에서 정의된 양이다.

등온가역과정에서 엔트로피의 변화는 $\Delta Q/T$로 표시되며, 계가 열을 흡수($\Delta Q > 0$), 또는 ($\Delta Q < 0$)함에 엔트로피가 증감한다. 단열가역과정에서는 $dQ = 0$이므로 엔트로피의 변화는 없다. 따라서 카르노 순환과정에 대한 $T-S$ 관계도는 [그림 10.7]과 같이 될 것이다. 온도 T_1인 고열원에서 작용물질이 취한 열량 Q_1은 $T_1 \Delta S$이고 온도 T_2인 저열원에서 배출한 열량 Q_2는 $T_2 \Delta S$이다. 따라서 카르노 기관이 한 유용한 일 $W = Q_1 - Q_2$는

$$W = (T_1 - T_2)\Delta S \tag{10.24}$$

가 되며, 이는 [그림 10.7]에서 줄친 부분의 넓이가 된다.

그러면 비가역과정에서는 어떻게 변할까?

[그림 10.8]과 같이 두 상태 i, f 사이의 과정에 가역과정 R과 비가역과정 l을 취해서 i에서 출발하여 lfR을 경유해서 i로 되돌다가는 순환을 고려하면 비가역열기관의 효율 e'는 가역열기관의 효율 e보다 작으므로 클라우지우스 부등식에 의해

$$\oint \frac{dQ}{T} < 0$$

$$\oint \frac{dQ}{T} = \oint_{ilf} \frac{dQ}{T} + \oint_{fRi} \frac{dQ}{T} < 0 \tag{10.25}$$

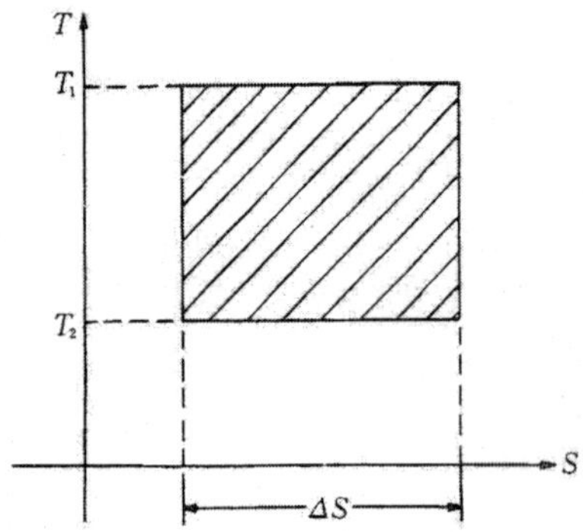

그림의 줄친 부분의 넓이는 한 순환과정에서 행하여진 유용한 일을 표시한다.

[그림 10.7]

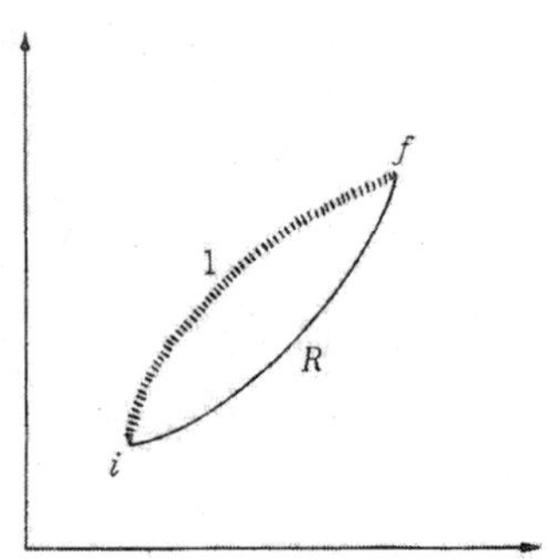

[그림 10.8] 엔트로피 증대

을 얻는다. 상태 i, f의 엔트로피를 S_i, S_f라 하면 식 (10.23)에 의해서

$$S_i - S_f = \oint_{fRi} \frac{dQ}{T} \tag{10.26}$$

$$S_f - S_i > \oint_{ilf} \frac{dQ}{T} \tag{10.27}$$

로 된다.

만일 상태 i에서 l을 거쳐서 f에 이르는 변화가 단열적이면 즉 ilf가 비가역 단열변화이면 $dQ=0$을 고려하여 식 (10.27)은

$$S_f - S_i > 0$$

가 된다. 그러므로

$$S_f > S_i \tag{10.28}$$

가 얻어진다. 즉 단열계(고립계)에서 비가역변화가 일어나면 엔트로피는 증가한다. 이것을 엔트로피 증가의 법칙이라 한다.

우주는 외부로부터 에너지의 공급이 없으므로 단열계라 할 수 있고, 그 속에서 비가역현상이 일어나므로 엔트로피는 계속 증가하고 있는 것이다. 그러므로 열역학 제2법칙은 다음과 같이 기술된다. 즉 자연계의 한 평형 상태에서 출발하여 다른 평형 상태에서 끝나는 과정은 계 및 계외체의 총 엔트로피가 증가하는 방향으로 일어난다고 말할 수 있다.

예제 10.2 이상기체가 체적 V_i에서 체적 V_t로 가역등온팽창을 할 때 생기는 엔트로피 변화를 계산하여라.

풀이 제1법칙으로부터

$$dU = dQ - PdV$$

를 얻는다. 이상기체에 대해서 U는 온도에만 관계되어 있고, 또 온도는 일정하므로 $dU=0$이 된다. 따라서

$$dQ = PdV$$

및

$$dS = \frac{dQ}{T}$$

를 얻는다. 그런데

$$PV = nRT$$

이므로

$$dS = nR\frac{dV}{T}$$

$$S_f - S_i = \int_{V_i}^{V_f} nR\frac{dV}{V} = nR\ln\frac{V_f}{V_i} \tag{10.29}$$

을 얻는다. $V_f > V_i$이므로 $S_f > S_i$ 즉 기체의 엔트로피는 증가한다.

이 과정을 수행하기 위해서는 계와 접촉해서 이 기체에다 열을 공급해 주는 온도 T의 열류를 써야 한다. 따라서 증류의 엔트로피는

$$\int dQ/T = nR\ln(V_f/V_s)$$

만큼 감쇠한다.

그 결과 이 과정에 대해서는 계외체의 엔트로피는 변화를 받지 않는다. 이 사실은 가역과정에 특유한 성질이다.

10.7 열역학 제3법칙

열역학 제3법칙은 1906년 네른스트(Hermann Walter Nernst)에 의해 수립된 법칙으로 다음과 같이 표현된다. "어떠한 이상적인 방법으로도 어떤 계를 절대(0)도에 이르게 할 수는 없다."라는 표현은 절대온도를 포함하는 가역순환을 생각하면 증명될 수 있다. [그림 10.9]의 순환에서 만일 절대영도를 얻을 수 있다면

$$T = 0$$

이므로

$$dQ = TdS \tag{10.30}$$

가 되어서 방출되는 열량은 없으므로 온도 T_1인 단일 열저장소와의 열교환만으로 순환이 일을 하는 결과가 되어서 열역학 제2법칙을 위반한다. 많은 사람들이 열역학 제3법칙을 열역학 제2법칙의 수정된 표현에 불과하다고 주장하고 있으나, 열역학 제3법칙(third law of thermodynamics)은 절대온도가 영(0)도에 접근할수록 순수물질의 엔트로피는 0에 접근한다는 엔트로피의 절대값의 기준을 규정함으로써 제2법칙과 분리된 법칙으로 설정되는 것이다.

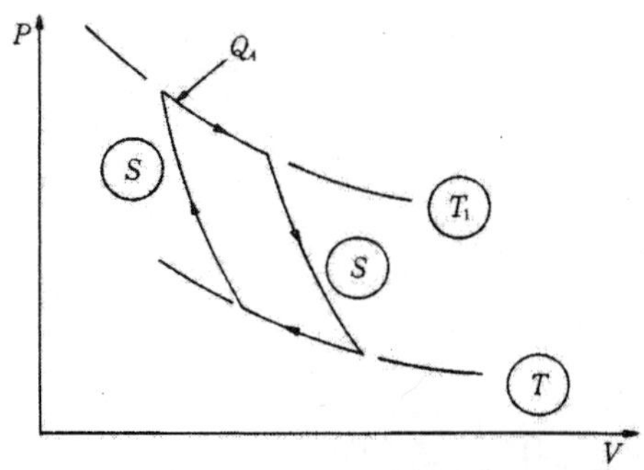

[그림 10.9] 절대영도에 이르러 얻는 영구운동

■ 연습문제 ■

01 이상기체 열기관이 227℃와 127℃ 사이에서 카르노 순환을 한다. 고온에서 매 순환당 6.0×10^4 cal의 열을 흡수한다면 (a) 이 기관은 매 순환당 얼마의 일을 할 수 있는가? (b) 이 엔진의 효율은?

02 (a) 카르노 기관이 320K의 고온열류와 260K의 저온열류 사이에서 작동되고 있다. 고온열류에서 매 순환당 500 J의 열을 흡수하였다면 매 순환당 이 기관이 하는 일의 양은? (b) 이 기관을 냉동기로 쓰기 위하여 위와 같은 열원 사이에서 역으로 작동된다면 저온열원에서 1000 J의 열을 빼내기 위하여 필요한 매 순환당 일의 양은?

03 온도 T_1과 T_2 사이에서 일을 하는 카르노 기관이 용도 T_3와 T_4 사이에서 운행되는 카르노 냉동기를 동작시킨다(그림 10.10 참조). 4개의 온도치로 Q_3/Q_1의 비를 구하여라.

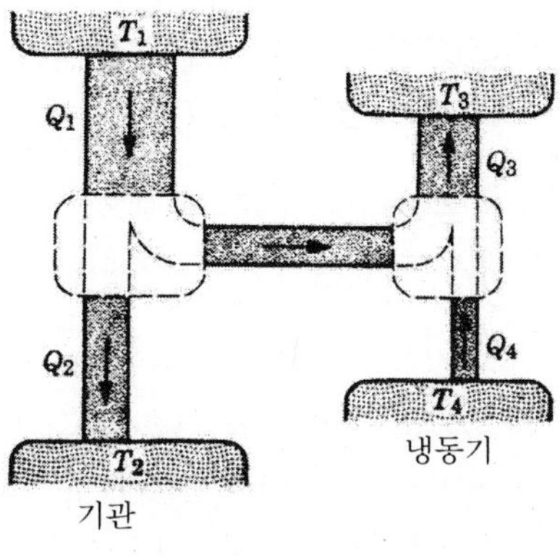

[그림 10.10]

04 수은-증기의 합성 터빈은 876℉의 포화된 수은 증기를 보일러에서 공급받아서 460℉의 증기 보일러를 가열한다. 증기 터빈은 이 온도의 증기를 받아서 100℉의 냉각기로 보낸다. 합성기관의 최대 효율은?

05 가솔린 내연기관은 [그림 10.11]의 순환으로 근사시킬 수 있다. 이상기체의 압축비 4 : 1 ($V_4=4V_1$)로 가정한다. $p_2=3p_1$이라면 (a) $p-V$ 간의 네 정점의 압력과 온도를 p_1, T_1 및 기체의 비열비로 결정하여라. (b) 이 순환의 효율은?

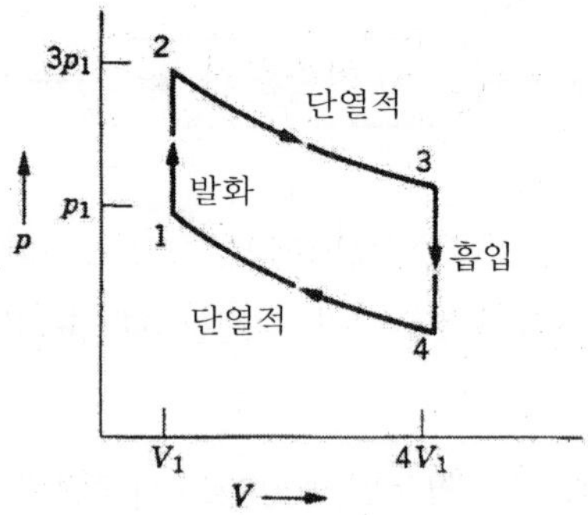

[그림 10.11]

06 1.0 kg의 구리덩어리의 온도가 가역적으로 25℃에서 100℃로 증가할 때 (a) 흡수된 열량, (b) 엔트로피의 변화를 구하여라. 구리의 비열은 9.2×10^{-2} cal/g℃이다.

07 조금의 우란도 없게만 한다면 0℃, 대기압에 있는 물로부터 이 물을 얼리는 일이 없이 열을 제거하여 버릴 수가 있다. 이 물 안에 얼음이 얼기 시작하기까지 이 물의 온도를 −5.0℃까지 냉각시킬 수가 있었다고 하자. 과냉각된 이 물이 돌연히 얼기 시작하는 동안 매 단위질량당 받는 엔트로피의 변화는?

08 온도 −10.0℃인 8.00 g의 얼음덩어리를 온도 20.0℃, 100 cm^3의 물이 담겨 있는 플라스크에 넣었다. 최종 평형 상태가 되었을 때 계의 엔트로피 변화는? 단, 얼음의 비열은 0.52 cal/g℃이다.

09 놋쇠 막대의 한쪽 끝은 127℃의 열류에 접촉하여 있고, 다른 끝은 27℃의 열류에 접촉하여 있다. (a) 이 막대를 통하여 1200 cal의 열량이 전도되는 과정 중 생기는 엔트로피의 총 변화량을 계산하여라. (b) 막대의 엔트로피는 이 과정 중 변화를 받게 되는가?

11

기체운동론

Gas Kinetic Theory

11.1 개 요

열역학에서는 경험에서 귀납된 제1, 2법칙을 기초로 하여 물질의 열적 성질에 관한 여러 양 사이의 관계를 구하였다. 그러나 물질이 원자로 이루어졌다는 사실에 대해서는 전연 언급을 하지 않았다. 이런 문제들은 역학의 법칙을 통계적으로 응용하였을 때 원자성질의 어떠한 평균값으로 모든 열역학적 변수로 표현할 수 있게 된다.

그러므로 이 장에서는 기체분자를 완전탄성체의 강체구로 가정하고, 기체의 원자가 용기의 벽에 충돌함으로써 단위면적당의 기체원자의 평균운동량의 변화율이 압력이 된다는 전제 아래 에너지의 등분원리와 기체의 두 분자 간의 충돌 사이의 평균자유행로의 식, 그리고 맥스웰-볼츠만(Maxwell-Boltzman)의 속도분포함수에 관해서 상세히 설명되어졌다.

또 하나의 방향은 기체운동론보다도 더 외형적이고 추상적인 방법으로 역학법칙을 통계적으로 응용할 수 있다는 것이다. 기브스(Gibbs)와 볼츠만에 의하여 발견된 이 학문분야는 통계역학이라 하며, 이 안에 기체운동론이 한 부분으로 포함되어 있다.

11.2 이상기체의 운동

기체론에서 취급하는 분자는 완전탄성을 가진 강체구이고 질량중심은 구심과 일치한다고 본다. 각 분자 간의 힘은 상호거리의 함수이고, 그 작용선은 중심과 일치하며, 상호거리가 매우 작을 때 이외에는 무시한다. 특히 분자력이 없는 질점분자로 된 기체를 단원자 이상기체(monatomic ideal gas)라 가정한다. 지금 길이 L인 완전입방체의 용기 속에 이상기체의 분자가 N개 있고, 그 i번째의 분자가 v_i의 속도를 가지고 운동한다고 하자.

[그림 11.1]에서와 같이 용기의 한구석에 원점을 취하고 변에 따라 x, y, z 축을 설정한다. v_i의 성분을 v_{ix}, v_{iy}, v_{iz}라 한다. v_{ix}는 분자 x방향으로 진행하여 이것에 수직인 기벽에 부딪칠 때의 속력이다. 이 분자는 L의 거리를 왕복하여 기벽에 충돌한다. 1회의 충돌로 운동량은 $mv_{ix}-(-mv_{ix})=2mv_{ix}$만큼 변하여 1초간에 q회 충돌하였다면 $2mqv_{ix}$의 운동량을 기벽에 준다.

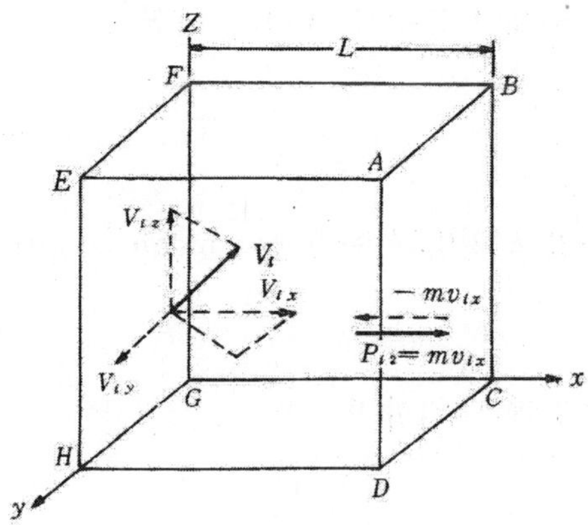

[그림 11.1]

그런데 충돌의 횟수는

$$q=\frac{v_{ix}}{2L} \tag{11.1}$$

이다. 따라서 i번째의 분자가 기벽에 작용하는 힘은

$$\begin{aligned} f_i &= 2mqv_{ix} \\ &= \frac{v_{ix}}{2L}\times 2mv_{ix} \\ &= \frac{mv_{ix}^2}{L} \end{aligned} \tag{11.2}$$

이다. 이러한 힘 f_i를 전 체적의 분자에 대해서 합하면 기벽에 작용하는 힘 F를 얻을 수 있으며, 그 힘은 다음과 같이 표시된다.

$$F=\sum_i f_i = \frac{m}{L}\sum_i v_{ix}^2 \tag{11.3}$$

이다. v_{iy} 및 v_{iz}에 관해서도 같은 식이 얻어진다. 매우 많은 분자가 존재할 때에는 통계적으로 보아 $\sum_i v_{ix}^2 = \sum_i v_{iy}^2 = \sum_i v_{iz}^2$이 성립한다.

또, 각각의 분자에 대해서 $v_{ix}^2 = v_{iy}^2 = v_{iz}^2$ 이므로

$$\sum_i v_i^2 = \sum_i v_{ix}^2 + \sum_i v_{iy}^2 + \sum_i v_{iz}^2 \tag{11.4}$$

으로 된다. 따라서

$$\begin{aligned} \sum_i v_{ix}^2 &= \sum_i v_{iy}^2 \\ &= \sum_i v_{iz}^2 \\ &= \frac{1}{3}\sum_i v_i^2 \end{aligned} \tag{11.5}$$

을 얻는다. 또 용기 내의 분자의 총수를 N이라 하면

$$v_{\mathrm{rms}} = \sqrt{\overline{v^2}} = \sqrt{\frac{1}{N}\sum v_i^2} \tag{11.6}$$

이라 놓을 때 v_{rms}를 자승평균 평방근속력(root mean square speed)이라 한다. 따라서

$$\sum v_{ix}^2 = \frac{N}{3} v_{\mathrm{rms}}^2 \tag{11.7}$$

이 되므로, 이것을 식 (11.3)에 대입하면

$$F = \frac{Nm}{3L} v_{\mathrm{rms}}^2 \tag{11.8}$$

이다. 또, F는 면적 L^2의 기벽에 작용하는 전 압력이므로 식 (11.8)의 양변을 L^2으로 나누면 압력이 되므로 압력 p는

$$p = \frac{Nm}{3V} v_{\mathrm{rms}}^2 = \frac{1}{3}\rho v_{\mathrm{rms}}^2 \tag{11.9}$$

여기서 ρ는 밀도이다.

한편 평균운동 에너지는

$$\overline{K} = \frac{1}{2} m v_{\mathrm{rms}}^2 \tag{11.10}$$

이므로, 압력 p는

$$p = \frac{2N}{3V}\frac{m}{2} v_{\mathrm{rms}}^2 = \frac{2N}{3V}\overline{K} \tag{11.11}$$

위 식은 x, y, z의 어떤 방향에서도 같고 기체의 체적이 일정하면 압력은 분자들의 평균 에너지에 비례함을 알 수 있다. 그리고 식 (11.11)은

$$pV = \frac{2}{3} N\overline{K} \tag{11.12}$$

예제 11.1 0℃ 1 기압하의 수소를 이상기체라 생각하고, 수소분자의 자승평균 평방근속력을 구하여라. 표준 상태에서 수소는 8.99×10^{-3} kg/m^{3}의 밀도를 가진다.

풀이 p=1기압$= 1.013 \times 10^5$ nt/m^3

$$v_{\mathrm{rms}}^2 = \sqrt{\frac{3p}{\rho}} = 1804 \text{ m/s}$$

예제 11.2 기체 내에서 음속이 이 기체분자의 자승평균 평방근속력과 같다고 가정할 때(이것은 다만 어림이다) 온도에 관계되는 이상기체에 대하여 음속이 어떻게 되는가를 보여라.

풀이 기체의 밀도는 다음과 같다.

$$p=\frac{m}{V}=\frac{nM}{V}$$

여기서 m은 기체의 질량, M은 분자량, 그리고 n은 몰(mole) 당의 질량이다. 이것과 이상기체의 법칙과 연결하면

$$pV=nRT$$

$$\frac{p}{\rho}=\frac{RT}{M}$$

$$V_{\rm rms}=\sqrt{\frac{3p}{\rho}}=\sqrt{\frac{3RT}{M}}$$

를 얻는다. 온도 T_1에서의 음속 v_1과 온도 T_2에서의 기체 내의 음속 v_2는

$$\frac{v_1}{v_2}=\sqrt{\frac{T_1}{T_2}}$$

로 관계가 성립된다. 예를 들면 273K에서의 음속이 공기 중에서 322 m/s라면 300K에서의 음속은

$$\sqrt{\frac{300}{273}}\times 332\ \text{m/s}=348\ \text{m/s}$$

가 된다.

11.3 기체의 상태방정식

열평형 상태에 있는 어떤 기체에 대하여 압력 p, 온도 T, 체적 V를 측정할 수가 있다. 밀도가 충분히 작은 기체는 실험에 의하면 정온 정합하에서 일정 질량의 기체에 대하여

$$\frac{pV}{T}=\text{const} \tag{11.13}$$

가 성립된다.

이때 기체가 차지하는 체적은 그 기체의 질량에 비례하므로, 상수도 또한 기체의 질량에 비례하지 않으면 안 된다. 그러므로

$$pV=nRT \tag{11.14}$$

로 주어진다. 여기서 n은 mole수인데, mole수는 분자총수 N을 1 mole에 있는 분자수, 즉, 아보가드로(Avogadro)수로 나누어 얻는다. R은 보통 기체상수로서 실험에 의하여 정해지는 상수이다. 즉 $R=8.3144$ joule/mole K $=1.986$ cal/mole K 이다.

그리고 어떤 조건하에서든지 식 (11.14)에 따르는 기체를 이상기체(ideal gas)라 하고, 이 식을 이상기체의 상태방정식(equation of state)이라 한다.

또 정적기온도계의 구부(球部)를 이상기체로 채운다면 식 (11.14)로부터 압력의 눈금을 읽음으로써 온도를 정할 수 있다.

$$T = 273.16\,\mathrm{K}\,\frac{p}{p_{tr}}\ (\text{이상기체}) \qquad (11.15)$$

이에 p_{tr}는 물의 3중점에서의 기체압력이고, 이 압력에서의 온도 T_{tr}는 정의에 의하여 273.16K이다. 실제는 온도계의 구부를 실제기체로 채우고, 밀도가 0에 접근하는 외삽법으로 측정하고 있다. 즉

$$T = 273.16\,\mathrm{K}\lim_{p_{tr}\to 0}\frac{p}{p_{tr}}\ (\text{실제기체}) \qquad (11.16)$$

다음에는 이상기체에 대하여 온도의 운동론적 해석을 고찰하여 보자.

식 (11.16)과 식 (11.14)에 의하여 다음과 같은 식이 얻어진다.

$$nRT = \frac{2}{3}N\overline{K} \qquad (11.17)$$

가 되고, 그리고

$$n\frac{R}{N_0}T = \frac{2}{3}N\overline{K} \qquad (11.17')$$

그러므로

$$kT = \frac{2}{3}\overline{K} \qquad (11.18)$$

가 된다. 이 식에서 평균운동 에너지 $\overline{K}$는

$$\overline{K} = \frac{3}{2}kT \qquad (11.19)$$

가 된다. 그러므로 평균운동 에너지는 기체의 종류나 체적 그리고 압력에는 관계없이 오직 온도에만 비례함을 말해 준다. 여기서 k는 볼츠만 상수이며

$$k = \frac{R}{N_0} = \frac{8.3144\times 10^{3}}{6.025\times 10^{26}} = 1.3803\times 10^{-23}\ \text{joule/molecule-deg}$$

이다.

다음에는 실제기체에 비교적 잘 적용되는 반데르발스(Van der Waals)의 상태방정식에 대해서 살펴보기로 하자.

기체분자의 크기와 상호인력에 의한 영향을 고려해서 이상기체의 상태방정식을 보정한 것이 반데르발스의 상태방정식이다. 만일 기체분자가 어떤 크기를 가지고 있다면 분자의 크기를 고려하지 않는 이상기체의 체적은 실제기체의 체적에 비하여 그 1 mole의 분자가 점유하고 있는 부피 b만큼 크다. 따라서 실제기체의 1 mole의 부피를 V라 하면 $pV = nRT$의 V는 $(V-b)$로 바꾸어야 할 것이다.

다음에 분자 간에 상호인력이 있으면 기벽에 충돌할 경우에는 기벽에 미치는 힘은

감소할 것이다. 이것은 충돌하는 분자의 수, 즉 기체의 밀도에 비례하므로 충돌하는 1개의 분자에 작용하는 인력은 그 분자에 인접한 곳에 있는 분자의 수, 즉 밀도에 비례할 것이다.

따라서 압력의 감소는 밀도의 제곱에 비례한다. 그리고 밀도는 체적에 역비례하므로 결국 압력의 감소는 체적 V의 역제곱에 비례하게 되므로 a/V^2만큼 감소하는 결과가 된다. 그래서 실제기체의 1 mole의 압력 p에 a/V^2을 더한 것이 이상기체 1 mole의 압력이 된다.

이와 같이 하여 이상기체의 상태방정식의 p 대신에 $(p+(a/V^2)$을, 또 V 대신에 $(V-b)$로 바꿈으로써 실제기체 1 mole의 상태방정식은 다음 식으로 표현된다.

$$\left(p+\frac{a}{V^2}\right)(V-b)-RT \tag{11.20}$$

11.4 이상기체의 비열

물질의 비열(specific heat)이란 그 물질의 단위질량을 단위온도로 올려줄 때 드는 열량이다. 질량의 간편한 단위는 몰(mole)이다. 이에 해당하는 비열을 몰 열용량(molar heat capacity)이라 하고, C로 나타낸다.

기체에 있어서 중요한 두 종류의 몰 열용량은 정적비열 C_v와 정압비열 C_p이다. [그림 11.2]와 같이 피스톤 실린더 장치에 몰의 이상기체를 가두어 넣었다고 하자. 피스톤은 임의로 온도를 변하게 하는 열류(reservoir)에 얹혀 있으므로, 이 계에 원하는 대로의 열을 주기도 하고 빼앗을 수도 있다. 기체는 마찰이 없는 피스톤을 밀어 올릴 만한

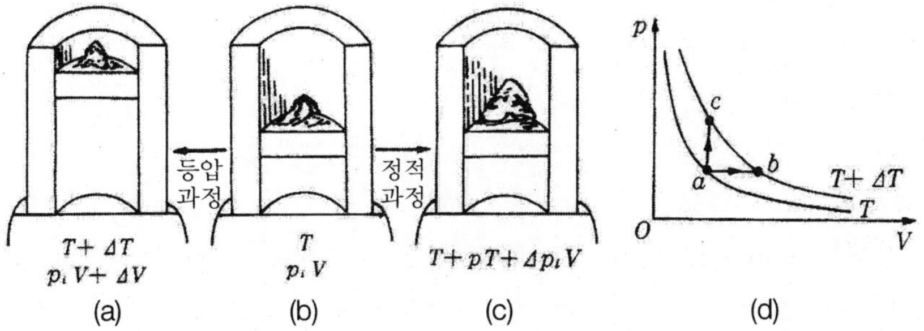

일정량의 기체에 등압과정 $(a \to b)$와 정적과정 $(a \to c)$로 같은 양의 온도를 올려준다.

[그림 11.2]

압력을 가지고 있으며, 이 압력은 피스톤 및 모래의 무게와 평형한다. 이 계의 상태는 [그림 11.2 (d)]의 $p-V$ 도표의 점 a로 표시되는데, 선도에는 2개의 등온선이 그려져 있고, 각 등온선 상의 모든 점은 각각 T와 $T+\Delta T$에서의 $p-V$ 관계를 기록한 것이다.

이제 열류의 온도를 서서히 올리면서 계의 온도를 ΔT만큼 올리자. 이때 압력이 증가하므로 피스톤 위에 모래를 더 얹어주면, 그 증가하는 압력이 있음에도 불구하고 실린더 내의 기체의 체적은 변하지 않는다. 이 정적과정에서 계는 [그림 11.2 (a)]의 초기 상태로부터 [그림 11.2 (c)]의 말기 상태로 옮아간다. 이 사실은 [그림 11.2 (d)]에 있는 점 a로부터 점 c에까지 이동하는 것에 해당한다. 열역학 제1법칙

$$\Delta Q = \Delta U + \Delta W$$

를 이 과정에 응용한다. 정적비열 C_v의 정의에 의하여 $\Delta Q = nC_v \Delta T$, 또 $\Delta V = 0$이므로 $\Delta W (= p\Delta V) = 0$이다. 따라서

$$\Delta U = nC_v \Delta T \tag{11.21}$$

이제 이 계를 초기 상태로 되돌리기로 한다. 즉, 온도를 다시 서서히 ΔT만큼 내리고, 그 동안에 피스톤 위의 모래를 서서히 내려줌으로써 압력 p는 변하지 아니한다.

이 정압과정은 [그림 11.2 (a)]의 초기 상태로부터 [그림 11.2 (b)] 종말 상태로 계를 이동시킨다. 명백히 이 과정에 해당하는 도표는 [그림 11.2 (d)]의 점 $a \rightarrow 0$이다. 이 과정에 제1법칙을 응용한다. 정적비열 C_p의 정의에 의하면 $\Delta Q = nC_p \Delta T$, 또 $\Delta W = p\Delta V$이며, 이상기체에 대하여는 내부 에너지 U는 온도에만 의존된다. [그림 11.2]에서 과정 $a \rightarrow b$과 $a \rightarrow c$는 온도변화가 같은 ΔT이므로, 이것은 그대로 내부 에너지의 같은 변화 ΔU로 환산되지 않으면 안 되고, 이 관계는 식 (11.21)에 주어졌다. 따라서 정합과정에 대하여 열역학 제1법칙은 다음과 같이 변한다.

$$nC_p \Delta T = nC_r \Delta T + p\Delta T \tag{11.22}$$

여기서 상태방정식 $pV = nRT$를 정합비열과정 $a \rightarrow b$에 응용하면, p가 일정하므로 이것을 미분하면 다음과 같이 된다.

$$p\Delta V = nR\Delta T \tag{11.23}$$

그러므로 식 (11.22)와 식 (11.23)에 의하여

$$C_p - C_v = R \tag{11.24}$$

이 성립한다.

즉 이상기체의 mole 열용량(즉, 비열)은 정압에서는 항상 정적에서보다 크고, 그 차이는 보통 기체상수 R(=8.31 joule/mole K 또는 1.99 cal/mole K)과 같다는 결론이 얻어졌다. 식 (11.24)는 이상기체에 있어서는 정확하고 실제기체에 대하여도 적당한 압력에서는 거의 맞아 들어간다. 이 결과를 얻음에 있어서 우리는 $U = 3/2nRT$인 관계를 쓰지 않았고, 오직 U는 온도에만 의존되는 것이라는 데에 유의하여야 한다.

〈표 11.1〉

기체의 종류	기 체	C_p (cal/mole K)	C_v (cal/mole K)	$C_p - C_v$	$r = C_p/C_v$
단 원 자	He	4.97	2.98	1.99	1.67
	A	4.97	2.98	1.99	1.67
2 원 자	H_2	6.87	4.88	1.99	1.41
	O_2	7.03	5.03	2.00	1.40
	N_2	6.95	4.96	1.99	1.40
	Cl_2	8.29	6.15	2.14	1.35
다 원 자	CO_2	8.83	6.80	2.03	1.30
	SO_2	9.65	7.50	2.15	1.29
	C_2H_6	12.35	10.30	2.05	1.20
	NH_3	8.80	6.65	2.15	1.31

만일 C_v가 계산된다면 식 (11.22)로 C_p도 계산된다. 이 역도 참이다. 식 (11.21)에 이상기체의 내부 에너지 $U=(3/2)nRT$를 유도한 기체운동론을 결합시킴으로써 C_v가 얻어진다. 따라서 미분변화의 한계 내에서

$$C_v = \frac{dU}{ndT} = \frac{d}{ndT} = \left[\frac{3}{2}nRT\right] = \frac{3}{2}R \tag{11.25}$$

이 결과는 C_p가 약 3 cal/mole K인데 단원자 기체에 대하여는 잘 맞으나, 2원자 분자와 다원자 분자에서는 현저하게 달라진다.

11.5 에너지 등분의 원리

식 (11.19)는 1개 분자의 운동 에너지가 $3((1/2)kT)$와 같다는 것을 암시하고 있는데, 분자들의 각 좌표방향에서의 값 $(1/2)mv_x^2, (1/2)mv_y^2, (1/2)mv_z^2$의 평균값은 같다고 볼 수 있다. 따라서 $\overline{K}$의 1/3, 즉 $(1/2)kT$는 좌표축방향에서의 평균운동 에너지라 생각된다. 다시 말하면 한 분자가 갖는 운동 에너지는 좌표축방향으로 등량분배된다. 이것을 에너지 등분배의 법칙(equipartition law of energy)이라 한다.

이상기체의 밀도를 ρ라 하면, 이상기체 1 kg에 대한 상태방정식은

$$\frac{p}{\rho} = \frac{R}{M}T \tag{11.26}$$

를 얻는다. 여기서 M은 분자량이다. 식 (11.9)에 의하여

$$\frac{p}{\rho} = \frac{1}{3} v_{\mathrm{rms}}^2 \tag{11.27}$$

이므로

$$v_{\mathrm{rms}}^2 = \frac{3}{M} RT \tag{11.28}$$

를 얻는다.

이 식에서 v_{rms}를 구할 수 있다.

예제 11.3 실온에서 기체분자 하나의 평균 병진운동 에너지를 구하여라.

풀이 $T=300$ K이므로

$$\frac{3}{2}kT = \frac{3}{2}(1.38\times 10^{-23}\text{joule/moleculeK})(300\text{ K})$$

$$= 6.21\times 10^{-2}\text{ joule/molecule} = 3.88\times 10^{2}\text{ eV/molecule}$$

이것은 분자당 약 1/25 eV에 해당한다.

예제 11.4 기저 상태의 수소원자의 첫 번째 여기 에너지는 10.2 eV이다. 많은 수의 수소원자를 여기시켜서 이 에너지에 해당하는 빛을 내려면 온도는 몇 도가 되어야 하겠는가?

풀이 $\frac{3}{2}kT = 10.2$ eV이므로 $\frac{3}{2}k(300\text{K}) = \frac{1}{25}$ eV 이니

$$T = 300\text{ K}\times 10.21/\left(\frac{1}{25}\right) \cong 7.5\times 10^{4}\text{ K}$$

11.6 평균자유행로

기체 내의 한 분자가 한 번 충돌한 후 다음 충돌 때까지에는 일정한 속도로 직선으로 움직인다. 계속되는 두 충돌 사이의 평균거리를 평균자유행로(mean free path)라 한다(그림 11.3). 그리고 평균자유행로는 분자의 크기와 단위체적당의 분자수에 관계된다.

이제 기체분자를 지름 d의 구형이라 하면 그 충돌 단면적은 πd^2이다. 이 충돌은 지름 $2d$되는 1개의 구형분자와 점입자로서의 다른 분자와의 사이에도 같은 결과를 가져온다(그림 11.4). 이 분자와 점입자들 사이에 아무런 힘이 작용하지 않고 속도 v로 운동하며 이 시간 t 동안에 이 분자는 직단면적이 πd^2, 길이가 vt되는 원통 내를 휩쓸 것이다.

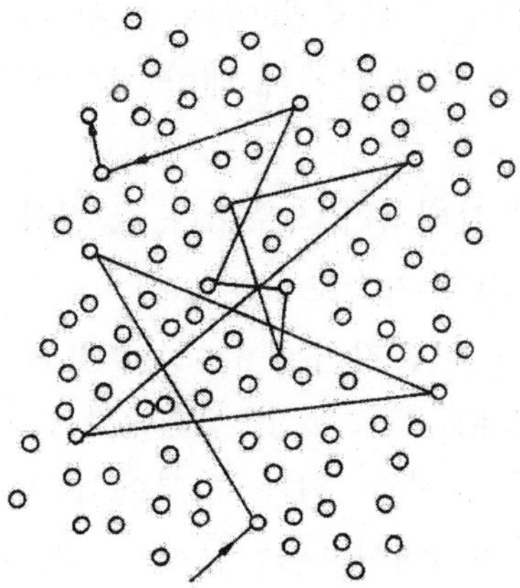

한 분자가 기체 내를 지나갈 때, 그 도중 경로에서 여러 분자와 충돌을 하고 있다. 물론 이 기체를 구성하는 다른 분자들도 동일한 모양으로 운동하고 있다.

[그림 11.3]

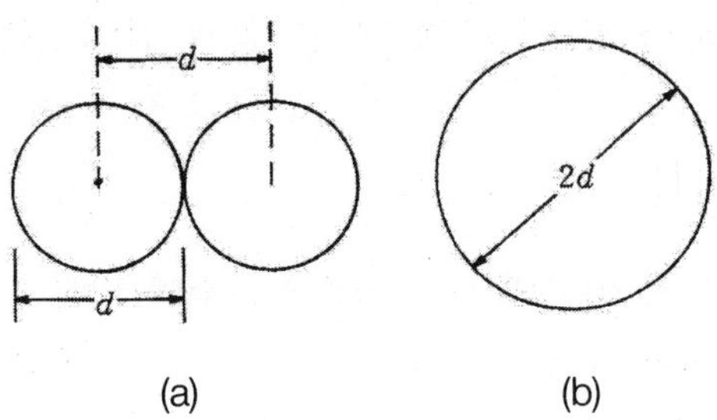

두 분자가 서로 d의 거리 이내로 접근할 때 충돌이 일어난다면 (a) 이 과정은 다음과 같이도 생각할 수 있다. (b) 즉, 한쪽 분자가 유효 지름 $2d$를 가지는 대신 다른 한쪽 분자를 질점이라 생각해도 좋다.

[그림 11.4]

n을 단위체적 내의 분자수라 하면 이 원통은 $(\pi d^2 vt)n$개의 입자를 내포하게 된다(그림 11.5). 분자와 점입자는 서로 힘이 작용하고 있으므로 시간 t 동안 분자가 충돌하는 수는 $(\pi d^2 vt)n$가 된다. 평균자유행로 $\bar{l}$는 시간 t 동안에 통과하는 전체의 길이 vt를 그 동안의 충돌수로 나눈 값이므로

$$\bar{l} = \frac{vt}{\pi d^2 nvt} = \frac{1}{\pi n d^2} \tag{11.29}$$

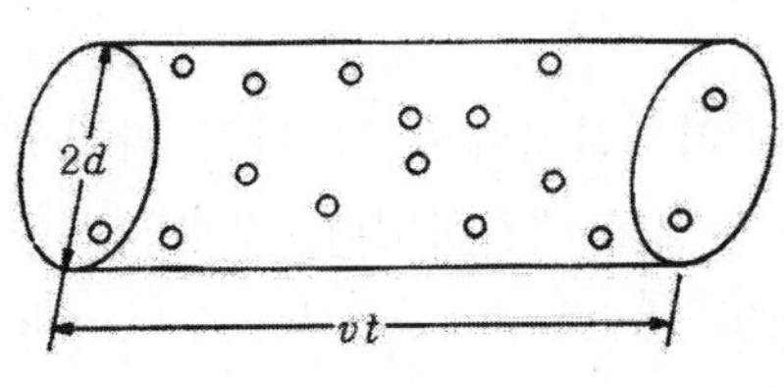

$2d$의 등가지름을 갖는 분자가 v의 속력으로 이동할 때 t 시간 내에는 밑면적이 πd^2이고, 높이가 vt인 원통에 해당하는 체적을 빼어 버린다. 이때 이 분자는 이 원통 내에 중심을 두는 모든 분자와 충돌한다.

[그림 11.5]

표적분자가 움직이고 있을 때 식 (11.29)의 분수의 분자에 있는 속도($=v$)는 용기에 대한 평균분자속도이고, 분모에 있는 속도(v_{rel})는 다른 분자에 대한 상대적인 평균속도이다.

분자 사이의 충돌하는 율을 좌우하는 것은 이 상대적인 속도이다. 성질상 $v_{rel} > v$임을 알 수 있다. 서로 마주 향하여 움직이는 2개의 분자속도 v는 $2V(> v)$의 상대적 속도를 가졌고, 충돌 경로에서 직각방향으로 속도 v로 움직이는 2개의 분자는 $\sqrt{2}v(> v)$이고, 같은 방향으로 움직이는 2개의 분자 사이에는 $0(< v)$의 상대속도를 가졌다.

이리하여 반구의 앞쪽 모든 부분에서 오는 분자와 뒤쪽 일부에서 오는 분자는 $v_{rel} > v$인 속도 v_{rel}을 가졌고, 반구의 뒤쪽 나머지에서 오는 분자는 $v_{rel} < v$인 속도 v_{rel}을 가졌으나, 이 수는 적으므로 구의 양면에 걸쳐서 평균하면 $v_{rel} > v$로 된다. 분자의 실제적인 속도분포에 따른 양적 계산에서는 $v_{rel} = \sqrt{2}v$로 된다.

이것을 식 (11.29)에 바꾸어 넣으면 분자의 평균자유행로는 다음과 같이 된다.

$$\bar{l} = \frac{1}{\pi\sqrt{2}nd^2} \tag{11.30}$$

예제 11.5 0℃ 1 기압하에서 공기분자의 평균자유행로의 크기와 충돌횟수를 계산해 보자. 우선 분자의 대표적 지름으로서 2×10^{-8} cm를 쓰자.

풀이 표준 상태에서 평균속력은 약 10^5 cm/s이며, 또 기체는 약 3×10^{19} molecule/cm^{3}의 밀도를 가진다. 평균자유행로는

$$\bar{l} = \frac{1}{\pi\sqrt{2}nd^2} = \frac{1}{\pi\sqrt{2}(3\times10^{19}/\text{cm}^3)(2\times10^{-8})^2} = 2\times10^{-5}$$

이것은 분자지름의 약 1000배에 해당한다.

$$\frac{v}{l} = (1\times10^5\ \text{cm/s})/(2\times10^{-5}\ \text{cm}) = 5\times10^9\ /\text{s}$$

즉, 분자는 매초 50억 회의 충돌을 한다.

11.7 분자속력의 분포

맥스웰(Clerk Maxwell)은 처음으로 무수히 많은 기체분자에서 그 가장 확실성 있는 기체분자 속도분포(distribution of speeds)에 관한 문제를 해결하였다. N개의 분자로 된 기체를 실험재료(sample)로 하면 분자의 속도분포법칙(distribution law of molecular speeds)은 다음과 같다.

$$N(v) = 4\pi N(m/2\pi kT)^{3/2} v^2 e^{-mv^2/2KT} \tag{11.31}$$

이 식에서 $N(v)dv$는 v와 $v+dv$ 사이의 속도를 가진 기체시료에서의 분자수이고, T는 절대온도, k는 볼츠만의 상수, 그리고 m은 분자의 질량이다. 주어진 기체에 관하여 속도분포는 오직 온도에만 의존한다는 것에 주목하여라.

기체시료 내에 있는 분자 전체의 수 N은 0에서 무한대까지의 각각 다른 속도를 가진 수를 함께(즉, 적분)함으로써 얻어진다.

$$N = \int_0^{\infty} N(v)dv \tag{11.32}$$

이때 $N(v)$의 단위는 molecule/(cm/s)이다.

[그림 11.6]은 2개의 다른 온도에서 산소분자에 관한 맥스웰의 속도분포를 나타낸 곡선이다. v_1과 v_2 사이의 속도를 가진 분자수는 v_1, v_2에 그은 두 수선 사이의 곡선 밑의 넓이와 같다. 식 (11.32)에서 보여주는 바와 같이 속도분포곡선 밑의 면적(위의 방정식을 적분한 값)은 이 시료에서의 분자의 총 숫자와 같다.

모든 온도에서 일정한 좁은 속도간격 Δv 내에 들어 있는 분자수는 그들의 속도가 최대 빈도속도(the most probable speed) v_p에 가까워지면 증가하고, 그 후는 점근적으로 0쪽으로 감소된다. 이 분포곡선에서 중앙의 최대 빈도속도의 양쪽이 대칭이 되지 못한 것은 분포의 최저속도가 0이 되지만 분자가 도달할 수 있는 속도의 상한은 확실치 않기 때문이다.

이 경우 평균속도 $\bar{v}$는 최대 빈도값 v_p보다 약간 크고 자승평균 평방근속력 v_{rms}, 즉 속도에 있어서 제곱의 총합이 평균평방근도 v_p보다 다소 크다. 온도가 상승함에 따라 v_{rms}($\bar{v}$와 v_p도 마찬가지)도 증가한다. 그리고 대표적인 속도범위도 커지므로 분포곡선

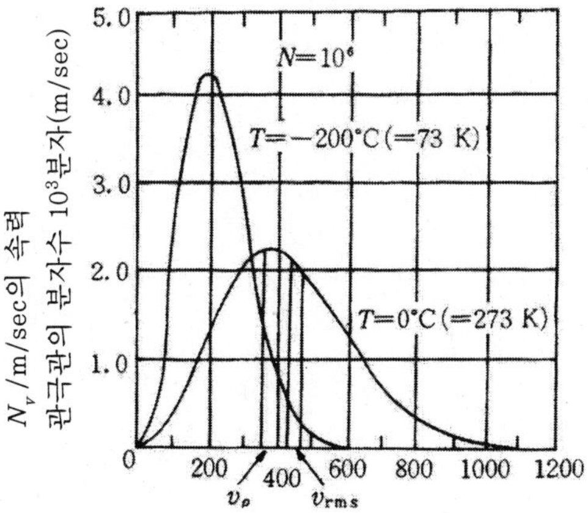

어떤 일정한 속력영역(가령 300 m/s에서 600 m/s 사이)에 있을 분자수는 이 부분에 속하는 곡선 밑의 면적과 같다. 각 곡선 밑의 전 면적은 분자의 총수(10^6)와 같은데, 만일 이 곡선이 일정수의 분자에 관한 것이라면 이 면적은 어떤 온도에서든지 일정하다.
산소는 1기압에서 73K이면, 액체 상태가 되므로 양력은 대기압보다 낮다.

[그림 11.6] 두 온도에 대한 10^6개의 산소분자 속력의 맥스웰 분포

은 넓어진다. 그런데 분포곡선 밑의 면적, 즉 시료분자의 전 수는 동일하므로 이 분포곡선의 모양은 온도상승과 더불어 납작하여진다. 그리고 온도상승에 따라서 주어진 일정한 속도보다 큰 속도를 가진 분자수도 증가한다. 이것은 화학반응이 온도와 더불어 증진되는 것과 같은 많은 현상을 설명한다.

예제 11.6 m/s를 단위로 해서 10개의 입자의 속력이 0, 1.0, 2.0, 3.0, 3.0, 3.0, 4.0, 4.0, 5.0 및 6.0이었다 한다. 이를 입자들의 (1) 평균속력, (2) 자승평균 평방근속력, 그리고 (3) 최빈속력을 구하여라.

풀이 (1) 평균속력은 단순히

$$V=\frac{0+1.0+2.0+3.0+3.0+3.0+4.0+4.0+5.0+6.0}{10}=3.1\ \text{m/s}$$

(2) 자승평균속력은

$$V^2=\frac{0+1.0^2+2.0^2+3.0^2+3.0^2+3.0^2+4.0^2+4.0^2+5.0^2+6.0^2}{10}$$

$$=12.5\ \text{m}^2/\text{s}^2$$

이 되며, 자승평균 평방근속력은

$$v_{\text{rms}}=v_{\text{rms}}=\sqrt{12.5}=3.5\ \text{m/s}$$

(3) 10개의 입자 중에 3개는 3.0 m/s의 속력을 가지고 있고, 2개는 4.0 m/s의 속력을 가지며, 나머지 5개는 모두 서로 다른 속력을 가진다. 따라서 입자의 최빈속력 v_p 는

$$v_p=3.0\ \text{m/s}$$

가 된다.

■ 연습문제 ■

01 정압, 100℃에서 이상기체의 체적팽창계수는?

02 산소 기체가 체적 1.0 l, 40℃, 압력 76 cmHg에서 체적 1.5l, 압력 80 cmHg로 팽창하였다. (a) 이 계의 산소의 양은? (b) 최종 온도는?

03 압력이 1.0×10^{-3} atm, 온도가 200K일 때 1.00 cm^3의 체적 안에 포함되어 있는 기체 분자수를 구하여라.

04 어떤 물질의 상태방정식이 다음과 같다.

$$p = \frac{AT - BT^2}{V}$$

온도가 T_1에서 T_2로 변하는 동안 압력이 $p = p_0$로 일정하게 유지되었다면 이때 이 물질이 한 일을 표시하는 식은?

05 온도 1000K에서 헬륨 원자의 자승평균 평방근속력을 구하여라.

06 (a) 0.0℃와 100℃의 이상기체 입자들의 운동 에너지의 평균값은? (b) 이들 온도에서 이상기체의 mol당 운동 에너지는?

07 (a) 273 K의 이상기체 1 mol의 내부 에너지는? (b) 이것은 압력이나 체적에 관계하는가? 기체의 성질에 관계하는가?

08 이상기체 1 mol이 등온팽창한다. 이 기체에 유입된 열을 처음 체적과 최종 체적, 그리고 온도를 써서 표시하여라.

09 5.0 cal의 열이 어떤 물질에 가하여졌고, 이 결과로 압력이 1.0 atm으로 유지될 때 그 체적이 50~100 cm^3로 변화하였다. (a) 이 물질의 에너지 내부 변화는? (b) 이 물질의 질량이 2.0×10^{-3} mol이라면 정적에서 mole 열용량은? (c) 정압에서 mole 열용량을 구하여라.

10 헬륨 원자의 질량을 6.66×10^{-27} kg이라 하고, 헬륨 기체의 정적비열을 계산하여라.

11 1 mol의 산소가 정압하에서 0.00℃로부터 가열되기 시작한다. 그 체적을 두 배로 하려면 기체에 가하여야 할 에너지는?

12 10 g의 산소를 일정한 대기압하에서 27.0℃~127℃로 가열하였다. (a) 얼마만한 열이 산소 속으로 이동하여 들어가겠는가? (b) 가열한 열량의 몇 %가 산소의 내부 에너지를 올리는 데 이용되겠는가?

13 0℃, 1 atm에서 질소분자의 평균자유행로는 0.8×10^{-5} cm이다. 이 온도와 압력에서 질소 분자가 2.7×10^{19}분자/cm^{3}만큼 존재한다면 분자 직경은?

14 격렬하게 흔들어지고 있는 봉지에 든 15개의 구형 젤리의 평균자유행로는? 단, 봉지의 체적은 1.0 l, 젤리의 직경은 1.0 cm로 하여라.

15 평형온도 T_2에서 어느 기체 분자들의 최빈속력은 이 기체가 T_1의 평형온도를 가질 때 기체 분자들의 자승평균 평방근속력과 같다. T_2/T_1을 구하여라.

12

정 전 기

Static electricity

12.1 전하와 물질

기원 전 600년경 탈레스(Thales ; B.C.640~548)는 마찰된 호박(amber)이 짚의 작은 조각들을 끌어당기는 현상을 관찰하였다. 그 후 여러 가지 실험을 통하여 2개의 물체를 마찰하면 그 물체들은 부근의 가벼운 물체를 끌어당긴다는 일반적인 성질을 알게 되었다. 이와 같이 힘의 원인이 되는 것을 전기(electricity)라 한다. 물체가 전기를 띤 것을 대전(electrification)되었다고 하며, 대전된 물체를 대전체라 한다. 마찰에 의하여 생긴 전기를 마찰전기(frictional electricity)라 한다.

대전된 물체가 가지고 있는 전기량을 전하(electric charge)라 한다. 유리막대를 명주로 마찰할 때 유리막대에 생긴 전하를 양전하, 명주에 하전된 전하를 음전하라고 정한다. 이때 같은 양의 양전하와 음전하가 유리와 막대에 대전된다. 전하에는 양과 음 두 종류가 있으며, 같은 종류의 전하 사이에는 반발력이 작용하고 다른 종류의 전하 사이에는 흡인력이 작용한다. 이것은 두 물질을 마찰하면 음전하를 가진 입자가 한쪽 물체에서 다른 쪽 물체로 이동하기 때문에 입자를 받은 물체는 음으로 대전되고 잃은 물체는 양전하가 많아져서 양으로 대전되기 때문이다.

모든 물질은 무수한 분자(molecule)들의 집합으로 이루어졌으며, 분자는 몇 개의 원자(atom)들로 구성되고, 원자의 중심에는 원자핵(atomic nucleus)이 있고, 그 주위를 몇 개의 전자(electron)들이 돌고 있다.

또 원자핵은 몇 개의 양자(proton)와 중성자(neutron)로 구성되어 있으며, 이들 전자, 양자, 중성자를 소립자라 하며, 이들은 〈표 12.1〉과 같은 전하량과 질량을 갖고 있다.

〈표 12.1〉 각 입자의 질량과 전하량

입 자	질 량(kg)	전하량(coul)
양 자(proton)	1.672×10^{-27}	$+e$
중성자(neutron)	1.674×10^{-27}	0
전 자(electron)	9.11×10^{-31}	$-e$

(단, 전기소량 $e = 1.602 \times 10^{-19}$ coul)

12.2 정전유도

물질을 전기적으로 관찰하면 물체 속에는 양전하를 가진 입자와 음전하를 가진 입자가 같은 양이 들어 있다고 생각된다. 그러므로 물체는 전기적으로 중성이다.

이와 같이 전기적으로 중성인 도체에 [그림 12.1]과 같이 대전체 B를 도체 A에 접근시키면 도체 속의 대전입자들과 대전체 사이에 전기력이 작용하여 입자들은 한쪽에서 다른 쪽으로 밀려가거나 끌려오게 되는 것이다. 이와 같이 도체에 대전체를 접근시키면 대전체에 가까운 도체 표면에는 다른 종류의 전하, 먼 쪽의 도체 표면에는 같은 종류의 전하가 나타난다. 이 현상을 정전유도(electro static induction)라 한다.

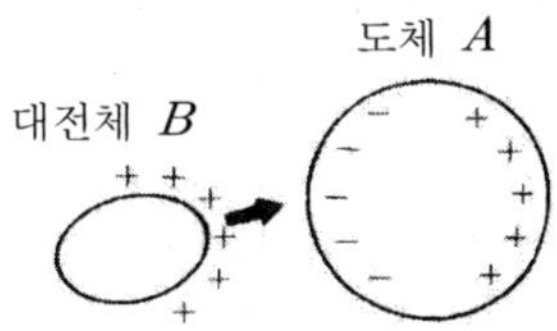

[그림 12.1]

예를 들면 음으로 대전된 유리막대를 도체 가까이 가져가면 음의 유리막대는 도체의 양전하 입자를 끌어당기고 음전하 입자는 밀어낸다. 이와 같은 정전유도 현상이 일어나기 위하여서는 도체 속에 반드시 양과 음으로 대전된 입자 중 하나는 자유로이 움직일 수 있어야 한다. 실제로 도체에는 전자의 일부가 자유로이 이동할 수 있는 많은 자유전자(free electron)가 있음을 알고 있다.

12.3 전기에 관한 쿨롱의 법칙

쿨롱(Coulomb ; 1736~1806)은 캐번디시(Cavendish)가 중력측정에 사용한 토션 밸런스(torsion balance)형의 기구를 이용하여 1875년에 두 대전체 사이에 작용하는 힘에 대하여 다음과 같은 법칙을 발견하였다.

"두 점전하 q_1, q_2 사이에 작용하는 전기력 F는 두 전하를 잇는 직선방향으로 작용하며, 그 크기는 두 전하 사이의 거리에 제곱에 반비례하고, 두 전하량의 상승적에 비례한다."

식으로는

$$F = K\frac{q_1 q_2}{r^2} \tag{12.1}$$

로 되며, 이것을 쿨롱의 법칙이라 한다. 여기서 K는 비례상수로 전하 주위의 매질과 사용하는 단위에 따라 결정되는 상수이다. 실제로 진공 중에 있는 두 점전하 간에 작용하는 전기력을 MKSA 단위계로 나타낼 때 K의 측정값은

$$K = 8.99 \times 10^9\ \mathrm{Nm^2/C^2} \tag{12.2}$$

이고, $K = 1/4\pi\epsilon_0$로 놓으면

$$K = 8.99 \times 10^9 = \frac{1}{4\pi\epsilon_0}\ \mathrm{Nm^2/C^2} \tag{12.3}$$

이 되며, 쿨롱의 법칙은

$$F = \frac{1}{4\pi\epsilon_0}\frac{q_1 q_2}{r^2} = 8.99 \times 10^9 \frac{q_1 q_2}{r^2}\ \mathrm{N} \tag{12.4}$$

로 표시된다.

전하량의 단위로는 쿨롱(coulomb ; C)을 사용하는데, 이것은 진공 중에서 2개의 같은 전하량을 1 m 떼어 놓았을 때 작용하는 힘의 크기가 8.987×10^9 N이 되는 전하량을 단위로 1 C이라 정의한다. 식 (12.4)에서 ϵ_0는 자유공간(진공)의 유전율이며, $\epsilon_0 = 1/4\pi K \fallingdotseq 8.854 \times 10^{-12}$ F/m의 값을 가진다.

예제 12.1 철의 핵 내의 두 양성자 사이에 작용하는 쿨롱 반발력은 얼마인가? (단, 두 양성자는 4.0×10^{-15} m 떨어져 있다.)

풀이 쿨롱의 법칙

$F = \frac{1}{4\pi\epsilon_0}\frac{q_1 q_2}{r^2}$ 으로부터

$$F = \frac{(9.0 \times 10^9\ \mathrm{Nm^2/C^2})(1.6 \times 10^{-19}\ \mathrm{C})^2}{(4.0 \times 10^{-15}\ \mathrm{m})^2} = 14\ \mathrm{N}$$

강력히 잡아당기는 핵력은 이 대단히 큰 반발력을 보상하고도 남음이 있어야 한다. 이 예제는 핵 결합력이 원자결합력보다 훨씬 강함을 보여준다.

예제 12.2 수소원자에서 전자와 양성자 사이의 거리는 약 5.3×10^{-11} m이다.

(1) 전기력의 크기는 얼마인가?

(2) 두 입자 사이의 중력은 얼마인가?

(3) 두 입자 사이의 전기력과 중력을 비교하여라.

풀이 (1) 쿨롱의 법칙으로부터

$$F=\frac{1}{4\pi\epsilon_0}\frac{q_1q_2}{r^2}=\frac{(9.0\times 10^9\ \mathrm{Nm^2/C^2})(1.6\times 10^{-19}\ \mathrm{C})^2}{(5.3\times 10^{-11}\ \mathrm{m})^2}=8.2\times 10^{-8}\ \mathrm{N}$$

(2) 만유인력의 법칙으로부터

$$F_g=G\frac{m_1m_2}{r^2}=\frac{(6.7\times 10^{-11}\ \mathrm{Nm^2/kg^2})\ (9.1\times 10^{-31}\ \mathrm{kg})\ (1.7\times 10^{-27}\ \mathrm{kg})}{(5.3\times 10^{-11}\ \mathrm{m})^2}$$

$$=3.7\times 10^{-47}\ \mathrm{N}$$

(3) $\frac{F_e}{F_g}=\frac{8.2\times 10^{-8}\ \mathrm{N}}{3.7\times 10^{-47}\ \mathrm{N}}=2.2\times 10^{39}$

예제 12.3 동전의 질량은 3.1 g이다. 전기적으로 중성이므로 같은 양의 양전하와 음전하를 갖고 있다. 이들 전하의 크기는 얼마인가? (단, 구리원자는 4.6×10^{-18} C 의 음의 전자전하를 갖고 있다고 한다.)

풀이 동전 속의 구리원자의 수 N은 다음의 비로 알 수 있다.

$$\frac{N}{N_A}=\frac{m}{M}$$

여기서 N_A는 아보가드로수, m은 동전의 질량, M은 구리의 원자량이다. N에 대하여 계산하면

$$N=\frac{(6.0\times 10^{23}\ \text{원자/mol})(3.1\ \mathrm{g})}{64\ \mathrm{g/mol}}=2.9\times 10^{22}\ \text{원자}$$

전하 q는

$$q=(4.6\times 10^{-18}\mathrm{C}/\text{원자})\,(2.9\times 10^{22}\text{원자})=1.3\times 10^{5}\ \mathrm{C}$$

12.4 전장과 전기력선

대전체 가까이에 있는 시험전하 q_0는 대전체와 접촉되어 있지 않아도 쿨롱의 법칙에 의한 전기적인 힘을 받는다. 그러므로 대전체 주위에는 전기력이 작용하는 공간이 있다고 생각되며, 이 공간을 전장 또는 전계라 한다. 전기력이 작용하는 공간은 엄밀한 의미로 보면 무한원까지이다.

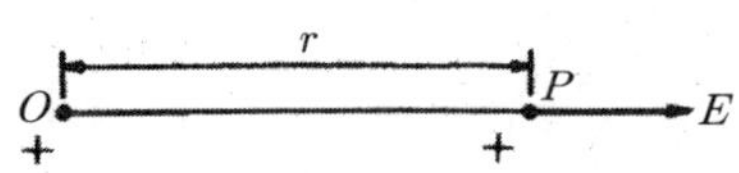

[그림 12.2]

일반직으로 전장 내의 한 점에 시험전하 q_0[C]의 전하를 놓았을 경우 이것에 작용하는 힘은 시험전하 q_0의 크기에 비례한다. 그 비는

$$\mathbf{E} = \frac{\mathbf{F}}{q_0} \text{ [V/m]} \tag{12.5}$$

이다. 이때 벡터량 E는 q_0에 관계없이 그 점의 전장의 성질을 나타내는 양으로 전장의 세기(electric field intensity)라 한다. 전장의 세기 단위는 [N/C]이나 [V/m]를 많이 사용한다.

식 (12.5)에서 전장의 세기는 전장 내의 한 점에 단위 양전하를 놓았을 때 작용하는 전기력이 그 점의 전장의 세기라 정의한다. [그림 12.2]에서 점 P의 전장 E는 쿨롱의 법칙에 의하여

$$E = \frac{1}{4\pi\epsilon_0}\frac{q}{r^2} \tag{12.6}$$

이고, 그 전장의 방향은 OP의 방향이다.

전장 내에 작은 시험전하를 놓았을 때 전장에 의하여 힘을 받아 운동하여 나가는 경로를 따라 선을 그으면 곡선이 된다. 이 곡선을 전기력선(line of electric force)이라 한다.

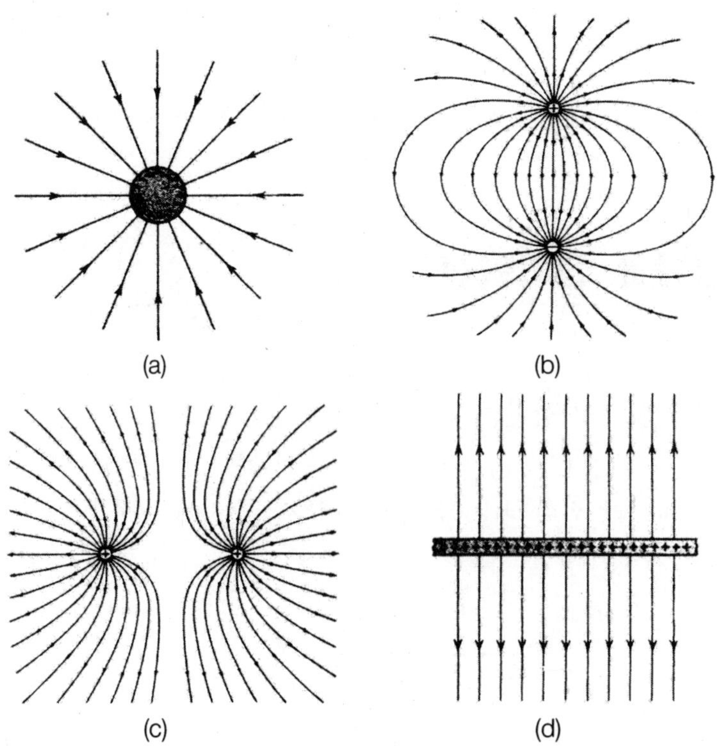

[그림 12.3]

전기력선에 대하여 다음과 같이 규약하기로 한다.

① 전기력선은 양전하에서 시작하여 음전하로 들어간다.

② 전기력선은 도중에서 교차하지 않는다.

③ 단위면적당의 전기력선의 수는 그 영역에서의 전장의 세기에 비례하도록 그린다.

④ 전장의 세기가 E[V/m]인 전기력과 수직인 단위단면을 관통하는 전기력선의 수는 E[개/m^2]이다.

[그림 12.3]은 여러 가지 전하분포에 의한 전기력선의 모양을 나타낸 것이다.

예제 12.4 [그림 12.4]는 3개의 전하 q_1, q_2 및 q_3를 표시한다. q_1에 작용하는 전기력은 얼마인가? 단, $q_1 = -1.0\times10^{-6}$ C, $q_2 = +3.0\times10^{-6}$ C, $q_3 = -2.0\times10^{-6}$ C, $r_{12} = 15$ cm, $r_{13} = 10$ cm 및 $\theta = 30°$라 한다.

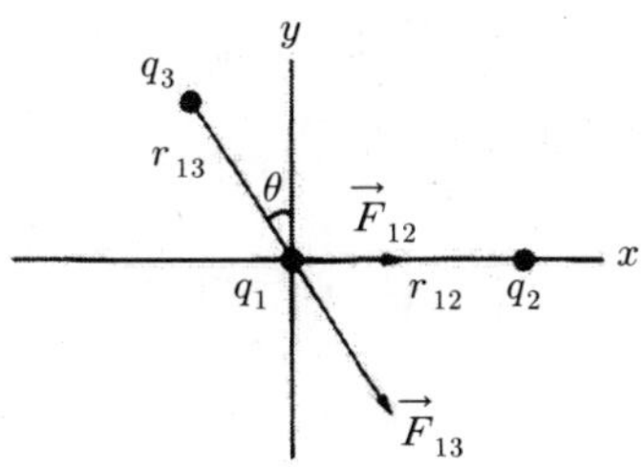

[그림 12.4]

풀이 전하의 부호는 관계하지 않고 힘의 크기만을 계산하면 쿨롱의 법칙으로부터

$$F_{12} = \frac{1}{4\pi\epsilon_0}\frac{q_1q_2}{r_{12}^2} = \frac{(9.0\times10^9\,\mathrm{Nm^2/C^2})(1.0\times10^{-6}\,\mathrm{C})(3\times10^{-6}\,\mathrm{C})}{(1.5\times10^{-1}\,\mathrm{m})^2} = 1.2\,\mathrm{N}$$

$$F_{13} = \frac{(9.0\times10^9\,\mathrm{Nm^2/C^2})(1.0\times10^{-6}\,\mathrm{C})(2\times10^{-6}\,\mathrm{C})}{(1.0\times10^{-1}\,\mathrm{m})^2} = 1.8\,\mathrm{N}$$

전하의 부호를 생각하면 q_1과 q_3 사이는 반발력, q_1과 q_2 사이에는 흡인력이 작용한다. 따라서 q_1에 작용하는 전기력 F는 F_{12}와 F_{13}의 합력과 같다.

합력 $\vec{F}$의 x, y의 성분은

$$F_x = F_{12x} + F_{13x} = 1.2\,\mathrm{N} + (1.8\,\mathrm{N})(\cos60°) = 2.1\,\mathrm{N}$$

$$F_y = F_{12y} + F_{13y} = 0 - (1.8\,\mathrm{N})(\sin60°) = -1.6\,\mathrm{N}$$

그러므로 전기력의 크기는

$$F = \sqrt{2.1^2 + (-1.6)^2} = 2.6\,\mathrm{N}$$

이며 x축과 이루는 각은

$$\tan\theta = \frac{-1.6}{2.1}, \quad \theta = -37°$$

이다.

예제 12.5 전하 1.6×10^{-19} C인 양성자로부터 5.3×10^{-11} m 떨어진 곳의 전장의 세기를 구하여라.

풀이 $E=\dfrac{1}{4\pi\epsilon_0}\dfrac{q}{r^2}=\dfrac{(9\times10^9\,\mathrm{Nm^2/C^2})(1.6\times10^{-19}\,\mathrm{C})}{(5.3\times10^{-11}\,\mathrm{m})^2}=4.7\times10^{11}\,\mathrm{N/C}$

12.5 가우스의 법칙

가우스(Gauss)의 법칙은 임의의 가상적인 폐곡면을 관통하여 나가는 선속과 그 폐곡면으로 둘러싸인 전하 q와의 관계를 나타내는 법칙이다. [그림 12.5]에서 전하 q[C]으로부터 반지름 r[m]인 구면을 통과해 나가는 전기력선 수 ϕ를 구하여 보자. 반지름 r인 구면 위의 전장은 $E=\dfrac{1}{4\pi\epsilon_0}\dfrac{q}{r^2}$이고, 전기력선 밀도는 규약에 의하여 E[개/m^2]이다. 구면의 면적을 A라 하면 구면을 관통하는 전기력선 총수 ϕ는

$$\phi=\mathbf{E}\cdot\mathbf{A}=\frac{q}{4\pi\epsilon_0 r^2}4\pi r^2=\frac{q}{\epsilon_0}\ [\text{개}] \tag{12.7}$$

이다.

[그림 12.6]과 같이 전하 $+q$을 둘러싸고 있는 폐곡면 A를 통과해 나가는 총 전기력선 수는

$$\phi=\int_A EdA\cos\theta=\int_A \mathrm{E}n\cdot d\mathrm{A}=\int_A E_n\,dA=\frac{q}{\epsilon_0}$$

이다.

여기서 n은 dA면의 외향법선의 단위 벡터이며, E_n은 E의 dA면에 수직한 외향성분이다.

일반적으로 폐곡면 A를 관통하여 나가는 전기력선 총수는 그 곡면으로 둘러싸인 전 전하의 $1/\epsilon_0$배와 같다.

$$\phi=\int_A En\,dA=\int_A E_n dA=\frac{1}{\epsilon_0}\sum\cdot q_i \tag{12.8}$$

이다. 이것을 가우스의 법칙이라 한다.

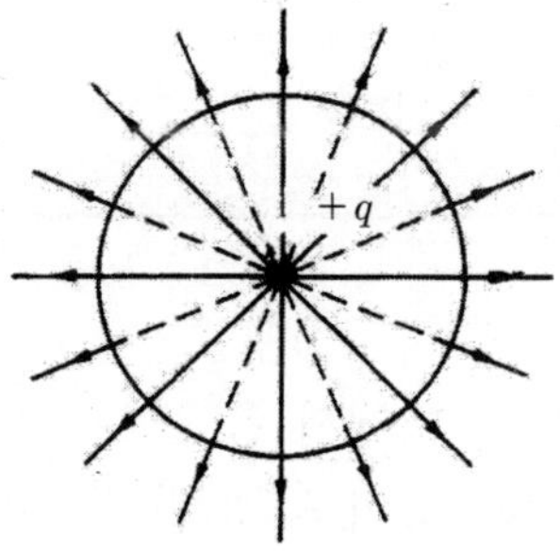

[그림 12.5]

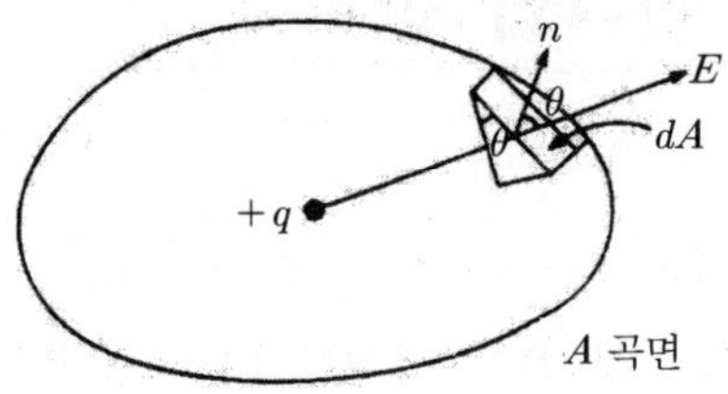

[그림 12.6]

예제 12.6 전하의 선전하밀도가 $+\lambda$인 무한직선 도선에서 y의 거리에 있는 점의 전기장을 구하여라.

풀이 [그림 12.7]과 같이 적절한 가우스의 표면을 선정하여야 한다. 가우스의 적분은 이 원주의 길이를 l, 반경을 y라 하면 가우스 표면으로 둘러싸인 전하는 $q=\lambda l$이 된다.

$$\oint \mathrm{E}\cdot d\mathrm{A}=\int_{원통}\mathrm{E}\cdot d\mathrm{A}+\int_{양단면}\mathrm{E}\cdot d\mathrm{A}$$

그런데 양쪽 단면에서

$$\mathrm{E}\cdot d\mathrm{A}=0 \text{이므로} \int_{양단면}\mathrm{E}\cdot d\mathrm{A}=0$$

이 되며, 원통면에서는 E와 dA는 평행이고 이 표면의 어디에서나 E의 값은 균일하므로

$$\int_{원통}\mathrm{E}\cdot d\mathrm{A}=E2\pi yl$$

원통 안의 전하는 $q=\lambda l$이므로

$$\oint \mathrm{E}\cdot d\mathrm{A}=\frac{q}{\epsilon_0}$$

그러므로

$$E=\frac{1}{2\pi\epsilon_0}\frac{\lambda}{y}$$

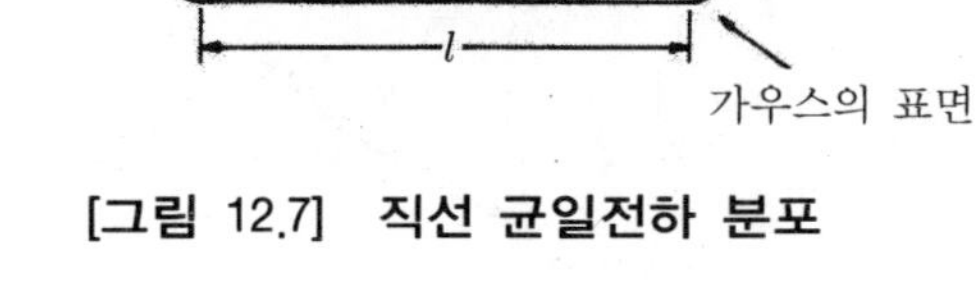

[그림 12.7] 직선 균일전하 분포

12.6 전위와 전위차

전하는 전장에 의하여 힘을 받고 있다. 전하가 전장 내에서 움직이는 것은 전장이 전하에 일을 하는 것이다. 이것은 마치 중력장에서 높은 곳의 물체가 낙하할 때 중력장이 물체에 일을 하여 주는 것과 비교할 수 있다. [그림 12.8]과 같이 전장 E에서 시험전하 q_0를 작은 변위 dS만큼 옮기는데, 외력이 하는 일 dW는

$$dW = FdS\cos\theta = q_0 EdS \tag{12.9}$$

이다. 따라서 시험전하 q_0를 A점으로부터 B까지 옮기는 데 전장이 하는 일 W는 식 (12.9)에서

$$W_{AB} = \int_A^B q_0 \mathrm{E}\, d\mathrm{S} \tag{12.10}$$

이다. 시험전하 q_0를 1 [C]이라 놓으면 식 (12.10)은

$$\frac{W_{AB}}{q_0} = \int_A^B \mathrm{E} \cdot d\mathrm{S}$$

가 된다. 여기서 A점과 B점 사이의 전위차를 다음과 같이 정의한다.

"단위 양전하[+1(C)]를 전장 내의 A점으로부터 B점까지 옮기는 데 필요한 일을 A, B 사이의 전위차라 정의한다." 또 전장 내의 임의의 점 P의 전위는 무한원점에 대한 그 점과의 전위차로 그 점의 전위라 생각할 수 있다. A점과 B점의 전위를 각각 V_A, V_B라 하면 A, B점 사이의 전위차 V_{BA}는

$$V_{BA} = V_B - V_A = -\int_A^B \mathrm{E} \cdot d\mathrm{S} \tag{12.11}$$

로 표시된다. 즉 전위차는 전위가 높은 A점으로부터 낮은 B점까지 전장의 세기 E를 선적분한 것이다.

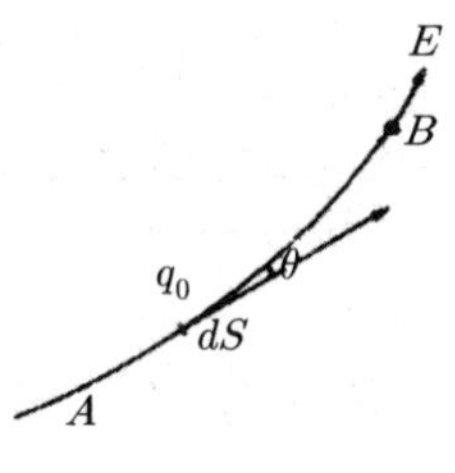

[그림 12.8]

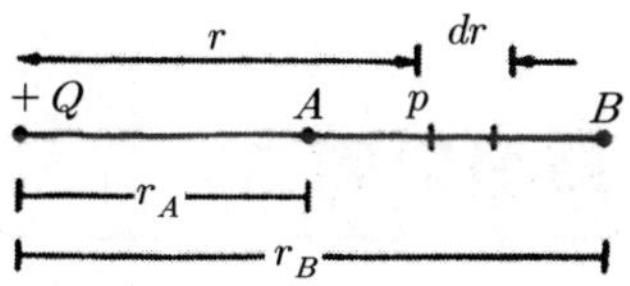

[그림 12.9]

예를 들면 점전하 Q[C]에 의한 A, B점 사이의 전위차를 구하여 보면 P점의 전장은

$$E=\frac{1}{4\pi\epsilon_0}\frac{Q}{r^2}\ [\mathrm{V/m}]$$

A, B점 전위차

$$V_{BA}=V_B-V_A=-\int_A^B E\cdot dS=-\int_A^B E\cos\theta dS$$

$$=-\frac{Q}{4\pi\epsilon_0}\int_{r_A}^{r_B}\frac{dS}{r^2}\quad (E\text{와 } dS \text{ 사이각은 0이고, } dS=dr\text{이므로})$$

$$=\frac{Q}{4\pi\epsilon_0}\left(\frac{1}{r_B}-\frac{1}{r_A}\right) \tag{12.12}$$

이 된다.

예제 12.7 [그림 12.10]과 같은 정방형의 중심 P에서의 전위는 얼마인가? 단, $q_1=1.0\times10^{-8}$ C, $q_2=-2.0\times10^{-8}$ C, $q_3=+3.0\times10^{-8}$ C, $q_4=+2.0\times10^{-8}$ C 및 $a=1.0$ m

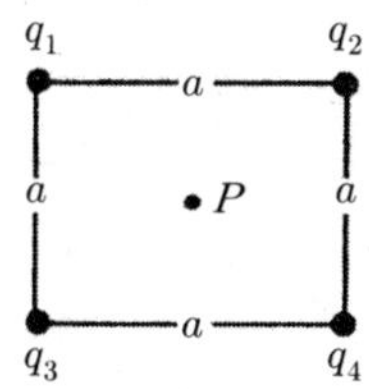

[그림 12.10]

풀이 P점에서 각 전하에 이르는 거리 r은 $a/\sqrt{2}$, 즉 0.71 m이다. 따라서

$$V=\sum_{i=1}^{n}V_i=\frac{1}{4\pi\epsilon_0}\frac{q_1+q_2+q_3+q_4}{r}$$

$$V=\frac{(9.0\times10^9\ \mathrm{Nm^2/C^2})(1.0-2.0+3.0+2.0)\times10^{-8}\ \mathrm{C}}{0.71\ \mathrm{m}}=510\ \mathrm{V}$$

12.7 대전도체와 등전위면

점전하 $+Q$[C]로부터 r[m] 떨어진 점들의 전위는 $V = Q/4\pi\epsilon_0 r$이며 모두 같다. 즉, 점전하를 중심으로 같은 구면상의 모든 점들의 전위는 같다. 전위가 같은 점들로 이루어진 면을 등전위면(equipotential surface)이라 한다.

대전 상태에 있는 도체에는 다음과 같은 성질이 있다.

① 도체 내부에는 전하가 존재하지 않으며 그 전장은 0이다.

② 도체의 표면은 등전위면이다.

③ 도체표면 위의 전장은 면에 대하여 수직이다.

④ 도체표면의 전하밀도를 σ c/m^{2}라 하면 표면의 전장은 $E = \dfrac{\sigma}{\epsilon_0}$ [V/m]이다.

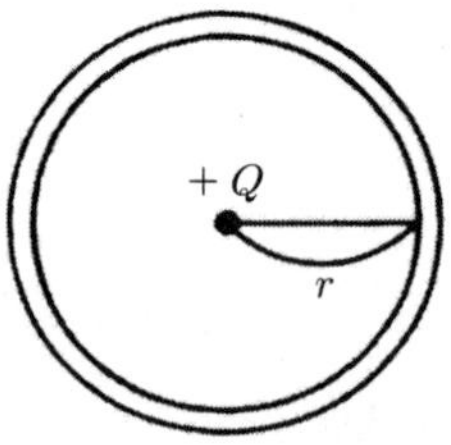

[그림 12.11]

■ 연습문제 ■

01 5.0×10^{-10} m 떨어진 2개의 같은 이온 사이에 작용하는 정전기력이 3.7×10^{-9} N이다. (a) 각 이온의 전하는? (b) 각 이온에서 전자는 몇 개 떨어져 나갔는가?

02 어떤 전하 Q가 q와 $Q-q$의 두 부분으로 나누어져 있다. 주어진 거리만큼 떨어져 있는 이 두 전하 사이의 쿨롱 반발력이 최대가 되려면 Q와 q 사이의 관계는?

03 우주선 중의 양성자가 지구 전 표면에 대하여 평균 1500 양자/$\text{m}^2\cdot\text{s}$율로 지구의 상층권에 입사한다. 지구가 대기권 밖으로부터 입사 우주선의 형태로 이 양성자에서 받는 총 전류는? 지구의 반경은 6.4×10^6 m로 하여라.

04 전하 Q가 정사각형의 맞꼭지점에 놓여 있고, 다른 맞꼭지점에는 전하 q가 놓여 있다. (a) Q에 작용하는 전기적 합력이 0이면 Q와 q 사이에는 어떤 관계가 있겠는가? (b) 각 전하에서 합력이 0이 되도록 q를 선택할 수 있는가를 설명하여라.

05 한 전자가 정지 상태에 있는 양성자를 향하여 똑바로 초속 3.2×10^5 m/s로 투사되었다. 만약, 최초에 전자가 양성자와 아주 멀리 떨어져 있었다면 전자의 속력이 초속의 두 배가 되는 양성자로부터의 거리는? (힌트 : 일-에너지 정리를 사용하여라)

06 헬륨 원자핵인 α입자는 질량이 6.7×10^{-27} kg이고, 전하는 $+2e$이다. 이 무게와 균형을 이룰 수 있는 전기장의 방향과 크기는?

07 3개의 전하가 [그림 12.12]에서처럼 정삼각형으로 배열되어 있다. 힘의 방향과 동일한 역선을 고려하고, 다른 두 전하가 존재하기 때문에 $+q$에 작용하는 힘의 방향을 구하여라.

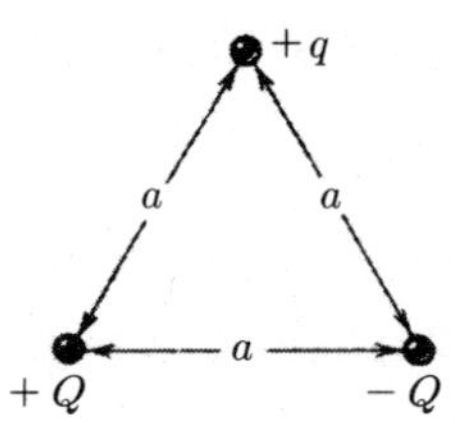

[그림 12.12]

08 두 전하 $q_1(=2.1\times10^{-8}\text{ C})$과 $q_2(=-4q_1)$가 거리 50 cm 떨어져 있다. 이 두 전하를 연결하는 선상에서 전기장이 0이 되는 위치를 구하여라.

09 [그림 12.13]의 점 P에서 E(방향과 크기)를 계산하여라.

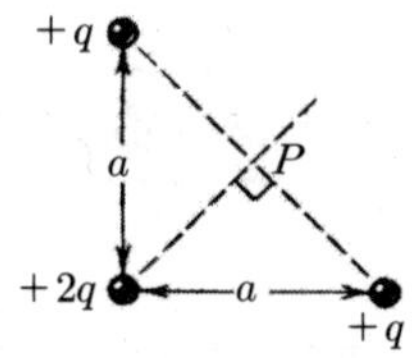

[그림 12.13]

10 5.0×10^8 cm/s의 속력으로 움직이는 전자가 이 운동을 방해하는 방향으로 걸린 1.0×10^3 N/C의 전기장에 평행한 방향으로 입사되었다. (a) 이 전자가 전기장 내에서(일시적으로) 정지할 때까지 얼마나 움직이겠는가? (b) 시간은 얼마나 걸리겠는가? (c) 만일, 전기장이 0.8 cm 뒤에는 갑자기 없어진다고 하면 전자가 진행하는 동안 잃은 에너지는 처음 운동 에너지의 몇 분의 몇이 되는가?

11 반경이 R인 반구에 대하여 Φ_E를 계산하여라. 전기장 E는 균일하고 반구의 축과 평행하다.

12 지구 표면 근처의 전기장의 세기는 아래쪽 방향으로 ~130 N/C이다. 이 장이 생긴 원인이라고 생각되는 지구의 순전하는?

13 반경 25 cm의 벽이 얇은 금속구에 2×10^{-7} C의 전하가 대전되어 있다. 다음 점에서 E를 구하여라. (a) 구의 내점, (b) 구의 바로 외점, (c) 구의 중심에서 3.0 m 떨어진 점

14 2개의 동심도체구곡의 반경은 $R_1=0.145$ m이고, $R_2=0.207$ m이다. 내부구에는 -6.0×10^{-6} C의 전하가 대전되어 있다. 거의 무시할 수 있는 속력으로 내부구로부터 전자가 탈출한다. 구 사이가 진공이라고 가정하고 외부구로부터 때리는 속력을 계산하여라.

15 2.0 m 떨어진 곳에서 4.5×10^4 N/C의 장을 만드는 긴 무한전하가 있다. 선전하밀도를 계산하여라.

16 전형적인 번갯불의 방전점들 사이의 전위차는 약 10^9 V이고, 전하량은 약 30 C이 이동된다. 만약, 방출되는 총 에너지를 0℃의 얼음을 녹이는 데에만 사용한다면 얼마나 많이 녹일 것인가? 얼음의 융해열은 3.3×10^5 J/kg이다.

17 무한히 큰 대전판이 전하밀도 σ인 0.10 μC/m^{2}를 가지고 있다. 전위차가 50 V 되는 등전위면 사이의 간격은?

18 $q=+1.0$ μC의 점전하가 있다. [그림 12.14 (a)]와 같이 q에서 2.0 m 떨어져 있는 점 A와 이와 정반대 방향으로 1.0 m 떨어져 있는 점 B를 생각하여라. (a) 전위차 V_A-V_B

는? (b) 점 A와 B가 [그림 12.14 (b)]와 같이 되었다 하고 전위차를 구하여라.

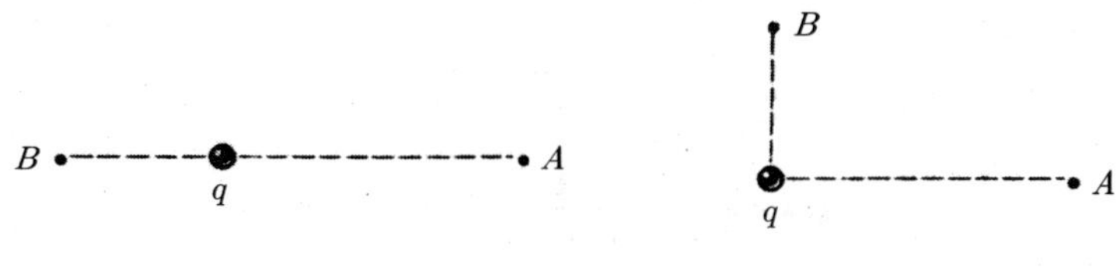

[그림 12.14]

19 10^{-8} C의 전하를 간단히 마찰로서 얻을 수 있다. 이런 전하는 반경 10 cm의 절연도체 구에 얼마나 높은 전위를 줄 수 있겠는가?

20 두 전자가 2.0 cm 떨어져서 고정되어 있다. 다른 전자가 무한대에서 발사되어 그들 사이의 중앙에 와서 멈추었다. 초속도는?

21 (a) [그림 12.15]에서 $V_A - V_B$에 대한 식을 유도하여라. (b) 이 결과가 $d=0$일 때 예상한 값과 일치하는가? 또, $a=0$일 때, $q=0$일 때에는 어떻게 되겠는가?

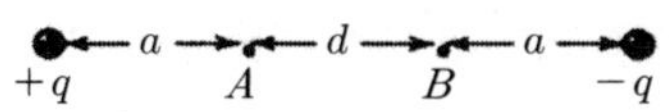

[그림 12.15]

22 [그림 12.16]에 제시된 것처럼 4개의 전하를 놓는 데 필요한 일에 대한 식을 유도하여라.

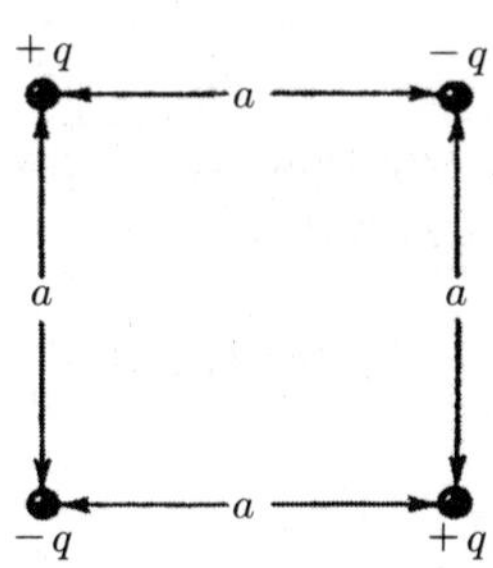

[그림 12.16]

23 [그림 12.17]에서와 같이 2개의 전하 $q(=+2.0\ \mu C)$가 거리 $d(=2.0\ cm)$만큼 떨어진 곳에 고정되어 있다. (a) 점 C에서 전위를 구하여라. (b) 무한히 먼 곳에서 C까지 아주 천천히 세 번째 전하 $q(=+2.0\mu C)$를 가져온다. 이때 필요한 일은? (c) 세 번째 전하가 이 위치에 왔을 때 이 배치의 위치 에너지 U를 구하여라.

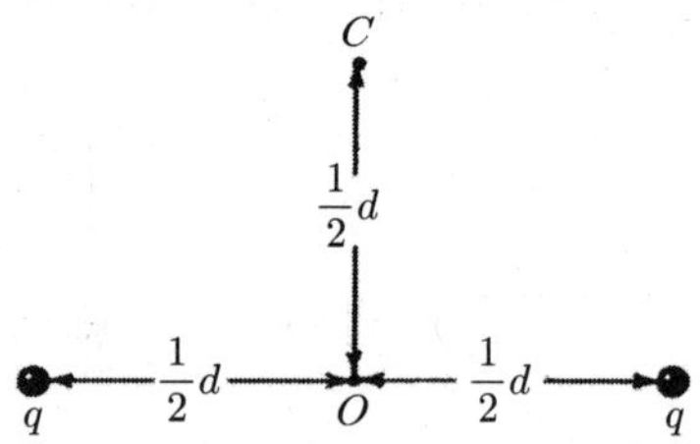

[그림 12.17]

24 (양)전하 Q의 입자가 P점에 고정되어 있으며, 음전하 $-q$와 질량 m의 두 번째 입자가 P를 중심으로 반경 r_1의 등속원운동을 하고 있다. 원운동의 반경을 P를 중심으로 r_2로 증가시키기 위해서 두 번째 입자에 외부 요인에 의하여 주어야 할 일 W를 표시하는 식을 유도하여라.

25 전위가 200 V인 반경 15 cm 도체구의 전하표면밀도 σ는?

26 어떤 평행판 축전기가 전기용량 100 pF, 100 cm^2의 판면적, 그리고 유전체로서 운모 ($\kappa = 5.4$)를 가지고 있다. 전위차 50 V에서 (a) 운모 속의 E, (b) 관의 자유전하의 크기, 그리고 (c) 유도된 표면전하의 크기를 계산하여라.

27 회로 AB(그림 12.18 참조)의 단면이 일률 50 W를 흡수하고, 그림에서 주어진 방향으로 전류 $i = 1.0$ A가 흐른다. (a) A와 B 사이의 전위차는? (b) 만일, 요소 C가 내부저항이 없다면 C의 기전력은? (c) C의 극성은?

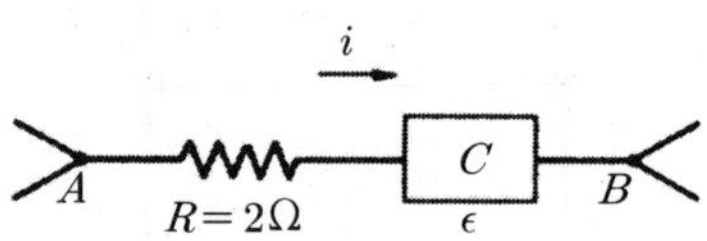

[그림 12.18]

13

정전용량과 유전체

Electro-static capacity and Dielectric

13.1 정전용량

따로 떨어져 있는 두 도체 사이에 전지를 연결하여 $+Q$[C], $-Q$[C]의 같은 전하량을 주면 두 도체 사이에는 전위차가 생긴다. 이때 전위차 V는 전하량 Q에 비례한다.

$$Q = CV, \quad C = \frac{Q}{V} \tag{13.1}$$

Q와 V의 비를 두 도체의 정전용량(electrostatic capacity)이라 한다. 정전용량의 단위는 패럿(farad)이며 약자로 F를 사용하는데 1F는 매우 크므로 다음의 단위를 사용한다.

$$1\,\mu\text{F} = 10^{-6}\,\text{F}, \quad 1\,\text{pF} = 10^{-12}\,\text{F}$$

1개의 고립된 도체에 $+Q$[C]의 전하를 대전시켰을 때 전위를 V라 하면 고립된 도체의 정전용량은 앞에서 말한 두 도체의 정전용량과 같이 $+Q$[C]에 대하여 $-Q$[C]이 무한원에 있다고 생각할 수 있으므로

$$C = \frac{Q}{V} \tag{13.2}$$

로 표시된다. C는 전하를 저축할 수 있는 능력을 나타내는 값으로 독립도체의 정전용량이라 한다.

예제 13.1 공기가 충만한 축전기의 평행판 사이의 간격이 1.0 mm로 일정하다. 용량이 1.0 F가 되려면 판의 면적은 얼마인가?

풀이 $A = \dfrac{dC}{\epsilon_0} = \dfrac{(1.0\times10^{-3}\,\text{m})(1.0\,\text{F})}{8.9\times10^{-12}\,\text{C}^2/\text{Nm}^2} = 1.1\times10^{8}\,\text{m}^2$

13.2 축전기의 연결

두 도체 사이에 같은 양의 서로 다른 부호의 전하를 축적하도록 만들어진 전기장치를 축전기(condenser) 또는 커패시터(capacitor)라 한다.

▌축전기의 직렬연결

정전용량이 C_1, C_2, …, C_n인 축전기를 [그림 13.1]과 같이 직렬로 연결하고, 전압 V를 주면 정전유도 때문에 각 축전기의 양극판에는 $\pm Q$의 전하가 모이게 된다.

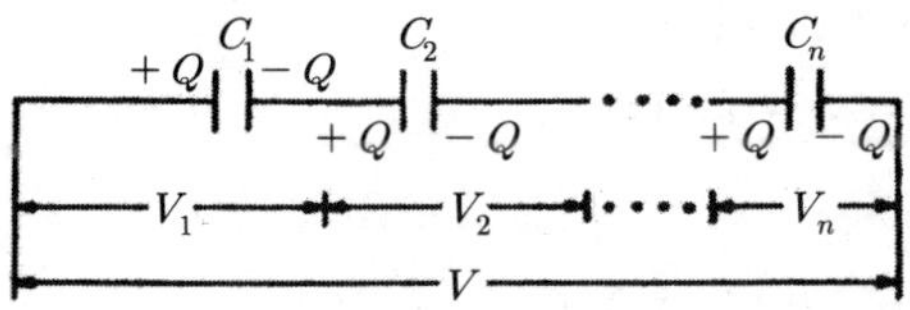

[그림 13.1]

이때 전압 V는

$$V = V_1 + V_2 + \cdots\cdots + V_n \tag{13.3}$$

이고, 각 축전기의 단자전압은

$$V_1 = \frac{Q}{C_1},\quad V_2 = \frac{Q}{C_2},\ \cdots\cdots,\ V_n = \frac{Q}{C_n} \tag{13.4}$$

식 (13.4)를 (13.3)에 대입하면

$$V = \left(\frac{1}{C_1} + \frac{1}{C_2} + \cdots\cdots + \frac{1}{C_n}\right)Q$$

이다. 합성정전용량 C는

$$\frac{1}{C} = \frac{1}{C_1} + \frac{1}{C_2} + \cdots\cdots + \frac{1}{C_n} = \Sigma\frac{1}{C_l} \tag{13.5}$$

로 표시된다.

▌병렬연결

정전용량이 C_1, C_2, ……, C_n인 축전기를 [그림 13.2]와 같이 병렬로 연결하고, 전압 V를 걸어주면 각 축전기의 극판에 $\pm Q_1$, $\pm Q_2$, …… $\pm Q_n$이 모이게 된다. 이때 극판에 모인 전하량의 총합은

$$Q = Q_1 + Q_2 + \cdots\cdots + Q_n \tag{13.6}$$

이고, 각 축전기에 모인 전하량은

$$Q_1 = C_1 V,\ Q_2 = C_2 V,\ \cdots\cdots,\ Q_n = C_n V \tag{13.7}$$

이다.

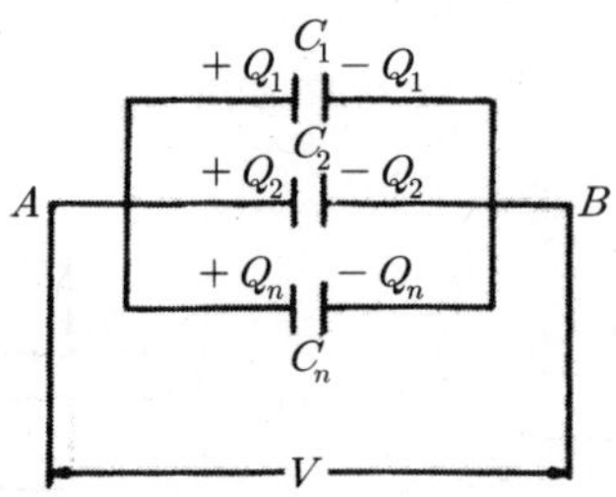

[그림 13.2]

식 (13.7)을 식 (13.6)에 대입하면

$$Q = (C_1 + C_2 + \cdots\cdots + C_n)V$$

따라서 합성정전용량 C는

$$C = C_1 + C_2 + \cdots\cdots + C_n = \Sigma C_l \tag{13.8}$$

로 된다.

평행판 축전기의 극판거리가 d이고, 극판면적이 A일 때 진공 중에서 이 축전기의 정전용량 C_0는 $C_0 = \epsilon_0 A/d$이고 유전상수 K인 물질을 끼워 놓을 때 축전기의 정전용량 C는 $C = k\epsilon_0 A/d$의 값이 된다.

13.3 축전기의 에너지

축전기를 충전시키는 과정은 저전위의 도체로부터 고전위의 도체로 전하를 옮기는 것이다. 양도체가 대전되지 않은 상태로부터 충전시킨다고 가정하면 적은 양전하를 반복해서 도체로 이동시켜야만 한다. 전하가 이미 충전된 상태에 더 추가하여 충전하려면 더 큰 힘을 가해야 하므로 더 많은 일을 해 주어야 한다.

지금 전하가 Q[C]이고 전위가 V[V]인 고립된 도체에 추가전하 dq[C]을 옮기기 위한 일 dW는 $dW = Vdq = (Q/C)dq$이고, 전하가 $q=0$에서 $q=Q$까지 증가하는 동안 하는 일 W는

$$W = \int_0^Q Vdq = \frac{1}{C}\int_0^Q Qdq = \frac{1}{2}\frac{Q^2}{C}$$

$$W = \frac{1}{2}\frac{Q^2}{C} = \frac{1}{2}CV^2 = \frac{1}{2}QV \tag{13.9}$$

로 이 일은 축전기에 위치 에너지로 축적되는 것이다.

$W = (1/2)QV$에서 $Q-V$ 관계를 그래프로 나타내면 [그림 13.3]과 같다. 그래프의 빗금 부분이 축적된 정전기 위치 에너지이다.

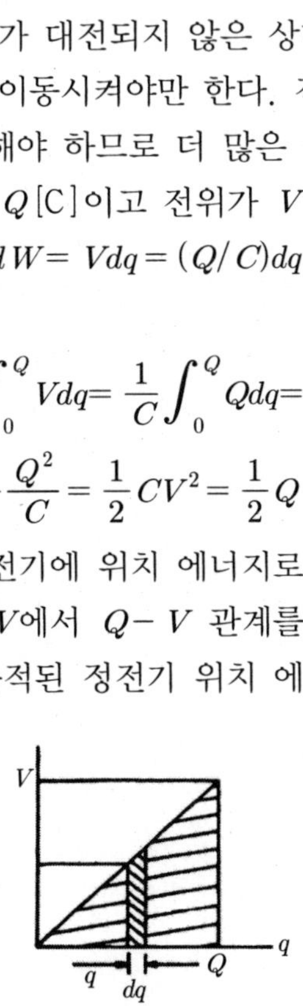

[그림 13.3]

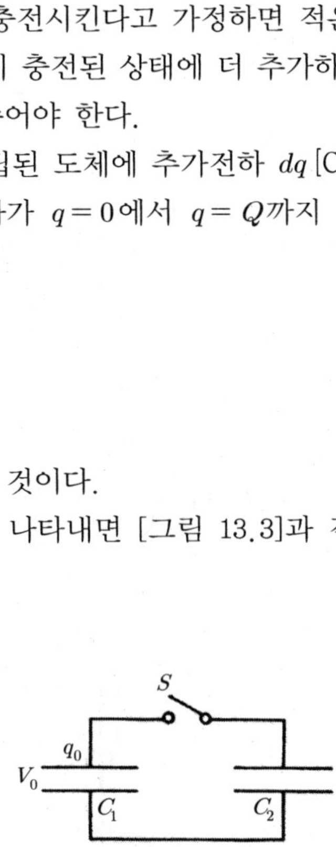

[그림 13.4]

예제 13.2 축전기 C_1이 전위차 V_0로 충전되어 있다. 이것을 충전시키는 전지를 치우고, 이 축전기를 [그림 13.4]와 같이 충전되지 않은 축전기 C_2에 연결한다.

(1) 연결 후의 최종 전위차 V는?

(2) [그림 13.4]에서 스위치가 닫히는 전후에 있어서 저장 에너지는?

풀이 (1) 최초의 전하 q_0가 두 축전기에 분배되므로

$$q_0 = q_1 + q_2$$

$q = CV$의 관계식을 이들 각 항에 적용하면

$$C_1 V_0 = C_1 V + C_2 V$$

또는 $V = V_0 \dfrac{C_1}{C_1 + C_2}$

위 식으로부터 미지의 용량 C_2를 측정하는 방법을 암시함을 알 수 있다.

(2) 초기의 저장 에너지는

$$W_0 = \frac{1}{2} C_1 V_0^2$$

최종의 저장 에너지는

$$W = \frac{1}{2} C_1 V^2 + \frac{1}{2} C_2 V^2 = \frac{1}{2}(C_1 + C_2)\left(\frac{V_0 C_1}{C_1 + C_2}\right)^2 = \left(\frac{C_1}{C_1 + C_2}\right) V_0$$

예제 13.3 진공에서 반지름 R인 고립도체구에 전하 q를 띠운다. 이때,

(1) 주위 공간에 저장된 정전기적 에너지를 계산하여라.

(2) 저장된 에너지의 반이 들어 있는 구면의 반지름 R_0는?

풀이 (1) 구의 중심으로부터 반지름 $r(r > R$로 가정$)$로 되는 곳에서 E는

$$E = \frac{1}{4\pi\epsilon_0} \frac{q}{r^2}$$

어떤 반지름 r에서의 에너지 밀도는

$$u = \frac{1}{2}\epsilon_0 E^2 = \frac{q^2}{32\pi^2 \epsilon_0 r^4}$$

반지름 r와 $r + dr$ 사이의 구각 내의 에너지 du는

$$du = (4\pi r^2)(dr)u = \frac{q^2}{8\pi\epsilon_0} \frac{dr}{r^2}$$

여기서, $(4\pi r^2)(dr)$은 구각의 체적이다. 총 에너지 U는 적분에 의해서 구할 수 있다. 즉

$$U = \int du = \frac{q^2}{8\pi\epsilon_0} \int_R^\infty \frac{dr}{r^2} = \frac{q^2}{8\pi\epsilon_0 R}$$

(2) 주어진 식에 대입하면

$$\frac{1}{2} V = \frac{q^2}{8\pi\epsilon_0} \int_R^{R_0} \frac{dr}{r^2}$$

또는 $\frac{q^2}{16\pi\epsilon_0 R} = \frac{q^2}{8\pi\epsilon_0}\left(\frac{1}{R} - \frac{1}{R_0}\right)$

정리하면

$$R_0 = 2R$$

그러므로 에너지의 대부분은 구에 더 가까운 공간 속에 저장되어 있다.

13.4 유 전 체

패러데이(M. Faraday)는 평행판 축전기의 두 판 사이에 운모와 기름과 같은 절연물을 넣었을 때 공기 중에서보다 같은 전위차에서 더 많은 전하량을 축적할 수 있음을 발견하였다. 일반적으로 절연물을 축전기의 판 사이에 넣으면 정전용량이 증가한다. 운모와 기름 같은 절연물을 유전체(dielectric)라 한다.

평행판축적기가 진공 중에 있을 때 정전용량이 C_0이고, 판 사이에 유전체를 넣었을 때 정전용량이 C였다고 하면

$$C > C_0 \tag{13.10}$$

의 관계가 있으며, C와 C_0의 비를 비유전율이라 하며,

$$C/C_0 = K \tag{13.11}$$

로 표시되며 $K > 1$이 된다. K는 절연물의 종류에 따라 결정된다.

〈표 13.1〉은 몇 가지 물질의 비유전율(K)을 나타낸 것이다.

지금 정전용량 C_0인 축전기에 전원전하 Q_0를 주어 판 사이의 전위차가 되었다고 한다. 다음에 전원을 끊고 판 사이에 유전체를 넣으면 전하량은 같은 Q_0이지만 전위차는 $V = (1/K)V_0$로 $1/V$만큼 감소한다. 따라서 전장 E도 유전체가 없을 때 전장 E_0보다 $1/K$ 만큼 감소한다.

〈표 13.1〉 비유전율

물 질	비유전율	물 질	비유전율
공 기	1.00059	물	80.7
종 이	2.0~2.6	도 자 기	5.7~6.8
운 모	2.5~6.6	유 리	5.4~9.9
고 무	2.0~3.5	금 강 석	16.5
베이클라이트	4.5~5.5	셀 렌	6.1~7.4
대 리 석	8.3	알 코 올	16~31

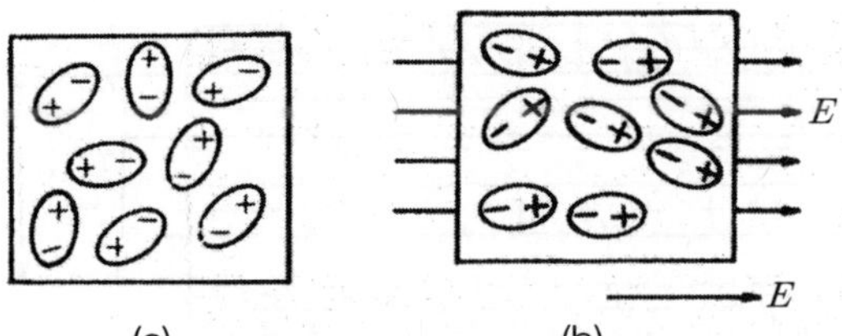

(a) (b)

[그림 13.5]

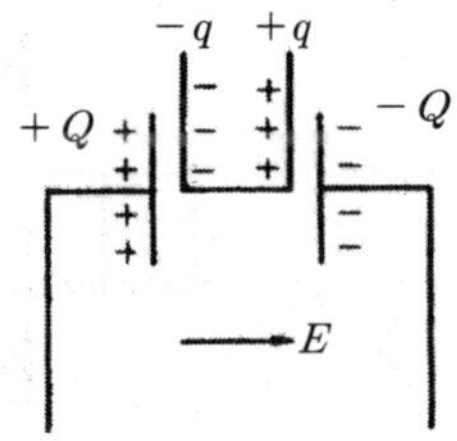

[그림 13.6]

또 만일 일정한 전위차를 갖고 있는 전원과 연결한 채로 유전체를 판 사이에 넣으면 전위차는 전원을 끊었을 때보다도 K배가 증가($V=KV_0$)하므로, 전하량도 $Q=KQ_0$로 K배만큼 더 증가시켜 공급하게 된다. 이와 같은 현상은 유전체에는 축전기의 판에 저축된 전하 Q와 반대로 q의 전하가 유도되기 때문이다. 그러므로 판 사이에는 같은 전위차에서도 $(Q+q)$의 전하를 축적하게 된다.

유전체의 분자들은 양전하와 음전하가 미소거리 떨어져 있는 전기쌍극자 모멘트를 가지고 있는 분자로, [그림 13.5 (a)]와 같이 전장을 가해 주지 않으면 분자들은 무질서하게 분포되지만 유전체에 전장을 가해 주면 전자쌍극자는 힘을 받아 [그림 13.5 (b)]와 같이 전장과 방향이 일치되려고 한다. 일치되는 정도는 비유전율(유전상수) K의 값에 따라 다르다.

예제 13.4 [그림 13.7]은 두께 b, 유전상수 K인 유전체판이 면적 A, 거리 d인 평행판 축전기관 사이에 놓여 있는 것을 보여주고 있다. 유전체가 없을 때 전위차는 V_0이다. 전지는 제거되고 유전체판이 끼워졌다.

$A=100\ \mathrm{cm}^2$, $d=1.0\ \mathrm{cm}$, $b=0.50\ \mathrm{cm}$, $K=7.0$, 그리고 $V_0=100\ \mathrm{V}$라 할 때 다음 물음에 답하여라.

(1) 평판을 넣기 전의 정전용량 C_0는 얼마인가?

(2) 자유전하 q를 계산하여라.

(3) 극판 사이의 전기장 E_0는 얼마인가?

(4) 유전체 내부의 전기장은 얼마인가?

(5) 판 사이의 전위차는 얼마인가?

(6) 유전체판이 있을 때 전기용량을 계산하여라.

풀이 (1) $C_0=\dfrac{\epsilon_0 A}{d}=\dfrac{(8.9\times10^{12}\mathrm{C}^2/\mathrm{Nm}^2)(1.0\times10^{-2}\ \mathrm{m}^2)}{1.0\times10^{-2}\ \mathrm{m}}=8.9\times10^{-12}\ \mathrm{F}=8.9\ \mathrm{pF}$

(2) $q=C_0V_0=(8.9\times10^{-12}\ \mathrm{F})(100\ \mathrm{V})=8.9\times10^{-10}\ \mathrm{C}=890\ \mathrm{pF}$

(3) [그림 13.7](위쪽 판)의 가우스 표면에 가우스 법칙을 적용하면

$$\epsilon_0\oint KEdS=\epsilon_0E_0A=q$$

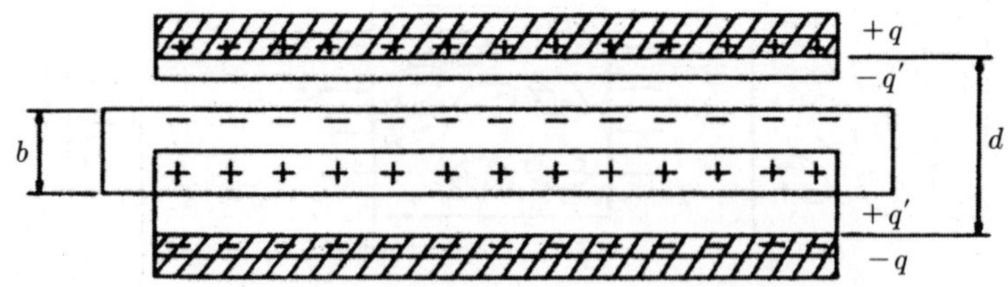

[그림 13.7] 유전체판을 갖고 있는 평행판 축전기

즉, $E_0 = \dfrac{q}{\epsilon_0 A} = \dfrac{8.9\times10^{-10}\,\mathrm{C}}{(8.9\times10^{-12}\,\mathrm{C^2/Nm^2})(10^{-2}\,\mathrm{m^2})} = 10\,\mathrm{kV/m}$

여기서 우리가 계산할 플럭스 적분에 걸친 표면은 유전체를 통과하지 않았으므로 $K=1$을 대입하였음을 유의하여라.

(4) [그림 13.7](아래쪽 판)의 가우스 표면에 식을 적용하면

$$\epsilon_0 \oint KE \cdot dS = \epsilon_0 KEA = q$$

여기서 K는 가우스 표면이 유전체를 통과하기 때문에 나타났으며, 자유전하 q만이 우변이 나타남을 주목하여라. 그러므로

$$E_0 = \frac{q}{K\epsilon_0 A} = \frac{E_0}{K} = \frac{1.0\times10^4\,\mathrm{V/m}}{7.0} = 1.4\,\mathrm{kV/m}$$

(5) 아래 판에서 위판까지 수직경로에 대해서

$$V = -\int_L^U E\cdot dl = -\int_L^U E\cos 180°\,dl = \int_L^U Edl = E_0(d-b) + Eb$$

수치는

$$V = (1.0\times10^4\,\mathrm{V/m})(5.0\times10^{-3}\,\mathrm{m}) + (0.14\times10^4\,\mathrm{V/m})(5.0\times10^{-3}\,\mathrm{m}) = 57\,\mathrm{V}$$

이것은 최초에 걸린 전위차 100 V와 대조된다.

(6) $C = \dfrac{Q}{V} = \dfrac{8.9\times10^{-10}\,\mathrm{C}}{57\,\mathrm{V}} = 16\,\mathrm{pF}$

유전체판이 끼워졌을 때 1.8의 율로 전위차는 100 V에서 57 V로 벌어지고 정전용량은 8.9 pF에서 16 pF로 올라간다. 만약 유전체판이 축전기를 전부 채우고 있다면 정전용량은 인수 $K(=70)$에 의하여 62 pF로 올라갈 것이다.

■ 연습문제 ■

01 축전기의 양끝의 전위차가 300 V 일 때 1.0 C 의 전하를 저장하기 위하여 1.0 μF 용량의 축전기 몇 개를 병렬로 연결하여야 하는가?

02 [그림 13.8]과 같이 결합된 축전기의 등가용량을 구하여라.
단, $C_1 = 10\ \mu\text{F}$, $C_2 = 5.0\ \mu\text{F}$ 및 $C_3 = 4.0\ \mu\text{F}$ 이다.

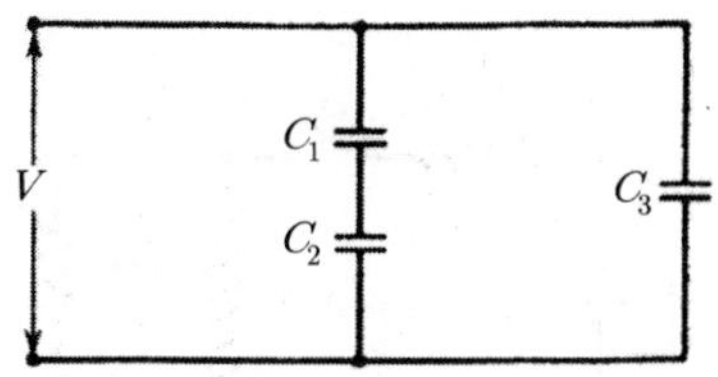

[그림 13.8]

03 100 pF 의 축전기를 50 V 의 전위차로 충전시키고 전지를 끊었다. 그 다음에 제2의 축전기(처음에 충전되지 않음)에 연결하였다. 전위차를 측정하여 보니 35 V 로 강하되었다면 이 제2축전기의 전기용량은?

04 지구를 반경이 6400 km 인 구도체로 보고 그 전기용량을 계산하여라.

05 직경 10 cm 인 독립금속구의 전위가 8000 V 이다. 구 표면 근처에서의 에너지 밀도는?

06 한 축전기가 4.0 J 의 에너지가 저장될 때까지 충전된다. 두 번째 충전되지 않은 축전기가 이에 병렬로 연결된다. (a) 만약 전하가 똑같이 분포된다면 이제 그 전기장 속에 저장된 총 에너지는? (b) 초과된 에너지는 어디로 갔는가?

07 1000 V 전위차에서 10 kW·h의 에너지를 저장하는 데 필요한 전기용량은?

08 평행판 축전기가 면적 0.12 m^2의 판들과 1.2 cm의 거리를 가지고 있다. 120 V의 전위차에 의하여 극판들을 충전한 다음 전지를 제거시켰다. 그리고 두께 40 mm, 유전율 4.8인 유전체판을 대칭적으로 극판들 사이에 놓았다. (a) 유전체판이 끼워지기 전의 전기용량을 구하여라. (b) 유전체판을 가졌을 때의 전기용량은? (c) 끼워 넣기 전과 후의 전하 q는? (d) 극판과 유전체 사이 공간에서의 전기장은? (e) 유전체 내부의 전기장은? (f) 유전체판이 있을 때의 극판 사이의 전위차는? (g) 유전체를 끼워 넣는 동안 외부에서 한 일은?

09 방전되고 있는 $2.0\,\mu\mathrm{F}$ 축전기의 두 판 사이의 전위차가 $2.0\,\mathrm{s}$ 동안 처음 값의 $1/4$로 떨어졌다. 축전기의 두 판 사이의 등가저항은?

10 [그림 13.9]의 회로에서 $\varepsilon = 1.2\,\mathrm{kV}$, $C = 6.5\,\mu\mathrm{F}$, $R_1 = R_2 = R_3 = 0.739\,\mathrm{M\Omega}$ 이다. C는 충전되어 있지 않고 스위치 S가 갑자기 닫혔다($t=0$). (a) $t=0$에서와 $t=\infty$에서 각 저항기를 통과하는 전류를 구하여라. (b) $t=0$에서 $t=\infty$까지의 R_2에 걸리는 전압 강하 V_2의 그래프를 정성적으로 그려라. (c) $t=0$에서와 $t=\infty$에서 V_2의 수치는? (d) '$t=\infty$'의 물리적 의미를 생각하고 대략 설명하여라. 그러나 의미를 강조한다. 이 경우의 '$t=\infty$'에 대해서 최소 한계는 몇 초인가?

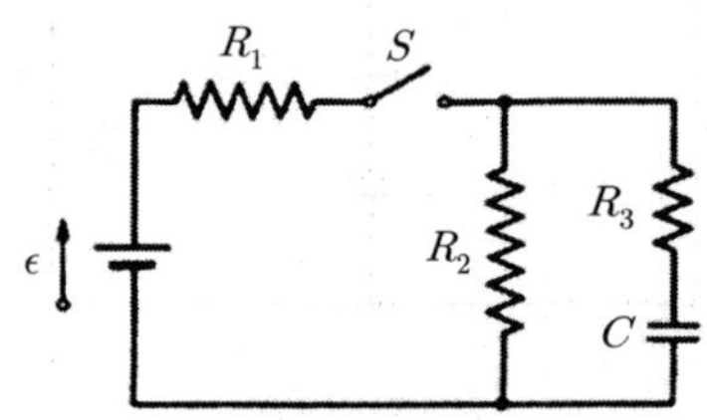

[그림 13.9]

14

전류와 그 작용

Electric Current and Function

14.1 전류와 전기저항

지금까지는 정전기, 즉 전하가 정지하고 있을 때에 대해서 알아보았다. 여기서는 전하가 전기장에 의해서 이동하는 경우를 생각한다. [그림 14.1]과 같이 양전하를 가진 물질 A와 음전하를 가진 물질 B를 금속선 C로 직접 연결하면, 두 전하 사이의 흡인력으로 B의 음전하(자유전자)는 A의 양전하에 끌려 금속선 C를 통하여 이동하고 중화한다. 즉, B에서 A로 향해 전자의 흐름이 생긴다. 전자의 흐름, 다시 말해 전하의 이동을 전류(electric current)라 한다.

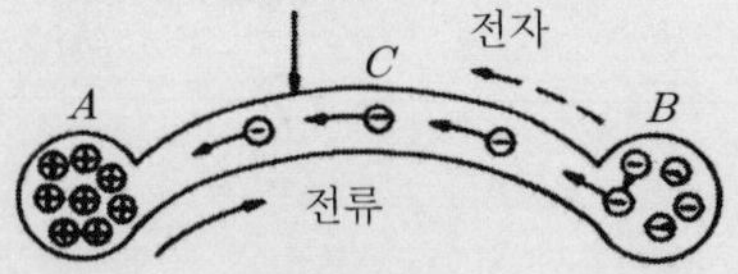

[그림 14.1]

전류가 흐르는 방향은 양전하의 이동방향으로 결정된다. 따라서 음전하를 가진 전자가 이동하는 방향은 전류의 방향과 반대가 된다. 금속체 내에는 원자핵에 공유된 모양으로 결정 내를 자유로이 움직일 수 있는 자유전자(free electron)가 전기장의 방향과 반대방향으로 이동하여 전류가 된다.

전류의 세기(current intensity)는 단위시간마다 이동한 전하량으로 표시하며, 도체 단면을 dt초 사이에 dQ[C]의 전하가 통과했을 때의 전류 I는

$$I = \frac{dQ}{dt}\left[\frac{\mathrm{C}}{\mathrm{s}}\right] \tag{14.1}$$

가 된다. 전류의 단위는 1 C/s로서 1암페어(ampere, A)라 한다. 또한 ΔI[A]가 흐르는 도체의 단면적을 ΔS[m^2]라 하면

$$i = \frac{dI}{dS}\left[\frac{\mathrm{A}}{\mathrm{m}^2}\right] \tag{14.2}$$

가 성립된다. 이것을 전류밀도(current density)라 한다.

예를 들면, 금속도체 내에 단위체적마다 n개의 자유전자가 있을 때, 여기에 전기장 E가 작용하면 전자는 E와 반대방향으로 v[m/s]의 속도로 가속된다. 이때 전류밀도 i는

$$i = nev = 1.602\times10^{-19}nv\ [\mathrm{A/m^2}] \tag{14.3}$$

전류 I는 식 (14.2)에 의하여

$$I = iS = 1.602 \times 10^{-19} nvS\,[\mathrm{A}] \tag{14.4}$$

이와 같이 전하가 전기장방향으로 평균속도 v[유동속도(drift velocity)]로 이동함으로써 생기는 전류를 유동전류(drift current)라 한다. 금속도체 내의 자유전자는 전기장 E에 의해서 가속된다. 이 가속된 전자는 양이온의 그리드에 충돌하여 에너지를 잃어 평균속도를 가진다. 이 유동속도 v는 전기장 E에 비례하므로

$$v = \mu E\,[\mathrm{m/s}] \tag{14.5}$$

여기서, μ는 전자의 움직이기 쉬운 정도를 표시하는 양으로서 이동도(mobility)라 한다. 식 (14.4)는 금속뿐만 아니라 일반고체에도 성립되며 식 (14.3)을 적용하면

$$i = ne\mu E = kE\,[\mathrm{A/m^2}] \tag{14.6}$$

여기서, $k = ne\mu\,[\Omega/\mathrm{m}]$는 금속의 종류에 의해서 결정되는 정수이며 도전율(conductivity)이라 한다. 이 식 (14.6)을 옴의 법칙(Ohm's law)이라 한다.

전기회로에서의 옴의 법칙은 금속도체의 2점 사이의 전위차 V와 전류 I가 비례하므로

$$I \propto V \quad \text{또는} \quad I = \frac{V}{R}\,[\mathrm{A}] \tag{14.7}$$

이다. 비례정수 R은 전기저항(electric resistance)이라 하며, 단위는 옴(Ohm, Ω)으로 표시한다. 저항 R은 도체의 형상, 재질 등에 따라서 다르다. 도체의 길이를 l, 단면적을 S라 하면

$$R = \rho\frac{l}{S} = \frac{1}{k}\frac{l}{S}\,[\Omega] \tag{14.8}$$

여기서 ρ를 저항률(resistivity)이라 한다. 저항률 ρ는 식 (14.8)에서

$$\rho = \frac{1}{k} = R\frac{S}{l}\,[\Omega \cdot \mathrm{m}] \tag{14.9}$$

또한 저항의 역수를 컨덕턴스(conductance)라 하면

$$G = \frac{1}{R} = k\frac{S}{l} = \frac{1}{\rho}\frac{S}{l}\,[\mho] \tag{14.10}$$

식이 성립되며, G의 단위($\mho$)는 저항 R의 단위[Ω]의 역수로서 모(mho)라 한다.

예제 14.1 [그림 14.2]와 같이 내부도체의 반지름 $a = 1$ cm, 길이 $l = 10$ km의 동축원통 도체 사이에 저항률 $\rho = 3 \times 10^6\ \Omega \cdot \mathrm{m}$의 절연물을 넣어 준다. 양 도체 사이에 100 V의 직류를 가할 때 내외도체의 절연물 속을 흐르는 전류를 구하여라.

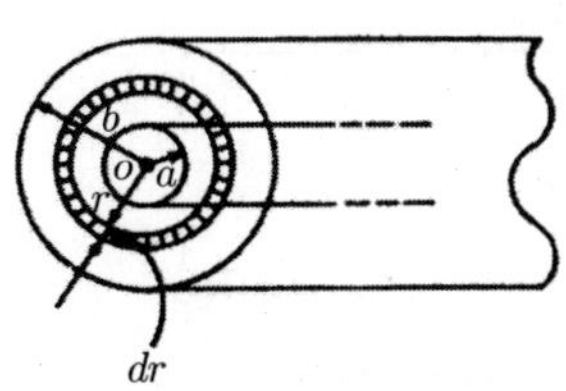

[그림 14.2]

풀이 전류는 방사상 대칭으로 흘러 r인 점의 단면적 $S=2\pi rl$이므로 dr부분의 반지름 방향의 저항 dR은 식 (14.8)에서

$$dR=\rho\frac{l}{S}=\rho\frac{dr}{2\pi rl}\ [\Omega]$$

내외 양도체 사이의 전 절연저항 R는

$$R=\int_a^b dR=\frac{\rho}{2\pi l}\int_a^b\frac{1}{r}dr=\frac{\rho}{2\pi l}\ln\frac{b}{a}\ [\Omega]$$

따라서, 절연물을 통하여 흐르는 전류 I는 옴의 법칙에서

$$I=\frac{100}{R}=\frac{100\times 2\pi l}{\rho\ln(b/a)}=\frac{100\times 2\pi\times 10\times 10^3}{3\times 10^6\times 2.303\times\log_{10}(3/1)}=1.9\ \mu\text{A}$$

14.2 줄 열과 전력

도체 내에 전류가 흐른다는 것은 전하가 전기장에 의해 전위가 높은 곳에서 낮은 곳으로 운반되는 것이다. 즉 V[V]의 전압을 가하여 Q[C]의 전하가 이동하면 VQ[J]의 일을 한다. 전류 I[A]가 t[s] 동안 흐르면 $Q=It$ [C]이 되므로 전기 에너지 VQ는

$$VQ=VIt\ [\text{J}] \tag{14.11}$$

이와 같은 전기 에너지에 의한 일의 속도를 1 s 동안의 전기 에너지로 표시한 것을 전력(electric power)이라 하고, 와트(watt, W)라는 단위로 표시한다. 즉 1 W는 1 s 동안에 1 J의 비율로 일을 하는 속도이다.

따라서 1 W는 J/s와 같은 단위이다. V[V]의 전압을 I[A]의 전류가 t[s] 동안 흘러서 Q[C]의 전하가 이동하였을 때의 전력 P는 $I=Q/t$이므로

$$P=\frac{VQ}{t}=VI\ [\text{W}] \tag{14.12}$$

또 [그림 14.3]과 같이 R[Ω]의 저항에 V[V]의 전압을 가하였을 때 I[A]의 전류가 흘렀다고 하면 $V=RI$이므로 전력 P는

$$P=VI=I^2R=\frac{V^2}{R}\ [\text{W}] \tag{14.13}$$

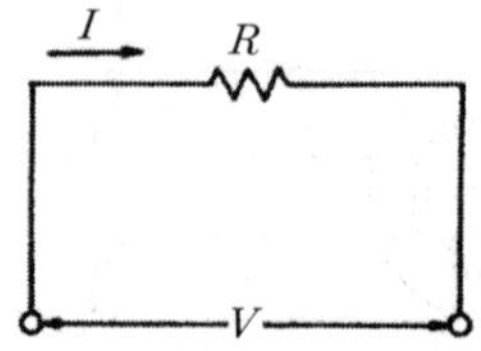

[그림 14.3]

으로 표시한다. 전기 에너지를 특히 전력량이라 하며, 전압 V[V]에서 전류 I[A]를 t[s] 동안 흘릴 때의 전력량 W는

$$W = VIt = Pt\,[\mathrm{J}] \tag{14.14}$$

이 된다. 전력량의 단위는 보통 J보다는 Ws를 사용한다. 그러나 실용적으로는 와트시(watt-hour, Wh) 또는 킬로와트시(kilowatt-hour, kWh) 등의 큰 단위로 표시한다.

R[Ω]의 저항에 I[A]의 전류를 t[s] 동안 흘릴 때 저항 중에서 소비되는 전력량, 즉 전기 에너지는 식 (14.14)로 표시되며, 이 저항에서 소비되는 에너지는 전부 열에너지로 바뀐다는 것이 줄(James Prescott Joule)에 의하여 실험적으로 확인되었다. 이것을 줄의 법칙(Joule's law)이라 하고, 이때 발생하는 열을 줄 열 또는 저항열이라 한다.

열량의 단위로는 공업적으로 단위 J를 그대로 쓰는 경우도 있으나, 대개 칼로리(calorie, cal)라는 단위를 사용한다. 1 cal의 열량은 4.18605 J에 상당하므로 전기 에너지에 의한 발생열량 H는

$$H = \frac{RI^2t}{4.8605} \fallingdotseq 0.24RI^2t \tag{14.15}$$

와 같이 된다.

예제 14.2 어떤 저항에서 1 kWh의 전력량을 소비시켰을 때 발생하는 열량은 몇 kcal인가?

풀이 $1\,\mathrm{kWh} = 1000\,\mathrm{Wh} = 3600 \times 1000 = 3.6 \times 10^6\,\mathrm{J}$

$\therefore$ 열량 $= 0.24 \times 3.6 \times 10^6 \fallingdotseq 0.86 \times 10^6\,\mathrm{cal} = 860\,\mathrm{kcal}$

14.3 저항의 접속과 키르히호프의 법칙

[그림 14.4]와 같이 저항 R_1, R_2, ……, R_n을 직렬로 접속하여 그의 양단에 전압을 가하면 각 저항을 흐르는 전류 I는 모두 같게 되어 각 저항 양단의 전압강하는

$$V_1 = R_1 I,\ V_2 = R_2 I,\ \cdots\cdots,\ V_n = R_n I \tag{14.16}$$

ab 간의 전압강하는 각 저항 간 전압강하의 합이므로

$$V = V_1 + V_2 + \cdots\cdots + V_n = (R_1 + R_2 + \cdots\cdots + R_n)\,I \tag{14.17}$$

즉 합성저항 R은 $V = RI$에서

$$R = R_1 + R_2 + \cdots\cdots + R_n = \sum_{i=1}^{n} R_i \tag{14.18}$$

가 되며, 각 저항의 합이 된다.

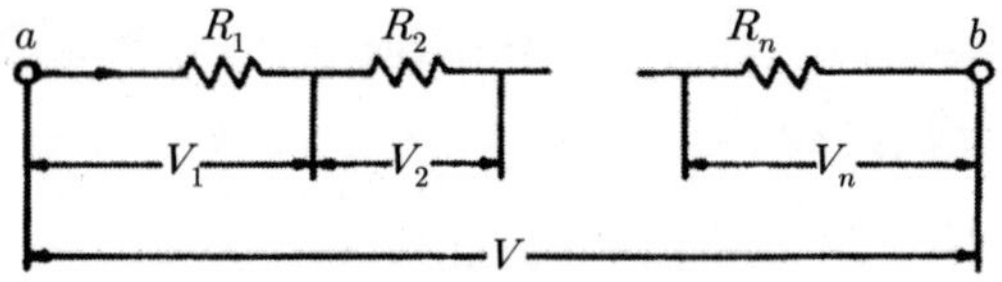

[그림 14.4]

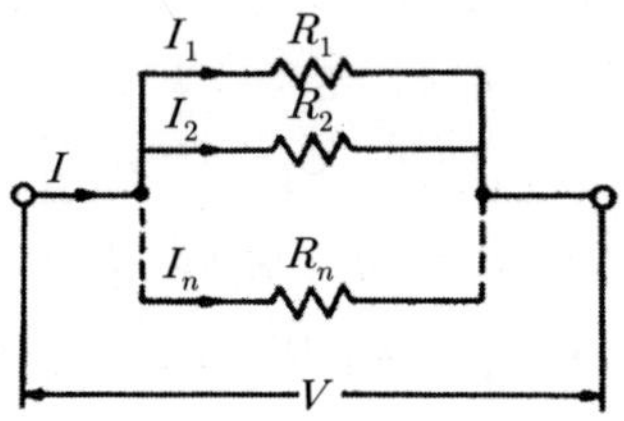

[그림 14.5]

[그림 14.5]와 같이 R_1, R_2, ……, R_n을 병렬로 접속하면 각 저항에 가해지는 전압은 모두 같으며 각 저항을 흐르는 전류는

$$I_1 = \frac{V}{R_1},\ I_2 = \frac{V}{R_2},\ \cdots\cdots,\ I_n = \frac{V}{R_n} \tag{14.19}$$

전 전류 I는 각 저항에 흐르는 전류의 합이므로,

$$I = I_1 + I_2 + \cdots\cdots + I_n = \left(\frac{1}{R_1} + \frac{1}{R_2} + \cdots\cdots \frac{1}{R_n}\right)V = \frac{1}{R}V$$

즉 합성저항 R은

$$\frac{1}{R} = \frac{1}{R_1} + \frac{1}{R_2} \cdots\cdots + \frac{1}{R_n} = \sum_{i=1}^{n}\frac{1}{R_i} \tag{14.20}$$

의 관계가 성립한다.

간단한 전기회로는 옴의 법칙이나 저항의 직병렬 접속 등의 방법으로 용이하게 계산된다. 그러나 전기회로가 복잡한 회로망(network)에서는 전원의 수도 많고, 저항의 접속도 복잡하여 회로망을 계산하려면 옴의 법칙만으로는 불충분하여 옴의 법칙을 더욱 발전시킨 키르히호프의 법칙(Kirchhoff's law)을 써서 계산하면 편리하다. 키르히호프의 법칙에는 전류에 관한 제1법칙과 전압에 관한 제2법칙의 두 가지가 있다.

전류에는 연속성이 있으므로 회로의 어떤 점에 유입한 전류는 당연히 그 점에 유출한 전류와 같아야 한다. 따라서 회로망 중의 어떤 접속점도 그 점에 유입한 전류의 총합과 유출한 전류의 총합과는 같다. 이것을 키르히호프의 제1법칙이라 한다.

$$\sum_{i=1}^{n} I_i = 0 \tag{14.21}$$

회로망 중의 어떤 전위를 가진 점을 기점으로 하여 임의의 폐로(closed circuit)를 한 번 돌아서 기점으로 되돌아온 경우 도중에 전위상승이나 강하가 있다고 하더라도 한 바퀴 돈 다음에는 원래의 전위를 가진 점에 되돌아온다. 즉 도중의 전위상승과 강하는 서로 같아서 지워지므로 0이 된다. 따라서 회로망 중의 임의의 폐로를 일정한 방향으로 한 바퀴 돌 때 회로의 각 부분의 기전력의 대수합과 전압강하의 대수합과는 서로 같다. 그리고 폐로를 따라가는 방향과 일치한 기전력과 전류에 의한 전압강하는 (+)로 하고, 반대인 것은 (−)로 한다.

$$\sum_{i=1}^{n} R_i I_i = \sum_{i=1}^{n} V_i \tag{14.22}$$

이것을 키르히호프의 제2법칙이라 한다.

예제 14.3 [그림 14.6]에서 각 저항에 흐르는 전류의 크기를 구하여라.

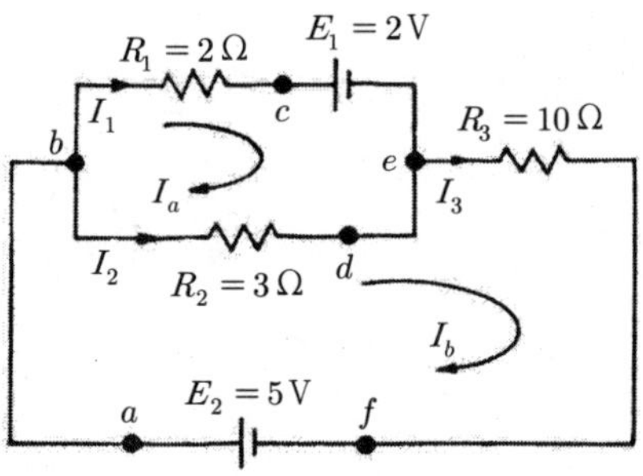

[그림 14.6]

풀이 (1) 각 부의 전류의 방향을 [그림 14.6]과 같이 잡고, 점 e에 키르히호프의 제1법칙을 적용하면 $I_3 = I_1 + I_2$, 폐회로 $bcdb$에 키르히호프의 제2법칙을 적용하면

$$-E_1 = I_1R_1 - I_2R_2 \quad \cdots\cdots\cdots\cdots\cdots\cdots \text{①}$$

폐로 $abdefa$에서는

$$E_2 = I_2R_2 - I_3R_3 \quad \cdots\cdots\cdots\cdots\cdots\cdots \text{②}$$

이며, 위의 두 식에 주어진 값을 넣어 정리하면

$$-2 = 2I_1 - 3I_2 \quad \cdots\cdots\cdots\cdots\cdots\cdots \text{③}$$

$$5 = 10I_1 + 13I_2 \quad \cdots\cdots\cdots\cdots\cdots\cdots \text{④}$$

이것을 풀기 위해서 ④−③×5 의 계산을 하면

$$15 = 28I_2, \quad \therefore\ I_2 = \frac{15}{28}\ \mathrm{A} \quad \cdots\cdots\cdots\cdots \text{⑤}$$

이며, ⑤를 ③에 대입하면

$$I_1 = -\frac{11}{56}\ \mathrm{A}$$

따라서 $I_3 = \dfrac{19}{56}\ \mathrm{A}$

(2) 각 회로에 순환하는 전류 I_a, I_b를 생각하면, 그림에서 $I_1 = I_a$, $I_2 = I_b - I_a$, $I_3 = I_b$

I_a 회로에 키르히호프의 제2법칙을 적용하면

$$-E_1 = I_a R_1 + I_a R_2 - I_b R_2 \quad \cdots\cdots ①$$

또, I_b 회로에서는

$$E_2 = I_b R_2 + I_b R_3 - I_a R_2 \quad \cdots\cdots ②$$

여기에 주어진 값을 넣어 정리하면

$$-2 = 5I_a - 3I_b \quad \cdots\cdots ③$$

$$5 = -3I_a + 13I_b \quad \cdots\cdots ④$$

이것을 풀기 위하여 ③×3+④×5의 계산을 하면

$$I_b = \frac{19}{56}\ \mathrm{A} \quad \cdots\cdots ⑤$$

⑤를 ③에 대입하면

$$I_a = -\frac{11}{56}\ \mathrm{A}$$

따라서

$$I_1 = I_a - \frac{11}{56}\ \mathrm{A}, \quad I_2 = I_b - I_a = \frac{15}{28}\ \mathrm{A}, \quad I_3 = I_b = \frac{19}{56}\ \mathrm{A}$$

14.4 전류의 화학작용

순수한 물은 저항이 매우 크므로 전류가 흐르기 힘들다. 이것에 염류를 용해시키면 도체로 된다. 이렇게 용해해서 전기의 도체로 되는 물질을 전해질(electrolyte)이라 한다. 용액의 전해질 분자는 양전기를 띤 원자 또는 원자단과 음전기를 띤 원자나 원자단으로 분리된다. 앞의 것을 양이온(cation), 뒤의 것을 음이온(anion)이라 하고 이 현상을 전리(ionization)라 한다. 예를 들면 묽은 황산이나 또는 질산은

$$H_2SO_4 \rightleftarrows 2H^+ + SO_4^{--}$$

$$AgNO_3 \rightleftarrows Ag^+ + NO_3^-$$

와 같이 전리한다. 이러한 용액 중에 2개의 전극을 넣어 그 사이에 전위차를 주면 양이온은 음극에, 음이온은 양극에 끌리어 거기서 전기를 잃어버린다. 이와 같이 전해질에 전류를 흐르게 하면 이온의 이동이 행해져서 화학변화가 일어난다. 이 분해작용을 전기분해(electrolysis)라 한다. 예를 들면 묽은 황산에 전류를 흐르게 하면 다음과 같이 2단계의 변화를 거쳐서 음극에는 수소, 양극에는 산소가 각각 발생한다. 여기에 ↑는 가스의 발생을 표시한다.

$$2\,H_2\,SO_4 \rightarrow \underset{(\text{음극})}{2\,H_2} \uparrow + \underset{(\text{양극})}{2\,SO_4}$$

$$2\,SO_4 + 2\,H_2O \rightarrow 2\,H_2\,SO_4 + \underset{(\text{양극})}{O_2} \uparrow$$

결국 황산에는 변화가 없고, 물의 전기분해가 이루어진다. 일반으로 음극에는 수소나 또는 금속이 유리되고, 양극에는 산소 또는 산기가 유리된다.

전기분해에 의해 석출한 물질의 양과 전기량과의 관계는 패러데이(Faraday, 1833년)에 의해 연구되었다. 그 결과는 동일물질의 석출량은 통과한 전기량에 비례하며, 동일 전기량에 의한 다른 물질의 석출량은 그 화학당량에 비례하는데, 이것을 패러데이의 전기분해법칙이라 한다. 세기가 I인 전류를 t시간만큼 흐르게 했을 때, 석출된 물질의 양을 W, 그 원자량을 M, 원자가를 P라 하면 패러데이의 법칙은

$$W = KIt,\ k = \frac{M}{FP} \tag{14.23}$$

로 표시된다. k는 단위의 전기량에 석출된 물질의 양으로, 전기화학당량(electro-chemical equivalent)이라 한다. F는 물질에 관계없는 정수인데 패러데이 정수라 하고, 1화학당량을 석출하는 데 필요한 전기량으로 나타낸다.

$$F = 96520\ \text{C}$$

예제 14.4 질산은을 전기분해할 때 일정한 직류전류를 10분간 흘렸더니 음극에 120.7 g의 은이 부착되었다. 이때 전류는 몇 [A]인가?

풀이 $I = \dfrac{W}{kt} = \dfrac{120.7}{0.001118 \times 3600 \times 10} \fallingdotseq 3\ \text{A}$

14.5 전류에 의한 자기현상

도선에 전류가 흐르면 그 주위에 자기작용이 미친다는 것이 1820년 에르스텟(Hans Christian Oersted)에 의하여 발견되었다.

[그림 14.7]과 같이 쇳가루를 뿌린 두꺼운 종이를 수평으로 놓고, 그 중앙에 직선도선을 통하여 화살표방향으로 전류를 흘리면 도선을 중심으로 많은 동심원을 그린다. 즉, 도선 주위의 자력선은 도선과 수직인 평면 안에서 도선을 중심으로 하는 원이 되며, 종이 위에 자침을 놓으면 이의 N극의 방향이 자력선의 방향이 되므로 자장의 방향은 시계방향이 됨을 알 수 있으며, 또 전류의 방향을 반대로 하면 작은 자침의 방향도 반대가 된다.

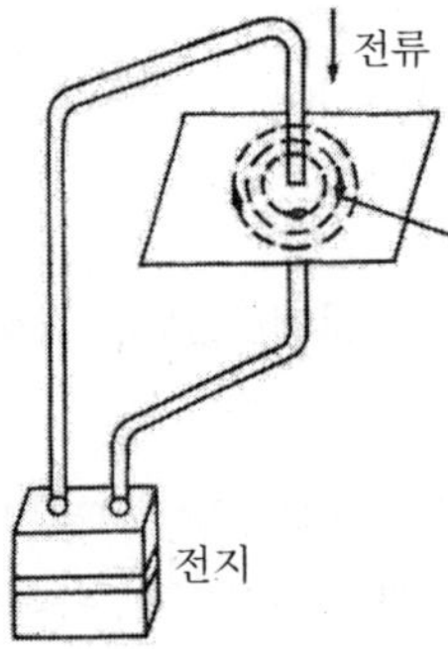

[그림 14.7] 직선전류에 의한 자장

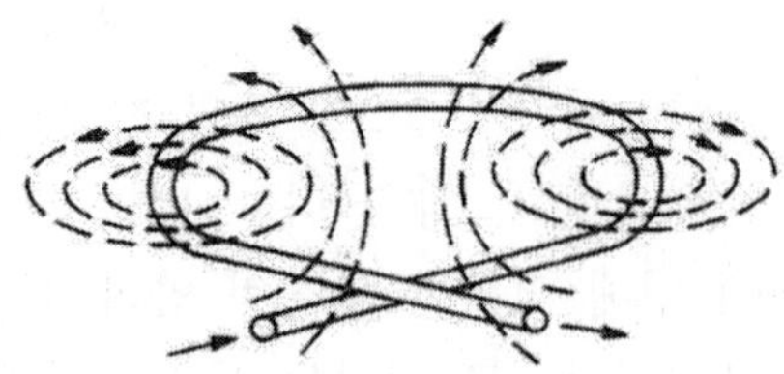

[그림 14.8] 코일에 의한 자장

[그림 14.8]과 같이 코일 속에서 자력선이 쇄교(interlink)하여 강한 자장이 생긴다. 코일을 많이 감을수록 이들의 작용이 합해져 보다 강한 자장을 얻을 수 있다.

[그림 14.9]는 전선을 균등히 하고 밀접하게 통형으로 감은 코일, 즉 솔레노이드(solenoid)에 전류를 흘렸을 때의 자력선분포를 나타낸 것이며, 대부분의 자력선은 한쪽 끝에서 다른 쪽 끝까지 솔레노이드 속을 관통하고, 솔레노이드의 전 전선과 쇄교하는 환상의 자력선이 되고 있다. 따라서 코일 밖의 분포는 1개의 막대자석이 만드는 자장과 똑같은 것이 되고, 솔레노이드 양단에 자극 N, S가 생긴다. 이와 같이 전류에 의하여 만들어진 자석을 전자석(electromagnet)이라 한다.

[그림 14.10]과 같이 전류가 흐르는 방향으로 오른나사를 진행시키면 나사가 회전하는 방향에 자력선이 생긴다. 이때 전류와 자력선의 관계를 바꾸어도 마찬가지이다.

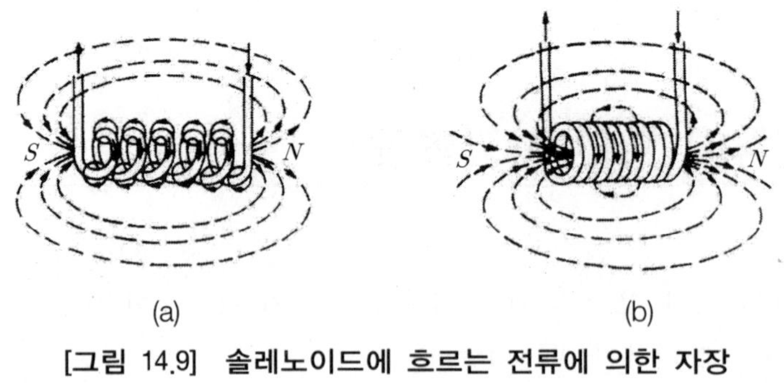

[그림 14.9] 솔레노이드에 흐르는 전류에 의한 자장

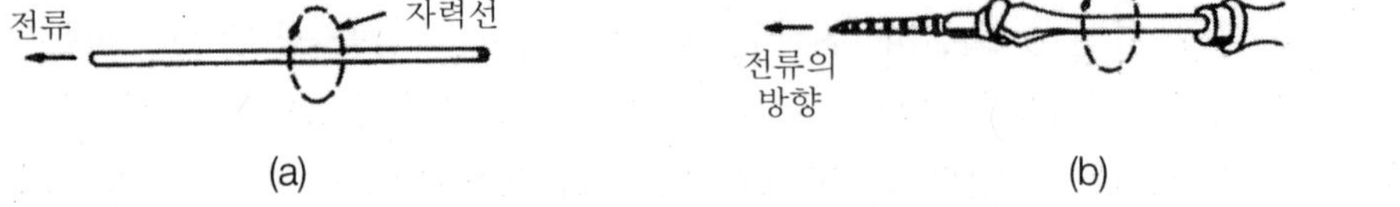

[그림 14.10] 오른나사의 법칙(직선전류)

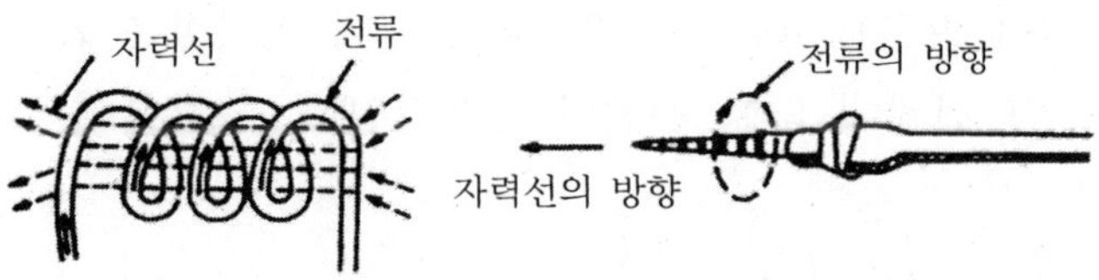

[그림 14.11] 오른나사의 법칙(코일)

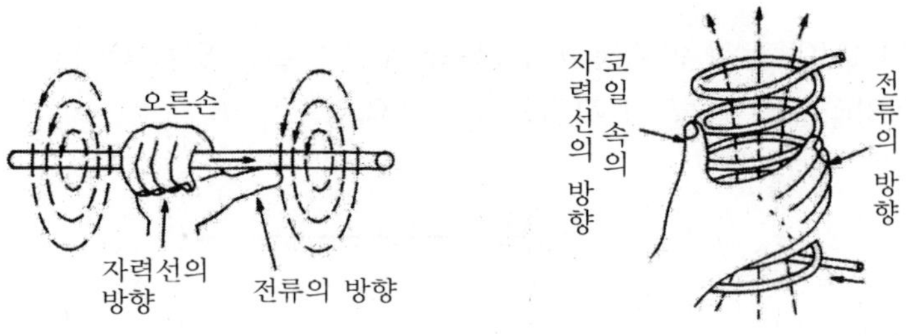

(a) (b)

[그림 14.12] 오른손 엄지손가락의 법칙

[그림 14.11]과 같이 코일에 전류가 흐르는 경우 전류의 방향으로 나사를 돌리면 나사의 진행방향이 코일 속을 지나는 자력선방향과 일치한다. 이것을 암페어의 오른나사 법칙(Ampere's clock-wise screw law)이라 하며, 오른손의 엄지손가락과 다른 네 손가락을 [그림 14.12]와 같이 하여도 같은 결과를 얻기 때문에 오른손 엄지손가락의 법칙(right hand screw law)이라고도 한다.

전류와 만드는 자장의 세기에 대하여 비오(Jean Baptiste Biot)와 사바르(Felix Savart)는 다음 관계식을 유도했다. 즉 [그림 14.13]과 같이 도체 A, B에 전류 I[A]가 흐를 때 미소부분 dl의 전류에 의하여 전류의 방향과 θ만큼 기울어진 방향으로 도체에서 r[m] 떨어진 점 P의 자기장 세기는

$$dH = \frac{Idl\sin\theta}{4\pi r^2} \tag{14.24}$$

이다. 이것을 비오-사바르의 법칙(Biot-Savart's law)이라 한다.

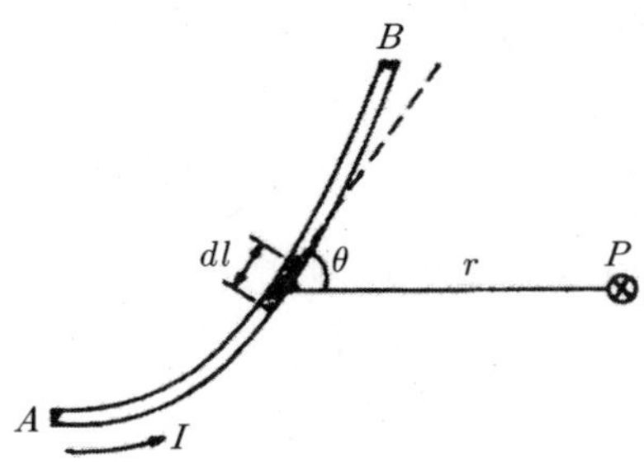

[그림 14.13]

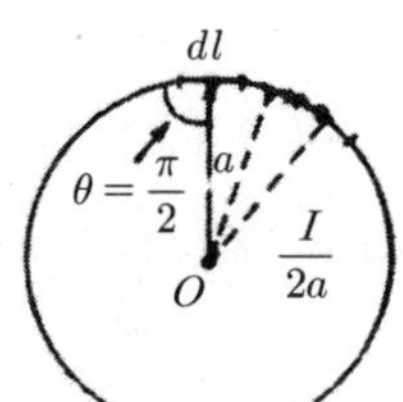

[그림 14.14]

[그림 14.14]와 같이 반지름 a인 코일의 중심 O의 자기장은 $H_0 = I/2a$ [A/m]이다. 이 자기장 H_0는 코일 전체에 의한 O점의 자기장인데, dl부분에 의한 O점의 자기장 dH는

$$dH = \frac{I}{2a}\frac{dl}{2\pi a} = \frac{Idl}{4\pi a^2}\left[\frac{\text{A}}{\text{m}}\right] \tag{14.25}$$

예제 14.5 [그림 14.15]와 같이 반지름 a의 원형전류가 흐르고 있을 때 원형전류의 중심 O에서 수직거리 r인 점 P의 자기장을 구하여라.

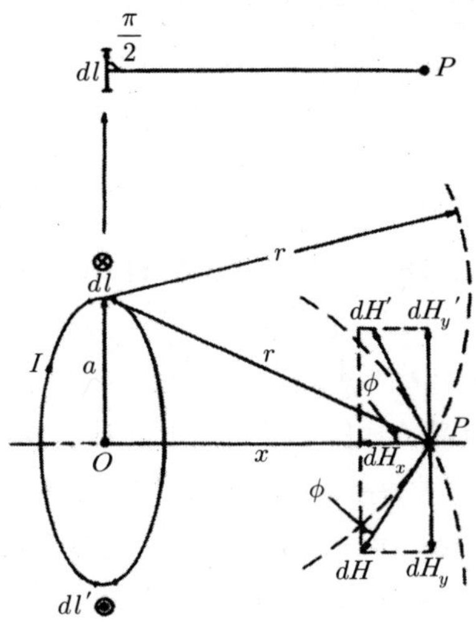

[그림 14.15]

풀이 비오-사바르의 법칙은 식 (14.24)와 같이

$$dH = \frac{Idl\sin\theta}{4\pi r^2}\left[\frac{\text{A}}{\text{m}}\right]$$

이므로 [그림 14.15]와 같이 dl과 점 P와의 각은 $\theta = \pi/2$이므로 $\sin\theta = 1$이 되며

$$dH = \frac{Idl}{4\pi r^2}\left[\frac{\text{A}}{\text{m}}\right]$$

또한 이때 자계의 y성분은 dH_y와 dH_y'가 상쇄되어 축방향의 x성분 dH_x만이 남게 되므로,

$$dH_x = dH\sin\psi = dH\frac{a}{r} = \frac{aIdl}{4\pi r^2}\left[\frac{\text{A}}{\text{m}}\right]$$

따라서, 원형전류 I의 전 원주에 의한 축방향의 자계 H_x는

$$H_x = \int_0^{2\pi a} dH_x = \frac{aI}{4\pi r^2}\int_0^{2\pi a} dl = \frac{aI}{4\pi r^2}\times 2\pi a = \frac{a^2 I}{2r^2}$$

여기서 $r = \sqrt{a^2 + x^2}$ 이므로 위의 식은

$$H_x = \frac{a^2 I}{2(\sqrt{a^2+x^2})^3} = \frac{a^2 I}{2(a^2+x^2)^{3/2}} \left[\frac{\text{A}}{\text{m}}\right]$$

또한 원형전류의 중심 O의 자계는 위 식에서 $x=0$라 놓으면,

$$\therefore\ H_0 = \frac{I}{2a} \left[\frac{\text{A}}{\text{m}}\right]$$

가 된다.

비오-사바르의 법칙은 전류에 의한 자기장을 계산하는 경우 기본이 되는 법칙이지만, 어떤 경우의 자기장은 다음 법칙을 쓰면 보다 더 간단하게 알 수 있다.

[그림 14.16 (a)]와 같이 3개의 도선에 각각 I_1, $-I_2$, I_3의 전류가 흐를 때 이들 도선 주위에는 자기장이 생기며 자기장 안에 폐곡선 C를 취하여 [그림 14.16 (b)]와 같이 C의 미소부분 dl_1의 자기장의 세기를 H_1, dl_2의 자기장의 세기를 H_2……라 하면, 폐곡선 C를 따라 곡선을 한 바퀴 돌면서 dl과 이 부분의 자기장세기 H와의 곱 Hdl의 대수합은 이 폐곡선과 쇄교하는 전류의 대수합과 같다. 여기서 도선에 흐르는 전류는 오른나사의 법칙에 따를 때 (+), 반대일 때 (−)로 한다. 이것을 관계식으로 나타내면

$$H_1 dl_1 + H_2 dl_2 + H_3 dl_3 + \cdots\cdots = I_1 + (-I_2) + I_3 \cdots\cdots$$

이 되고 전류가 코일과 같이 n회 감았을 때에는 폐로와의 쇄교수(number of inter linkage)는 n이 되어

$$\oint_C Hdl = \oint_C H\cos\theta dl = \sum_{i=1}^{n} n_i I_i \ [\text{AT}] \tag{14.26}$$

의 관계식이 된다. 이것을 암페어의 주회적분의 법칙(Ampere's circuital law)이라 한다.

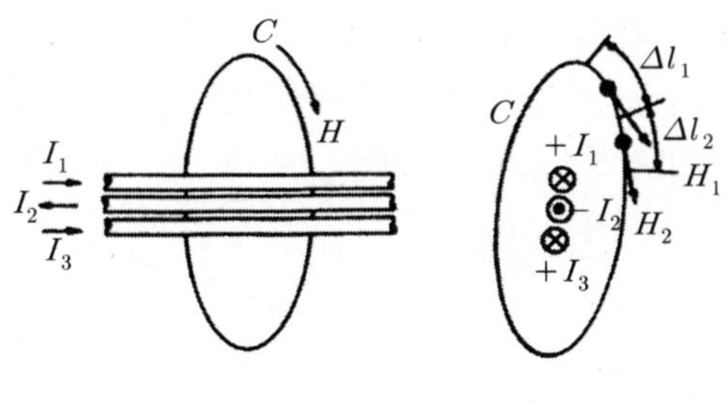

(a) (b)

[그림 14.16] 암페어의 주회적분의 법칙

예제 14.6 [그림 14.17]과 같이 무한히 긴 직선도체에 전류 I[A]가 흐르고 있을 때 도체에서 r[m]의 점 P의 자계 및 자속밀도를 구하여라.

풀이 암페어의 주회적분의 법칙에서 도선이 무한히 길면 그 주위에 생기는 자기장은 도선 중심의 원이 되므로, 반지름 r되는 원주위의 자장의 세기는 모두 같고 각 점의 자기장

의 방향은 원주의 접선이다. 그러므로 P의 자기장의 세기 H[AT/m]는

$$H \times 2\pi r = I$$

$$\therefore\ H = \frac{I}{2\pi r}\left[\frac{\text{A}}{\text{m}}\right]$$

자속밀도는 자기장의 식 (14.24)에서

$$B = \mu_0 H = \frac{\mu_0 I}{2\pi r}\left[\frac{\text{Wb}}{\text{m}^2}\right]$$

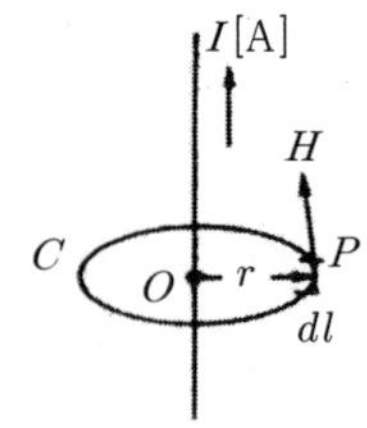

[그림 14.17]

14.6 자기장 중의 전류에 작용하는 힘

[그림 14.18]과 같이 N, S극이 만드는 평등한 자기장 중에 그의 자기장 방향에 수직한 전류 I가 흐르고 있는 직선상 도체를 두면 양자가 만드는 자기장의 합성으로서 실선과 같은 자력선이 된다. 즉 이 자기장 분포는 도체의 위쪽에서 밀(密)하고 아래쪽에서는 소(疎)하므로 도체에는 하향력이 작용한다.

지금 [그림 14.19]와 같이 전류 I[A]가 흐르고 있는 길이 l[m]의 도체가 자속밀도 B[Wb/m^2]의 자기장 중에 놓여 있을 때 이 도체에 작용하는 힘 F는 실험에 의해서

$$F = IBl\sin\theta\ [\text{N}] \quad \text{또는} \quad F = (I \times B)l\ [\text{N}] \tag{14.27}$$

임이 확인되어 있다. 여기서 θ는 전류 I와 자속밀도 B가 이루는 각이다. 또, 도체에 작용하는 힘 F의 방향은 I와 B의 양쪽에 직각방향이 된다. 즉 왼손의 엄지손가락, 집게손가락, 가운데손가락을 서로 직각으로 구부려 전류를 가운데손가락, 자속밀도를 집게손가락으로 취할 때 엄지방향이 힘의 방향이 된다. 이 관계를 플레밍의 왼손의 법칙(Fleming's left hand rule)이라 한다.

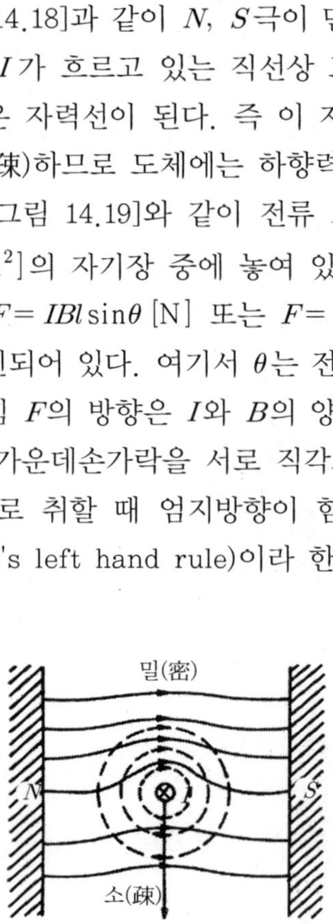

[그림 14.18]

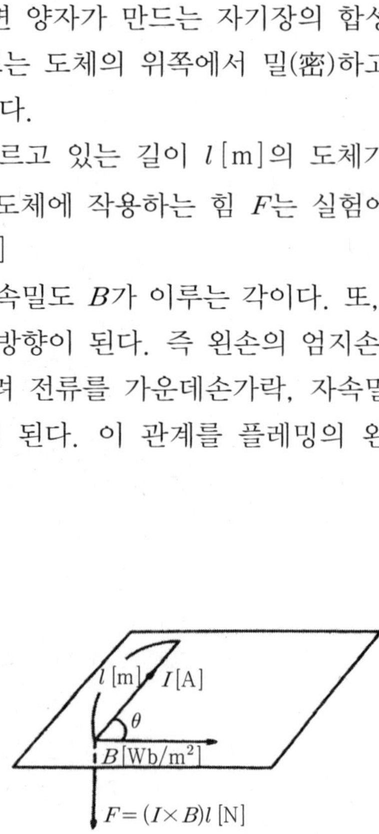

[그림 14.19]

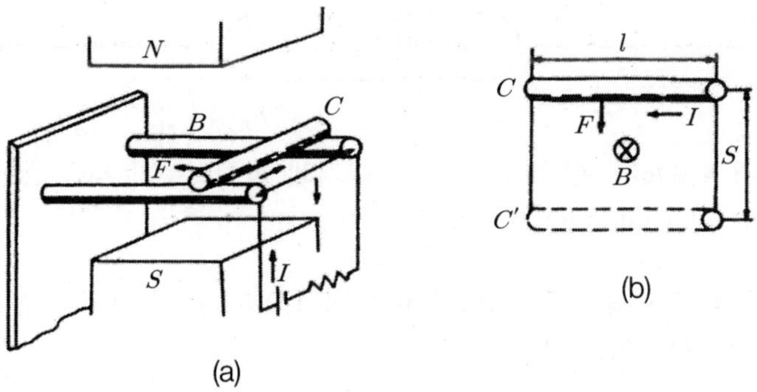

[그림 14.20] 전자력에 따르는 일

이와 같이 전류와 자속 사이에 작용하는 힘을 전자력(electromagnetic force)이라 하며, [그림 14.20 (a)]와 같이 자기장 안에 도선 C를 놓으면 C는 $F=BIl$ [N]의 전자력을 받아 화살표방향으로 이동한다. 그림 (b)에서와 같이 도선 C가 t [s] 후에 C'의 위치까지 S [m] 이동하였다고 하면, 이때 한일 W는

$$W=FS=BIlS \text{ [J]}$$

이 되고, BlS는 도선이 S [m] 이동할 때 끊은 자속의 총합이므로, 이것을 Φ [Wb]라 놓으면

$$W=I\Phi \text{ [J]} \tag{14.28}$$

또 t [s] 동안에 이만큼의 일이 이루어지므로 매초 한 일의 비율(동력)을 P라면

$$P=\frac{I\Phi}{t} \text{ [J/s]} \tag{14.29}$$

의 관계가 성립한다.

이와 같은 전자력의 응용으로 전동기나 전기계기가 널리 이용되고 있다.

■ 연습문제 ■

01 5.0 A의 전류가 4.0 min 동안 10 Ω 의 저항기에 흘렀다. 이 시간 동안에 저항기의 어떤 단면을 통과한 (a) coulomb? (b) 전자수는?

02 작지만 측정 가능한 전류 1.0×10^{-10} A가 직경 2.5 mm인 구리 도선 내에 존재한다. 전자 유동속력을 계산하여라.

03 독립도체구의 반경은 10 cm이다. 어떤 도선이 그 속으로 1.0000020 A 의 전류를 운반하며, 또 다른 도선이 구 밖으로 1.0000000 A 의 전류를 운반한다. 구의 전위가 1000 V가 될 때까지는 얼마나 걸리겠는가?

04 전차의 동전선로가 7.1 in^2의 단면적을 가지고 있다. 10 mi의 단일선로의 저항은? 강철의 비저항은 3.0×10^{-7} Ωm 이다.

05 저항이 6.0 Ω 인 도선을 원래 길이의 세 배로 잡아 늘였다. 물질의 비저항과 밀도는 늘이는 과정에서 변하지 않았다고 생각하고, 긴 도선의 저항을 구하여라.

06 니크롬 도선(니켈-크롬 합금으로서 보통 가열재로서 사용된다)의 길이가 1.0 m이고 단면적이 1.0 mm^2이다. 양단에 2.0 V의 전위차가 걸렸을 때 4.0 V의 전류가 흐른다. 니크롬의 전도도 σ는?

07 1250 W 복사전열기가 115 V에서 작동되고 있다. (a) 이 전열기에 흐르는 전류는? (b) 가열 코일의 저항은? (c) 이 전열기에 의하여 1시간에 방출되는 열에너지는?

08 반경 5.0 mm, 길이 2.0 cm인 원통형 저항기가 비저항 3.5×10^{-5} Ωm 의 물질로 만들어져 있다. 전력 소비가 1.0 W일 때 전류밀도와 전위차는?

09 120 V선에서 작동하고 있는 공간 전열기가 뜨거운 저항 14 Ω 을 가지고 있다. (a) 어떤 비율로 전기적 에너지가 열로 변환되는가? (b) 5.0 ¢ /kW · h로 5.0 h 동안 이 기재를 작동시키는 데 얼마나 비용이 드는가?

10 저항기가 절단된 직원추 모양으로 생겼다(그림 14.21). 양끝의 반경이 a와 b이고 높이는 l이다. 경사각도가 작다면 임의의 단면적 내에서 전류밀도는 균일하다고 가정할 수 있다. (a) 이 물체의 저항을 계산하여라. (b) 경사각이 없는 특별한 경우($a=b$)에 대하여 답이 $\rho(l/A)$로 바뀜을 보여라.

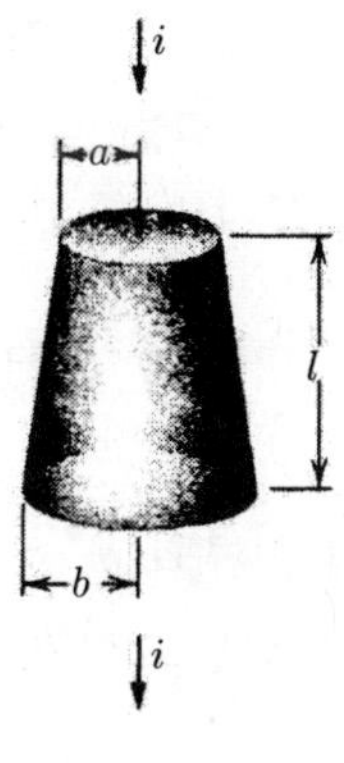

[그림 14.21]

11 전동기에 감겨 있는 구리 도선의 저항이 전동기가 작동하지 않을 때 20℃에서 50 Ω이다. 몇 시간 동안 작동한 다음 저항은 58 Ω으로 올라갔다. 감은 선의 온도는?

12 [그림 14.22]에서 R_3을 포함하는 분로에 삽입된 전류계를 생각하여라. (a) $\epsilon = 5.0\ \mathrm{V}$, $R_1 = 2.0\ \Omega$, $R_2 = 4.0\ \Omega$, 그리고 $R_3 = 6.0\ \Omega$이라면 전류계에서는 얼마를 읽을 수 있는가? (b) 전류계와 기전력의 원천이 상호 교환되었다. 전류계의 눈금이 불변임을 보여라.

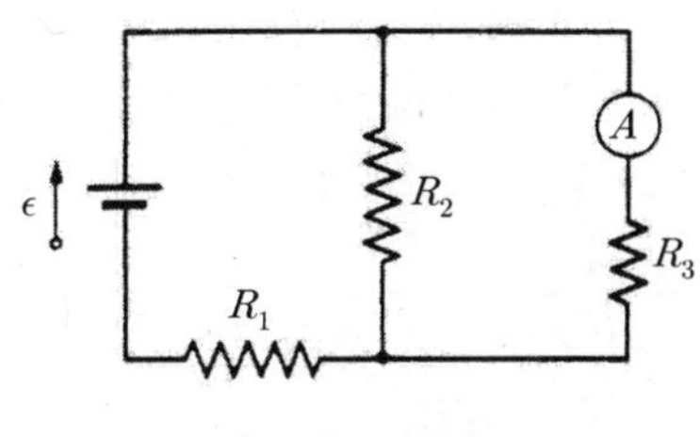

[그림 14.22]

13 [그림 14.23]에서 가능한 한 많은 경로에 의하여 점 c와 d 사이의 전위차를 계산하여라. 단, $\epsilon_1 = 4.0\ \mathrm{V}$, $\epsilon_2 = 1.0\ \mathrm{V}$, $R_1 = R_2 = 10\ \Omega$, $\mathrm{R}_3 = 5.0\ \Omega$으로 하여라.

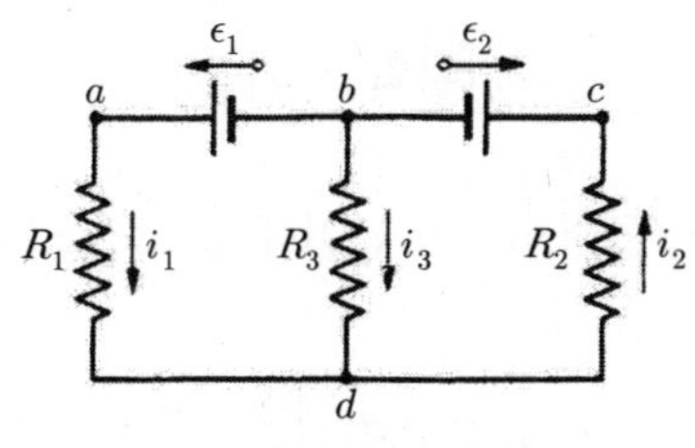

[그림 14.23]

14 반경 $a(=0.25\,\mathrm{mm})$의 구리 도선에 바깥쪽 반경 $b(=0.38\,\mathrm{mm})$로 알루미늄이 씌워져 있다. (a) 이 도선의 전류 $I(=2.0\,\mathrm{A})$가 흐를 때 각 물질에 흐르는 전류를 구하여라. (b) 전위차 $V(=12\,\mathrm{V})$로 이 전류가 흐른다면 도선의 길이는?

15 두 저항 코일을 사용하여 – 다만 직렬이나 병렬로 – 3, 4, 12, 16 Ω의 저항을 얻을 수 있다. 이 코일의 각 저항은?

16 [그림 14.24]에서 각 저항기에서의 전류와 a, b 사이의 전위차를 구하여라. $\epsilon_1 = 6.0\,\mathrm{V}$, $\epsilon_2 = 5.0\,\mathrm{V}$, $\epsilon_3 = 4.0\,\mathrm{V}$, $R_1 = 100\,\Omega$, 그리고 $R_2 = 50\,\Omega$으로 하여라.

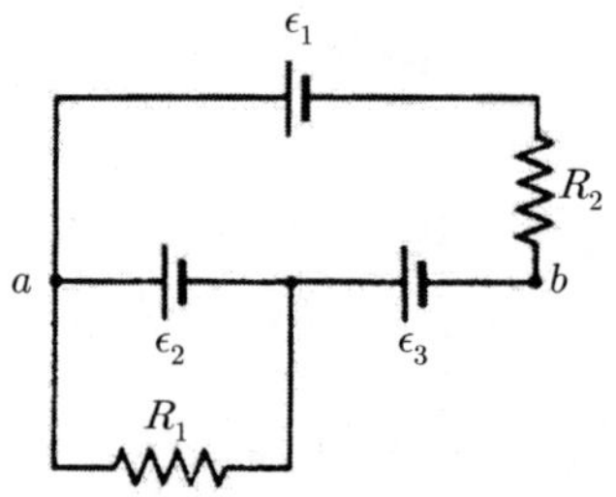

[그림 14.24]

17 저항측정 전압계(저항 R_V)와 전류계(저항 R_A)가 [그림 14.25]에서처럼 저항 R을 측정하기 위해서 연결되어 있다. 저항은 $R = V/i$이고, 여기서 V는 전압계의 값이며, i는 저항기 R에 흐르는 전류이다. 전류계에서 읽은 전류(i)는 다만 겉보기 저항 R'가 된다. R과 R'의 관계가 다음과 같이 됨을 보여라.

$$\frac{1}{R} = \frac{1}{R'} - \frac{1}{R_V}$$

$R_V \to \infty$일 때 $R' \to R$임을 유의하여라.

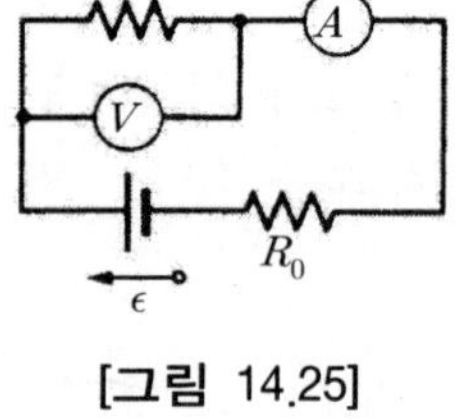

[그림 14.25]

18 RC회로의 축전기에서 평형전하의 1.0% 이내로 충전되기까지에는 시간정수의 몇 배가 경과하여야 되는가?

19 10번 나동선(직경 2.5 mm)은 과열되지 않고 50 A의 전류를 흘릴 수 있다. 이 전류에서 동선 표면에서의 자기장 B는?

20 크기 $+q$, 속력 t의 점전하가 전류 i가 흐르는 긴 직선도선의 축으로부터 거리 d인 곳에 위치하여 이 도선의 축에 수직으로 움직인다면 이 전하가 (a) 도선으로부터 가까워질 때 (b) 멀어질 때에 받는 힘의 크기와 방향은?

21 거리가 10 cm 떨어진 2개의 긴 직선도선에 전류 100 A가 각각 흐른다. [그림 14.26]은 지면에 수직인 도선과 밑변이 d인 수직이등분선상의 점 P를 나타내는 단면이다. 왼쪽 도선의 전류가 면에서 나오고, 오른쪽 도선의 전류는 (a) 같은 방향, (b) 반대방향일 경우에 점 P에서의 자기장의 크기와 방향을 구하여라.

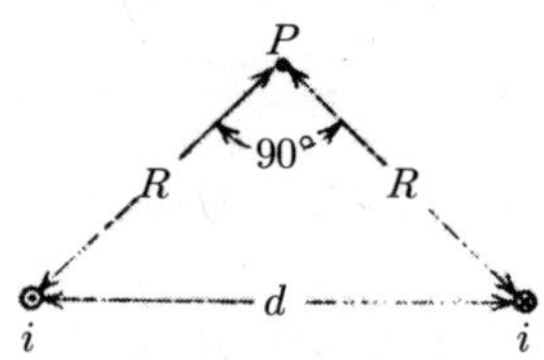

[그림 14.26]

22 기다란 머리핀이 [그림 14.27]에서와 같이 한 조각의 도선을 휘어서 만들어졌다. 만약 10 A의 전류가 흐른다면 (a) 점 a에서의 B의 방향과 크기는? (b) 점 b에서는? $R = 5.0$ mm로 하여라.

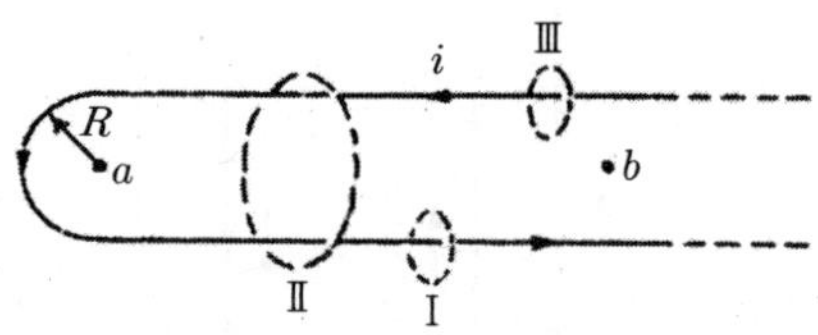

[그림 14.27]

23 [그림 14.28]의 점 P에서 B를 계산하여라. $i = 10$ A, $a = 8.0$ cm라고 가정하여라.

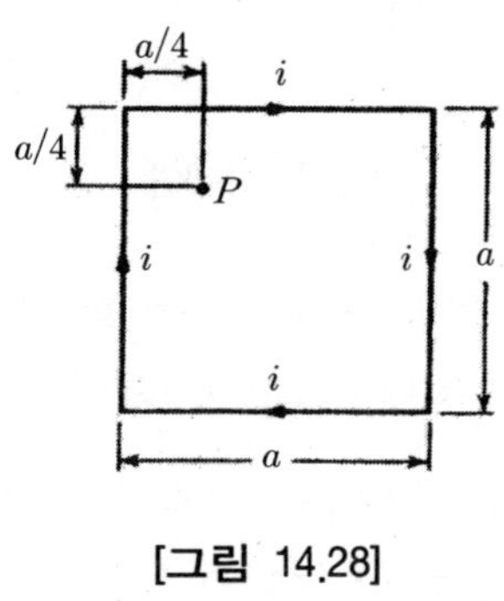

[그림 14.28]

24 한 변이 5.0 cm의 정방형 단면을 가지고 내반경 15 cm인 트로이드가 500번 감겨 있고 전류 0.80 A가 흐른다. 트로이드의 자기장을 구하여라. (a) 내반경에서, (b) 외반경에서

25 [그림 14.29]는 균일하게 분포된 전류 i가 흐르는 반경 a의 긴 원통형 도체의 단면을 보여주고 있다. $a = 2.0$ cm, $i = 100$ A 라 가정하고, 영역 $0 < r < 6$ cm에 걸쳐서 $B(r)$의 도면을 그려라.

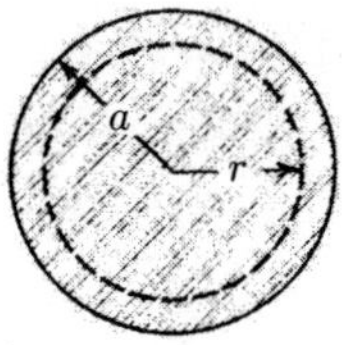

[그림 14.29]

26 [그림 14.30]에서 긴 도선에는 30 A의 전류가 흐르고 구형환선에는 20 A의 전류가 각각 흐른다. 환선에 작용하는 합력을 구하여라. 단, $a = l.0$ cm, $b = 8.0$ cm, $l = 30$ cm이다.

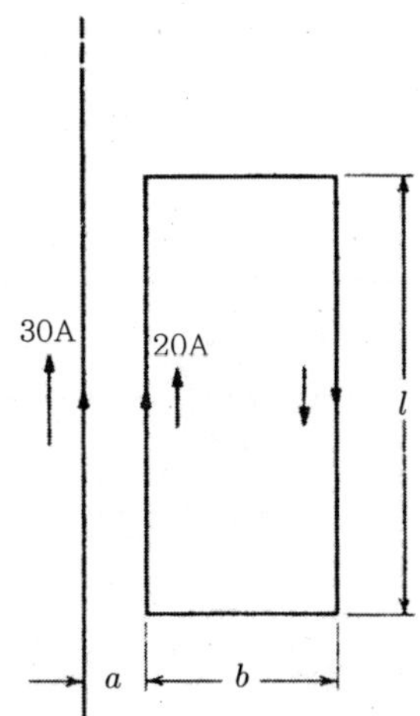

[그림 14.30]

27 5.0 mT(=50 gauss)의 균일한 외부 자기장 속에 100 A의 전류가 흐르고 있는 긴 도선이 그 장에 대해서 직각으로 놓여 있다. 합성자기장이 0이 되는 점을 찾아라.

28 8개의 도선이 [그림 14.31]에서 보이는 점들에서 지면을 수직으로 자른다. 정수 k ($k = 1, 2, 3, \cdots\cdots, 8$)로 분류되는 한 도선에 전류 ki_0가 흐른다. 홀수 k에 대해서 전류는 지면 밖으로 흐르며, 짝수 k에 대해서는 지면 속으로 흘러들어 간다. 화살표로 지시

된 방향으로 폐로를 따라서 $\oint B \cdot dl$을 계산하여라.

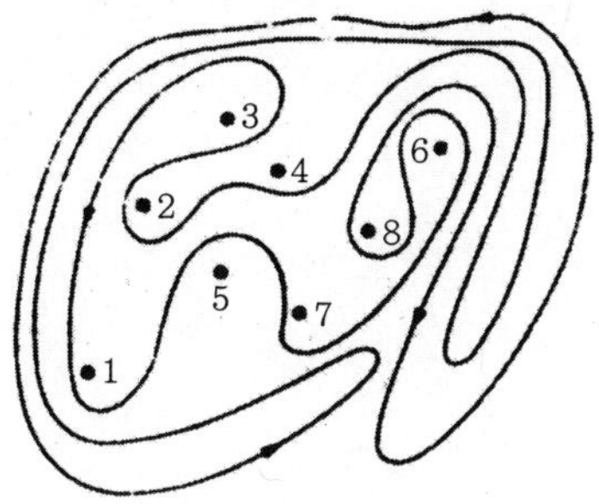

[그림 14.31]

29 평행판 축전기의 변위전류는 다음과 같이 쓸 수 있음을 증명하여라.

$$i_d = C\frac{dV}{dt}$$

30 1.0 μF의 평행판 축전기가 있다. 어떻게 하면 판 사이의 공간에 1.0 A의 (순간) 변위전류를 일으킬 수 있겠는가?

15

전자기유도

Electromagnetism Induction

15.1 전자기유도법칙

[그림 15.1]과 같이 코일 L에 자석을 가까이 또는 멀리하면, 코일에 접속한 검류계 G의 지점이 움직여서 코일에 기전력이 생겼음을 알 수 있다. 그리고 자석을 가까이하였을 때와 멀리하였을 때와는 G의 지침의 움직임이 반대가 되고, 자석이 움직이는 속도가 빠를수록 G의 지침이 많이 움직이며 자석을 멈추면 G의 지침이 0이 되는 것을 실험으로 알 수 있다. 이와 같이 코일을 지나는 자속이 변화하면 코일에 기전력이 생기는 현상을 전자유도(electromagnetic induction)라 하고, 이 기전력을 유도기전력(induced electromotive force), 흐르는 전류를 유도전류(induced current)라 한다.

이 전자유도작용은 패러데이(Michael Faraday)에 의하여 1831년 발견된 것이며, 이 것에 관하여는 다음 법칙이 있다. 전자유도에 의하여 회로에 유도되는 기전력은 이 회로와 쇄교하는 자속이 증가 또는 감소하는 정도에 비례한다. 이것을 전자유도에 관한 패러데이의 법칙이라 한다.

전자유도에 의하여 유도된 기전력, 즉 유도전류의 방향을 간단하게 아는 방법으로서 렌츠의 법칙(Lenz's law)과 플레밍의 오른손법칙(Fleming's right-hand rule)이 있다.

렌츠의 법칙은 반작용의 법칙이라고도 하는 것으로, "전자유도에 의하여 생긴 기전력의 방향은 그 유도전류가 만들 자속이 항상 원래 자속의 증가 또는 감소를 방해하는 방향이다." 즉, [그림 15.2]와 같이 A, B 두 코일을 같은 철심에 같은 방향으로 감고, A코일의 전류를 변화시키면 B코일에 유도되는 기전력의 방향은 그림 (a)와 같이 A코일의 스위치 S를 열 때에 A코일의 전류 i는 감소하므로 B코일과 쇄교하는 자속도 감소하려고 한다. 이때 B코일에는 그 자속의 감소를 방해하는 방향의 전류가 흘러야 하므로, 그림 (a)의 화살표의 방향으로 기전력 e가 유도되어 유도전류가 흐르고, 원래의 자속과 같은 방향으로 반작용자속을 만들려고 한다.

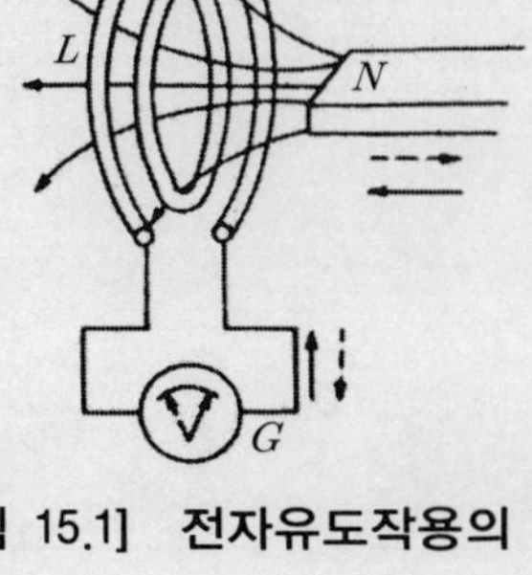

[그림 15.1] 전자유도작용의 실험

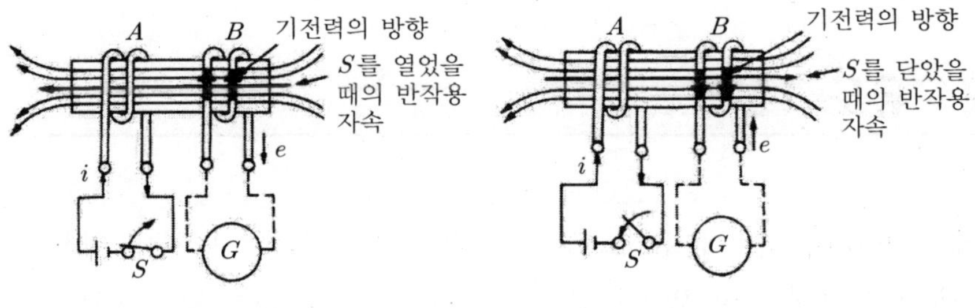

(a) (b)

[그림 15.2] 렌츠의 법칙

만일, 반대로 그림 (b)와 같이 S를 닫았다고 하면 전류 i는 증가하여 B코일을 지나는 자속은 증가하려고 한다. 따라서 B코일에는 이 자속의 증가를 방해하는 방향, 즉 원래의 자속과는 반대방향의 반작용자속을 만드는 유도전류를 흘리도록 기전력 e가 생긴다.

[그림 15.3]과 같이 도체 ab 양단에 접속한 검류계 G까지 포함하여 1개의 코일로 보았을 때, 도체를 위쪽으로 운동시키면 렌츠의 법칙에 의하여 코일과 쇄교하는 자속의 감소를 방해하여야 하므로 화살표 방향의 기전력이 생긴다. 즉 자장 안에 있는 도체 ab가 운동하면서 자속을 끊으면 기전력이 유도된다. 플레밍의 오른손법칙은 이와 같이 도체가 운동하여 자속을 끊었을 때의 기전력의 방향을 아는 데 편리하다. 이 법칙은 오른손의 집게손가락 · 엄지손가락 · 가운데손가락을 서로 직각으로 구부리고, 집게손가락은 자속, 엄지손가락은 도체의 운동방향을 가리키게 하면, 가운데손가락의 방향이 도체에 생기는 유도기전력의 방향이 된다는 법칙이다.

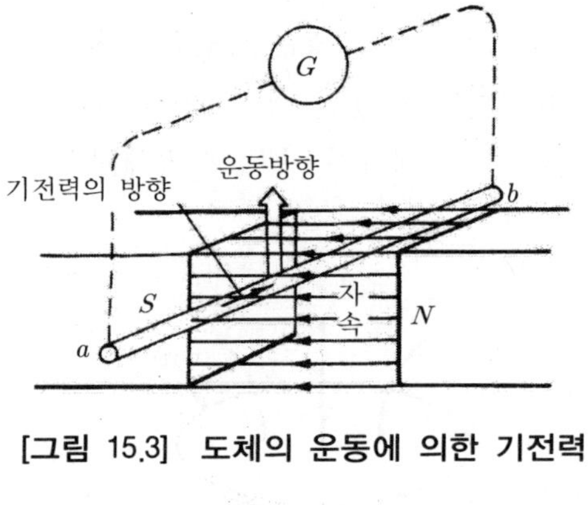

[그림 15.3] 도체의 운동에 의한 기전력

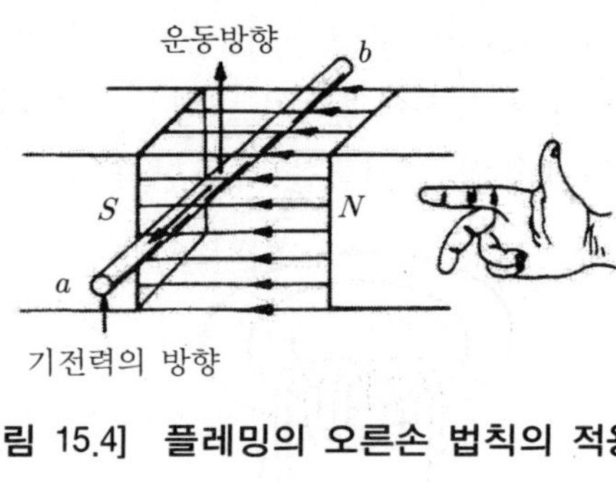

[그림 15.4] 플레밍의 오른손 법칙의 적용

15.2 유도기전력

전자유도에 의하여 회로에 유도되는 기전력은 패러데이의 법칙에 의하여 회로와 쇄교하는 자속의 시간에 대한 변화율에 비례한다. 따라서 감은 횟수 1회의 코일에 쇄교하는 자속 Φ가 dt [s] 동안에 $d\Phi$ [Wb]만큼 변화할 때의 기전력 e_1은

$$e_1 = k\frac{d\Phi}{dt}\ [\mathrm{V}] \tag{15.1}$$

여기서 단위시간 1 s에 1 Wb만큼의 자속이 변화할 때, 1 V의 유도기전력이 생기도록 MKS 단위를 정하면 $k=1$로 된다. 따라서

$$e_1 = \frac{d\Phi}{dt}\ [\mathrm{V}] \tag{15.2}$$

즉, 감은 횟수 1회의 코일과 쇄교하는 자속이 1 s 동안에 1 Wb의 비율로 변화할 때 1 V의 기전력이 유도된다.

이 관계로부터 [그림 15.5]와 같이 감은 횟수 N회의 코일에 Φ [Wb]의 자속이 전부 쇄교하고 있으며, 이 자속이 dt [s] 동안에 $d\Phi$ [Wb]가 증가한다면 기전력 e는 코일 1회에 유도되는 기전력의 N배가 된다. 그리고 [그림 15.6]과 같이 Φ의 정(+)방향과 기전력의 정방향(실선방향)을 오른나사의 관계에 맞도록 정하면 기전력 e는

$$e_1 = -N\frac{d\Phi}{dt}\ [\mathrm{V}] \tag{15.3}$$

따라서 [그림 15.5]의 e'와 같이 기전력의 정방향을 반대방향으로 정하면 식 (15.3)은

$$e' = N\frac{d\Phi}{dt}\ [\mathrm{V}] \tag{15.4}$$

가 된다. 여기서, 자속 Φ와 감은 횟수 N의 곱인 $N\Phi$를 자속쇄교수(number of flux interlinkage)라 하고 [WbT] 또는 [Wb] 단위로 표시하기로 하면, 위 식의 $N(d\Phi/dt)$는 1 s 동안의 자속쇄교수의 변화율이 된다. 따라서 1 s 동안에 1 WbT의 자속쇄교수가 변화하면 1 V의 기전력을 유도한다.

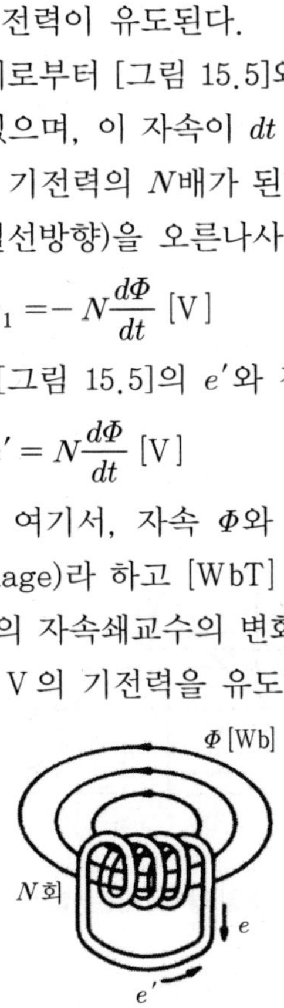

[그림 15.5] 자속과 코일의 쇄교

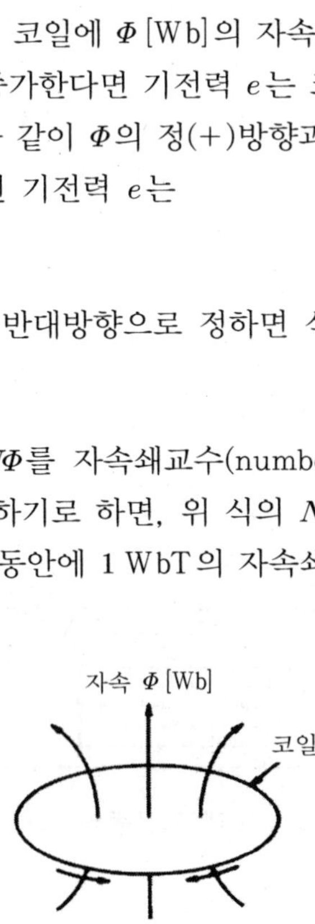

[그림 15.6] 자속에 대한 기전력의 정방향

예제 15.1 1회 감은 코일에 지나가는 자속이 1/100 s 동안에 0.3 Wb에서 0.5 Wb로 증가하였다. 이때, 유도되는 기전력은 몇 V가 되겠는가?

풀이 단위시간의 자속의 변화율은

$$\frac{d\Phi}{dt}=\frac{0.5-0.3}{\frac{1}{100}}$$

이므로

$$e=\left|-\frac{d\Phi}{dt}\right|=0.2\times 100=20\text{ V}$$

코일의 감은 횟수가 3회라면

$$e=\left|-N\frac{d\Phi}{dt}\right|=3\times 20=60\text{ V}$$

[그림 15.7]과 같이 자속밀도 B[Wb/m^2]의 평등자기장 안에 길이 l[m]의 직선도체를 자기장과 수직으로 놓고, 도체를 자기장과 직각방향에 v[m/s]의 일정한 속도로 직선운동을 시킬 때의 유도기전력은 1 s 동안에 도체가 v[m] 이동하므로, lv[m^2]의 면적 안의 자속 Blv[Wb]가 1 s 동안에 끊기므로, 유도기전력 e는

$$e=Blv\text{ [V]} \tag{15.5}$$

가 된다.

그리고 [그림 15.8]과 같이 도체가 자기장의 방향과 각 θ되는 방향으로 v[m/s]의 속도로 운동하는 경우를 생각하면, v는 자기장과 같은 방향의 $v\cos\theta$와 직각인 $v\sin\theta$로 분해되므로, 이때의 기전력은 도체가 $v\sin\theta$의 속도로 자기장과 직각방향에 이동할 때의 기전력 e와 같게 되어

$$e=Blv\sin\theta\text{ [V]} \tag{15.6}$$

의 관계가 된다.

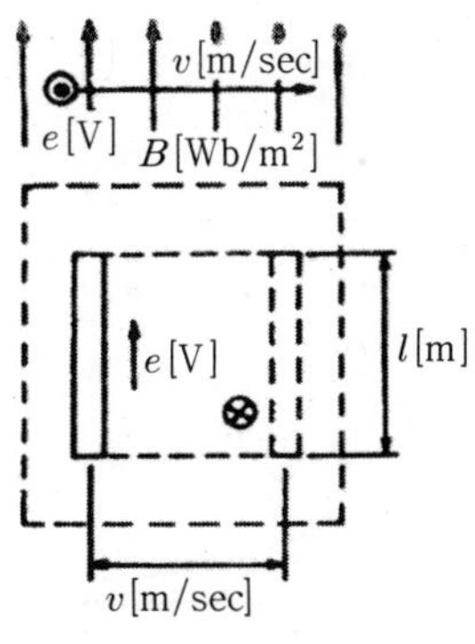

[그림 15.7] 직선운동을 하는 도체의 유도기전력

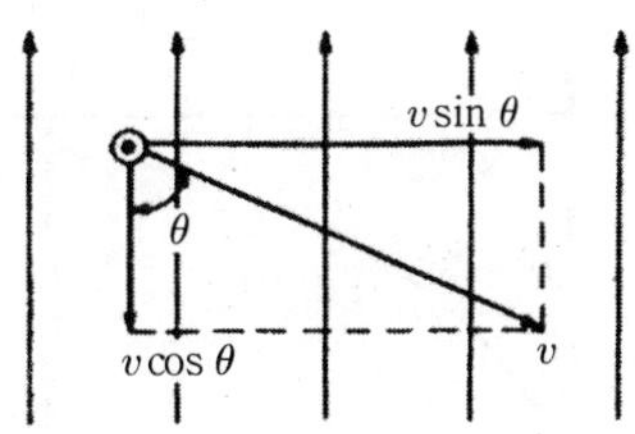

[그림 15.8] 속도 벡터의 분해

15.3 인덕터 회로

[그림 15.9]에서 스위치 S를 닫으면 전류 I가 흘러서 자속 Φ는 화살표 방향으로 증가한다. 자속이 변화하므로 전자유도에 의해 기전력이 발생되어 i방향의 전류를 흐르게 하려 하는 동시에 전류 I의 증가를 방해한다. 즉 어떤 코일에 흐르는 전류가 변화하면 코일과 쇄교하는 자속이 변화하므로, 이 코일에 기전력이 유도된다. 이것을 자체유도(self-induction)라 하고, 이 기전력을 자체유도 기전력이라 한다.

[그림 15.10]과 같이 쇠막대에 코일을 감고, 저항 R을 직렬로 하여 스위치 S를 닫았을 때의 흐르는 전류를 측정하면, [그림 15.11]과 같이 곡선이 얻어진다. 이 시간에 경과되면 전류변화는 없어지고, E/R의 값으로 되나 S를 닫은 후, 이 전류에 도달하는 데는 시간이 걸린다. 이것은 자체유도현상으로 인한 것으로, [그림 15.10]에서 쇠막대를 빼내고 실험하면 [그림 15.11]의 점선과 같은 결과가 얻어진다. 여기서 쇠막대 있는 곳이 자체유도현상이 현저하다.

권수 N의 코일에 전류 I를 통했을 때 생기는 자속을 Φ로 하면 전류와 쇄교하는 자속 $N\Phi$는 전류 I에 비례한다. 즉

$$N\Phi = LI \tag{15.7}$$

이다. 이 식을 t로 미분하고, 식 (15.3)에 대입하면

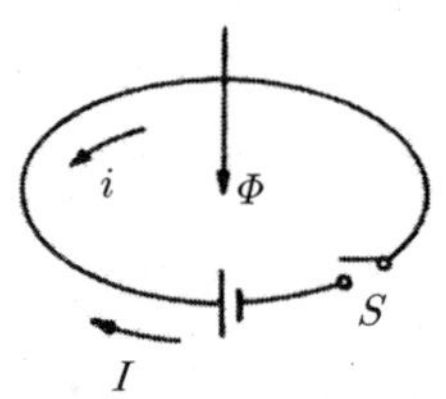

[그림 15.9]

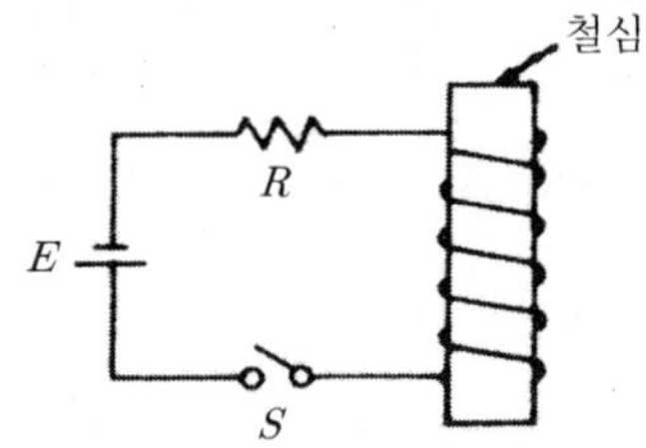

[그림 15.10]

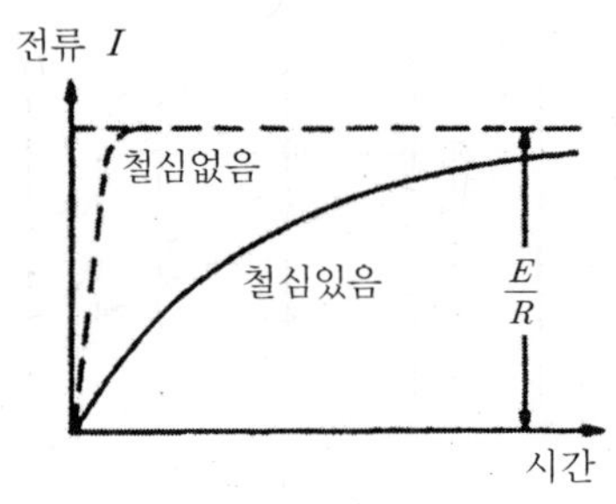

[그림 15.11]

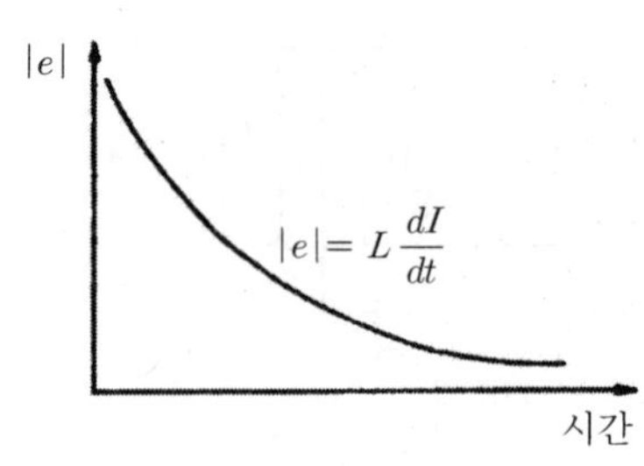

[그림 15.12]

$$e = -L\frac{dI}{dt}\ [\mathrm{V}] \tag{15.8}$$

즉, 자체유도에 의해 생기는 기전력 e는 전류변화에 비례한다. L은 코일의 형성과 투자율에 의해 정해지는 정수로, 자체유도계수 또는 자체 인덕턴스(self-inductance)라 한다.

[그림 15.11]을 보면 스위치를 닫았을 때가 전류변화 dI/dt가 최대이다. [그림 15.11]의 실험으로 $L\,dI/dt$의 크기의 변화를 그리면 [그림 15.12]의 곡선이 얻어진다.

예제 15.2 자기 인덕턴스 10 H인 코일에 0.5 A의 전류가 흐르고 있을 때 스위치를 끊으면 1/100초에서 전류는 흐르지 않았다. 이 사이에 전류는 균일하게 약해졌다고 하면 생긴 자기유도의 기전력은 얼마인가?

풀이 식 (15.8)에서 $L = 10\,\mathrm{H}$, $dI = 0.5 - 0$, $dt = 1/100$이므로

$$10 \times \frac{0.5-0}{\frac{1}{100}} = 10 \times 0.5 \times 100 = 500\ \mathrm{V}$$

따라서, 자기유도 기전력은 500 V이다.

권수 N_1과 N_2 2개의 코일이 있을 때에는 N_1 코일에 전류 I_1을 흐르게 하여 생기는 자속 중에서 N_2 코일과 쇄교하는 자속 $N_2\Phi_{21}$은 전류 I_1에 비례한다.

$$N_2\Phi_{21} = M_{21}I_1 \tag{15.9}$$

식 (15.9)를 t로 미분하고, 식 (15.3)을 사용하면 N_2 코일의 전자유도에 의한 기전력 e_2는

$$e_2 = -M_{21}\frac{dI_1}{dt} \tag{15.10}$$

여기서 M_{21}는 2개의 코일 형상과 서로의 위치 및 투자율로서 정해지는 정수인데 상호유도계수 또는 상호 인덕턴스(mutual inductance)라 한다.

여기서 유도계수 L과 M_{21}의 단위는 헨리(henry, H)가 사용된다.

[그림 15.13]과 같이 코일 P, S의 감은 횟수를 각각 N_1, N_2, 코일 내부의 철심의 투자율을 μ, 철심의 단면적을 $A\,[\mathrm{m}^2]$, 철심의 길이를 $l\,[\mathrm{m}]$라 하고, 누설자속이 없는 상태에서 자기적으로 결합되어 있으면, 코일 P, S의 자체 인덕턴스 L_1, L_2와 상호 인덕턴스 M은 $\Phi = BA = \mu HA = \mu NIA/l\,[\mathrm{Wb}]$의 관계식에 의하여

$$L_1 = \frac{\mu A N_1^2}{l},\quad L_2 = \frac{\mu A N_2^2}{l},\quad M = \frac{\mu A N_1 N_2}{l} \tag{15.11}$$

가 된다.

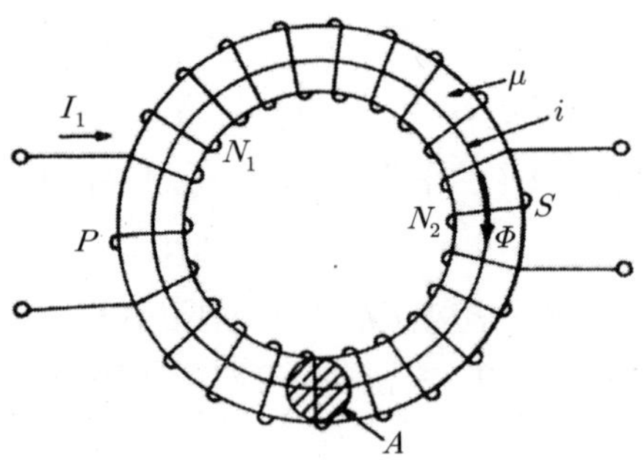

[그림 15.13] 환상 코일의 상호 인덕턴스

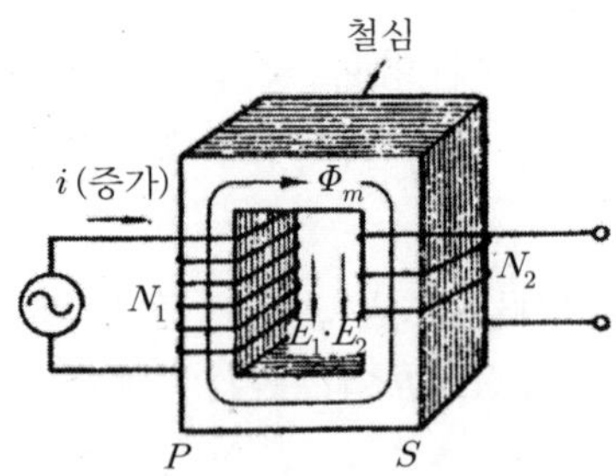

[그림 15.14] 변압기의 원리

따라서 이들 사이에는

$$M = \sqrt{L_1 L_2} \tag{15.12}$$

의 관계가 된다. 그러나 실제로는 Φ_l과 같은 누설자속이 있으므로, 코일 P에서 생긴 자속($\Phi_m + \Phi_l$)이 모두 코일 S를 지나는 상호자속 Φ_m이 될 수는 없다. 그러므로 실제의 M은 식 (15.12)보다 작게 된다. 따라서 M이 식 (15.12)보다 작게 되는 비율을 k라 하면

$$M = k\sqrt{L_1 L_2}, \quad k = \frac{M}{\sqrt{L_1 L_2}} \tag{15.13}$$

이 된다. 이 k를 결합계수(coupling coefficient)라 하고, $0 < k \leq 1$의 범위에 있는 값이다.

상호유도작용을 이용한 기기 중에 가장 일반적으로 쓰이는 것으로 변압기(transformer)와 유도 코일(induction coil)이 있으며, 이 중 변압기의 원리를 알아보자.

[그림 15.14]와 같이 같은 철심에 횟수 N_1, N_2의 코일 P, S를 감고 P코일에 교번전압을 가하면 교류가 흘러 이 값은 주기적으로 증감한다. 따라서 이 경우 철심 안의 자속 Φ_m은 변화하게 되므로, 전자유도작용으로 P, S의 코일에 기전력이 유도된다. 이때 P, S 코일의 기전력을 E_1, E_2라 하고 누설자속이 없다고 하면

$$E_1 = -N_1 \frac{d\Phi_m}{dl}, \quad E_2 = -N_2 \frac{d\Phi_m}{dl}$$

$$\therefore \frac{E_1}{E_2} = \frac{N_1}{N_2} \tag{15.14}$$

가 된다. 이것은 1차 및 2차 권선의 기전력이 각각 감은 횟수에 비례한다는 것을 나타내고 있다.

예제 15.3 입력이 220 V, 5 A를 변압기의 1차에 연결하였다. 변압기의 1차 권선수는 100회이고, 2차 권선수는 10회이다. 2차 코일에서 나오는 출력전압과 전류는 얼마인가?

풀이 $\dfrac{E_1}{E_2}=\dfrac{I_2}{I_1}=\dfrac{N_1}{N_2}$의 관계에서

$$E_2=\frac{E_1N_2}{N_1}=\frac{220\times 10}{100}=22\text{ V}$$

$$I_2=\frac{I_1N_1}{N_2}=\frac{5\times 100}{10}=50\text{ A}$$

15.4 전자 에너지

[그림 15.15 (a)]의 자체 인덕턴스 L에 흐르는 전류 i를 t[s] 동안에 0에서 균일한 비율로 I[A]까지 증가하였다면, 이때 생기는 자체유도 기전력은 위 방향으로 유도되고, 그 크기는 $E=L\dfrac{I}{t}$ [V]로 일정하다. 이 경우 기전력 E와는 반대로 전류 i가 흐르므로 $P=Ei$의 전력이 L에 공급된다.

이 전력 Ei는 시간에 대하여 [그림 15.15 (b)]와 같이 직선적으로 변하므로, t[s] 동안의 평균전력은 $EI/2$가 된다. 따라서 t[s] 동안에 L에 공급되는 에너지 W는

$$W=\frac{EI}{2}t=\frac{1}{2}L\frac{I}{t}It=\frac{1}{2}LI^2\text{ [J]} \tag{15.15}$$

이 된다. 다음에 이 코일의 전류 I를 t[s] 동안에 같은 감소비율 0으로 하면 전류를 증가시킬 때와 마찬가지로 $E=LI/l$ [V]의 기전력이 유도되나, 기전력은 처음과는 반대로 전류와 같은 방향으로 생겨 i가 0이 되었을 때 전류를 증가시킬 때와 같은 $LI^2/2$ [J]의 에너지를 방출한다. 이러한 자체 인덕턴스에 저장되는 $LI^2/2$ [J]의 전기 에너지는 자장을 만들고, 자기 에너지의 상태로 이 자장에 저장되는 것이다.

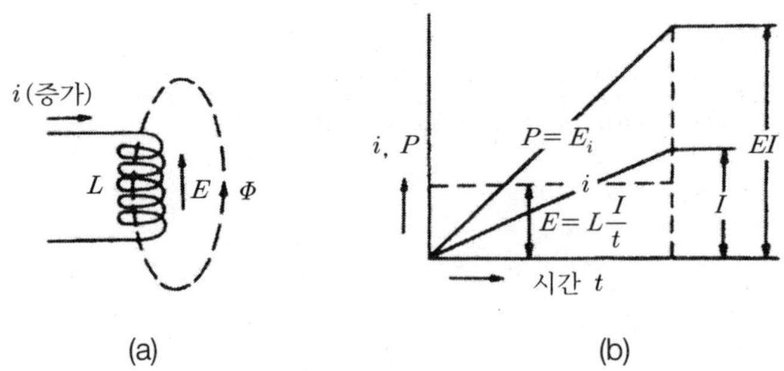

[그림 15.15] 전자 에너지를 생각하는 방법

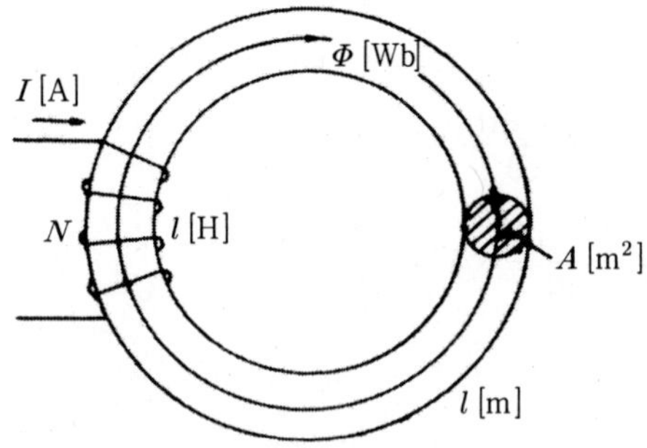

[그림 15.16]

[그림 15.16]과 같이 단면적 $A\,[\mathrm{m^2}]$, 자로의 길이 $l\,[\mathrm{m}]$, 투자율 $\mu\,[\mathrm{H/m}]$의 자기회로에 횟수 N의 코일을 감고 이것에 전류 $I[\mathrm{A}]$를 흘렸을 때 $\Phi\,[\mathrm{Wb}]$의 자속이 통하고 누설자속은 없다고 하자 이때, 자체 인덕턴스의 L은 식 (15.11)에 의하여 $L=\mu AN^2/l\,[\mathrm{H}]$이므로, 자기회로에 저장되는 에너지 W는

$$W=\frac{1}{2}LI^2=\frac{1}{2}\frac{\mu AN^2}{l}I^2=\frac{\mu}{2}\left(\frac{NI}{l}\right)^2 Al\,[\mathrm{J}]$$

로 표시된다. 그런데, $H=NI/l$이고 $B=\mu H$이므로

$$W=\frac{\mu}{2}H^2Al=\frac{BH}{2}Al\,[\mathrm{J}] \tag{15.16}$$

이다. 또 자기회로의 체적은 $Al\,[\mathrm{m^3}]$이므로, $1\,\mathrm{m^3}$에 저장되는 에너지(자기장의 에너지 밀도) W는 다음 식과 같다.

$$W=\frac{W}{Al}=\frac{BH}{2}=\frac{B^2}{2\mu}\,[\mathrm{J/m^3}] \tag{15.17}$$

예제 15.4 [그림 15.16]에서 $B=0.5\,\mathrm{Wb/m^2}$, $\mu_s=1000$이면 체적 $1\,\mathrm{m^3}$당 얼마의 에너지가 자기회로에 저장되겠는가?

풀이 식 (15.16)에서

$$W=\frac{B^2}{2\mu}=\frac{B^2}{2\mu_s\mu_0}=\frac{0.5^2}{2\times 1000\times 4\pi\times 10^{-7}}=0.01\,\mathrm{J/cm^3}$$

■ 연습문제 ■

01 자기장 B와 자기 플럭스 Φ_B를 M, L, T 및 Q(질량, 길이, 시간 및 전하)로 표시하여라.

02 길이 60 cm, 질량 10 g인 도선이 0.40 T의 자기장 내에 부드러운 도선으로 매달려 있다. 지지선에 장력을 주지 않기 위하여 필요한 전류의 크기와 방향은? [그림 15.17] 참조.

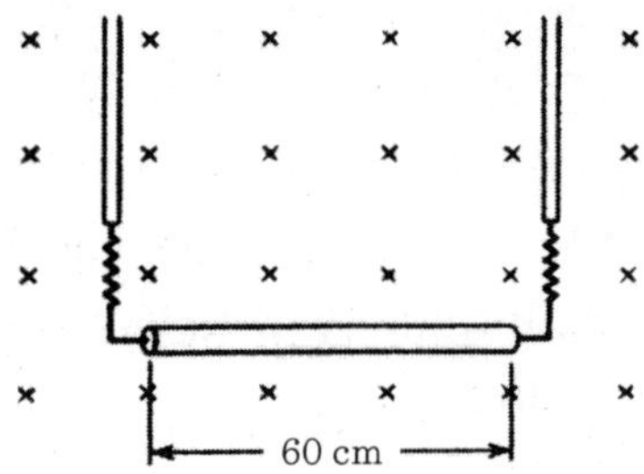

[그림 15.17]

03 홀 효과 실험에서 폭 1.0 cm, 길이 4.0 cm, 두께 10 μm의 얇은 도체를 통하여 수직하게 1.5 T의 자기장이 지날 때, 길이의 방향으로 3.0 A의 전류에 의하여 10 μV의 홀 전위(폭을 가로질러서)가 생겼다. 이 실험 결과로부터 (a) 전하 운반체의 유동속도, (b) 전하 운반체의 밀도를 구하여라. (c) 주어진 전류와 자기장의 방향과 더불어 홀 전위의 극성을 그려라. 단, 전하 운반체는 (음)전자로 가정하여라.

04 15 kV로 가속된 전자가 $B = 25$ mT인 균일 자기장에 대해서 직각으로 원운동한다. 궤도반경은?

05 (a) $B = 0.50$ T인 자기장 내에서 전자가 광속의 0.10배로 회전할 때 회전반경은?
(b) 운동 에너지는?

06 속력 1.0×10^7 m/s의 양성자를 지구적도 크기의 원으로 움직이게 하려면 공간에 걸려야 할 균일 자기장은?

07 전기적으로 중성인 입자가 정지하고 있는 기준좌표계에서 볼 때, 크기 B의 균일한 자기장 내에 놓여 있다. 시간 $t = 0$일 때 각각의 절량이 m인 2개의 하전 입자로 붕괴하였다. (a) 한 입자의 전하량을 $+q$라 하면 다른 입자의 전하량은? 이 두 입자가 B에 수직인 평면 내에서 서로 다른 경로로 움직이었다. (b) 얼마의 시간이 지난 후 두 입자가 충돌하였다. 붕괴에서 충돌까지 걸린 시간을 m, B, q로 표시하여라.

08 10 keV의 전자가 균일 자기장에 직각인 평면 속에서 돌고 있다. 궤도반경은 25 cm이다. (a) 자기장, (b) 사이클로트론 진동수, (c) 운동의 주기를 구하여라.

09 1.5 kV/m의 전기장과 0.40 T의 자기장이 움직이는 전자에 아무런 힘도 작용하지 않는다. (a) 최소 전자속력 v를 계산하여라. (b) 벡터 $\mathbf{E}$, $\mathbf{B}$, $\mathbf{v}$를 그려라.

10 한 전자가 전위차 1.0 kV를 통하여 가속되어 전위차 100 V, 간격 20 mm의 2개의 평행판 사이에 입사한다. 전자가 판 사이의 전기장에 수직하게 움직이면서 입사한다면, 전자가 직선으로 진행하기 위한 전기장과 전자궤도에 각각 수직인 자기장의 크기는?

11 [그림 15.18]에서 길이 l인 도체 막대가 마찰 없는 도체 선로를 수평으로 일정 속도 $\mathbf{v}$로 당겨진다. 균일한 수직 자기장 B 영역을 막대가 움직인다. $l = 10$ cm, $v = 5.0$ m/s, $B = 1.2$ T로 한다. (a) 도선 내의 유도기전력은? (b) 도체 환선의 전류는? 막대의 저항은 0.40 Ω이며, 선로의 저항은 무시하여라. (c) 막대 속의 열에너지 발생률은? (d) 운동을 유지하기 위해서 도선에 가하여야 할 외력은? (e) 외부에서 막대에 하여야 할 일률은? 이 답을 (c)의 답과 비교하여라.

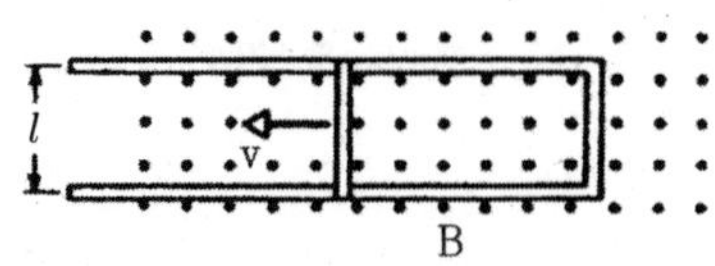

[그림 15.18]

12 (a) 자기장 B와 (b) 자기 플럭스 Φ_B를 질량, 길이, 시간, 그리고 전류(M, L, T, I)의 항으로 표현하여라.

13 전류 i가 흐르는 반경 R_0의 긴 구리도선이 있다. [그림 15.19]에서 도선 내부와 평면 S에 대한 도선의 단위길이당 자기 플럭스를 계산하여라.

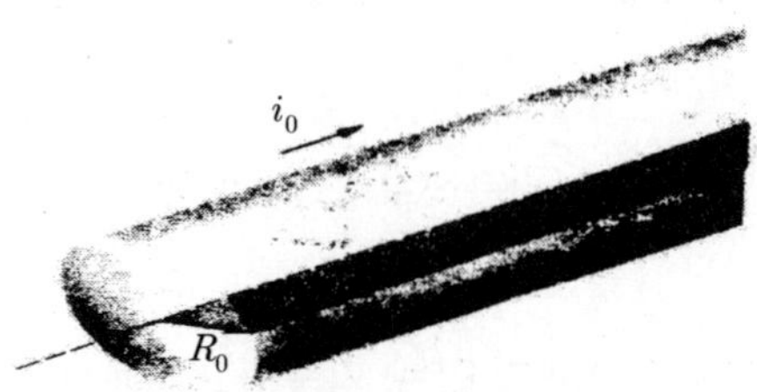

[그림 15.19]

14 2개의 긴 구리의 평행도선(직경 = 2.5 mm)에 서로 반대방향으로 10 A의 전류가 흐르고 있다. (a) 만약, 그들의 중심이 20 mm 떨어져 있다면 도선의 축들 사이의 공간에 존재

하는 도선의 단위길이당의 플럭스를 계산하여라. (b) 도선들 내부에 있는 플럭스의 비율은? (c) 평행한 전류에 대해서 (a)의 계산을 되풀이하여라.

15 단면적이 $1.0\times10^{-3}\ \mathrm{m}^2$인 철 원통 둘레에 절연 구리도선을 100번 감고 저항기에 연결하였을 때 그 회로의 총 저항은 $10\ \Omega$이라 한다. 철 속의 종자기장이 한쪽의 1.0 T로부터 반대쪽의 1.0 T로 변한다면 회로에는 얼마만한 전하가 흐르겠는가?

16 면적이 A인 소형 환선이 전류 i가 흐르고 단위길이당 n번 감은 긴 솔레노이드 내부에 두 축이 같은 방향이 되도록 놓여 있다. 만약, $i = i_0 \sin \omega t$라면 환선에 생기는 기전력 ϵ은?

17 반경이 10 cm인 원형 환선이 균일한 0.80 T의 자기장에 직각인 평면에 위치하여 있다. 자세히 설명되지 않은 기교로 환선의 반경이 80 cm/s의 순간적인 변화율로 움츠려진다. 이 순간에 환선에 유도된 기전력은?

18 [그림 15.20]에서 환선을 통과하는 자기 플럭스가 다음 관계에 따라 변한다.

$$\Phi_B = 6t^2 + 7t$$

여기서 Φ_B는 milliweber이며, t는 초이다. (a) $t = 2.0$ s일 때 환선 속에 유도되는 기전력의 크기는? (b) R을 지나는 전류의 방향은?

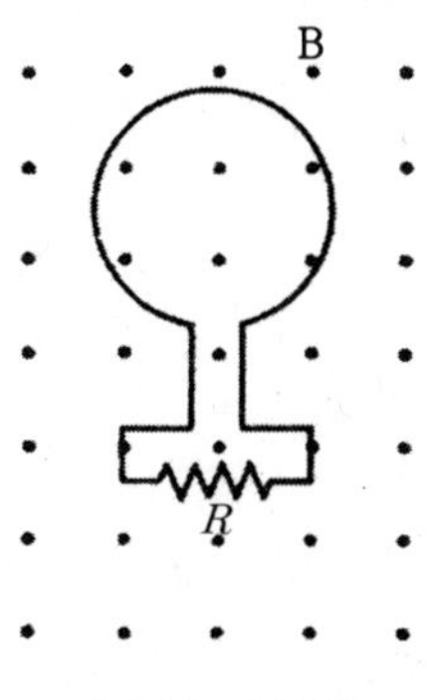

[그림 15.20]

19 50 cm의 구리도선(직경 1.0 mm)을 원형 환선으로 만들고 일정 비율 10 mT/s로 시간에 따라 증가하는 균일한 자기장에 직각으로 놓았다. 어떤 비율로 열에너지가 도선에 발생하겠는가?

20 코일 1은 $L_1 = 25$ mH이고 $N_1 = 100$회선이다. 코일 2는 $L_2 = 40$ mH이고 $N_2 = 200$회선이다. 두 코일은 그 위치가 단단히 고정되어 있고, 이들의 상호유도계수 M은 3.0 mH이다. 코일 1에 흐르던 6.0 mA의 전류가 4.0 A/s의 율로 변한다. (a) 코일 1과 쇄교하는 플럭스 Φ_{12}는 얼마이며, 자기유도 기전력은? (b) 코일 2와 쇄교하는 플럭스 Φ_{21}은 얼마이며, 상호유도 기전력은?

21 45 mH 유도기의 유도성 저항은 1.3 kΩ 이다. (a) 진동수는? (b) 진동수가 두 배가 되었을 때 유도성 저항은?

22 [그림 15.21]에서 질량 m, 길이 l인 도체 막대가 2개의 수평 선로 위를 마찰 없이 미끄러지고 있다. 균일한 수직 자기장 B 의 영역에서 막대는 자유롭게 움직인다. 발전기 G는 일정한 전류 i를 공급하며, 이 전류는 막대를 가로질러서 한 선로 아래로 흐른 다음 다른 선로를 통하여 발전기로 되돌아간다. $t=0$일 때 막대는 정지라고 가정하고, 이 막대의 속도를 시간의 함수로써 표시하여라.

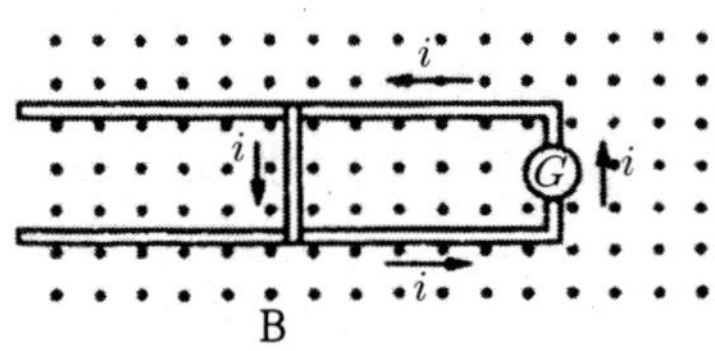

[그림 15.21]

23 400번을 조밀하게 감은 코일의 유도계수는 8.0 mH이다. 전류가 5.0 mA일 때 코일을 통하는 자기 플럭스는?

24 12 H의 유도기에 2.0 A의 정상전류가 흐르고 있다. 60 V의 자기유도 기전력을 유도기 속에 나타나게 하려면 어떻게 하여야 하겠는가?

25 [그림 15.22]와 같은 폭 W의 넓은 구리판이 반경 R의 얄팍한 관 모양으로 중간 부분이 구부러져 있고, 양끝은 나란하게 뻗쳐 있어서 전류 i가 판 위로 균등하게 분포되어 흐르고 있다. 이렇게 해서 '한 번 감은 솔레노이드' 가 만들어졌다. (a) 관 내부(가장자리에서 멀리 떨어진 부분)에서 자기장 B 의 크기를 구하여라(힌트 : 1회선 솔레노이드의 외부장은 무시할 정도로 약하다고 생각하여라). (b) 양끝의 부분은 무시하고 이 1회선 솔레노이드의 유도계수를 구하여라.

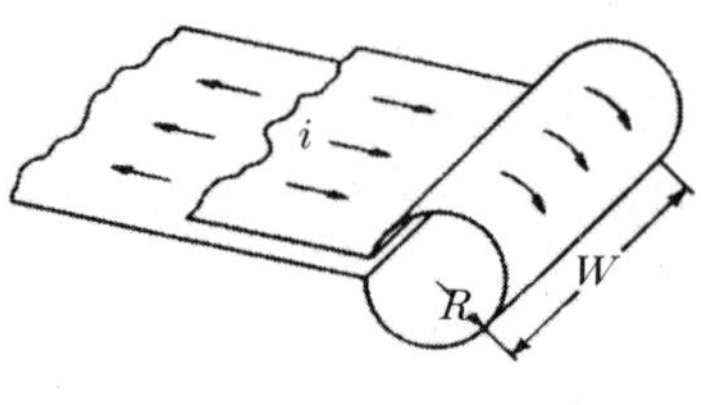

[그림 15.22]

26 LR 회로의 전류가 평형치의 0.10% 감소하려면 얼마만한 '시간상수' 를 기다려야 하는가?

27 유도계수 $6.0\,\mu H$의 솔레노이드가 저항기($1\,k\Omega$)와 직렬로 연결되었다. (a) 이 회로에 10 V 전지를 연결하면 저항기를 지나 흐르는 전류가 최종값의 80 %에 도달하는 데 걸리는 시간은? (b) 1시간상수 후에 저항기를 통하여 흐르는 전류는?

28 유도계수가 2.0 H이고 저항이 $10\,\Omega$인 코일에 저항이 없는 $\epsilon = 100\,V$의 전지를 갑자기 연결하였다. (a) 평형전류는? (b) 전류가 코일에 흐를 때 자기장에 저장된 에너지는?

29 어떤 코일이 $10\,k\Omega$의 저항기와 직렬로 연결되어 있다. 50 V 전지 2개가 이에 연결되면 5.0 ms 후에 전류는 2.0 mA가 된다. (a) 이 코일의 유도계수는? (b) 이 순간에 유도기에 저장된 에너지는?

30 동선에 10 A의 전류가 흐르고 있다. 다음을 계산하여라. (a) 자기 에너지 밀도, (b) 동선 표면의 전기 에너지 밀도. 단, 동선의 직경은 2.5 mm이고, 단위길이당 저항은 $3.3\,\Omega/km$이다.

16

교류와 전자기파

Alternating Current and Electromagnetic Waves

16.1 교류기전력

전류는 전하의 이동에 의하여 흐른다. 그 작용은 전하의 이동 상태, 즉 전류의 크기나 방향에 따라서 다르다. [그림 16.1 (a)]와 같이 크기와 방향이 시간에 따라 변하지 않는 전류를 직류(direct current, DC)라 하고, [그림 16.1 (b)]와 같이 크기와 방향이 시간에 따라 주기적으로 변하는 전류를 교류(alternating current, AC)라 한다.

[그림 16.2 (a)]에 나타낸 것과 같이 길이 l [m], 지름 $2r$ [m]의 사각형 코일을 자속밀도가 B [Wb/m^2]인 평등한 자기장 중에서 코일의 축을 중심으로 v [m/s]의 일정한 주변속도로 화살표방향, 즉 반시계방향으로 교류가 생기는 것은 전류에 비례한 전압이 가해지기 때문이며, 이 전압의 크기와 방향도 전류와 마찬가지로 주기적으로 변하기에 교류전압(AC voltage)이라 하며, 때로는 교류전압, 교류전류를 구별하지 않고 교류라 하기도 한다.

코일의 축을 회전시켰다면 [그림 16.2 (b)]와 같이 자극 사이의 중성선 XOX'로부터 각도 θ만큼 코일이 회전한 순간의 한 변에 생기는 기전력 e는

$$e = Blv \sin\theta \text{ [V]} \tag{16.1}$$

가 된다. 이 식에서 Blv의 값은 자속밀도, 코일의 치수, 코일의 회전속도로 정해지므로

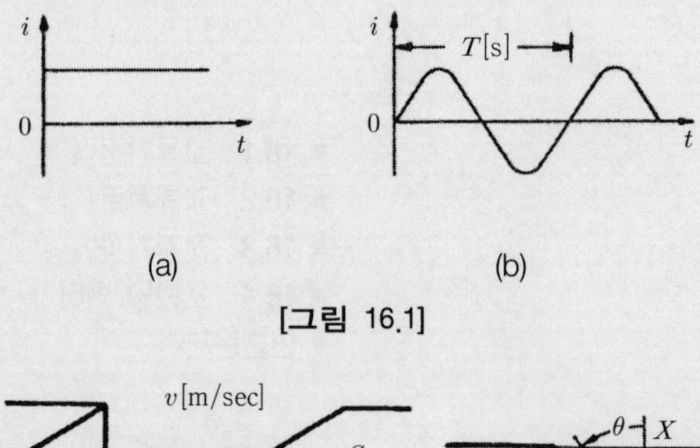

[그림 16.1]

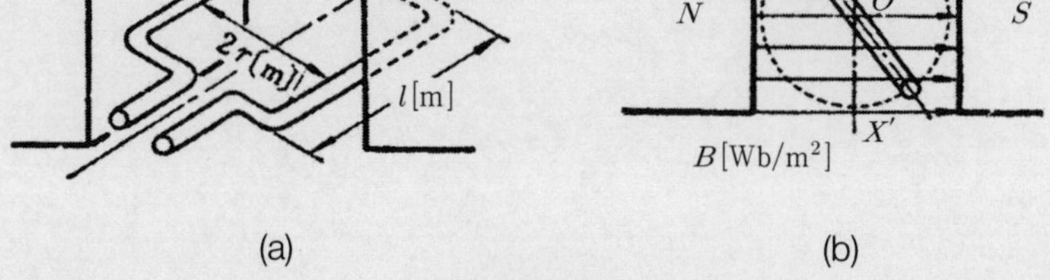

[그림 16.2]

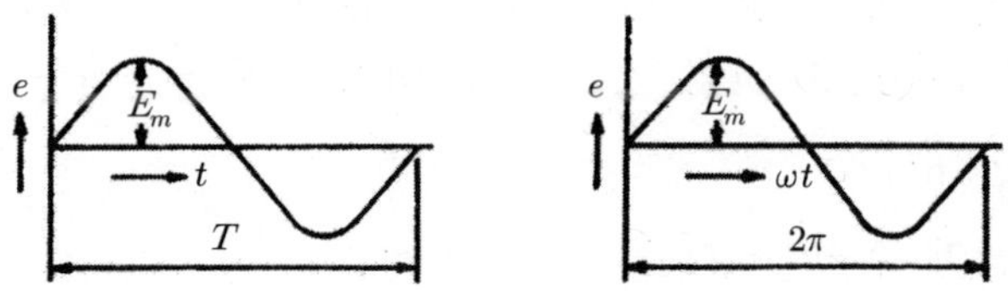

(a) (b)

[그림 16.3]

일정한 값이 된다. 이것을 E_m이라 하면

$$e = E_m \sin\theta\,[\mathrm{V}] \tag{16.2}$$

가 된다. 즉, 코일에 발생하는 기전력은 코일의 회전각 θ의 사인값에 비례한다.

코일의 각속도를 $\omega\,[\mathrm{rad/s}]$라 하면 $\omega = v/r$이므로 $E_m = Bl\omega r$로 된다. 또, 코일이 회전을 시작하여 $t\,[\mathrm{s}]$ 동안에 각도 θ만큼 회전했다고 하면 $\theta = \omega t\,[\mathrm{rad}]$이므로 식 (16.2)는

$$e = E_m \sin\omega t\,[\mathrm{V}] \tag{16.3}$$

가 되어, 기전력 e는 t에 대해서 사인적으로 변한다.

교류는 시시각각으로 변하고 있으므로 이때 임의의 순간의 크기를 교류의 순시값(instantaneous value, e, i)이라 하고, 순시값 중에서 가장 큰 값을 최대값(maximum value, E_m, I_m)이라 한다. 교류의 순시값이 0으로 되는 순간부터 다음 0으로 되기까지의 정의 반주기에 대한 순시값의 평균을 평균값(mean value, E_{av}, I_{av})이라 하며

$$E_{av} = \frac{2E_m}{\pi} = 0.637E_m \tag{16.4}$$

와 같다.

[그림 16.4]와 같이 교류 i를 어떤 저항 R에 임의의 시간 동안 흘렸을 때의 발열량이 같은 저항 R에 직류 $I\,[\mathrm{A}]$를 같은 시간 동안 흘렸을 때의 발열량과 같을 때, 그 교류 i의 실효값(effective value, E, I)이라 한다.

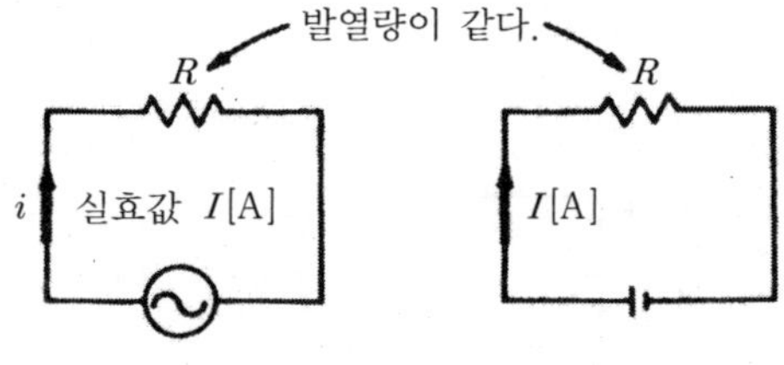

[그림 16.4]

즉, 교류의 크기를 그것과 같은 일을 하는 직류의 크기로 바꾸어 놓은 것으로 저항 R에 주기적인 교류 $i=I_m\sin\omega t$가 흐를 때의 열의 발산율은

$$i^2R = I_m{}^2 R\sin^2\omega t \tag{16.5}$$

이고, 1주기 T 동안의 총 발산량은

$$H = \int_0^T i^2 R dt = I_m^2 R \int_0^T \sin^2\omega t dt = \frac{1}{2} I_m^2 RT \tag{16.6}$$

이다. 같은 시간 동안의 일정 전류 I_{eff}의 발산량은 $H = I^2RT$이고, I_{eff}의 정의에서 열량은 동일하므로

$$I^2RT = \frac{1}{2} I_m^2 RT, \quad I = \frac{I_m}{\sqrt{2}} \tag{16.7}$$

의 관계가 된다.

사인파 교류의 순시값을 표시하는 데에는 식 (16.3)이 많이 사용되며, 1주파의 변화를 하는 각은 2π [rad]으로 된다. 이 교류는 코일이 1회전하면 1주파의 변화를 한다. 주파수 f [Hz]의 교류는 1 s 동안에 코일이 f회전을 한다. 그 각속도 ω는

$$\omega = 2\pi f = \frac{2\pi}{T} \text{ [rad/s]} \tag{16.8}$$

로 된다. 여기서 T는 1주파(cycle) 시 걸리는 시간으로 주기(period)이다.

16.2 교류회로

전기회로는 3개의 소자, 즉 저항, 인덕턴스, 정전용량 중의 1개 또는 2개 이상을 조합한 것이 존재한다.

[그림 16.5]에서 저항 R만을 포함하는 회로에 기전력 e가 가해질 때, 옴의 법칙에 따라서 기전력에 비례한 전류가 흐른다.

$$i = \frac{e}{R}, \quad R = \frac{e}{i} \tag{16.9}$$

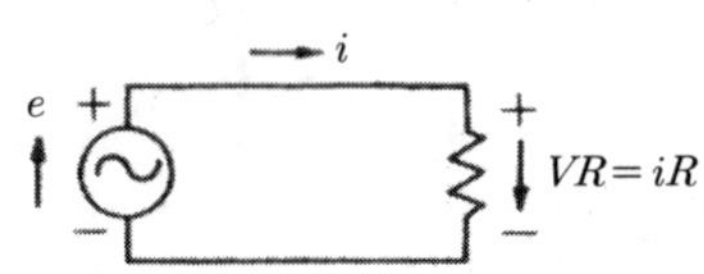

[그림 16.5]

이 순간식은 전압이 어떤 형태의 파형에서도 성립되며, R은 일정하므로 전류 i의 파형은 전압 e의 파형과 동일하다. e를 사인파로 표시한다면

$$e = E_m \sin\omega t$$

따라서

$$i = \frac{e}{R} = \frac{E_m \sin\omega t}{R}$$

이므로

$$i = I_m \sin\omega t$$

다시

$$\frac{e}{i} = \frac{E_m \sin\omega t}{I_m \sin\omega t} = \frac{E_m}{I_m} = R \tag{16.10}$$

이므로, e와 i는 같은 위상이 된다. 또, $E_m/\sqrt{2} = E$, $I_m/\sqrt{2} = I$ 이므로

$$\frac{E}{I} = R, \quad \frac{I}{E} = \frac{1}{R} = G \tag{16.11}$$

여기서, G는 R의 역수이고, 컨덕턴스(conductance)라 한다.

[그림 16.6]과 같이 인덕턴스 L만 있는 회로에서 L의 전압강하는

$$e = L\frac{di}{dt} = \omega L I_m \cos\omega t = \omega L I_m \left(\omega t + \frac{\pi}{2}\right) \tag{16.12}$$

즉, 순유도성 회로에서는 인가전압은 전압보다 위상이 90° 앞서고, 반대로 전류는 전압보다 위상이 90° 늦는다. 식 (16.12)는 다시

$$e = E_m \sin(\omega t + 90°) \tag{16.13}$$

로 쓰여지며, 식 (16.12)와 식 (16.13)에서

$$E_m = \omega L I_m = X_L I_m$$

또는

$$X_L = \frac{E_m}{I_m} = \frac{E}{I} \tag{16.14}$$

여기서, $X_L = \omega L = 2\pi f L$은 유도 리액턴스(inductive reactance)라 하고, 유도 리액턴스의 역수를 유도 서셉턴스(inductive susceptance, B_L)라 한다. X_L이 ohm[Ω]이면, B_L은 mho[℧]로 된다.

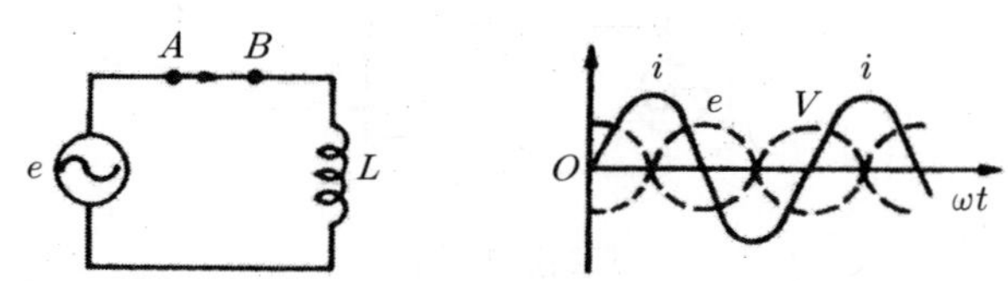

(a) (b)

[그림 16.6]

예제 16.1 어떤 회로의 기전력파가 $e = 1.0\sin 250000t$이고, 전류

$$i = 0.25\sin(250000t - 90°)$$

이다. (1) 유도 리액턴스, (2) 유도 서셉턴스, (3) 인덕턴스를 구하여라.

풀이 (1) $X_L = \dfrac{E_m}{I_m} = \dfrac{1.0}{0.25} = 4\ \Omega$

(2) $B_L = \dfrac{1}{X_L} = \dfrac{1}{4} = 0.25\ \mho$

(3) $L = \dfrac{X_L}{2\pi f} = \dfrac{4}{250000} = 1.6\times10^{-5}\ \mathrm{H} = 16\ \mu\mathrm{H}$

도체 사이에 전위차가 존재할 때 전기가 저축되는 유전체와 도체의 회로 성질을 정전용량이라 한다. [그림 16.7]은 교류발전기와 직렬로 콘덴서가 연결된 회로로서, 콘덴서 위의 전하 q는 정전용량과 공급기전력에 비례하므로

$$q = C_e$$

로 표시된다. 그리고

$$i = \frac{dq}{dt},\quad i = C\frac{de}{dt} \tag{16.15}$$

가 된다.

여기서, q : 콘덴서의 전하(coulomb), C : 정전용량(F), e : 기전력(V), i : 충전전류(A), dq/dt : 전하의 변화비율(coulomb/s), de/dt : 기전력의 변화비율(V/s)이다.

사인파 기전력 $e = E_m\sin\omega t$에 대해서 식 (16.15)는

$$i = C\frac{de}{dt} = CE_m\omega\cos\omega t = \omega CE_m\sin(\omega t + 90°)$$
$$= I_m\sin(\omega t + 90°) \tag{16.16}$$

이 된다.

즉, 정전용량에 흐르는 전류의 크기는 주파수, 정전용량, 인가기전력의 곱에 비례하고, 그 전류는 인가기전력에서 90° 앞서 있다. 그리고 콘덴서 양끝의 전압강하는 $v_c = q/C$이고, 시간 t_1에서 t_2 사이에 콘덴서에 저축된 전하는 $q = \int_{t_1}^{t_2} i\,dt$이다.

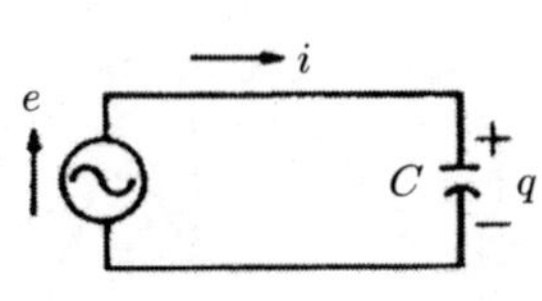

[그림 16.7]

키르히호프의 전압측에서

$$e - v_c = e - q/C = 0$$

가 되고, 식 (16.16)에서 $I_m = \omega C E_m$ 이므로

$$\frac{E_m}{I_m} = \frac{E_m}{\omega C E_m} = \frac{1}{\omega C} = X_c \tag{16.17}$$

가 된다. 또

$$\frac{1}{X_c} = \omega C = 2\pi f C = B_c \tag{16.18}$$

여기서 X_c : 용량 리액턴스(capacitive reactance, Ω), B_c : 용량 서셉턴스(capacitive susceptance, ℧)이다.

예제 16.2 용량 20×10^{-6} F를 가진 회로에 $e = 2\sin 3140\,t$를 가했을 때 (1) 충전전류, (2) 용량 리액턴스, (3) 용량 서셉턴스를 구하여라.

풀이 (1) $i = \omega C E_m \sin(\omega t + 90°)$

$= 3140 \times 20 \times 10^{-6} \times 2\ \sin(3140t + 90°)$

$= 0.1256 \sin(3140\,t + 90°)$ A

(2) $X_c = \dfrac{1}{\omega C} = \dfrac{1}{3140 \times 20 \times 10^{-6}} = 15.92\ \Omega$

(3) $B_c = \omega C = 3140 \times 20 \times 10^{-6} = 0.0628$ ℧

[그림 16.8]의 회로에서 부하는 저항, 인덕턴스, 정전용량의 직렬회로, 즉 $R-L-C$ 직렬회로로서, 이 회로에 흐르는 전류 i는

$$i = I_m \sin\omega t$$

이와 같은 전류가 각 부분에 흐를 때 전압강하는

$$V_R = I_m R \sin\omega t$$

$$V_L = \omega L I_m \sin(\omega t + 90°)$$

$$V_C = \frac{I_m}{\omega C}\sin(\omega t - 90°)$$

이다.

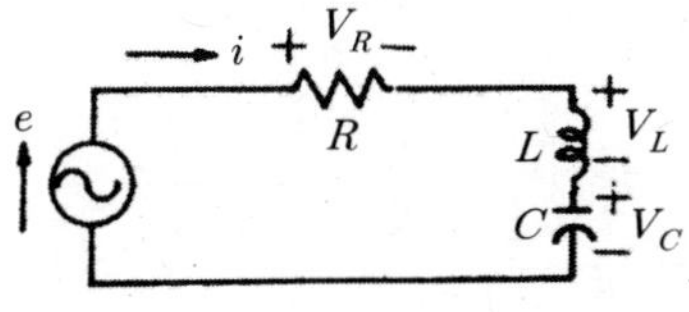

[그림 16.8]

회로에 있어서 무관적인 기전력 V는 그 순간에 있어서 각 부분 전압강하의 합과 같다.

$$V = V_R + V_L + V_C$$

그러나 이들 전압의 위상이 서로 일치하지 않는 데 문제점이 있다. 그러므로 이들의 각각에 걸쳐 있는 전위차의 대수합을 취할 수가 없고, 여기에 위상차를 고려해야 한다.

[그림 16.9 (a)]는 전압강하와 모든 전압 e를 표시한 것으로서 최대값으로 나타냈으며, 각 벡터에 공통인 양 I_m을 제거하면 [그림 16.9 (b)]와 같은 임피던스 삼각도가 얻어진다. 리액턴스 X_L은 $+90°$에서 X_C는 $-90°$이므로, 대수합을 내면 [그림 16.10]과 같이 된다.

[그림 16.10]에서

$$Z = \sqrt{R^2 + (X_L - X_C)^2} \tag{16.19}$$

$$\tan\theta = \frac{X_L - X_C}{R} \tag{16.20}$$

의 관계가 된다. 각 θ는 X_L이 X_C보다 클 때에는 양이고, X_C가 X_L보다 클 때에는 음으로 된다.

교류기전력 e의 식은 다음과 같다.

$$e = ZI_m \sin(\omega t + \theta) \tag{16.21}$$

이때,

$$Z = \sqrt{R^2 + (X_L - X_C)^2}$$

$$\theta = X_L > X_C$$

일 때는 양, $X_L < X_C$일 때는 음이고, $X_L = \omega L$, $X_C = 1/\omega C$이므로 식 (16.19)는

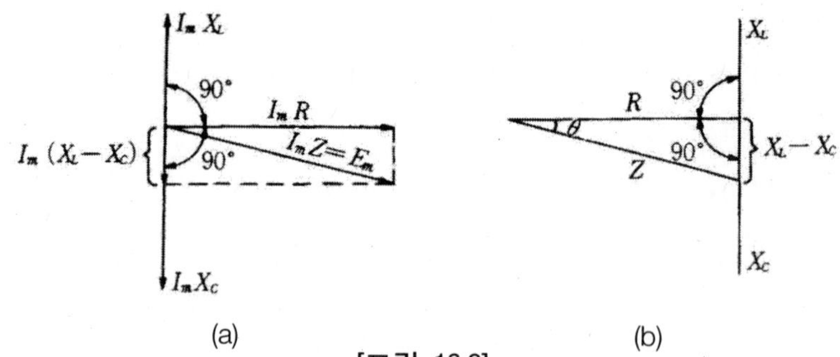

[그림 16.9]

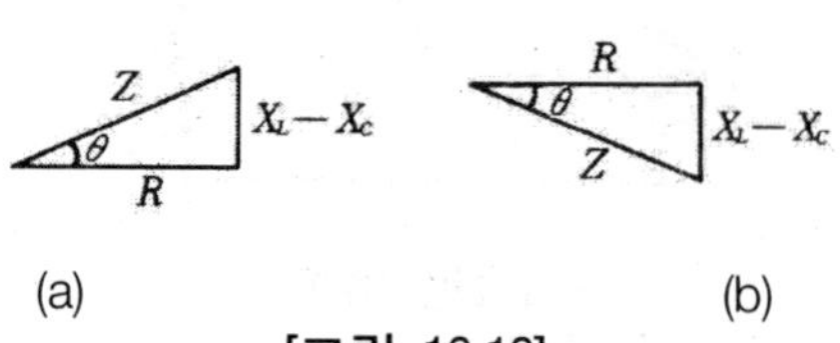

[그림 16.10]

$$Z = \sqrt{R^2 + \left(\omega L - \frac{1}{\omega C}\right)^2} = \sqrt{R^2 + (X_L - X_C)^2} = \sqrt{R^2 + X^2} \quad (16.22)$$

이 성립된다. 이 Z는 임피던스라 하며, 회로의 저항역할을 하고 있다. [그림 16.8]의 회로에서 최대 전류가 흐르려면 임피던스 Z가 최소로 되면 된다. R은 0으로 될 수 없으므로 리액턴스 X가 0으로 되면 Z가 최소가 된다. 즉

$$\omega L - \frac{1}{\omega C} = 0, \quad \omega L = \frac{1}{\omega C}, \quad \omega^2 LC = 1$$

따라서

$$\omega = \frac{1}{\sqrt{LC}} \quad \text{또는} \quad f = \frac{1}{2\pi\sqrt{LC}} \quad (16.23)$$

일 때 회로의 임피던스는 $Z = R$로 되어 최소가 되는데 이 현상을 공진(resonance)이라 하며, 이때의 주파수를 공진주파수라 한다.

예제 16.3 1000 Ω 의 저항기가 0.5 H 의 인덕터와 0.2 μF 의 콘덴서와 직렬로 연결되었다. (1) 각진동수 $\omega = 2000$ rad/s (2) 각진동수 $\omega = 5000$ rad/s일 때 임피던스를 계산하여라.

풀이 (1) $X_L = \omega L = 2000\ \text{rad/s} \times 0.5\ \text{H} = 1000\ \Omega$

$$X_C = \frac{1}{\omega C} = \frac{1}{2000\ \text{rad/s} \times 0.2 \times 10^{-6}\ \text{F}} = 2500\ \Omega$$

$$Z = \sqrt{R^2 + X^2} = 1800\ \Omega$$

(2) $X_L = \omega L = 5000\ \text{rad/s} \times 0.5\ \text{H} = 2500\ \Omega$

$$X_C = \frac{1}{\omega C} = \frac{1}{5000\ \text{rad/s} \times 0.2 \times 10^{-6}\ \text{F}} = 1000\ \Omega$$

$$Z = \sqrt{R^2 + X^2} = 1800\ \Omega$$

16.3 전자기파

움직이는 전하는 자장을 만들고 변하는 자장은 전장을 만든다는 것은 이미 알았으며, 1864년에 맥스웰(James Clerk Maxwell)은 전기와 자기의 법칙을 1개의 일반적인 수학적 형식 속에 넣는 것에 성공하였다. 그는 이 법칙이 파동의 미분방정식으로 유도됨을 발견하였다.

맥스웰은 전파매질의 특성을 포함하는 항으로 이 파동의 속도를 계산할 수 있었다. 그는 이 속도가 $\frac{1}{\sqrt{\mu\epsilon}}$로 되며, 자유공간에 대해서는 $\frac{1}{\sqrt{\mu_0\epsilon_0}}$이 되고, 3×10^8 m/s의 값을 가짐을 발견하였다. 이것은 바로 자유공간에서의 빛의 속도인 것이다. 이렇게 맥스웰은 전자기의 법칙을 엄밀한 수학식 형식으로 표현하여 전자기와 빛의 밀접한 관계를 찾아냈다.

맥스웰의 이론은 1888년에 헤르츠(Hertz)가 전기회로 내에 있는 진동 전류가 공간을 통하여 또 하나의 동일한 회로에 에너지를 발사하는 것을 실증하였다. 여기서는 맥스웰의 전기역학의 방법을 직접 유도하는 것은 생략하고, 복사의 원천이 가속된 전하에 있다는 점에 대하여 정성적으로 알아보자.

모든 전하는 전장을 만들고 그의 전력선은 방사형으로 퍼져 나간다. 이 전하가 운동을 하면 비오-사바르 법칙에 따라 자장이 생기고, 이 자력선은 전류에 따라 동심원적으로 원을 그린다. 맥스웰의 이론에 의하면 전력선의 운동은 자기장을 만들며, 이 전력선은 자기장을 지난다. 정상 전기장과 자기장은 정상전류와 같이 있으나, 가속된 전하로 된 변하는 전류는 전기장과 자기장 모두를 변화시킨다. 이 변화는 가속된 전하로부터 공간을 통하여 빛 속으로 전달된다. 전하의 가속은 전기자기파의 맥동을 만들며, 이 파는 서로 각각 수직이고, 또 전파방향에도 수직인 전기장 성분과 자기장 성분으로 되어 있다. 전하가 간단한 주기운동으로 진동하면 [그림 16.11]과 같은 전자기파가 생긴다.

복사장에 있는 전자기파가 발사하는 에너지는 파동의 강도나 혹은 에너지 밀도로 정량화시킬 수 있다. 복사의 강도는 파동의 전파방향에 수직인 단위면적당, 단위시간당 발사되는 에너지로 정의된다. 강도의 MKS 단위는 평방 m당 1 watt이다. 복사 에너지는 밀도 또는 체적밀도는 단위체적당 복사 에너지의 양으로 정의된다. 에너지 밀도의 MKS 단위는 cubic meter당 1 Joule이며, 강도를 파동의 전자속도로 나눈 것과 같다. 에너지 밀도라는 용어는 체계 내의 복사를 이야기하는 데 유용하다.

맥스웰의 이론에 따르면 전하가 어떠한 방법으로 가속되어도 복사는 일어나며, 직선가속의 경우도 예외가 되지 않는다. 예를 들면 일정한 속도로 원운동을 하는 전하도 복사의 원천이 된다. 이 경우는 동일한 진폭과 주파수를 갖는, 그러나 위상만은 90°가 틀린 2개의 서로 수직인 간단한 주기운동에 해당한다.

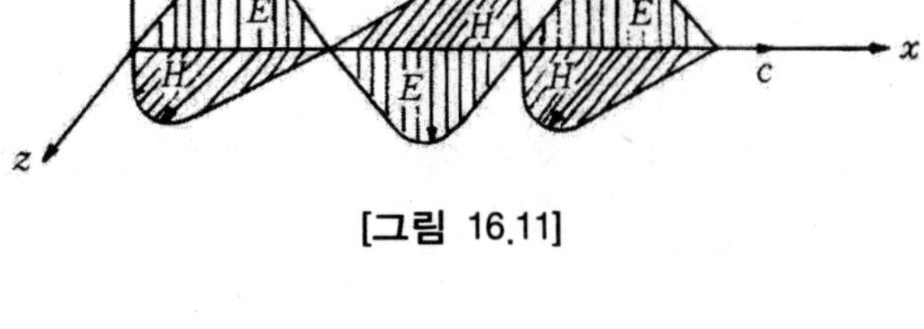

[그림 16.11]

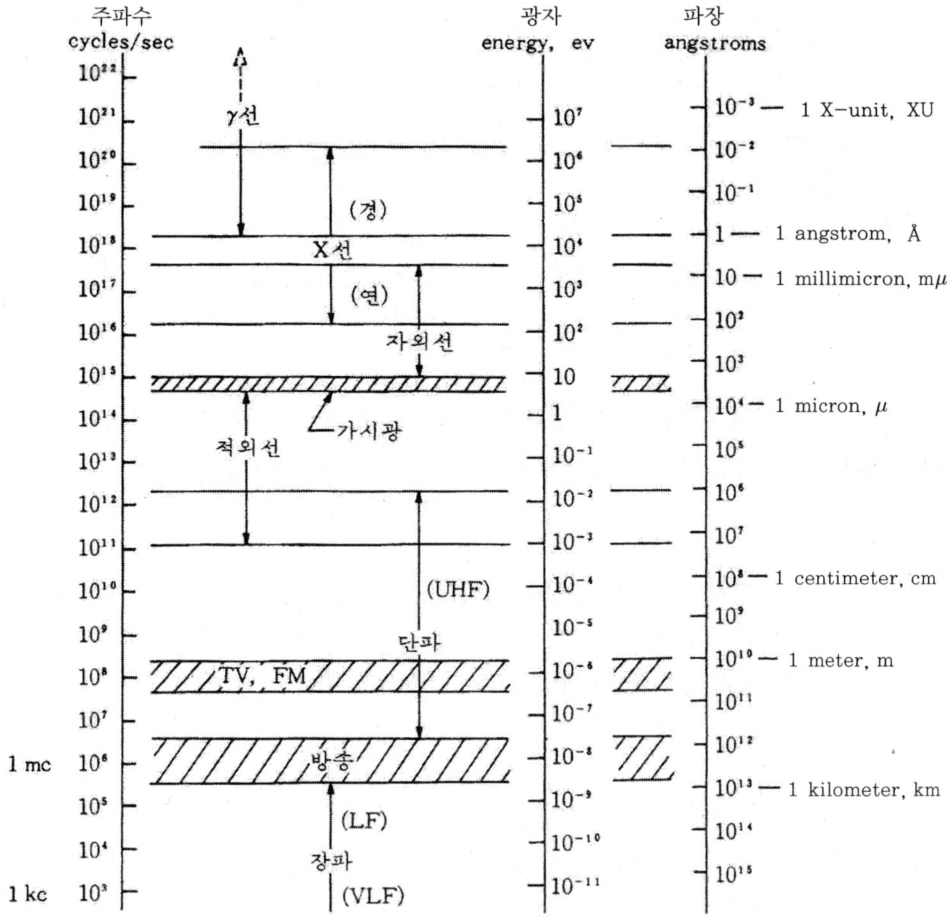

[그림 16.12] 전자파의 스펙트럼

16.4 포인팅 벡터

일반적으로 파동의 가장 중요한 특성 중의 하나는 에너지를 한 점에서 다른 점으로 운반할 수 있다는 것이다. 전자기파의 복사장에 대한 에너지 밀도는

$$U_E = \frac{1}{2}\epsilon_0 E^2, \quad U_B = \frac{1}{2}\frac{B^2}{\mu_0} \tag{16.24}$$

여기서 전기장과 자기장은 주기적으로 변하는데, 만일 E와 B가 최대의 값이라 하면 위 식은 파동장의 최대의 에너지 밀도를 나타낸다고 볼 수 있다. 따라서 평균 에너지

밀도는 위 식에서 주어진 값의 반이 된다. 단위체적당의 평균 에너지는

$$\overline{U_E} = \frac{1}{4}\epsilon_0 E^2, \quad \overline{U_B} = \frac{1}{4}\frac{B^2}{\mu_0} \tag{16.25}$$

단위체적당의 평균 총 에너지는 위의 두 에너지 밀도를 합하여

$$\overline{U} = \frac{1}{4}\epsilon_0 E^2 + \frac{1}{4}\frac{B^2}{\mu_0} \tag{16.26}$$

를 얻는다. 그리고 $c = E/B$의 관계에 의하여 식 (16.26)은 다시

$$\overline{U} = \frac{1}{4}\epsilon_0 E^2 + \frac{1}{4}\frac{E^2}{c^2\mu_0} = \frac{1}{2}\epsilon_0 E^2 \tag{16.27}$$

이 된다. 파동을 통하여 에너지가 운반되는 평균율, 즉 평균일률 또는 파동의 세기는 평균 에너지 밀도에다 파동의 속도를 곱한 것이다. 따라서 포인팅 벡터의 평균값 $\overline{S}$

$$\overline{S} = \frac{1}{2}\epsilon_0 c E^2 \tag{16.28}$$

전자기장에서 에너지가 흐르는 방향은 전자기파의 전파인 경우에 부가되는 여러 가지 문제에서 중요하기 때문에 포인팅 벡터(Poynting vector)로서 표현하고 있다. S를 포인팅 벡터라 하면 자유공간에 대하여 MKSA계에서는

$$S = \frac{1}{\mu_0} E \times B \tag{16.29}$$

이 된다. S, E 그리고 B는 에너지 유축이 측정되는 공간의 한 점에서의 순간적인 값이다. [그림 16.13]과 같이 E와 B의 벡터 승적으로 S의 크기와 방향이 정해진다. S의 평균값은 식 (16.29)와 같다.

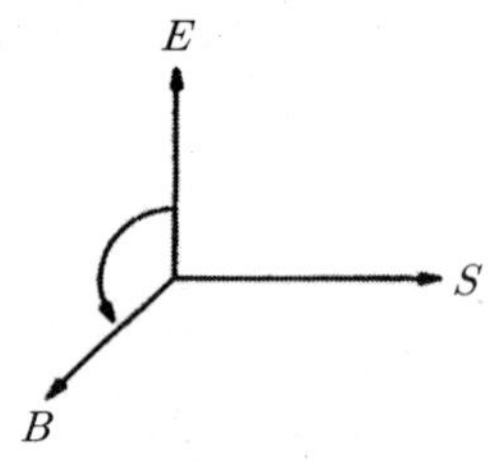

[그림 16.13]

■ 연습문제 ■

01 5.0 mH의 유도기가 [그림 16.14]처럼 $E_m = 30\text{ V}$ 의 교류발전기에 연결되어 있다. 만일 기전력의 진동수가 (a) 1.0 kHz, (b) 8.0 kHz일 때 합성된 교류의 진폭은?

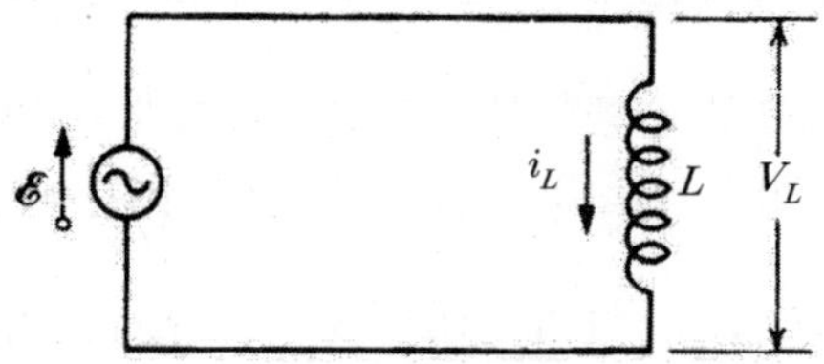

[그림 16.14]

02 (a) 6.0 mH의 유도기와 10 μF 의 축전기의 감응저항이 같아지는 진동수는? (b) 이때 감응저항은? (c) 이 진동수는 자유 LC 진동의 자연 진동수와 같음을 보여라.

03 [그림 16.15]는 '검은 상자' 의 양 단자에 연결된 교류발전기를 보여준다. 이 상자는 RCL 회로의 다중회로가 포함되어 있을 가능성이 있다. 이들 요소의 배열에서 상자 외부의 측정은

$$\epsilon(t) = (75\text{V})\sin\omega t$$

및

$$i(t) = (1.2\text{A})\sin(\omega t + 42°)$$

(a) 역률은? (b) 기전력 전류보다 빠른가, 늦은가? (c) 상자 속의 회로는 성질상 대체로 용량성인가, 유도성인가? (d) 상자 속의 회로는 공명이 일어나고 있는가? (e) 상자 속에 있는 것은 축전기인가, 유도기인가, 저항기인가? (f) 얼마의 전력이 발전기에서 상자로 전달되었는가? (g) 이 모든 답을 얻기 위해서 각진동수 ω를 알 필요가 있는 이유가 무엇인가?

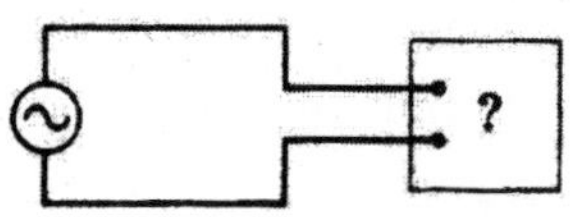

[그림 16.15]

04 교류발전기에서 2개의 케이블로 된 송전선을 통해서 멀리 떨어진 공장의 저항성 부하 전력을 수송하고 있다. 공장에서는 강압변압기를 통해서 그(rms) 수송전압 V_t를 안전하고 사용하기 편한 훨씬 낮은 값의 전압으로 낮추어 사용한다. 송전선의 저항은

0.30 Ω /cable이고, 공장에 전달되는 전력은 250 kW이다. 송전선의 전압강하를 계산하고 선에서 열에너지로 손실되는 일률을 구하여라. (a) $V_t = 80$ kV, (b) $V_t = 8.0$ kV, (c) $V_t = 0.80$ kV 인 경우를 가정하고, 이러한 경우의 타당성을 논하여라.

05 (a) Stanford 선형가속기에서 18 GeV로 가속된 전자가 고체 표적에 입사될 때 발생되는 가장 강력한 X-선의 파장은 0.067 fm이다. 이 X-선의 진동수는 얼마인가? (b) VLF (Very Low Frequency) 라디오파는 그 진동수가 30 Hz이다. 파장을 구하여라.

06 전자기파가 음의 y방향으로 진행한다. 특정한 위치와 시간에서 전기장은 양의 z축에 따르며, 크기는 100 V/m이다. 그 위치와 그 시간에서 자기장의 방향과 크기는?

07 자기장 성분의 최대값이 $B_m = 1.0 \times 10^{-4}$ T(= 1.0 gauss)인 진행 평면 자기파의 평균 강도는?

08 구리도선(직경 25 mm, 저항 1.0 Ω /25m)이 25 A의 전류를 운반한다. 도선표면의 점에 대해서 다음을 계산하여라. (a) E, (b) B와 (c) S

09 강도 I의 복사가 한 물체에 입사하여 부분 f만큼 흡수되고 나머지는 반사된다. 기대되는 복사력은?

10 태양계 내에 한 입자가 태양의 중력적 인력과 태양광선에 의한 복사력의 합성된 영향하에 있다. 입자는 밀도가 1.0×10^3 kg/m^{3}인 구형이고, 입사광 전부를 흡수한다고 가정하면, (a) 어떤 임계반경 R_0보다 작은 반경을 가진 모든 입자는 태양계에서 없어지게 됨을 보여라. (b) R_0를 계산하여라. (c) R_0는 지구에서부터 태양까지의 거리에 무관함을 보여라.

11 다가오거나 멀어져 가는 자동차에 입사시키는 극초단파와 반사하는 극초단파 사이의 파장의 차는 고속도로에서 자동차의 속력을 정하는 데 사용된다. (a) 자동차의 속력을 v, 입사선속의 진동수를 ν라 하면 진동수의 변화는 근사적으로 $2v\nu/c$가 된다는 것을 증명하여라. 단, c는 전자기복사의 속력이다. (b) 진동수가 2450 MHz인 극초단파에 대해서 속력의 mi/h당 진동수의 변화는?

17

파 동

Waves

17.1 파 동

연못에 조약돌을 던지면 잔잔하던 수면에 둥그런 물결이 생기며, 사방으로 퍼져나간다. 물결이 퍼져나가는 교란현상을 펄스(pulse) 또는 파동(waves)이라 한다.

물 위에 떠 있는 나뭇잎을 자세히 관찰하면 파동의 각 부분의 물의 입자는 진행하지 않고 상하로 진동하면서 인접한 부분에 에너지를 전달하게 된다. 여기서 움직이는 것은 교란이지 물의 입자가 아님을 기억해야 한다.

파동을 전파하는 물질을 매질이라 한다. 파동에는 수면파, 음파, 광파 및 전자파 등 여러 가지가 있으며, 매질의 입자들의 운동방향에 따라 두 가지로 구분된다.

매질입자의 진동방향이 파동의 진행방향과 직각인 파를 횡파(transverse wave)라 하며, 예를 들면 광파와 전자파 등이고, 매질입자의 진동방향이 파동의 진행방향과 나란한 파를 종파(longitudinal wave)라 한다. 소리라든가 용수철을 압축하므로 생기는 펄스는 종파인데, 특히 이 종파는 매질의 소밀에 의하여 파동이 전달되므로 소밀파라 한다.

17.2 파동함수

[그림 17.1]과 같이 줄의 한 끝을 고정시키고, 다른 왼쪽 끝을 팽팽하게 잡아당겨 상하로 진동시키면 그 줄에 펄스가 일어나고, 파동이 오른쪽으로 진행하게 된다.

[그림 17.2]와 같이 $t=0$에서 O점에 있던 줄의 펄스가 $t=t$에서 x축 상의 O'점에 진행하여 나갔다면 $t=0$에서의 줄의 모양은 함수 $y=f(x)$로 나타낼 수 있고, 파동의 속도가 v일 때 t시간 후에는 x축 방향으로 vt만큼 전진하여 O'점에 도달하게 된다. 이때, 줄의 모양은 원점 O'인 새로운 좌표계를 도입하면 $y'=f(x')$가 된다.

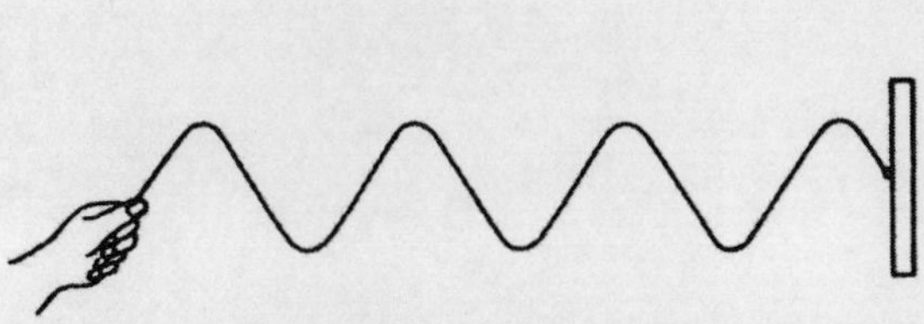

[그림 17.1] 줄의 펄스

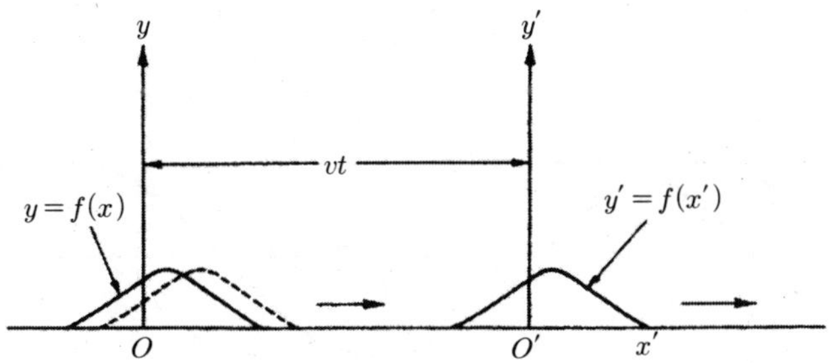

[그림 17.2]

펄스가 분산되지 않는다고 가정할 때 두 좌표들 사이에는

$$y = y', \quad x = vt + x'$$

의 관계가 있다. 따라서 O 좌표계에 대한 t시간 후의 줄의 변위는

$$y = f(x - vt) \tag{17.1}$$

이고, 이 식은 $+x$ 방향으로 진행하는 파동의 관계식이다.

식 (17.1)을 파동함수(wave function)라 하고, 위치 x, 시각 t에서 줄의 수직변위를 나타낸다. $-x$ 방향으로 진행하는 파동은

$$y = f(x + vt) \tag{17.2}$$

수직변위는 일정하므로 $(x - vt)$는 일정한 상수이다. 따라서

$$\frac{d}{dt}(x - vt) = \frac{dx}{dt} - v = 0$$

$$v = \frac{dx}{dt} \tag{17.3}$$

이때, v는 파동이 진행하는 위상속도이다.

17.3 파동방정식

x축을 따라 팽팽하게 당겨진 줄의 왼쪽 끝을 조화진동 발생기에 연결하면 줄의 왼쪽에서 오른쪽으로 진행해 가는 파동이 형성된다. [그림 17.3]에서 $t = 0$일 때 파형은 sine 곡선으로 최대의 수직변위를 A, 파장을 λ라 하면 파동의 식은 다음과 같다.

$$y = A \sin \frac{2\pi}{\lambda} x \tag{17.4}$$

t시간 후에는 $t = 0$일 때의 곡선이 오른쪽으로 vt만큼 진행하므로 x를 $(x - vt)$로 대치하여 다음과 같은 일반적인 파동방정식을 얻게 된다.

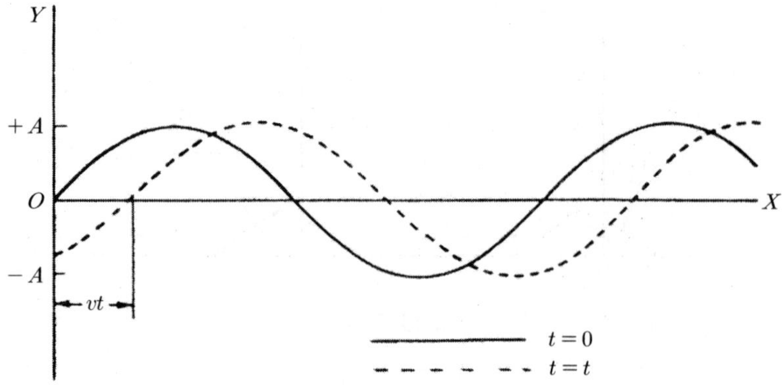

[그림 17.3]

$$y = A\sin\frac{2\pi}{\lambda}(x - vt) \tag{17.5}$$

파장 λ는 주기 T시간 동안 파동이 진행하는 거리와 같으므로

$$\lambda = vt, \quad v = \lambda / T$$

이 관계를 식 (17.5)에 대입하면

$$y = A\sin 2\pi\left(\frac{x}{\lambda} - \frac{t}{T}\right) \tag{17.6}$$

또, 파수 k와 각진동수 ω를 도입하여 식 (17.6)에 대입하면 더욱 간결하고 유용한 꼴의 식을 얻게 된다.

$$k = \frac{2\pi}{\lambda}, \quad \omega = \frac{2\pi}{T} = 2\pi f \tag{17.7}$$

따라서

$$y = A\sin(kx - \omega t) \tag{17.8}$$

이 식은 $+x$축(오른쪽)을 따라 진행하는 파동을 나타내며, $-x$축(왼쪽)으로 진행하는 파동은 다음과 같다.

$$y = A\sin(kx + \omega t) \tag{17.9}$$

$+x$축을 따라 진행하는 가장 일반적인 파동방정식은

$$y = A\sin(kx - \omega t + \phi) \tag{17.10}$$

여기서 ϕ는 위상각이다.

17.4 정 상 파

진동수와 진폭, 그리고 속도가 같은 두 파동이 서로 반대방향으로 진행할 때 간섭하여 중첩되면 매질의 일부는 배로 진동하고, 일부는 진행하지 않고 서 있는 파동이 형성된다. 이와 같은 파동을 정상파(stationary or standing wave)라 한다.

[그림 17.4 (a)]는 파장 λ, 진동수 f, 진폭 A를 가지고 오른쪽으로 진행하는 파동이고, [그림 17.4 (b)]는 왼쪽으로 진행하는 파동으로 $t=0$일 때 두 파동은 중첩되어 [그림 17.4 (c)]와 같은 모양의 합성파가 된다.

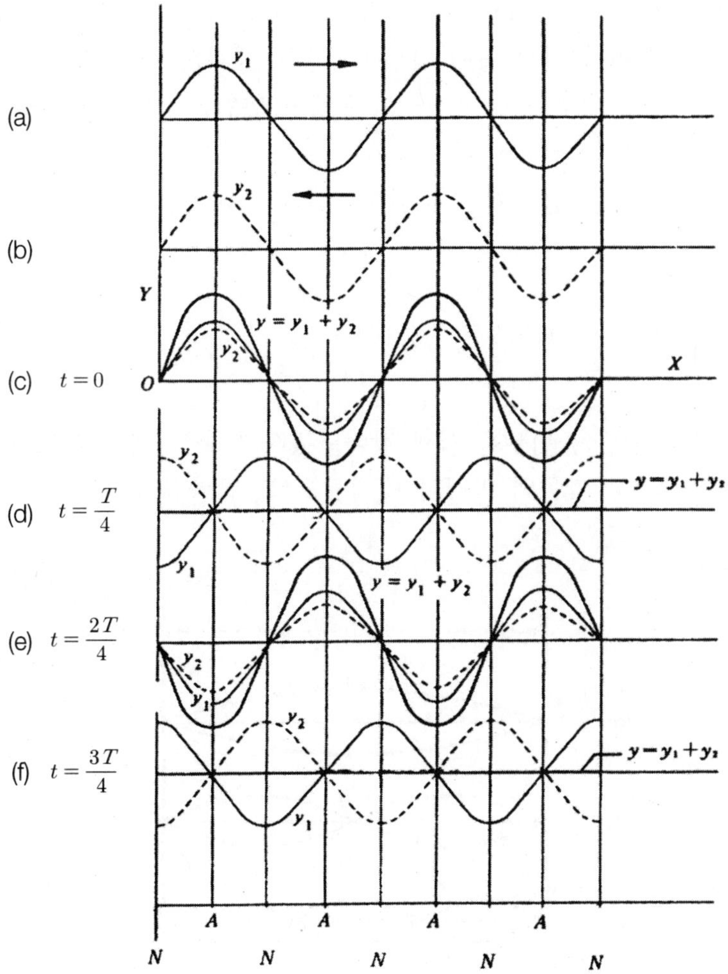

[그림 17.4]

시간이 $t=1/4T$, $t=2/4T$, $t=3/4T$인 경우 [그림 17.4]의 (d), (e), (f)와 같은 모양의 합성파가 형성된다.

이때, 중첩된 합성변위의 일반식은

$$y = y_1 + y + 2 = A\sin(kx - \omega t) + A\sin(kx + \omega t)$$

$$= 2A\sin\frac{2\pi}{\lambda}x\cos\omega t \tag{17.11}$$

이 된다.

$$\sin\frac{2\pi}{\lambda}x = 0 \tag{17.12}$$

인 부분에서는 변위 $y=0$이다.

[그림 17.4]에서 N으로 나타낸 이와 같은 점들을 마디(node)라 하며, 마디와 마디 사이에서 변위는 배가 되어 진동한다.

변위가 최대인 점을 배(antinode)라 하며, [그림 17.4]에서 A로 나타낸 점들이다.

[그림 17.5]는 양끝이 고정된 현이 간섭현상으로 생기는 여러 가지 정상파이다. 그림에서 고정점인 AB점, 즉 $x=0$, $x=L$인 점에서 변위는 $y=0$이므로 식 (17.12)를 만족하는 조건은

$$\frac{2\pi}{\lambda}L = n\pi \qquad (n = 1, 2, 3, \cdots\cdots)$$

이다. 따라서

$$\lambda = \frac{2L}{n} \qquad (n = 1, 2, 3, \cdots\cdots) \tag{17.13}$$

이 된다.

[그림 17.5 (a)]는 줄의 중심부를 살짝 잡아당겼다가 놓을 때 생기는 정상파로서 중심부의 변위는 배가 되며, 파동의 마디와 마디 사이는 반파장이 되어 $L=\lambda/2$, $\lambda=2L$로 식 (17.13)의 $n=1$인 경우이다.

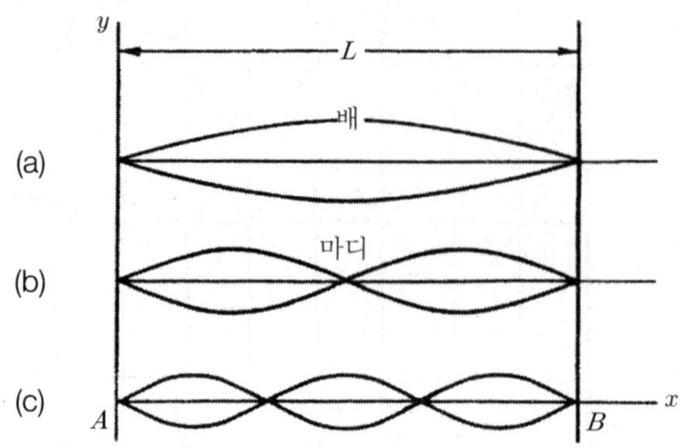

[그림 17.5]

파동의 속도가 v이면 진동수 $f = \dfrac{v}{2L}$이 된다. 이것은 가능한 진동수 중에서 가장 낮은 진동수로 기본진동수(fundamental frequency)라 한다. $n = 2, 3, 4, \cdots\cdots$에 대응하는 진동수는 $f_2 = 2f$, $f_3 = 3f$, $f_4 = 4f$, ……가 되며, 이들을 1배진동, 2배진동, 3배진동, ……이라 한다. 줄의 장력을 T, 단위길이당 질량을 μ라 하면 $(n-1)$배진동에서는

$$F_n = \frac{n}{2L}\sqrt{\frac{T}{\mu}} \tag{17.14}$$

가 된다.

17.5 도플러의 효과

일반적으로 파원과 관측자가 상대적으로 접근할 때에는 진동수가 크게 관측되고, 파원과 관측자가 멀어질 때에는 진동수가 적게 관측된다. 이와 같은 현상을 도플러(Doppler)의 효과라 한다.

이와 같은 경우에는 파원에서 나오는 파의 진동수와 관측자에 관측되는 파의 진동수에 차이가 생기게 된다.

[그림 17.6]과 같이 음원 S와 관측자 L이 다 같이 오른쪽으로 각각 v_s의 속도로 진행하고 있다고 하자.

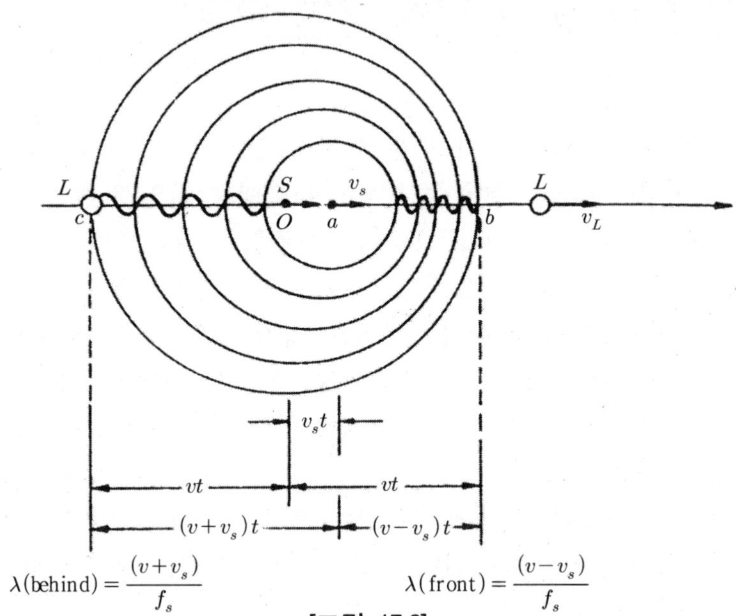

[그림 17.6]

t시간 후 음원 S가 O점에서 a점으로 이동하였으므로 음원의 진동수를 f_s, 파장을 λ라 하면

$$\overline{Oa} = v_s t, \quad \overline{ab} = vt - v_s t = (v - v_s)t$$

이고, t시간 사이에 음원은 $f_s \cdot t$개의 파를 방출하므로 이 파들이 ab 사이에 들어 있어 관측자 L이 듣는 음파의 파장은

$$\lambda = \frac{(v - v_s)t}{f_s t} = \frac{(v - v_s)}{f_s}$$

이다. 또, 뒤쪽에 있는 관측자 L'가 듣는 음파의 파장은 $\lambda = \dfrac{(v + v_s)}{f_s}$이 된다.

한편 관측자가 음원에 대하여 V_L의 속도로 멀어지고 있으므로 관측자가 관측되는 음파의 속도 v'는 $v' = v - v_L$이 된다. 따라서 관측자가 듣는 음파의 진동수 f_L은

$$f_L = \frac{v'}{\lambda} = \frac{v - v_L}{(v - v_s)/f_s} = f_s \frac{v - v_L}{v - v_s} \tag{17.15}$$

이다. 파원과 관측자가 상대적으로 접근할 때의 관측되는 진동수 L의 일반식은

$$f_L = f_s \left(\frac{v + v_L}{v - v_s} \right) \tag{17.16}$$

와 같다. 이와 같은 효과는 소리에서뿐만 아니라 모든 파동에서 나타나는 현상이다.

17.6 영(Young)의 이중 슬릿 실험

어떤 광원으로부터 사출되는 파가 같은 크기로 열려진 두 평행한 슬릿을 통과하여 스크린에 비치게 된다고 하자. 이때 슬릿 폭이나 슬릿 사이의 간격은 입사광의 파장보다 과대 또는 과소하여서는 안 된다. 633 mm의 파장을 갖는 연속적인 기체 레이저는 가장 이상적인 광원으로 사용되고 있다.

빛의 파장은 단위로는 10^{-9} m와 10^{-10} m로 각각 정의되는 나노미터(nanometer : nm)와 옹스트롬(angstrom : Å)이 있다. He-Ne 레이저의 파장은 6330 Å 이기도 하다. 입사광의 파장의 크기 정도의 슬릿 폭과 거리에 있는 두 슬릿에 He-Ne 레이저로 조명하였을 때의 스크린을 생각해 보자.

이때 스크린의 위치는 [그림 17.7 (a)]와 같이 슬릿의 후방 D거리에 있다. [그림 17.7 (b)]에서 보인 두 슬릿은 광원과 동일한 구실을 하며, 슬릿을 통과한 빛은 슬릿의 후면에 전파한다.

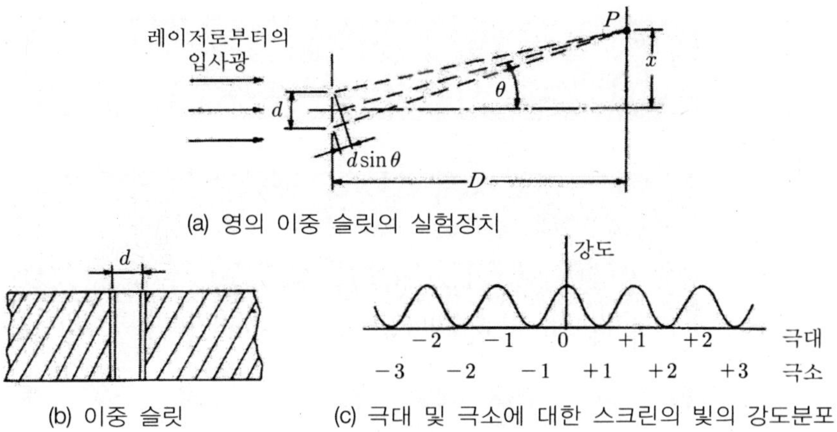

[그림 17.7]

이때 스크린 위에 나타나는 무늬의 중앙부에는 명암이 규칙적으로 배열되는데, 이들을 각각 극대 및 극소라 한다. 이 관계가 [그림 17.7 (c)]에 나타나 있다.

이들 극대 및 극소가 나타난 위치는 빛의 파장과 장치의 기하학적인 배치에 의해서 결정된다. 두 슬릿을 출발하여 스크린 위의 점 P에 도달하는 두 빛이 통과한 거리의 차는 비록 미소하다고는 하나 빛의 파장 또한 미소하기 때문에 중요한 의의를 가진다. 만일, 슬릿에서 스크린까지의 거리 P가 슬릿 사이의 거리 d에 비해서 크다면 각 슬릿으로부터의 P점까지의 경로는 본질적으로 볼 때 평형하며, [그림 17.7 (a)]에서와 같이 그 경로차는 $d\sin\theta$가 될 것이다. 이것을 광로차라 한다. 이 광로차가 입사광의 파장의 정수배가 될 때 이들 두 광파는 같은 위상을 이루어 서로 합쳐 가는데, 이것이 건설적 간섭이다. 이때의 간섭조건식은

$$d\sin\theta = m\lambda \quad (m = 0,\ 1,\ 2, \cdots\cdots) \tag{17.17}$$

이다. 그러나 광로차가 $\lambda/2$, $3\lambda/2$, ⋯⋯ 일 때 두 광파는 서로 상쇄되어 그 결과 무늬는 극소로 된다. 파괴적 간섭 결과인 이 극소에 대한 식은

$$d\sin\theta = \left(m + \frac{1}{2}\right)\lambda \quad (m = 0,\ 1,\ 2,\ \cdots\cdots) \tag{17.18}$$

이다. θ는 충분히 작기 때문에(~10°) $\sin\theta$와 $\tan\theta$는 실제로는 같고, P에 대한 $\tan\theta$는 단순히 x/D로 표시되어 다음 식을 얻는다.

$$\begin{aligned}\sin\theta &\simeq \tan\theta \\ &= x/D\end{aligned} \tag{17.19}$$

방정식 (17.17) 및 (17.18)의 유효성은 주어진 이중 슬릿과 무늬에 관한 d, D 및 x와 입사광의 파장 λ를 알면 직접 대조될 수 있다. 1801년 영(Young)은 최초로 빛의 파동성을 실험하였고 부가해서 가시광의 파장도 추정하였다. 그러나 극대 및 극소의 상당한 확대로 정밀측정은 되지 못하였으나, 여러 면에서 괄목할 만한 중요한 실험이었다.

(a)

(b)

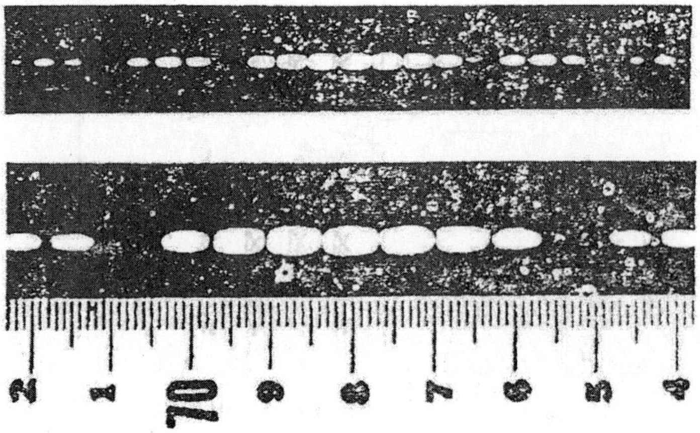

0.200 mm의 간격에 있는 두 슬릿에 He-Ne 레이저를 조명하였을 때 일어나는 간섭무늬의 사진. 간섭무늬는 슬릿으로부터 221 cm의 거리에 있는 스크린 위에 투영된다. 무늬와 척도는 사진상으로는 같은 인자로 감소하고 있다.

[그림 17.8]

[그림 17.8]의 (a), (b)는 이중 슬릿을 사용한 간섭무늬의 사진으로서 무늬의 극대 및 극소가 선명하게 나타나 있다. 빛의 파동성에 의해서 설명되는 이중 슬릿의 간섭의 특징은 식 (17.17)에서 $m=0$에 대응하는 곳에 극대가 존재한다는 사실이다. 이 현상은 빛의 입자설로는 설명이 곤란하다.

17.7 호이겐스의 원리

이중 슬릿에 의한 간섭실험의 결과로 나타난 [그림 17.8 (a)]가 갖는 특징에 대해서 네덜란드의 호이겐스(Huygens)가 최초로 빛의 파동이론에 의거하여 설명하였다. 호이겐스의 원리에 따르면 어떤 시각에서 파 전면의 위치를 알아내면 그 후 임의의 시각에서 파 전면의 위치는 진행파의 전파속도만 주어지면 결정된다.

파 전면상의 각 점은 파와 같은 속력으로 전파하는 구형의 제2의 소파(wavelets)의 점원이라고 간주될 수 있다. 다음의 새 파 전면의 위치는 이들 소파의 포락면으로서 얻어진다(호이겐스의 원리).

호이겐스의 원리는 광파에 대해서뿐만 아니라 모든 종류의 파동에 대해서도 적용된다. 빛의 직진성, 반사와 굴절에 관한 광학상의 중요한 법칙들이 호이겐스의 원리에 의하여 만족할 만큼 설명될 수 있었다.

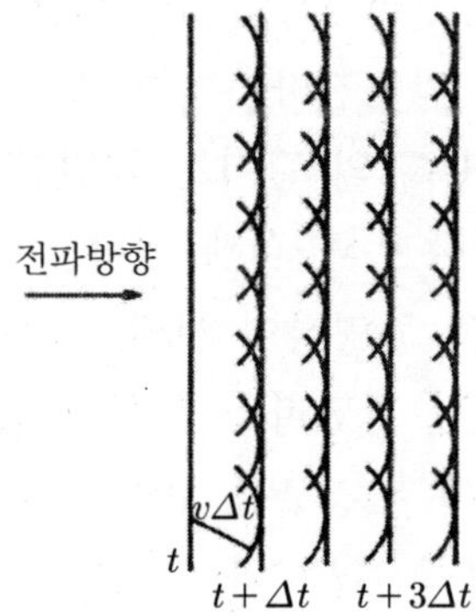

호이겐스의 원리를 써서 평면파가 어떻게 계속하여 평면파로 전파되는가를 예언할 수 있다는 것을 그림은 보인다.

[그림 17.9]

평면파의 전파를 취급하여 호이겐스 원리를 설명해 보자. [그림 17.9]는 그러한 파 전면을 표시한 것이다. 여기서 파는 왼쪽에서부터 오른쪽으로 간다고 가정한다. 이 그림 왼쪽의 파 전면은 파동의 정점을 대표한다고 보아도 좋다. 같은 파의 정점의 다음에 올 시간에 대해 잇단 위치를 보인다고 놓고 순간적으로 몇 개의 정점들을 찍은 것이라고 생각해도 좋다. 전파되면서 평면으로 남는 것이 중요한 점이다.

[그림 17.10]에서 평면파가 반사면 위에서 입사하는 경우의 위치를 생각해 보자. 그림 (a)에서 AB선으로 표시된 파 전면은 반사면과 θ_i각으로 입사한다. 이 각은 진행파의 방향을 나타낸 AD선과 반사면의 법선 사이의 각이기도 하다. (b), (c) 및 (d)는 반사된 상태에서의 파면의 연속적인 위치를 나타낸다.

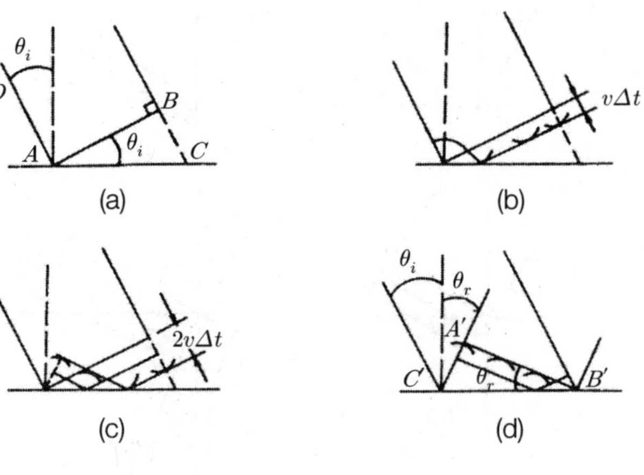

(a) 부분에서 입사한 평면파는 (b) 및 (c) 부분의 중간단계를 거쳐 (d) 부분에서와 같이 입사각과 같은 각으로 반사된다.

[그림 17.10] 호이겐스의 원리에 의한 반사법칙의 도해

반사각이 입사각과 같다는 반사법칙의 증명은 [그림 17.10 (a)]의 삼각형 ABC와 [그림 17.10 (d)]의 삼각형 $A'B'C'$의 비교를 통해서 얻어진다. 즉 이 두 삼각형은 한 변을 공통으로 갖는 직각삼각형이고, 그 위에 BC와 $A'C'$의 길이는 동일한 $3v\Delta t$이므로 두 삼각형은 합동이 되며, 따라서 반사각 θ_r는 입사각 θ_i와 같게 된다.

다음은 호이겐스의 원리를 적용하여 굴절법칙을 증명하여 보자. [그림 17.11 (a)]에서 광속이 v_1되는 매질의 표면에서 AB선으로 표시된 평면파가 입사하여 v_1보다 작은 v_2인 광속을 갖는 광학적으로 밀한 매질 속을 통과하는 경우를 고려하면 다음과 같다. 변 AC를 공유하는 [그림 17.11 (a)]에서의 직각삼각형 ABC와 [그림 17.11 (d)]의 삼각형 $AB'C$는 합동이 안 된다. 그런데 t를 [그림 17.11 (a)]의 BC 사이를 또 [그림 17.11 (d)]의 AB' 사이를 통과하는 시간이라 한다면 다음 식을 얻을 수 있다.

$$AC = \frac{v_1 t}{\sin\theta_1}$$

및 $$AC = \frac{v_2 t}{\sin\theta_2}$$

위의 두 식에서 다음 결과를 얻는다.

$$\frac{v_1 t}{\sin\theta_1} = \frac{v_2 t}{\sin\theta_2} \tag{17.20}$$

위의 결과는 여하한 파동의 종류에 대해서도 성립한다. 이 관계는 다음과 같이 요약할 수 있다.

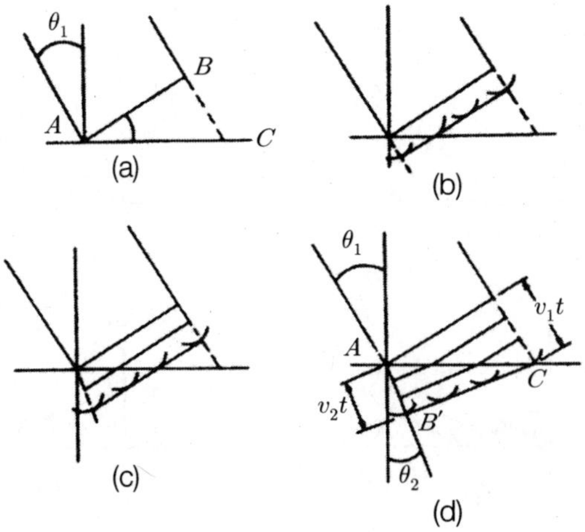

삼각형 ABC와 한 변을 공통으로 갖는 굴절파와 평면으로 형성된 삼각형 $AB'C$.
이 도형으로 스넬 법칙인 굴절법칙을 얻는다. 여기서 $v_2 = 0.75v_1$은 물 대 공기의 경우에 해당한다.

[그림 17.11]

즉, 한 매질에서 다른 매질로 파가 진행하는 경우, 제2매질에서의 파의 속력이 제1 매질에서보다 느릴 때는 법선을 향해서 굴절하고, 반대일 때에는 법선으로부터 멀어져 가는 방향으로 굴절한다. 어떤 매질에서의 가시광의 속력은 보통 표로는 나타내지 않고, 오히려 그 대신에 굴절률이라는 양으로 표시한다. 굴절률은 진공 중에서의 광속 3.0×10^8 m/s과 매질에서의 광속의 비율로 정의된다. 즉

$$n = \frac{c}{v} \tag{17.21}$$

c 및 v는 각각 진공 및 그 매질 내에서의 광속이다. 단 매질의 종류에 따라서 파동의 파장은 변하나 그 진동수는 일정하다. 이들 굴절률을 사용해서

$$n_1 = \frac{c}{v_1} \text{ 및 } n_2 = \frac{c}{v_2}$$

따라서 방정식 (17.20)은 다음과 같이 된다.

$$\frac{\sin\theta_1}{n_2} = \frac{\sin\theta_2}{n_1}$$

또는

$$n_1\sin\theta_1 = n_2\sin\theta_2 \tag{17.22}$$

이것은 곧 스넬(Snell)의 법칙으로 알려진 식이다.

[그림 17.12]는 유리표면에 입사한 편광되지 않은 선속을 표시한 것이다. 선속 속의 각 파열에 대한 벡터 E는 2개의 성분으로 분해된다. 그중 하나는 입사면에 수직이므로 점으로 나타내었고, 다른 하나는 이 평면 내에 놓여 있으며 화살표로 나타내었다. 이들은 각각 수직성분 및 평행성분이라 한다. 몇몇 유전물질에는 편광각 θ_p라 하는 특정한 입사각이 있다. 이 각에서는 평행성분의 반사계수는 0이다.

즉, 유리로부터 반사된 선속은 입사면에 대하여 직각을 이루는 진동면을 가진 편광이다. 실험에 의하여 편광각에서는 반사선속과 굴절선속 사이의 각이 직각이라는 것이 알려졌다. 즉

$$\theta_p + \theta_r = 90°$$

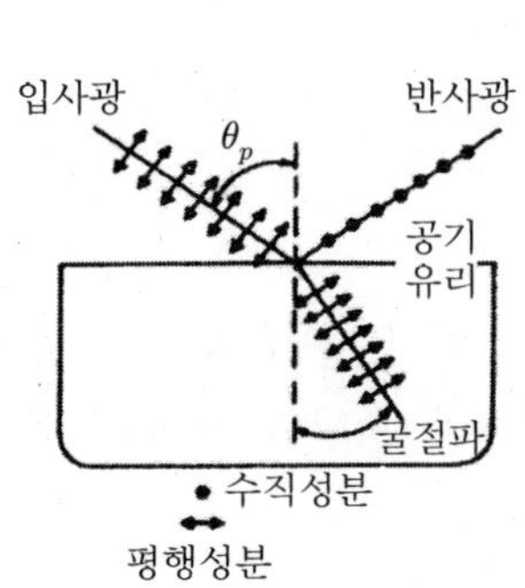

어떤 특정한 입사각 θ_p에 대해서 반사광은 보인 바와 같이 완전편광이다.
투과광은 부분편광이다.

[그림 17.12]

굴절법칙에 의하면

$$n_1 \sin\theta_p = n_2 \sin\theta_r$$

이들의 식을 결합하면

$$n_1 \sin\theta_p = n_2 \sin(90° - \theta_p) = n_2 \cos\theta_p$$

즉,

$$\tan\theta_p = \frac{n_2}{n_1} \tag{17.23}$$

여기서 입사광선은 매질 1에 있고, 굴절광선은 매질 2에 있다. 따라서 위 식은 다음과 같이 쓸 수 있다.

$$\tan\theta_p = n \tag{17.24}$$

여기서 $n(=n_2/n_1)$은 매질 1에 대한 매질 2의 굴절률이다. 식 (17.24)는 1812년에 경험적으로 추론한 브루스터(Brewster) 이후 브루스터의 법칙으로 알려졌다.

예제 17.1 빛이 공기 중에서 물로 진행할 때의 대응되는 광속은 [그림 17.11]을 사용하고 입사각을 30°라 할 때 굴절각은 얼마인가?

풀이 $v_1 = c$ 및 $v_2 = 0.75v_1$이고, 그 굴절률 n_1, $n_2 = 1.33$이라면 스넬의 법칙에 의해서

$$\sin\theta_2 = \frac{\sin\theta_1}{n_2} = \frac{0.50}{1.33} = 0.376$$

및

$$\theta_2 = 22.1°$$

를 얻는다.

제2의 매질이 물 대신에 굴절률 $n = 1.50$인 유리라면 이때의 굴절각은

$$\sin\theta_2 = \frac{0.5}{1.50} = 0.333$$

즉, $\theta_2 = 19.5°$

17.8 박막의 간섭

보통 흔히 일어나는 간섭의 종류와 몇 가지 중요한 응용에 대해서 공부해 보기로 하자. 이 종류의 간섭은 박막의 윗면에서 반사되는 광파와 박막 내에서 반사되는 광파 사이에 일어난다.

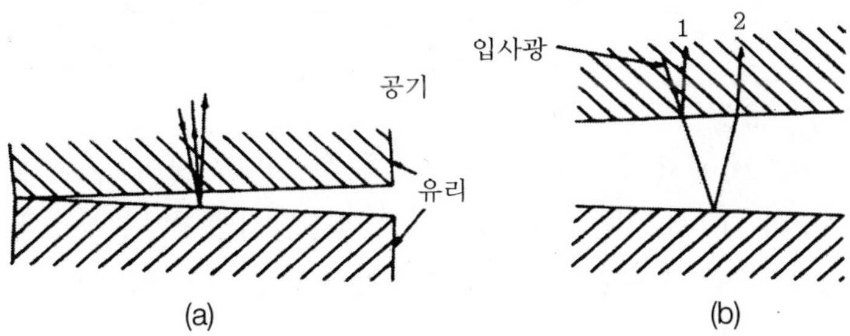

빛이 박막의 윗면과 아랫면에서 반사할 때 위상차는 박막의 두께에 직접 비례하는 두 반사광의 광로차에서 도입된다.

[그림 17.13]

[그림 17.13 (a)]는 크게 과장된 도끼형의 공기막이 두 평면 유리판 사이에 있음을 나타내고 있다. 만일에 빛이 [그림 17.13 (a)]나 또는 [그림 17.13(b)]에서와 같이 상당히 큰 두께의 공기막에 법선 가깝게 입사하였다면 그 광로차는 본질적으로 공기막의 두께의 2배가 된다. 따라서 누구나 직선 모양이고, 평행인 등간격의 일련의 명암의 간섭무늬를 관측하게 될 것이다. 공기막의 상단에서 입사한 빛은 그곳에서 반사한 광선 1과, 광학적으로 소한 공기막 내에서 반사한 광선 2와는 위상차 때문에 간섭을 일으키게 된다. 두 광선에 의한 간섭 가운데 극대가 기대되는 경우는

$$2d = \left(m + \frac{1}{2}\right)\lambda \qquad (m = 0,\ 1,\ 2,\ 3,\ \cdots\cdots) \tag{17.25}$$

이고, 극소인 경우는

$$2d = m\lambda \qquad (m = 0,\ 1,\ 2,\ 3,\ \cdots\cdots) \tag{17.26}$$

이다. d는 두 유리판 사이의 거리이다.

위상의 변화가 위에서 지적한 바와 같이 반사에 의해서 생긴다는 사실은 전자기파 이론으로부터 예측될 것이다.

이 개념은 팽팽한 철사 줄 위를 움직이는 파동인 경우를 생각함으로써 알게 된다.

17.9 단일 슬릿에 의한 빛의 회절

단일 슬릿에 의한 빛의 회절에 관한 연구방법은 호이겐스의 원리를 통해서 이루어진다. [그림 17.14]에서 표시된 폭 a인 단일 슬릿에 파장 λ인 단색광을 조명하였다고 하자. 관측각을 θ라 할 때 슬릿의 반치폭의 상단으로부터 온 빛이 하단으로부터 온 빛과 간섭을 일으킬 때 [그림 17.14 (a)]에서와 같이

$$\frac{a}{2}\sin\theta = \frac{\lambda}{2}$$

인 경우는 간섭이 소멸된다.

만일, [그림 17.14 (b)]에서 표시된 방향으로 진행하는 슬릿의 1/4 되는 경상으로부터의 빛이 슬릿 하단부의 제2의 1/4로부터의 빛과 간섭하였다면 이때의 극소는 또한 $\theta = 0$에서 일어난다. 따라서 이때의 파괴적인 간섭의 조건은 다음 식과 같다.

$$\frac{a}{4}\sin\theta = \frac{\lambda}{2}$$

보통 극소는 다음과 같은 조건을 만족하는 어떤 각에 대해서 기대된다.

$$n\lambda = a\sin\theta, \quad (n = \pm 1,\ \pm 2,\ \pm 3,\ \cdots\cdots) \tag{17.27}$$

위 식에 포함되고 있는 n는 1로부터 시작되는 정수임을 주의해야 한다.

중앙의 상에서는 간섭구조가 성립되므로 식 (17.27)에서는 $n = 0$은 극소가 아닌 중앙 극대가 된다.

단일 슬릿의 회절상에서의 극대위치는 식 (17.27)과 같은 간단한 식은 아니다. 밝은 중앙 극대를 제외한 극대들은 그 극소 사이의 중간 정도의 위치에 나타난다.

전체적인 회절상은 중앙의 극대에 관해서 대칭적이고, 중앙의 극대의 폭의 넓이는 그 옆 극대의 2배에 해당한다.

이들 중앙 극대의 좌우측에 순차로 나타나는 극대는 극소 사이의 중간에서 일어나고, 또한 그 강도는 중앙으로부터 멀어짐에 따라 약화된다.

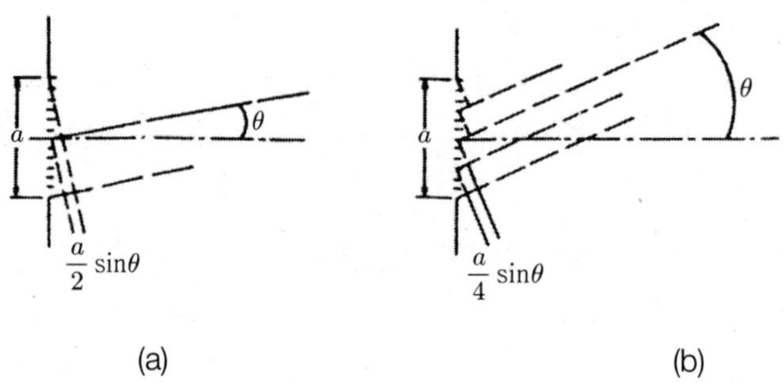

단일 슬릿에 의한 회절상의 위치는 (a)에서 슬릿의 반치폭 상단으로부터의 빛과 그 하단으로부터의 빛이 간섭하여 소멸하는 각 방향에 의해서 결정된다.
(b)는 슬릿을 4등분할 때의 (a) 경우와 유사한 내용으로 제2극소를 정할 수 있고, 이 내용을 되풀이해서 고차의 극소를 얻을 수 있다.

[그림 17.14]

17.10 원형 구멍에 의한 회절

지금까지 우리는 간섭 및 회절 현상에 관한 논의에서 슬릿의 구멍에 대한 경우만 취급해 왔다. 여기에서는 원형 구멍에 의한 회절현상으로 이야기를 옮겨 보기로 한다. 원형 구멍은 거의 모든 종류의 광학계장치에서 중요한 역할을 하기 때문이다. 원형 구멍에 의한 회절은 궁극적으로 미세한 상의 취급에서 분해능의 한계를 가져온다.

원형 구멍에 의해서 회절상이 스크린 위에 투사되었을 때, 중앙 극대의 밝은 원형의 상을 중심으로 하여 거의 등간격으로 극소의 어두운 원형과 약한 극대의 밝은 원형이 교대로 나타난다. [그림 17.15]는 0.005 in(0.0127 cm)의 지름을 가진 원형 구멍으로부터 221 cm 후방에 스크린을 놓고 He-Ne 레이저광으로 그 구멍을 조명하였을 때 스크린 위에 나타나는 회절상의 사진이다.

단일 슬릿인 경우에 관측각은 변화에 따른 강도 및 진폭에 관한 식을 간단한 방법으로 유도했던 때와는 달리 원형 구멍에서는 2중 적분이 필요하다. 원대칭이라는 한 결과로서 이 적분해는 베셀 함수로 표시된다. 제1차의 극소가 관측되는 각은 다음과 같다.

$$\sin\theta = \frac{1.22\,\lambda}{d} \tag{17.28}$$

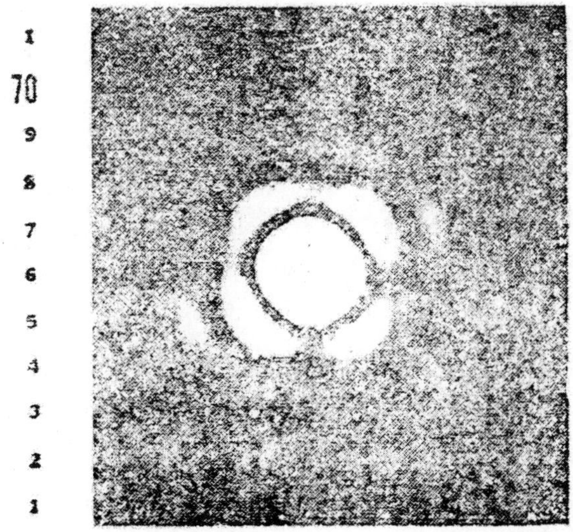

이 사진은 원형 구멍의 지름이 0.005 in(0.0127 cm)이고, 그 후방 221 cm에 스크린이 놓여 있을 때의 회절상이다. 이 구멍은 He-Ne 레이저로 조명된다.

[그림 17.15]

d는 원형 구멍의 지름이고, λ는 사용한 단색광선의 파장이다. 단일 슬릿에서의 제1차 극소를 이루는 각은 식 (17.28)에서 [그림 17.15]로부터의 측정을 통해서 결정할 수 있다.

예제 17.2 어떤 원형 구멍이 He-Ne 레이저로부터 입사한 빛으로 조명된 경우를 생각해 보자. 구멍으로부터 6.0 m 떨어진 스크린 위에 지름 2.5 cm의 제1차 극소무늬가 생겼다면 그 구멍의 지름은 얼마인가?

풀이 식 (17.28)의 $\sin\theta$는 다음에 표시되는 관계로부터 근사적으로 산출될 수 있다.

$$\sin\theta \approx \tan\theta = \frac{x/2}{D}$$

여기서 x는 제1차 극소의 지름이고, D는 구멍과 스크린 사이의 거리이다. 따라서

$$\frac{x}{2D} = \frac{1.22\lambda}{d}$$

그러므로

$$d = \frac{1.22 \times 2D\lambda}{x} = \frac{2.44(6.0\times10^2)(6.33\times10^{-5})}{2.5} = 0.037\text{cm}$$

17.11 회절격자

슬릿의 수가 많아지면 제1차의 극대의 첨예도와 밝기가 증가하며, 부차적인 극대의 밝기가 상대적으로 줄기 때문에 많은 수의 슬릿을 가진 계는 매우 유용한 것이다. 다중 슬릿에 의한 간섭현상의 하나의 확충으로서 우리가 접근했지만 그러한 장치를 회절격자(diffraction grating)라 한다.

회절격자는 cm당 수천의 선이 조각되어 있고, 수 cm의 길이를 가진다. 회절격자는 스펙트럼의 생성과정에서 프리즘보다도 우위에 속한다. 왜냐하면 그 주된 이유가 프리즘인 경우와는 달리 회절격자에서는 식 (17.28)로 주어지는 λ와 θ의 관계가 있기 때문이다.

[그림 17.16]은 인치당 7500선을 가진 회절격자에 He-Ne 레이저로 찍어 가지고 만든 사진이다. 주 극대들은 분명히 보이지만 부차적인 극대들은 전혀 보이지 않는다. 주 극대들은 레이저 광선 그 자체의 상이라는 것을 명심해야 한다. 광원으로서 더 좁은 슬릿을 사용했더라면 이들 극대들이 더 좁아졌을 것이다.

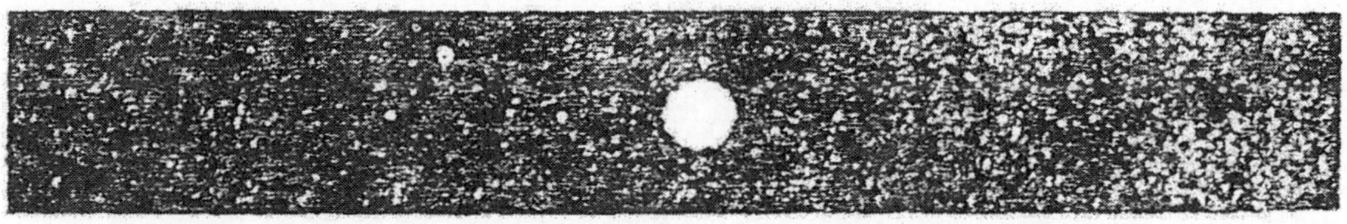

슬릿의 수를 많게 할 때 부차적인 극대들은 희미해서 보이지 않게 된다.
이 사진은 인치당 7500 선을 조각한 회절격자에 레이저광으로 조명해서 얻은 것이다.

[그림 17.16]

회절격자에서 사용되고 있는 분산은 파장의 미소한 변화량 $d\lambda$에 따라 각 분산 $d\theta$의 변화량으로 측정한다. 이때 분산 D는 다음 식에 의하여 정의된다.

$$D=\frac{d\theta}{d\lambda} \tag{17.29}$$

위 식은 회절격자는 물론 프리즘에도 적용되는 일반식이다. 회절격자의 분산은 식 (17.28)을 미분함으로써 용이하게 얻어진다. 그 결과는 다음과 같다.

$$D=\frac{m}{d\cos\theta} \tag{17.30}$$

단, 여기서 θ는 파장 λ와 $\lambda+d\lambda$에 대한 관측 평균각으로 간주할 수 있다.

주어진 차수에서의 격자의 분산은 슬릿의 간격(또는 단위길이당에 조각된 선 수)에 의해서 결정된다. 회절격자의 하나의 특징으로서는 슬릿의 수가 증가할수록 색채의 분해능력이 높아진다는 사실이다. 색채분해능력(chromatic resolving power) R은 다음 식으로 정의된다.

$$R=\frac{\lambda}{\Delta\lambda} \tag{17.31}$$

$\Delta\lambda$는 분해되는 파장차이고, λ는 그들 파장의 평균이다. 레일리의 규준의 적용에 의해서 파장 $\lambda+\Delta\lambda$의 빛은 m의 차수에 있는 파장 λ의 제1극소각에 대한 것과 동일한 각에서 차수 m의 주 극대를 형성한다. 이 규준의 적용으로 식 (17.31)은 다음과 같이 된다.

$$R=mN \tag{17.32}$$

여기서, m은 차수, N은 격자의 슬릿 수이다. 식 (17.32)는 유도된 것은 아니지만, 용이하게 즉각적으로 판단될 수 있는 식이다. 앞에서도 기술한 바와 같이 조각된 선 수가 N인 격자에 대해서는 주어진 파장에 대해서 인접한 제1차 극대 사이에는 $N-2$개의 부차적인 극대가 존재하였다. 따라서 N을 크게 하면 제1차 극대는 극히 좁아진다.

분해능과 분산의 구별을 명확히 하는 것은 중요한 것이다. [그림 17.17]은 세 가지의 경우를 나타낸 것이다. 그림 (a) 및 (b)에서는 동일한 분산값을 가진다.

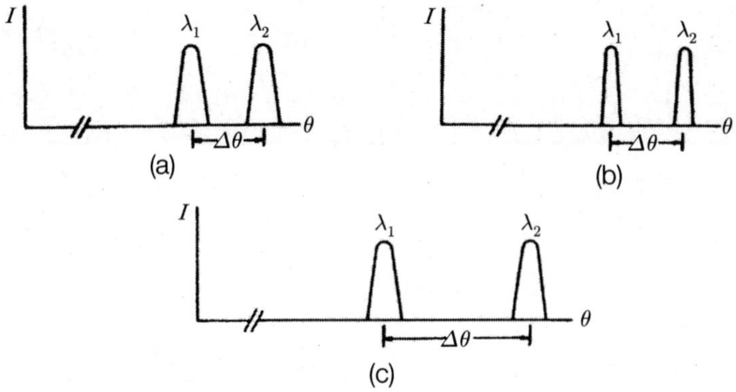

(b)의 분산은 (a)와 동일하나 분해능은 스펙트럼선 폭이 좁기 때문에 (a)에서보다는 크다. (c)의 분해능은 대략 (b)와 동일하나 분산은 (a)나 (b)에서보다도 크다.

[그림 17.17] 분산과 분해능의 구별

[그림 17.17 (b)]에서 표시된 분해능은 그 선이 좁기 때문에 (a)에서보다 높다. (c)에 표시된 분산은 (a) 및 (b)에서보다 높다. (c)에서 나타난 분해능은 대략 (b)에서와 같이 동일하다. 그러나 이 경우 분산은 (a)나 (b) 중 어느 하나보다도 크다.

예제 17.3 수은의 스펙트럼에서 5770과 5790 Å 인 두 노란 선을 분리하려면 격자는 어떤 성질을 가져야 하는가? 두 선은 편이되지 않은 빛과 30°인 각에서 나타내야 한다. 두 선의 각 분리는 얼마인가?

풀이 요구한 선 수를 식 (17.31)과 (17.32) 두 개를 결합하여 계산하면

$$\lambda/\Delta\lambda = mN$$

첫 차수만을 생각하면 선 수는

$$N = \lambda/\Delta\lambda = 5780/20$$
$$= 290 \text{ 슬릿}$$

cm당 선 수 $n = 1/b$는 식 (18.2)에서

$$m\lambda = d\sin\theta = \sin\theta/n$$

따라서

$$n = \sin\theta/m\lambda = 0.5/(5.78\times10^{-5}) = 8600 \text{ 선/cm}$$

각 분리는 식 (17.29)에서 정확히 계산할 수 있다.

$$\Delta\theta/\Delta\lambda \approx n/(d\cos\theta) \text{ 일 때}$$
$$\Delta\theta = m\Delta\lambda/(d\cos\theta) = mn\Delta\lambda/(\cos\theta)$$
$$= (8.60\times10^{3})\times(2.0\times10^{-7})/0.866 = 1.99\times10^{-3}\text{ rad} = 0.11°$$
$$= 7 \text{ min}$$

이것은 작은 각 분리이긴 하지만 측정할 수는 있다.

■ 연습문제 ■

01 진공에서 전자기파의 속력은 $3\times 10^8\ \mathrm{m/s}$이다. (a) (빛의) 스펙트럼 중 가시광선의 파장은 보라색의 $4.0\times 10^{-7}\ \mathrm{m}$로부터 빨간색의 $7.0\times 10^{-7}\ \mathrm{m}$에 이르는 영역이다. 광파의 진동수 영역은? (b) 단파라디오(예로서 FM 라디오나 VHF 텔레비전)에 대한 진동수 영역은 약 1.5 MHz(mega hertz)에서 300 MHz 사이이다. 대응되는 파장영역은? (c) X-선도 또한 전자기파이다. X-선의 파장영역은 약 5.0 nm(nanometer) 10^{-2} nm 사이에 있다. X-선의 진동수 영역은?

02 (a) 파수가 $60\ \mathrm{cm}^{-1}$이고 주기가 0.20 s, 진폭이 3.0 cm인 $+y$방향으로 현을 따라 진행하는 횡파를 표현하는 식을 써라. 횡파면은 z방향이다. (b) 현의 한 점의 최대 횡속도는?

03 진동하는 현의 선밀도가 $1.3\times 10^{-4}\ \mathrm{kg/m}$이다. 횡파가 이 현을 따라 진행하고, 그 식이 $z=(0.021\ \mathrm{m})\sin[(1.0\ \mathrm{m}^{-1})x+(30\ \mathrm{s}^{-1})t]$로 주어질 때 현의 장력은? 여기서 x, y는 m이고 t는 s이다.

04 단조화 횡파가 현을 따라 왼쪽($-x$) 방향으로 진행한다. [그림 17.18]은 시간 $t=0$일 때 위치의 함수로 변위를 그린 것이다. 현의 장력은 3.6 N이고, 선밀도는 25 g/m이다. (a) 진폭, (b) 파장, (c) 파동 속력, (d) 주기 및 (e) 현 내의 한 입자의 최대 속력을 계산하여라. (f) 진행파를 나타내는 식을 써라.

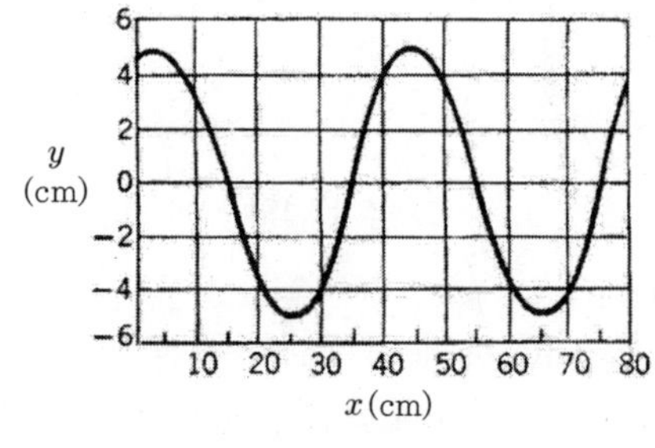

[그림 17.18]

05 4개의 정현파의 진동수가 1, 2, 3, 4의 비율을 갖는 반면, 그 진폭은 1, 1/2, 1/3, 1/4의 비율을 가진다. 또 제1 및 제3의 파동이 제2 및 제4의 파동과 각각 π의 위상차를 가진다고 할 때 이 네 파동은 합성해서 그 파형을 그리고 그 성질에 관하여 조사하여라.

06 동일주기를 갖는 세 정현적 파동의 진폭이 각각 1, 1/2, 1/3이고, 또 그 위상각이 각각 0, $\pi/2$ 및 π이다. 이 세 파동을 합성하였을 때의 파형을 그리고 성질을 논하여라.

07 2개의 정현적 횡파가 현을 따라 서로 반대방향으로 진행하고 있다. 이 파동들은 모두 0.30 cm의 진폭과 6.0 cm의 파장을 가지며, 또 현 내에서 1.5 m/s의 횡파속력을 가진다고 할 때 다음 각 시각에서 이 현이 갖는 파형을 그려 보아라.
$t=0$(임의), $t=5.0$, $t=10.0$, $t=15.0$, $t=20.0$ ms.

08 진동수 미지의 음차가 진동수 384 Hz인 표준 음차와 더불어 매초 3회의 맥놀이를 일으켰다. 진동수 미지의 이 음차의 팔에다 소량의 초를 발랐던바 맥놀이 진동수가 감소하였다 한다. 이 음차와 진동수는?

09 나트륨 광($\lambda=589$ nm)이 간격 $d=2.0$ mm인 이중 슬릿에 비친다. [그림 17.19]의 D는 40 mm이다. 열 번째 밝은 줄무늬를 만드는 데 있어서 $D \gg d$가 아니라면 얼마의 퍼센트 오차가 생기는가?

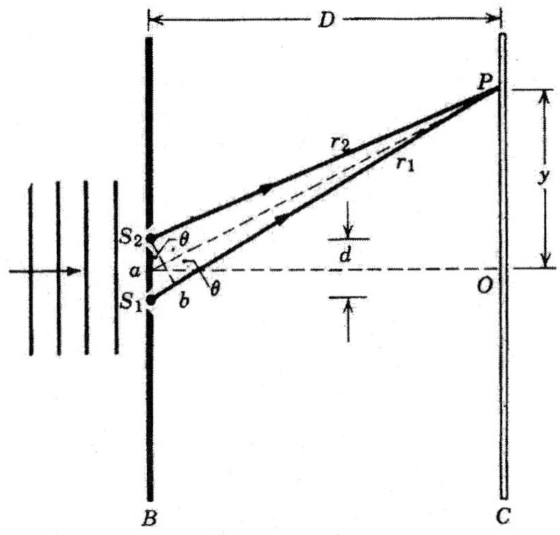

[그림 17.19]

10 전자가 매질 내에서 그 매질 내에서의 광속보다 빠른 속력으로 움직인다고 하면 전자는 전자기적 에너지를 방출한다(Cerenkov 효과). 굴절률 1.54의 액체 내에서 전자가 에너지를 방출할 때 필요한 최소 속력은?

11 0.40 μm 두께의 박막에 그 면에 수직하게 백색광이 비치고 있다. 굴절률은 1.5이다. 반사선 속에서 가시 스펙트럼 내의 어느 파장이 강하게 되는가?

12 아세톤(굴절률 1.25)의 박막이 두꺼운 유리판(굴절률 1.50) 위에 떠 있다. 여러 가지로 파장을 조절할 수 있고, 평면광파가 이 막을 수직으로 비친다. 반사파를 조사한 결과 600 nm에서 완전한 소멸간섭이 일어나고, 700 nm에서 보강간섭이 일어나는 것을 알았다. 아세톤막의 두께를 계산하여라.

13 마이컬슨(Michelson)의 간섭계에서 거울 M_2를 0.233 mm 움직였을 때 792개의 줄무늬를 헤아렸다고 한다. 빛의 파장은?

14 단일 슬릿 회절무늬에서 오른쪽 제1극소와 왼쪽 제1극소 사이의 거리가 5.2 mm이다. 그 위에 무늬가 나타나 있는 스크린은 슬릿에서 80 cm 떨어져 있으며 파장은 546 nm라 한다. 슬릿의 폭을 구하여라.

15 폭이 1.0 mm인 슬릿이 파장 589 nm인 빛에 의하여 조명된다. 3.0 m 떨어진 스크린에서 회절무늬를 본다. 중앙 회절 극대의 양쪽의 두 제1회절 극소 사이의 거리는?

16 가까이 오고 있는 자동차의 두 헤드라이트가 1.4 m 떨어져 있다. 사람의 눈이 이들을 분해할 수 있는 최대 거리는? 눈동자의 직경은 5.0 mm이며 $\lambda = 550$ nm라 한다. 회절효과만으로써 결정된다고 가정하여라.

17 측량용의 전경의가 물체로부터 370 m 떨어져 있고, 이 전경의의 망원경의 대물렌즈 직경이 30 mm이면 이 망원경을 통하여 분해할 수 있는 두 작은 물체의 최소 간격은?

18 (a) 만약 $\lambda = 550$ nm, $d = 0.15$ mm, 그리고 $a = 0.03$ mm라 하면 이중 슬릿 무늬에 대한 중앙 극대 양쪽의 줄무늬 포락선의 제1극소 사이에 나타나는 완전한 줄무늬는 몇 개인가? (b) 중앙 줄무늬에 대한 중앙 옆으로 세 번째 줄무늬의 강도의 비율은?

19 회절격자는 중심 사이의 거리가 900 nm인 폭 300 nm 슬릿들로 만들어진다. 격자는 $\lambda = 600$ nm이고 입사각이 0인 단색 평면파에 의하여 비추어진다. (a) 회절극대는 몇 개인가? (b) 만약, 이 격자가 1000개의 슬릿을 가진다면 관측되는 스펙트럼선의 각 폭은? 그리고 한 녹색선의 파장을 계산하여라. 각 폭은 최대값의 양쪽의 영 강도인 두 위치 사이의 각으로 정의된다.

20 폭 30.0 mm의 회절격자가 파장 600 nm인 빛으로 2차에서 30°의 편의를 제공한다. 격자 위의 선의 총수는?

21 어떤 회절격자가 분해능 $R = \lambda/\Delta\lambda = Nm$을 가지고 있다. (a) 정확히 분해될 수 있는 대응하는 진동수 범위는 $\Delta\nu = c/Nm\lambda$로 주어진다는 것을 보여라. (b) [그림 17.20]에서 그 두 극치의 광선들의 비행시간은 $\Delta t = Nd\sin\theta/c$ 만큼 다르다는 것을 보여라. (c) $(\Delta\nu)(\Delta t) = 1$이고, 이 식은 여러 가지 격자매개변수에 무관하다는 것을 보여라. $N \gg 1$을 가정하여라.

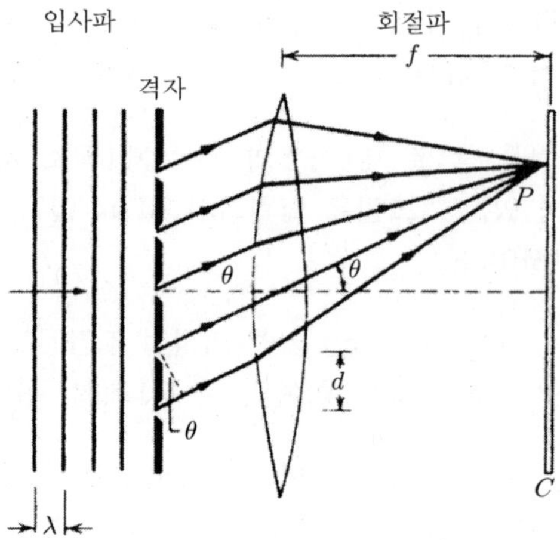

[그림 17.20]

22 한 격자가 600줄/mm를 가지며 그 폭은 6.0 mm이다. (a) $\lambda = 500$ nm에서 3차로서 분해할 수 있는 최소 파장간격은? (b) 보기 위해서 차수를 얼마나 더 높일 수 있는가? 격자를 통하여 빛이 수직하게 입사한다고 하자.

18

기하광학

Geometrical Optics

18.1 반사와 굴절

일반적으로 파동은 회절현상을 나타내며, 파는 물체의 뒤쪽으로도 전파된다는 사실을 알았다. 또, 빛의 경우에는 이 현상이 뚜렷하지 못하다는 것을 가정한다면 빛은 정확하게 직진하는 것이라 하고, 빛의 진로를 연구하여 여러 가지 광학적 현상이나 광학기계에 관한 사항들을 설명하기로 한다. 이와 같은 현상을 설명하는 학문은 기하광학(geometrical optics)이라 한다.

기하광학의 근본이 되는 것은 반사와 굴절법칙으로서 호이겐스(Huygens)의 원리에 의하여 유도되는 두 가지 법칙이 있다.

① 반사광선과 입사광선은 경계면에 수직인 동일한 평면 내에 있으며, 이들이 만드는 평면은 반사면에 수식이다. 또한 입사각과 반사각은 같다.

② 굴절의 경우에는 굴절광선과 입사광선은 경계면에 수직인 동일한 평면 내에 있으며, 입사각과 굴절각의 사인(sine)은 두 매질에 대하여 일정하다.

$$\frac{\sin i}{\sin r} = n \tag{18.1}$$

식 (18.1)은 스넬(Snell)의 법칙이라 하며, 여기서 n은 매질 1에 대한 매질 2의 굴절률(index of refraction)이라 하는 상수이다. 따라서 굴절률이라 하면 진입경로를 명시하여야 한다.

일반적으로 고체나 액체인 경우에는 빛이 공기 중에서 그 물질로 진입할 때의 굴절률을 의미하며, 기체인 경우에는 진공으로부터 진입한 경우의 값이다. 진공으로부터 진입할 때의 굴절률은 보통 절대굴절률(absolute index of refraction)이라 한다. 매질 1에서 매질 2로 빛이 투과한 때의 굴절률을 n_{12}, 매질 1에서 매질 3을 투과할 때의 굴절률을 n_{13}, 매질 2에서 매질 3을 투과할 때를 n_{23}이라 하면

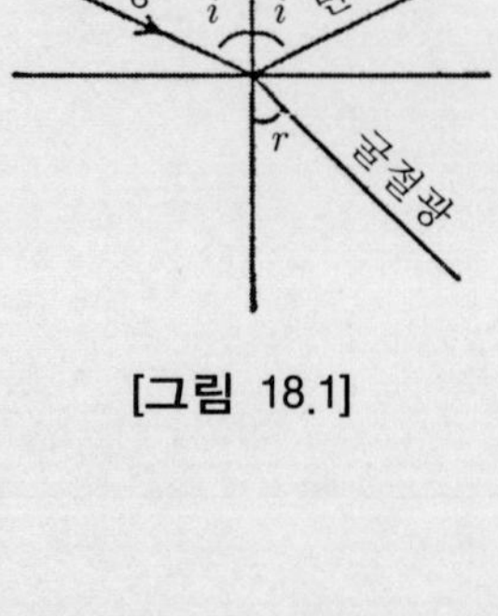

[그림 18.1]

$$n_{12}=\frac{v_1}{v_2},\quad n_{13}=\frac{v_1}{v_3},\quad n_{23}=\frac{v_2}{v_3}$$

$$\therefore\quad n_{23}=\frac{n_{13}}{n_{12}} \tag{18.2}$$

제1매질에서 제2매질로 투과할 때의 굴절률 $n=v_1/v_2$라 하면, 반대로 제2매질에서 제1매질로 거슬러 올 때의 굴절률은 $1/n$이다. 따라서 굴절한 광선을 역방향으로 보내면 제1매질로 통과할 때는 처음 입사광선과 반대방향으로 진행할 것이다. 그러므로 반사할 경우에도 같은 이치가 된다. 이와 같은 현상을 광역행의 원리라 한다.

굴절률은 빛의 파장에 따라 조금씩 다르다. 파장이 다르면 색이 다르다는 것을 〈표 18.1〉에 명시하였다. 일반적으로 파장이 짧을수록 굴절률은 크다. 여러 가지 물질에 대한 굴절률을 〈표 18.2〉에 예시하였다.

다음에 [그림 18.2]와 [그림 18.3]에서 반사와 굴절의 법칙을 종합하여 말하면, 기하광학의 기초는 다음 원리로 표현할 수 있다. 즉, 점 A에서 다른 점 B에 도달하는 빛의 경로는 소요시간을 최소로 하는 것이다. 이것을 페르마(Fermat ; 1601–1665)의 원리라 한다. 매질이 한 평면을 경계로 하여 불연속적으로 갑자기 변하지 않고, 연속적으로 변화하는 경우에도 성립된다.

〈표 18.1〉

파장(Å)	색
7000	적
6400	등
5900	황
5500	녹
4920	청
4300	자
4000	자

〈표 18.2〉 물질의 굴절률(Na의 D선 5893Å)

물 질	굴절률	물 질	굴절률	물 질	굴절률
고 체(18℃)		액 체(18℃)		기체(0℃, 1기압)	
유 리	1.52–1.76	물	1.333	공 기	1.0002918
얼음(−3℃)	1.31	알콜(에틸)	1.362	산 소	1.000270
암 염	1.544	올리브유	1.46	질 소	1.000297
금강석	2.417	가나다발삼	1.53	이산화탄소	1.000449
운 모	1.55–1.95	글리세린	1.474	일산화탄소	1.000335
		벤 젠	1.501	수증기	1.000252

(고체, 액체는 공기에 대한 값이고 기체는 진공에 대한 값이다.)

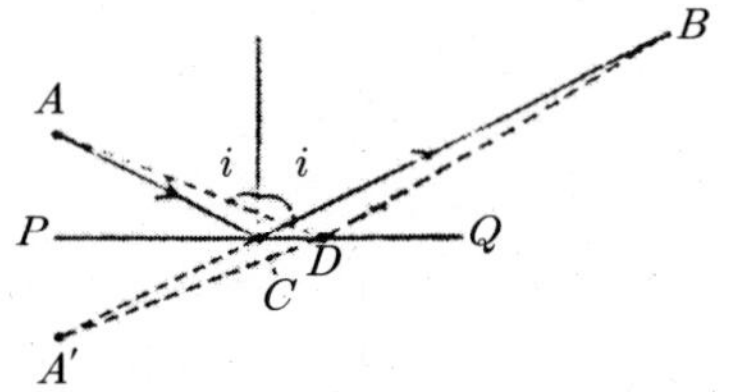

[그림 18.2]

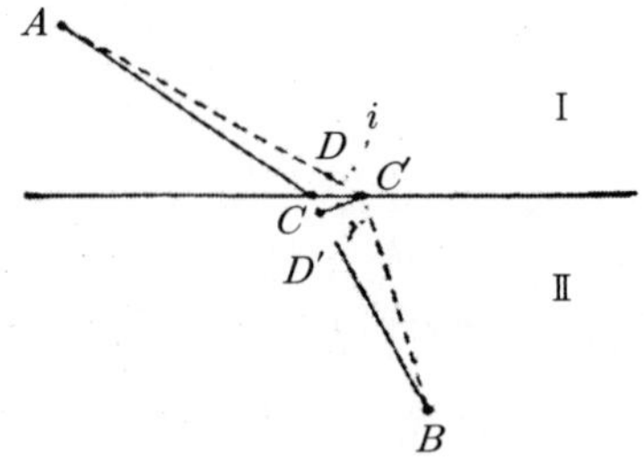

[그림 18.3]

[그림 18.3]에서 A에서 B까지의 소요시간을 $AC=S_1$, $CB=S_2$라 하면

$$t=\frac{S_1}{v_1}+\frac{S_2}{v_2}=\text{최소값}$$

이지만, v_1, v_2가 각 물질의 굴절률에 반비례하고, 단순히 굴절률이라 할 때에는 진공 또는 공기에 대한 굴절률이며,

$$n_1=C/v_1,\quad n_2=C/v_2$$

이다. 단 C는 진공 중에서의 광속이므로

$$n_1S_1+n_2S_2=\text{최소값}$$

로 되는 경로가 빛이 선택하는 경로라 할 수도 있다. n_1S_1, n_2S_2와 같이 경로의 길이에 굴절률을 곱한 것을 광로(optical path)라 한다.

18.2 평면에 의한 빛의 굴절

공기 중에 있는 P점에서 발사된 빛이 물 또는 유리와 같이 서로 다른 매질과의 경계평면 XY에 도달하고, 여기에서 굴절하여 이 매질 속으로 진입할 때를 [그림 18.4]와 같이 생각하자. P점에서 XY면에 내린 수선을 PO라 하고, PO에 대하여 기울기가 작은 광선만을 생각하자. 굴절광선 AC를 역으로 연장시킨 직선이 PO와 만나는 점을 P', P와 P'의 좌표를 O로부터 측정하여 a, b라 하면 $\angle OPA$는 입사각 i, $\angle OP'A$는 굴절각 r과 같다. 이 i, r은 미소각이므로

$$ai=br(=OA)$$

굴절법칙에서 $\sin i/\sin r=n$, 따라서

$$i=nr$$

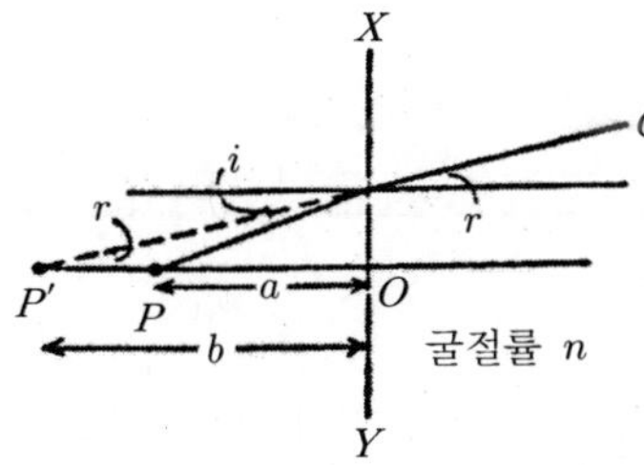

[그림 18.4]

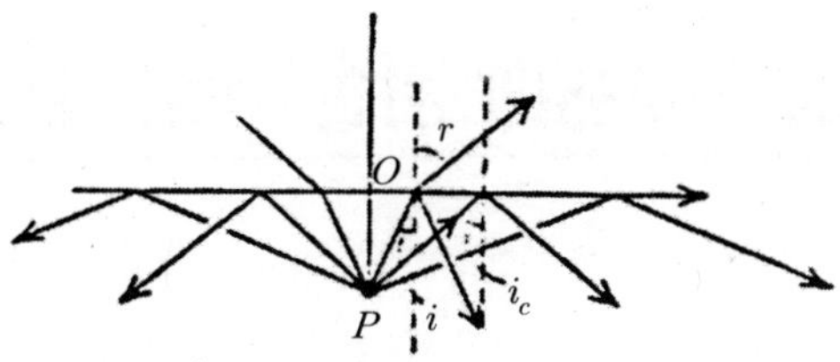

[그림 18.5]

위 두 식에서

$$b = na \tag{18.3}$$

가 된다. 그림에서 보는 바와 같이 X, Y 평면의 오른쪽으로 진행하는 광선은 P'에서 나가는 것과 같이 보인다. 이와 같은 P'를 허상이라 한다.

물 또는 유리 속에 있는 광원에서의 빛이 경계면에서 굴절하여 외부로 나갈 때에는 식 (18.3)의 n대신 $1/n$로 놓으면

$$b = \frac{1}{n}a \tag{18.4}$$

가 된다. 물속이나 유리 속에 있는 P점에서의 빛이 공기와의 경계면에서 굴절하여 밖으로 진행할 때 일부분은 반사된다. [그림 18.5]에서 굴절광은

$$\frac{\sin i}{\sin r} = \frac{1}{n} \qquad \therefore\ \sin r = n \sin i \tag{18.5}$$

이어야 한다. i는 O에서 $\pi/2$까지 변할 수 있지만 n이 1보다 크므로 식 (18.5)에서 $\sin r$이 1을 넘지 않으려면

$$\sin i \le \frac{1}{n}$$

따라서

$$i \le \sin^{-1}\frac{1}{n} \tag{18.6}$$

이어야 한다. i가 이 각보다 크게 되면 굴절광은 존재하지 않으므로 빛 전체가 반사하게 된다. 이 현상을 전반사(total reflection)라 한다. 그 경계각

$$i_c \le \sin^{-1}\frac{1}{n} \tag{18.7}$$

을 임계각(critical angle)이라 한다.

18.3 구면에 의한 빛의 굴절

[그림 18.6]과 같이 공기 중의 한 점 P로부터 입사면 빛이 구면에서 굴절할 때를 생각한다. 굴절광선은 PO상의 점 P'에서 방출되고 있는 것과 같다. P, P' 및 구면의 중심 C의 O로부터의 거리를 각각 a, b, R이라 하고, $\angle OPA$가 작은 광선만을 생각하자. 이와 같은 광선을 근축광선(paraxial rays)이라 한다.

그림에서 $a\alpha = br = R\beta (= \overline{OA} = h)$이다.

$$\frac{\sin i}{\sin r} = n, \quad \therefore\ i = nr \tag{18.8}$$

$$\beta - \gamma = r, \quad \beta - \alpha = i \tag{18.9}$$

이들 식에서 α, β, γ, i, r을 소거하면

$$\alpha = \frac{h}{a}, \quad \gamma = \frac{h}{b}, \quad \beta = \frac{h}{R}$$

이고, 식 (18.9)를 식 (18.8)에 대입하고, 위 세 식을 사용하면

$$\frac{n}{b} - \frac{1}{a} = \frac{n-1}{R} \tag{18.10}$$

이다. 이 식은 근축광선이지만 A의 위치에는 관계없이 성립하므로 P를 출발하여 경계면에서 굴절한 근축광선은 모두 P'에서 출발한 것과 같이 되어 있다. 그러므로 P'는 P의 영상(image)이다.

식 (18.10)에서 $b = \infty$일 때, 즉 굴절 후의 방향이 축에 평행한 광선이 될 때의 a의 값을 f_1이라 하면

$$\frac{1}{f_1} = \frac{n-1}{R} \tag{18.11}$$

이다. 다음에 $a = b$에서 $b = f_2$이라 하면,

$$\frac{1}{f_2} = \frac{n-1}{nR} \tag{18.12}$$

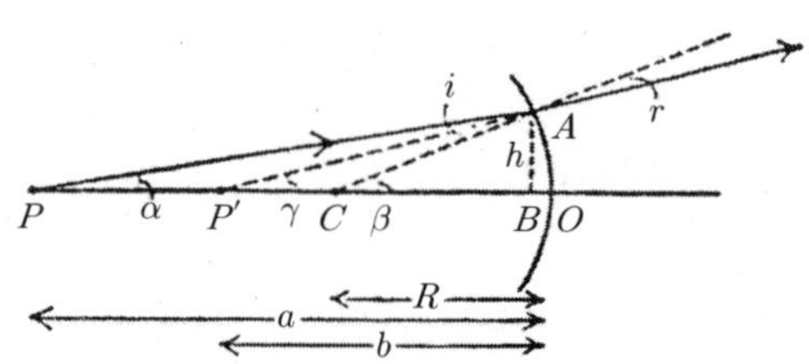

[그림 18.6]

이다. $a=f_1$인 점을 물공간 초점, $b=f_2$인 점을 상공간 초점이라 하며, f_1, f_2를 각각 물공간 초점거리(제1초점거리), 상공간 초점거리(제2초점거리)라 한다.

지금까지 설명은 공기 중에서 유리 속으로 진입할 때이지만 유리 속에서 공기 속으로 나올 때에는 n 대신 $1/n$로 놓으면 된다.

18.4 얇은 렌즈에 의한 굴절

두 개의 구면 또는 구면과 평면으로 둘러싸인 투명한 물체를 렌즈라 한다. 렌즈에는 주변보다 중앙이 두꺼운 볼록렌즈와 중앙이 얇은 오목렌즈가 있다. 표준적인 그림을 [그림 18.7]과 [그림 18.8]에 표시하였다. 제1구면에 의한 상 P'의 좌표를 a'라 하면 식 (18.10)에 의해서

$$\frac{n}{a'}-\frac{1}{a}=\frac{n-1}{R_1} \tag{18.13}$$

이 된다. 이 굴절광선이 제2구면에서 굴절하여 생기는 상을 구하려면 그림에서 제2구면의 왼쪽이 전부 유리이고 P'에 광원이 있다고 할 때 상의 위치를 구하면 된다. 식 (18.10)에서 n 대신 $1/n$을 놓으면 P'의 좌표를 b라 하여

$$\frac{1}{nb}-\frac{1}{a'}=\frac{\frac{1}{n}-1}{R_2} \tag{18.14}$$

가 된다. 여기서, a'을 소거하면

$$\frac{1}{b}-\frac{1}{a}=(n-1)\left(\frac{1}{R_1}-\frac{1}{R_2}\right) \tag{18.15}$$

제1초점, 제2초점은 위 식에서 $b=\infty$일 때의 a의 값, $a=\infty$일 때의 b의 값에서 구해진다. 이것을 f_1, f_2라 하면

$$-\frac{1}{f_1}=\frac{1}{f_2}=(n-1)\left(\frac{1}{R_1}-\frac{1}{R_2}\right) \tag{18.16}$$

이 된다.

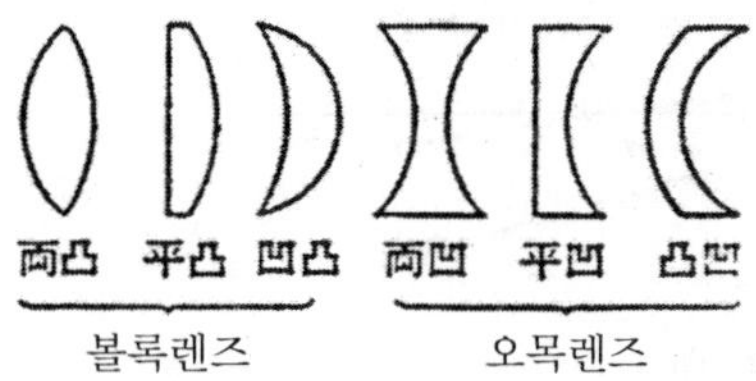

[그림 18.7]

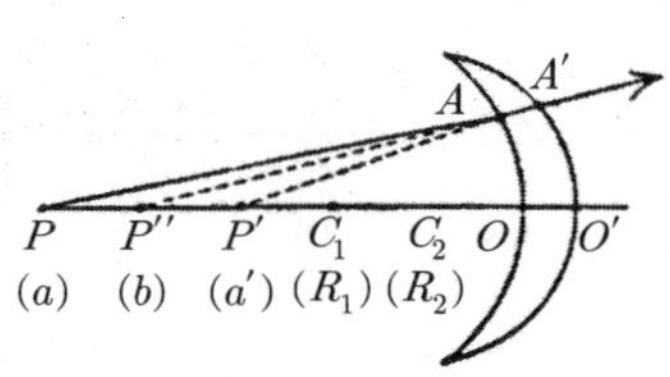

[그림 18.8]

볼록렌즈일 때에는 $\frac{1}{R_1} < \frac{1}{R_2}$이므로 $f_1 > 0$, $f_2 < 0$이며, 오목렌즈일 때에는 그와 반대이다. f_1을 f라 하고 이것을 초점거리라 한다. f_1, f_2의 절대값을 렌즈의 초점거리라 하는 수도 많다.

식 (18.15)에서 f_1을 f라 써서 이것을 식 (18.14)에 대입하면

$$\frac{1}{a} - \frac{1}{b} = \frac{1}{f} \tag{18.17}$$

이다. 단 볼록이면 $f > 0$, 오목이면 $f < 0$이다.

[그림 18.9 (a)]는 볼록렌즈의 축에 평행한 광선이 오는 때, 빛이 제2초점 F_2에 모이는 것, (b)는 제1초점 F에서 출발한 빛이 굴절 후 축에 평행한 광선이 되는 것, (c)는 오목렌즈에서 축에 평행하게 온 광선이 굴절 후 제2초점 F_2에서 나온 것같이 되는 것, (d)는 제1초점 F_1을 향하여 온 빛이 렌즈를 통과한 뒤에 축에 평행한 광선을 보여주고 있다. [그림 18.9 (b)]에서는 평행광선이 통과한 뒤에 한 점에 모이므로 수렴렌즈(converging lens)라 하며, (c)에서는 발산하므로 발산렌즈(diverging lens)라 한다.

[그림 18.10]은 볼록렌즈에 의한 물체와 상과의 관계를 그린 것인데, 물체 PQ는 축에 수직하게 놓여 있는 것으로 간주한다. P가 F_1보다 O에 가까이 있으면 $a < f_1$이고 식 (18.17)에서 $b > 0$이며, 상도 렌즈의 왼쪽에 있다. Q에서 나간 세 광선 중 QOE는 렌즈의 중심 O를 지나는 것이며, O 부분의 두 면은 대단히 얇고, 평행한 유리판을 지나가는 것과 같으므로 일직선으로 통과한다.

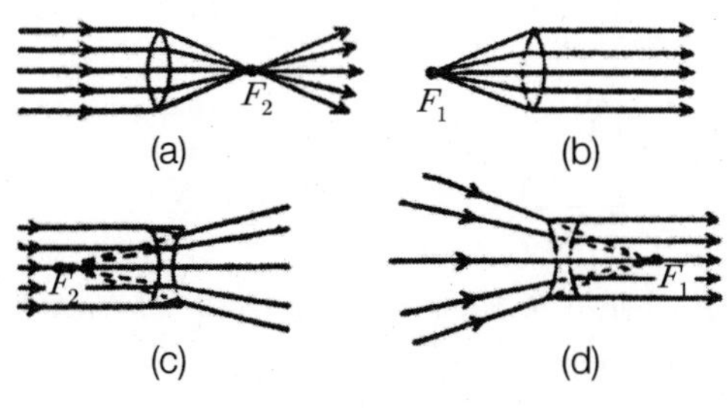

[그림 18.9]

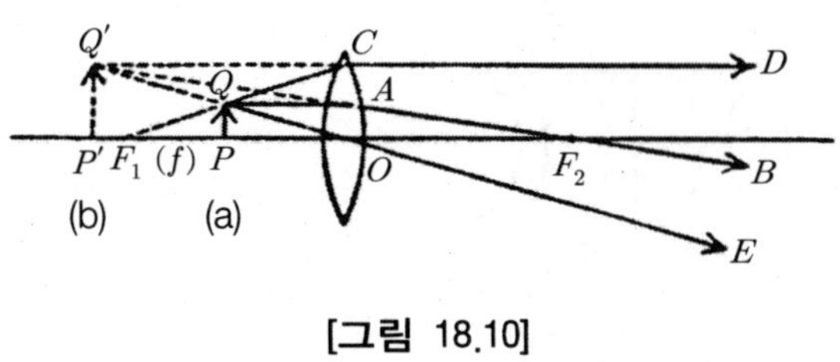

[그림 18.10]

QA는 축에 평행한 광선이어서 렌즈에서 굴절된 뒤에는 제2초점 F_2를 지나가는 AB가 된다. QC는 반대로 연장하면 F_1을 지나는 것이어서 굴절된 뒤에는 F_1에서 오는 광선인 것같이 축에 평행한 CD가 된다. 근축광선일 때, 물점의 상은 경계면에서 굴절할 때마다 한 점이 되므로 렌즈와 같이 두 번 굴절되어도 굴절광은 한 점을 통과하도록 되어 있을 것이며, CD, AB, OE를 반대로 연장하면 Q'에 모인다. Q'에서 축에 수선을 내려서 $P'Q'$을 만들면 허상이 된다. 허상의 크기와 물체의 크기의 비를 배율(magnification)이라 하며 배율은 다음과 같다.

$$m = \frac{y'}{y} = \frac{b}{a} \tag{18.18}$$

식 (18.18)은 렌즈의 종류에 a, b의 부호에 관계없이 성립하며, $m > 0$이면 $y > 0$에 대해서 $y' > 0$이 되므로 상은 정립한다고 하며, $m < 0$이면 도립이다. 상의 허상, 실상은 b의 부호에 따라 결정된다.

이상 기술한 것은 얇은 렌즈뿐만 아니라 두꺼운 렌즈일 때도 초점의 존재 등 같은 것들이 성립한다.

18.5 프리즘에 의한 굴절

프리즘은 유리 또는 다른 투명체로 된 세모기둥꼴로서 빛의 진행방향을 바꾸는 데 쓰인다. 프리즘에 빛이 입사하면 프리즘의 모양이나 입사광선의 방향에 따라 굴절하거나 전반사하는데, 입사광선과 굴절광선과의 각을 편의각이라 한다. [그림 18.11]에서 ABC를 프리즘, $PQRS$를 모서리에 수직인 평면 내에서 프리즘을 통과하는 빛이라 하자. 입사각, 굴절각을 AB면에 대하여 i, r, AC면에 대하여 r', i'를 그림과 같이 하여 PQ와 RS의 교점을 T라 하면 $\angle PTS$의 보각 δ가 프리즘에 의해서 편의된 각이므로

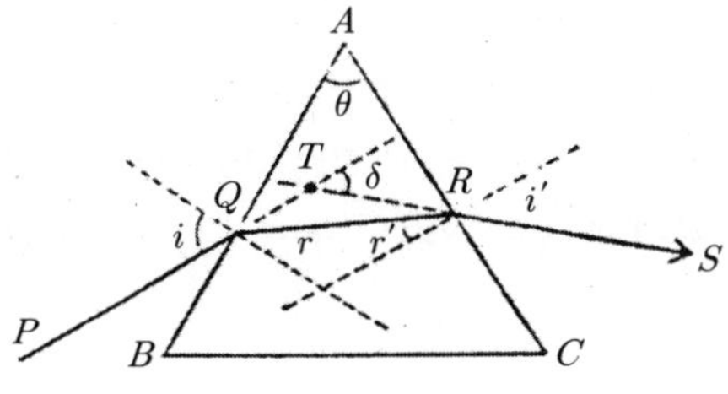

[그림 18.11]

$$\delta = (i - r) + (i' - r') \tag{18.19}$$

이다. 프리즘을 변경시키면 δ가 여러 가지로 변하는데, 편의각 δ가 최소가 될 때에는

$$n = \frac{\sin i}{\sin r} = \frac{\sin \frac{\theta + \delta}{2}}{\sin \frac{\theta}{2}} \tag{18.20}$$

인 관계가 성립된다. 이 최소 편각 δ는 측정하기 쉬우므로 식 (18.20)에 의해서 굴절률 n을 알 수 있다.

이상은 단색광일 때를 살펴본 것이지만, 여러 가지 혼합된 빛을 프리즘에 조사시키면 파장에 따라 굴절률이 다르므로 여러 방향의 평행광선으로 분리된다.

18.6 광학기계

인간의 눈은 아주 효과적인 조직으로 구성되어 있지만 그 범위는 광학기구에 의해서 여러 가지 방법으로 확장될 수 있다. 즉, 안경, 확대경, 영사기, 사진기, 현미경, 망원경 등이 있다. 많은 경우에 이 장치들은 우리의 시각의 범위를 가시영역 이상으로 확장시킨다. 인공위성의 적외선 사진기와 X-선 현미경이 그 예들이다.

현대의 정교한 광학기구의 거의 모든 경우에 대해서 거울과 짧은 렌즈의 공식들은 근사적으로만 성립한다. 대개의 광학기구에서 렌즈는 복합적이다. 즉 서로 결합된 여러 성분들로 만들어졌으며, 그 경계면은 거의가 부정확한 구면이다. 다음의 설명은 얇은 렌즈의 공식이 적용된다고 가정하고, 세 가지 광학기기를 설명하겠다.

(1) 확 대 경

물체를 볼 때 시각을 크게 한다는 점에서 보면 가까울수록 좋은 것이지만, 그렇게 하면 조절범위의 근점 이내로 들어가 버려서 선명한 상을 만들지 못하게 된다. 그래서 물체를 볼 때 눈 바로 앞에 볼록렌즈를 놓아 근점(10 cm 정도) 이내에 있는 물체의 허상을 렌즈에서 눈의 명시거리(25 cm)인 곳에 만들게 하는 것을 확대경 또는 돋보기라 한다. [그림 18.12]에서 명시거리를 d라 하고, $0P' = d$, 또 $0P = a$, 초점거리를 f라 하면

$$\frac{1}{a} - \frac{1}{d} = \frac{1}{f} \tag{18.21}$$

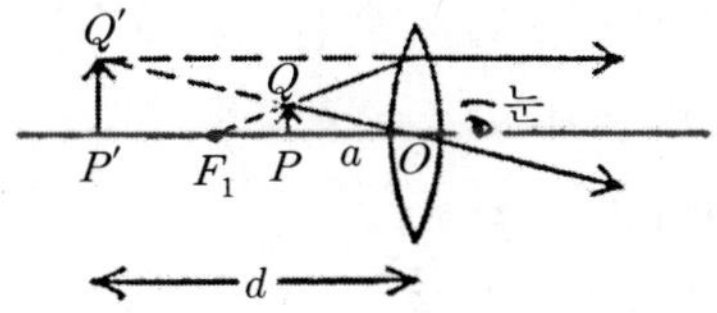

[그림 18.12]

배율 m은 $P'Q'/PQ$이며, 물체의 상을 명시거리에 만들 때와 물체를 명시거리에 놓았을 때의 시각의 비라 할 수도 있다. 그러므로 배율 m은 식 (18.21)에서,

$$m = \frac{d}{a} = \frac{d}{f} + 1 \tag{18.22}$$

을 얻는다. 눈은 확대경 바로 앞에 놓고, 물체의 상을 명시거리에 맺도록 하면 $d = 25$ cm 이므로 배율은 다음과 같이 된다.

$$m = \frac{25}{f} + 1 \tag{18.23}$$

(2) 현 미 경

돋보기의 배율에는 제한이 있기 때문에 미소물체를 더욱 확대시켜 보려면 현미경이 필요하다. [그림 18.13]에서 대물렌즈 L의 제1, 제2초점을 F_1', F_2'라 하자.

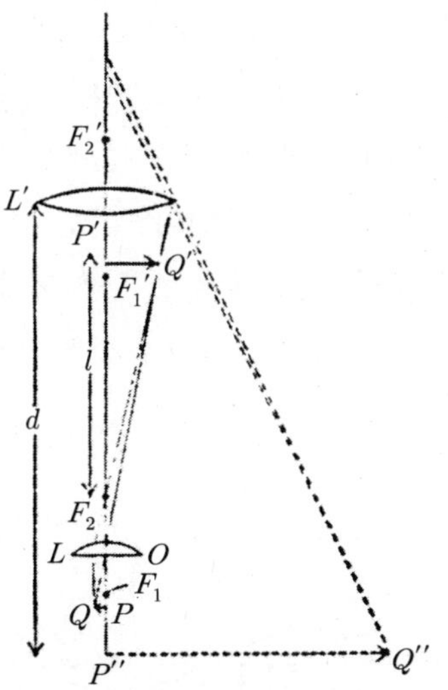

[그림 18.13]

F_1의 바깥쪽에 미소물체 PQ를 놓고, 그 실상을 $P'Q'$에 만들어지도록 하자. 이것을 L'로 보아 그 허상을 명시거리 d에 만들어지도록 하는 것이다.

$$\text{배율}\ m = \frac{\overline{P''Q''}}{\overline{PQ}} = \frac{\overline{P'Q'}}{\overline{PQ}} \cdot \frac{\overline{P''Q''}}{\overline{P'Q'}} \tag{18.24}$$

L'의 초점거리 f'가 d에 비해서 작을 때는 식 (18.23)에 의하여

$$\frac{\overline{P''Q''}}{\overline{P'Q'}} = \frac{d}{f'} \tag{18.25}$$

또, 이때 $P'A'$의 위치는 L'의 제1초점 F_1'에 가까운 곳에 있으므로 L에 의한 배율을 생각할 때에는 P', F'와 일치하고 있으므로 [그림 18.13]에서

$$\frac{\overline{P'Q'}}{\overline{PQ}} = \frac{F_2F_1'}{OF_2} = \frac{l}{f} \tag{18.26}$$

이 된다. 여기서 l은 현미경의 통의 길이라 하며, 대물렌즈의 위쪽 초점과 대안렌즈의 아래쪽 초점과의 사이의 거리가 된다.

식 (18.25), (18.26)을 식 (18.24)에 대입하여 다음과 같은 공식을 얻는다.

$$m = \frac{ld}{ff'} \tag{18.27}$$

따라서 대물렌즈와 대안렌즈의 초점거리가 짧을수록 배율은 크다.

(3) 망 원 경

[그림 18.14]는 굴절망원경의 구조를 나타낸다. 대물렌즈 L_1에서 먼 거리에 있는 물체의 실상을 그 초점 부근에 만들고, 이것을 다시 대안렌즈 L_2로 확대하여 보도록 되어 있다. 지금 무한원점에서 오는 평행광선이 대물렌즈 L_1의 축과 θ의 각으로 입사하면, 이 렌즈의 초점연상의 점 Q로 모인다. Q는 L_1의 중심 O_1에서 축과 θ의 각을 이루는 직선과 초점면 FF'와의 교점으로서 구하여진다. 이것을 대안렌즈 L_2로 볼 때, L_2의 초점면에 Q가 겹치도록 하면 L_2를 통과한 빛은 QQ_2에 평행한 평행광선이 된다.

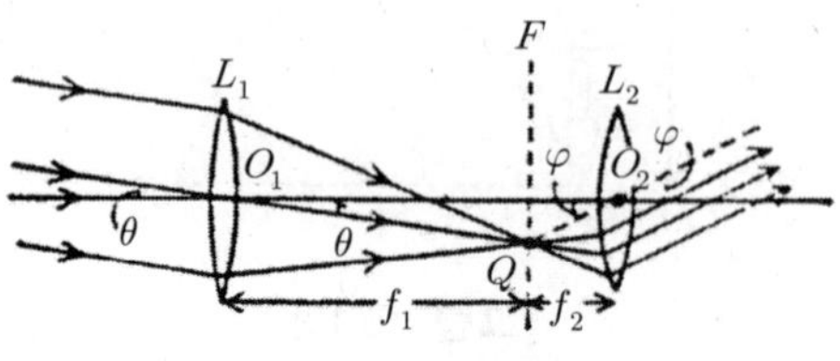

[그림 18.14]

축과의 기울기를 φ라 하면 결국 축에 대해서 θ 경사진 평행광선이 φ의 기울기를 가진 것으로 변화된 것이 된다. 무한원에서 축방향의 점과 축과 θ각을 이루는 방향상의 두 점에서 오는 두 조의 평행광선은 L_2를 통과한 뒤에는 축방향의 평행선과 φ각을 이루는 평행선으로 된다. 따라서 시각이 φ인 두 점을 시각 θ인 두 점이라고 보는 것이 된다.

망원경의 배율은 $m=\varphi/\theta$라 하며, [그림 18.14]에서 나타낸 바와 같이

$$m=\frac{f_1}{f_2}$$

이 된다. 망원경의 배율을 크게 하려면 대물렌즈의 초점거리를 크게 하고, 대안렌즈의 초점거리는 작게 하면 된다. Q를 L_1의 제1초점의 안쪽에 오도록 하고 L_2에 의한 Q의 상을 명시거리에 만들어지도록 하여도 f_2가 명시거리 d에 비해서 작을 때에 Q는 초점면에서 조금밖에 떨어지지 않으므로 식 (18.27)은 성립한다.

■ 연습문제 ■

01 구면굴절의 공식은

$$\frac{f_1}{a}+\frac{f_2}{b}=1$$

의 꼴로 나타냄을 설명하여라. 단 ab는 구면에서 광점 및 상점까지의 거리이고, f_1, f_2는 물공간 및 상공간의 초점거리이다.

02 구면굴절의 공식을 써서 얇은 렌즈의 공식을 유도하여라.

03 프리즘의 편각 δ가 최소가 되기 위한 조건을 구하여라.

04 수은 고광의 입사광선이 공기 중에서 석영덩어리의 평면에 들어와서 법선과 30°의 각을 이룬다. 이 광선의 두 파장 40.5와 509 mm를 포함한다. 공기에 대한 석영의 굴절률은 이 두 파장에서 각각 1.470 및 1.4629이다. 두 굴절광선 사이의 각은 얼마인가?

05 유리판($n=1.50$)을 편광자로 사용하고자 한다. 편광각과 굴절각을 구하여라.

06 신장 6.0 ft의 사람이 그의 신장을 보려면 수직한 거울은 얼마나 길어야 하는가?

07 곡률반경이 20 cm인 볼록거울이 있다. 광원점이 거울에서 14 cm의 거리에 놓여 있다면 상은 어디에 생기는가?

08 황색 나트륨 광의 어떤 액체 속에서의 속력을 측정하였더니 1.92×10^8 m/s였다. 나트륨 광에 대한 이 액체의 공기에 대한 굴절률은 얼마인가?

09 꼭지가 60°인 유리 프리즘의 굴절률이 $n=1.60$이다. 광선이 프리즘의 한 면에 입사하여 다른 면에서 나올 수 있는 최소한 입사각은 얼마인가?

10 작은 물체가 평면거울의 10 cm 앞에 있다. 물체의 뒤쪽이며 거울에서 30 cm 되는 곳에 서서 그 상을 본다면 눈은 어떤 거리에 초점을 맞추어야 하는가?

11 길이 l의 짧은 선형물체가 구면거울의 축 상에 거울로부터 거리 0인 곳에 놓여 있다. 상의 길이가 l'임을 보여라.

12 볼록렌즈의 앞에 물체를 놓았더니 2배의 상이 나타났다. 이 물체를 5 cm만큼 렌즈에 접근시켰더니 5배의 실상이 생겼다. 이 렌즈의 초점거리를 구하여라.

13 평면거울과 초점거리 10 cm인 오목거울을 36 cm 떼어놓고 오목거울에서 12 cm인 곳에 광점을 놓으면 어떤 곳에 상이 생기겠는가?

19

상 대 론

The theory of relativity

19.1 개 요

운동하는 물체의 길이는 단축되고, 시간의 흐름은 지연된다. 이것은 아인슈타인(Einstein)의 상대성이론에서 유도되는 불가사의한 결론이다.

뉴턴(Newton) 이래의 고전물리학을 변혁시키고 현대물리학의 기초가 된 상대성이론을 설명하겠다.

빛의 속도에 가까운 속도로 비행하는 우주선에서 관측자에게 우주의 별들은 어떻게 보일 것인가. 우주선의 속도가 빛의 속도에 가까워짐에 따라 별들은 광행차 현상으로 우주선의 진행방향에 몰려 있는 것처럼 보인다. 그리고 도플러 효과에 의한 빛의 파장 변화로 별의 빛깔이 변한다. 그 결과 우주선의 비행사는 우주에 걸려 있는 웅대한 별의 무지개를 보게 될 것이다. 상대성이론에서는 이와 같은 불가사의한 현상이 예측되고 있다.

19.2 아인슈타인의 혁명

공간이나 시간이란 어떤 것일까. 뉴턴(Newton : 1643~1727)의 고전물리학에서는 물리법칙의 기준이 되는 절대적인 공간이나 시간을 인정하였다. 이 이론은 인간에게는 무리가 없고 자연스러운 생각이 있다. 그것은 지상의 공간은 고정되어 있고 시간은 쉬지 않고 가고 있는 것처럼 보이기 때문이다.

이론물리학자 아인슈타인(Einstein : 1879～1955)은 물리학의 기초에 관한 문제를 독자적으로 연구하여 1905년에 공간이나 시간의 개념을 변혁시킬 획기적인 이론을 세웠다. 광속도의 불변성을 원리로 하는 '특수상대성이론' 이 바로 그것이다.

아인슈타인의 특수상대성이론은 고전물리학의 기초였던 뉴턴 역학의 절대공간과 절대시간이라는 개념을 고쳐야 한다는 것을 보였다. 이로부터 공간과 시간을 합친 새로운 4차원 시간공간이 구축되었다.

자연현상은 4차원의 세계에서 일어나고 우리 인간은 어떤 하나의 계(系)에 있어서 4차원 시공 전체의 한 단면을 보고 있는 것에 불과하다는 것이다.

특수상대성이론에서는 운동하는 물체의 운동방향의 길이가 줄거나 시간의 흐름이 느리게 된다는 등의 이상한 결론이 유도된다. 또 질량과 에너지는 같은 것이며, 아주 작은 질량의 물질에서 막대한 에너지를 끄집어 낼 수 있다는 것도 발견하였다.

아인슈타인은 특수상대성이론을 확장하여 1915년에 일반상대성이론을 완성시켰다. 일반상대성이론은 우주의 팽창이나 블랙홀의 존재 등 더욱 매력적인 결론을 유도하였다.

특수상대성이론을 이해하려면 상대성의 원리와 광속도 불변의 원리라는 두 기본원리를 확실히 알기만 하면 된다.

이 두 기본원리를 기초로 하고 아인슈타인의 불가사의한 세계를 생각해 보자.

(1) 기본원리 Ⅰ. 상대성의 원리

외부로부터 힘을 받지 않고 등속운동을 하는 계를 관성계(慣姓系)라 한다.

관성계는 모두 상대적이고, 어느 관성계가 정지하고 어느 관성계가 움직이고 있는가를 결정할 수가 없다. 그래서 등속도로 비행하는 우주 비행선은 관성계의 비행사에게는 자신이 정지해 있으며 우주스테이션이 비행해 가는 것처럼 보인다.

쾌적하게 달리는 기차에 타고 있으면 기차가 정지해 있고 밖의 경치가 움직이고 있는 것처럼 착각을 일으키는 것과 같다.

이 등속운동의 상대성을 처음으로 발견한 사람은 갈릴레오 갈릴레이(Galilei : 1564~1642)였다. 그는 "움직이고 있는 배 안에서도 정지하고 있는 배 안에서도 돌을 가만히 떨어뜨리면 똑바로 떨어진다"는 사실을 근거로 하여 등속으로 운동하는 관성계에서 역학의 법칙은 불변이라 하였다. 아인슈타인은 "이것을 확장시켜 관성계에서는 모든 물리법칙이 같아진다"고 가정하였다. 이 원리는 관성계라는 특수한 계에 적용되므로 특수상대성의 원리라 한다.

(2) 기본원리 Ⅱ. 광속도 불변의 원리

빛은 전자기파의 일종이고, 진공 속을 매초 30만 km의 속도로 달린다.

고전물리학에서는 우주공간에 빛의 파동을 전하는 매질이 있다고 가정한다. 이 매질은 뉴턴이 만유인력을 설명하기 위해 생각한 에테르(ether)라는 것이다.

만일 우주공간에 에테르가 가득 차 있고 그 속을 지구가 움직이고 있다면, 지구의 진행방향과 그 직각방향에서는 빛의 속도가 달라질 것이다. 이 빛의 속도의 차이를 검출하기 위해 1887년에 마이컬슨(Michelson : 1852~1931)과 몰리(Morley : 1838~1923)는 간섭효과를 이용하여 [그림 19.1]과 같이 빛의 속도를 정밀히 측정하는 실험을 하였다. 그러나 에테르의 영향에 의한 빛의 속도의 차이를 끝내 발견하지 못하였다.

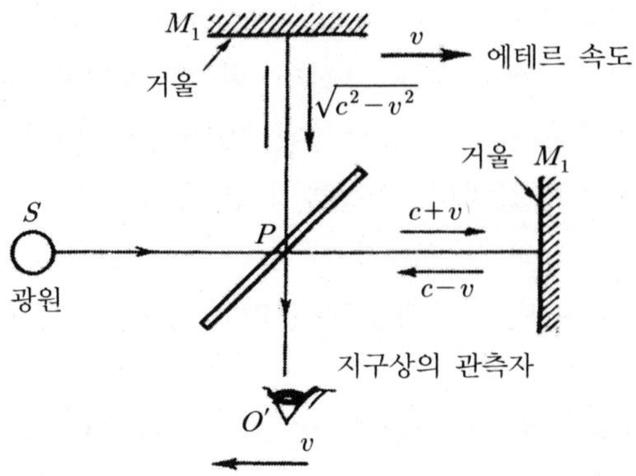

[그림 19.1] 마이컬슨-몰리 실험의 기본장치

빛이 전자기파라는 것은 맥스웰(Maxwell : 1831~1879)의 전자기파의 기본방정식에서 추론되었다.

아인슈타인의 특수상대성원리에 따르면 관성계에서 모든 물리법칙은 불변이다. 따라서 전자기파인 빛의 속도는 등속운동을 하는 일정한 속도이다.

최근에 이르러 2중성에서 빛의 속도를 검증한 바 있다. 두 별이 질량 중심 주위를 도는 연성계를 2중성이라 하는데, 이 2중성 중 질량이 작은 동반성에서 지구를 향해 방출된 빛의 속도를 생각해 보자. 일반적으로 생각하면 동반성이 지구에 가까워질 때의 빛의 속도는 광속과 동반성의 공전운동의 속도의 합이 되고 멀어질 때는 그 차가 된다.

그러나 실제로 2중성을 관측해 보면 지구에 도달하는 빛의 속도는 동반성이 지구에 가까워지거나 멀어지거나 항상 일정하다는 것이 확인되고 있다.

19.3 로렌츠의 좌표변환

[그림 19.2]와 같이 어떤 S계에 대해서 속도 V로 X축 방향으로 등속운동하는 S'계를 생각하면 갈릴레이와 뉴턴은 이 두 좌표계에서 각각 측정한 길이, 질량, 시간 등 기본 물리량은 동일하며 뉴턴의 법칙, 운동량 및 역학적 에너지 보존법칙이 동일하게 성립된다고 하였다. 이를 갈릴레이-뉴턴 상대론이라 한다.

이때는 앞에서 배운 바와 같이

$$r' = r - vt$$

$$V' = V - v$$

$$a' = a \tag{19.1}$$

y

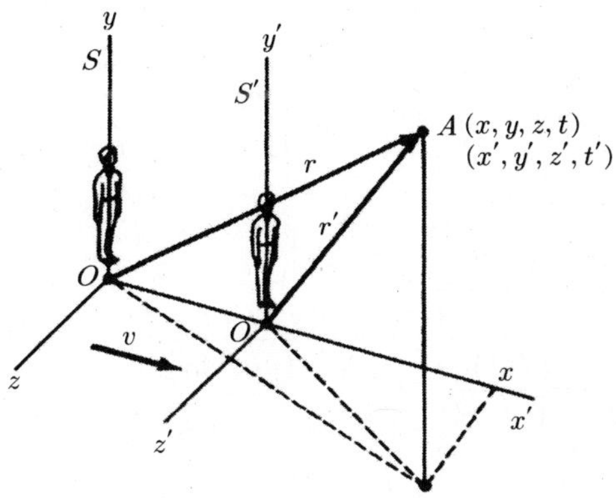

[그림 19.2] 등속상대운동하는 S, S' 계

관계를 가지며 이를 갈릴레이 변환식이라 하고, 여기서 r, V, a와 r', V', a'은 각각 S 및 S'계에서의 위치, 속도, 가속도를 나타낸다.

그러나 아인슈타인의 특수상대론에서는 뉴턴 법칙이나 운동량, 역학적 에너지 보존 법칙뿐만 아니라 전자파이론까지도 포함한 모든 물리법칙이 S, S'계에서 동일한 모양으로 나타내어져야 하고, 빛의 속도 역시 동일한 값으로 측정됨을 요구하고 있다.

1890년경 네덜란드의 물리학자 로렌츠(Lorentz)가 운동전하의 전자장 문제를 취급하다가 마이컬슨-몰리 실험 결과인 광속도불변이라는 사실에도 모순되지 않는 새로운 좌표변환식을 발표하였다. 이를 로렌츠의 좌표변환식이라 하며, 이 변환식이 고전상대론(Galilei-Newton 이론)으로 설명되지 못하던 현상들을 잘 해결해 줌이 알려졌다. 로렌츠 좌표변환식은 다음과 같다.

$$x' = \frac{x - vt}{\sqrt{1-(v^2/c^2)}}$$

$$y' = y$$

$$z' = z$$

$$t' = \frac{t-(v/c^2)x}{\sqrt{1-(v^2/c^2)}} \tag{19.2}$$

위 식에서 알 수 있듯이 좌표와 시간은 불가분의 관계를 가지며 두 좌표계에서 측정되는 시간은 서로 동일하지 않다. 또한 만약 좌표계의 상대운동속도 v가 광속 c에 비해 극히 작다면 이 식은 곧 갈릴레이 변환식과 일치되는 것을 알 수 있다.

속도에 관한 로렌츠 변환식은 식 (19.2)로부터 쉽게 유도된다. 즉

$$dx' = \frac{dx - vdt}{\sqrt{1-(v^2/c^2)}}$$

$$dy' = dy$$

$$dz' = dz$$

$$dt' = \frac{dt - (v/c^2)dx}{\sqrt{1-(v^2/c^2)}}$$

이므로

$$\frac{dx'}{dt'} = V_x{}' = \frac{\dfrac{dx - vdt}{\sqrt{1-(v^2/c^2)}}}{\dfrac{dt-(v/c^2)dx}{\sqrt{1-(v^2/c^2)}}} = \frac{dx - vdt}{dt - (v/c^2)dx}$$

$$= \frac{dx/dt - v}{1-(v/c^2)dx/dt} = \frac{V_x - v}{1-(v/c^2)V_x} \qquad (19.3)$$

$$\frac{dy'}{dt'} = V_y{}' = \frac{\sqrt{1-(v^2/c^2)\,V_y}}{1-(v/c^2)V_x}$$

$$\frac{dz'}{dt'} = V_z{}' = \frac{\sqrt{1-(v^2/c^2)\,V_z}}{1-(v/c^2)V_x}$$

예제 19.1 S계에서 c의 속도로 (1) X축 방향으로 (2) Y축 방향으로 전파되는 빛이 S'계에서도 각각 c로 측정됨을 속도변환으로 확인해 보라.

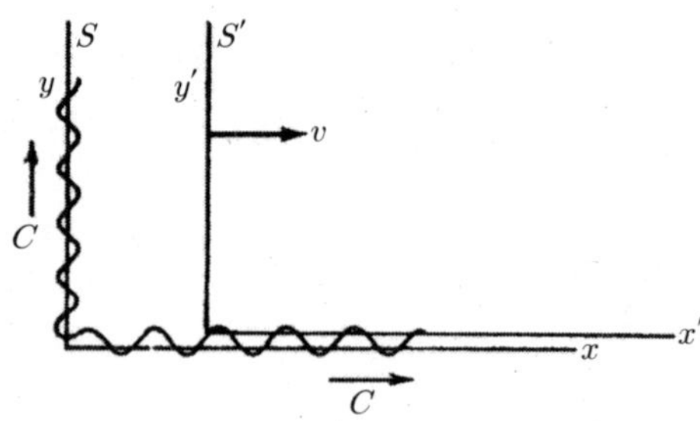

[그림 19.3]

풀이 (1) 식 (19.3)에서 $V_x = c$, $V_y = 0$이므로

$$V_x{}' = \frac{V_x - v}{1-(v/c^2)V_x} = \frac{c-v}{1-(v/c)} = c$$

$$V_y{}' = 0$$

따라서 $V' = \sqrt{V_x{}'^2 + V_y{}'^2} = c$

(2) $V_x = 0$, $V_y = c$ 이므로

$$V_x{}' = \frac{V_x - v}{1-(v/c^2)V_x} = -v$$

$$V_y' = \frac{\sqrt{1-(v^2/c^2)\,V_y}}{1-(v/c^2)\,V_x} = \sqrt{1-(v^2/c^2)c}$$

S' 계에서 속도 V는

$$V = \sqrt{V_x'^2 + V_y'^2} = \sqrt{v^2 + (1-\frac{v^2}{c^2})c^2} = c$$

19.4 로렌츠-피츠제럴드의 길이의 수축

[그림 19.4]에서 달 상공의 우주정거장을 사이에 두고 같은 형의 화성 로켓 두 대가 같은 속도로 스치듯 지나갔다. 이때 한 쪽의 로켓 A에서 다른 로켓 B의 길이를 재기로 하자.

정거장에서 볼 때 로켓 A와 로켓 B 각각의 끝에서 동시에 나온 빛은 정거장의 양옆에 설치된 검출기에 동시에 기록되었다. 이 기록을 이용하여 로켓 A가 로켓 B의 길이를 재면 같은 길이어야 하는데 로켓 B의 길이는 짧아져 있었다.

로켓 A에서 보면 A의 뒤 끝과 B의 앞 끝에서 나온 붉은빛이 동시에 정거장에 도착하는 것은 노란빛이 정거장에 도착한 조금 뒤의 일이다. 그 사이에 로켓 B는 우주정거장보다도 빠른 속도로 오른쪽으로 이동하고 있으므로, B의 길이는 우주정거장에 기록된 두 지점 사이의 길이보다도 짧게 측정된다.

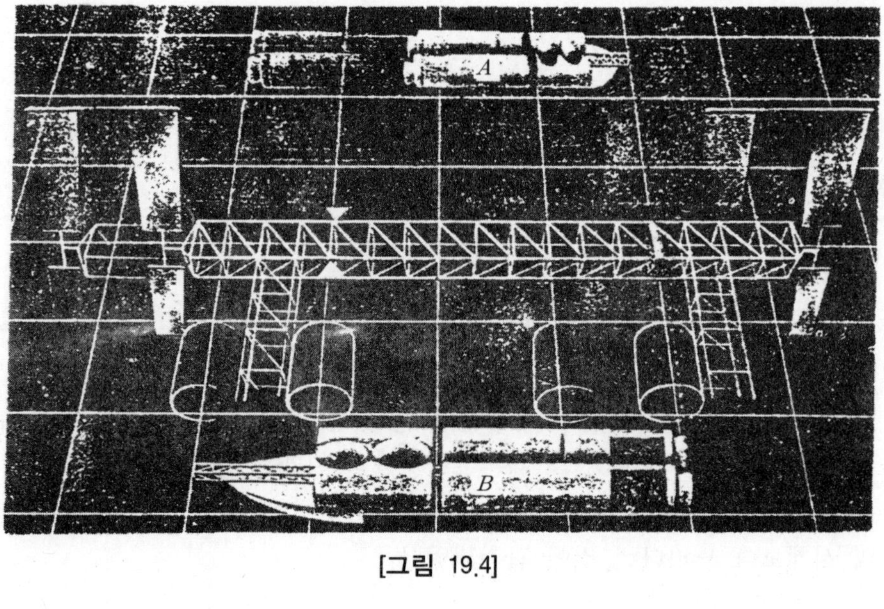

[그림 19.4]

역으로 로켓 B에서 로켓 A를 측정한 경우에도 완전히 같은 일이 일어나며, A의 길이는 B의 길이보다 짧게 측정된다. 그러므로 운동하고 있는 물체의 길이가 정지 시의 길이(그 물체의 고유길이)보다도 짧게 측정되는 것은 관측하는 계에 따라 동시성이 어긋나기 때문이다. 상대성이론에 따르면 속도 v로 운동하고 있는 물체의 길이는 그 고유길이에 $\sqrt{1-(v/c)^2}$를 곱한 양이 된다.

이제 고유길이 L_0되는 로켓이 발사대를 떠나 그것이 속력 v로 운동하고 있을 때 지상에 있는 사람이 보는 이 로켓의 길이는

$$L = L_0\sqrt{1-(v/c)^2} \tag{19.4}$$

의 관계로 나타난다.

그러나 로켓에 타고 있는 사람도 지상의 물체를 본다면 자기가 지상에 있었을 때의 길이는 그 물체가 정지 상태에 있는 기준계에서 측정하였을 때 최대이고, 그 물체가 관측자가 있는 기준계에 대하여 운동 상태에 있을 때 그 길이가 짧게 관측된다. 즉 운동하고 있는 물체의 길이는 정지하고 있을 때의 길이보다 짧게 측정된다.

예제 19.2 화성을 향해 달리고 있는 우주선의 속도가 광속도의 0.9배의 속도로 달리고 있다. 이 우주선이 정지 상태에서의 길이는 얼마가 되는가?

풀이 정지 상태의 길이 : L_0

운동 중의 길이 : L

광속도 : $c=3\times10^8\,\text{m/s}$

이면 식 (19.4)에 의하여

$$L = L_0\sqrt{1-(v^2/c^2)} = L_0\sqrt{1-(0.9c/c)^2} = 0.436\,L_0$$

즉, 43.6%로 길이가 짧아진다.

19.5 시간지연

달에서 화성을 향하는 로켓이 15만 km의 거리를 두고 광통신을 하고 있는 두 인공위성 사이를 지났다. 광속은 초속 30만 km이므로 빛이 두 인공위성 사이를 한 번 왕복하는 데 1초 걸린다. 이 두 위성을 우주공간에 떠 있는 거대한 광시계라 하자. 화성 로켓이 인공위성에 대해 정지하고 있을 때는 로켓 안의 시계는 인공위성의 시계와 같은 속도로 흐른다. 그러나 로켓이 움직이기 시작하면 로켓에서 볼 때 인공위성 안의 시계는 로켓 안의 시계보다 느리다는 것이 관측되었다.

시간간격 역시 상대운동의 영향을 받는다. 관측자에 대하여 운동하고 있는 물체의 시계는 정지하고 있을 때보다 느리게 움직인다. 만약 S계에 있는 우리가 운동 상태에 있는 S'계에서 일어나는 어느 사건의 전후 시간길이를 관찰한다면 우리가 가진 시계는 운동계에 있는 시계에 의하여 결정되는 시간간격 t_0보다 더 긴 시간간격을 가리킬 것이다. 이와 같은 효과를 시간지연(time dilation)이라 한다. 이것은 기본원리 II의 광속도 불변의 원리에서 운동하고 있는 시계가 느리다는 것이 유도된다.

상대성이론에 따르면 속도 v로 운동하고 있는 계(系)의 시각에 $\sqrt{1-(v/c)^2}$를 곱한 양이 된다.

S계의 시간간격은 t_0이고, 상대적으로 등속운동하는 S'계에서 시간간격 t 사이에는

$$t = t_0 \sqrt{1-(v/c)^2} \tag{19.5}$$

의 관계가 있다.

μ입자(muon, 뮤온)라는 소립자의 수명은 100만분의 2.2초이다. 운동을 하여도 시간이 늦어지지 않는다고 하면, μ입자는 비록 광속으로 운동한다 하여도 겨우 660 m밖에는 날지 못한다. 그러나 대기를 훨씬 지난 우주 바깥에서 탄생한 μ입자가 지상에서 관측되거나, 가속기로 광속에 가깝게 가속된 μ입자의 수명이 30배쯤 연장된다는 것이 확인되고 있다.

시계의 늦어짐에 관한 유명한 패러독스가 있다. 쌍둥이의 형이 고속으로 나는 우주선을 타고 우주여행을 한 다음 지구로 돌아와 동생을 만났다고 하자. 형은 지구를 떠날 때나 돌아올 때에 가속도운동을 하므로, 상대적으로 같은 운동을 했다고 할 수 없다. 따라서 이에 대한 답은 형이 동생보다 젊어지게 된다는 것이다.

예제 19.3 μ(뮤)입자의 수명은 약 2×10^{-6} s이고, 그 속도가 광속의 0.998배라 한다면 이것이 비행할 수 있는 거리는 얼마인가?

풀이 상대론적 시간지연 : $t = 2\times10^{-6}\sqrt{1-(0.998c/c)^2} = 31.7\times10^{-6}$ s

비행거리 : $y = vt = (2.998\times10^8\ \text{m/s})\times(31.7\times10^{-6}\ \text{s}) = 9.500$ m

19.6 속도의 합성

화성 스테이션(station) 앞을 초속 24만 km로 비행하고 있는 화성착륙선에서 고속입자가 발사되었다. 이 화성착륙선에서 측정하니 이 입자의 속도는 초속 27만 km가 되었다.

이 입자의 속도를 스테이션에서 측정하면 어떻게 될 것인가. 상식적으로는 51만 km가 될 것이다. 그러나 실제로 화성 스테이션에서 측정한 그 입자의 속도는 초속 29.7만 km가 되었다.

속도의 계측에는 거리와 시간의 두 요소가 관계한다. 여기서는 먼저 거리에 대해서만 생각해 보자.

화성착륙선의 길이는 24만 km(광속의 80%)로 운동하고 있으므로 스테이션에서 보면 그 길이가 60%로 줄어들어 보인다. 그래서 화성착륙선의 자로 잰 27만 km는 스테이션의 자로 잰 16.2만 km밖에 되지 않는다. 그러나 이 16.2만 km와 합치면 40.2만 km가 되는데 이는 광속을 넘어서고 만다.

이번에는 시간의 요소도 연구해 보자.

운동하고 있는 계의 시간은 느리게 흐른다. 화성착륙선에서 1초로 관측되는 시간은 스테이션에서는 1초보다 길게 관측된다.

시간에 관해서는 이 외에 동시성의 차이도 생각해야 한다. 이들을 종합하면 스테이션에서의 1초 동안에는 입자가 5.7 km밖에 날지 못하는 것이 된다. 24만 km와 5.7 km를 합치면 29.7만 km가 되는데, 이것이 화성 스테이션이 관측한 입자의 속도가 된다.

상대성이론에 따르면 속도 u로 운동하고 있는 물체에서 속도 v로 발사된 물체의 속도 V는

$$V = \frac{u+v}{1+\dfrac{uv}{c^2}} \tag{19.6}$$

가 된다. 단, 우리가 보통으로 체험하는 세계에시는 u나 v는 광속에 비해 매우 작으므로 근사적으로 $V \fallingdotseq u+v$가 된다.

기본원리 II의 광속도 불변의 원리는 다시 말하면 광속을 넘는 속도는 없다는 것이다. 비록 광속으로 운동하고 있는 물체에서 빛을 발사하여도 그 빛의 속도는 광속을 넘지 않는다. 이것은 위의 속도의 합성식에도 나타나 있다.

u와 v에 각각 c를 대입하여 계산해 보면 역시 V는 c가 된다. 가속기를 사용한 실험에서도 광속 가깝게 가속된 전자에서 방출되는 감마(γ)선도 역시 광속으로 달린다는 것이 관측되고 있다.

예제 19.4 지구에 대하여 $0.9\,c$의 속도로 비행하고 있는 우주선을 $0.5\,c$의 상대속도로 스쳐 지나가고자 할 때 요구되는 속도의 크기를 구하여라.

풀이 $$V = \frac{u+v}{1+\dfrac{uv}{c^2}} = \frac{0.5\,c+0.9\,c}{1+\dfrac{(0.9\,c)(0.5\,c)}{c^2}} = 0.9655\,c$$

19.7 질량의 상대성

상대성이론의 첫 번째 가설은 모든 물리법칙이 어떤 관성계에서나 같아야 한다는 것이다. 이러한 물리법칙 중의 하나가 운동량 보존법칙이다. 이 사실을 기초로 하여 운동하는 물체가 질량에 미치는 영향을 고려해 보자.

먼저 두 입자 A와 B 사이의 탄성충돌을 등속상대운동하는 두 기준계 S'와 S에 있는 두 관측자가 관측한다고 하자.

A는 S계에서, B는 S'계에서 같은 시간에 입자 A는 속도 V_A로 $+y$ 방향으로 이동하고, 입자 B는 속도 V_B'로 $-y$ 방향으로 이동할 때 입자 A, B의 속력은 같다고 하면, 탄성충돌 후 원래 위치로 되돌아오는 데까지 걸리는 왕복시간 T_0는

$$T_0 = \frac{Y}{V_A} = \frac{Y}{V_B'} \tag{19.7}$$

이다. 만약 운동량이 S계에서 보존된다면

$$m_A V_A = m_B V_B' \tag{19.8}$$

의 관계가 성립되어야 한다. 여기서 m_A, m_B는 A, B입자의 질량이다.

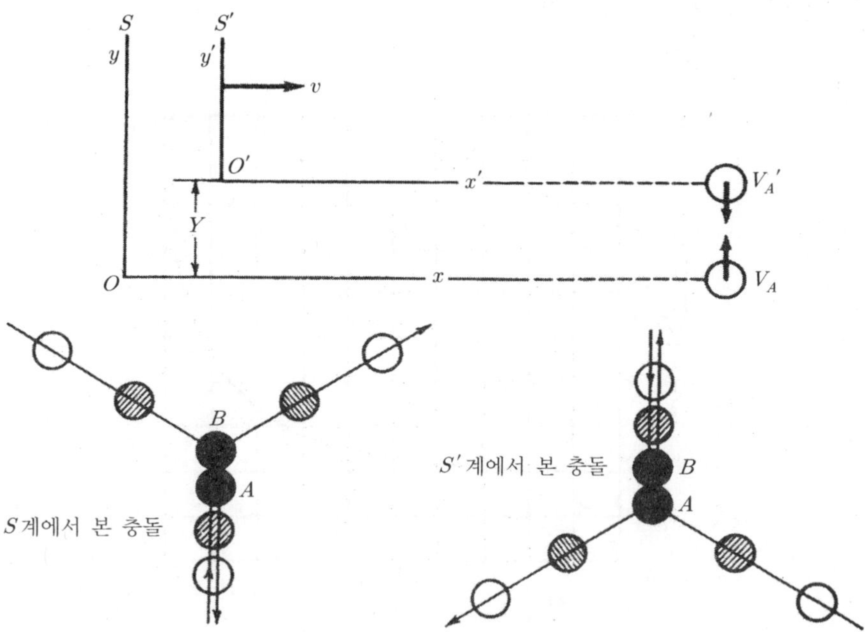

[그림 19.5] 두 좌표계에서 본 탄성충돌

그리고 S'계에서 관측한 물체의 왕복시간은 T이며 앞에서 얻은 결과에 따르면

$$T = \frac{T_0}{\sqrt{1-(v/c)^2}} \tag{19.9}$$

의 관계가 성립한다. 따라서 식 (19.7)에다 T_0로 표현한 T를 대입하면

$$V_B' = \frac{Y\sqrt{1-(v/c)^2}}{T_0}, \quad V_A = \frac{Y}{T_0}$$

를 얻는다. V_A와 V_B'에 대한 위의 표현식을 식 (19.8)에 대입하면

$$m_A \frac{Y}{T_0} = m_B \frac{Y}{T_0/\sqrt{1-(v/c)^2}}$$

$$m_A = m_B\sqrt{1-(v/c)^2} \tag{19.10}$$

이면, 운동량이 보존되는 것을 알 수 있다. 만약 V_A 및 V_B'이 대단히 작은 경우라면 m_A는 정지질량 m_0와 거의 같고, m_B는 좌표계의 상대속도와 동일한 속도로 운동하는 물체의 질량 m이라 볼 수 있다. 따라서 식 (19.10)은

$$m = \frac{m_0}{\sqrt{1-(v/c)^2}} \tag{19.11}$$

이다. 그러므로 관측자에 대해서 속도 v로 운동하고 있는 물체의 질량은 관측자에 대해서 정지하고 있을 때의 그 질량보다 $\frac{1}{\sqrt{1-(v/c)^2}}$ 만큼 큰 것이다. 속도에 대한 질량의 상대성은 [그림 19.6]과 같다.

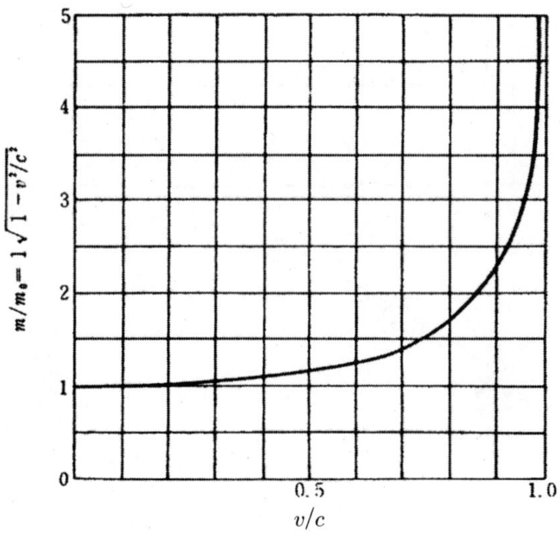

[그림 19.6] 질량의 상대성

운동량은 정의에 의하여

$$mv = \frac{m_0 v}{\sqrt{1-(v/c)^2}} \tag{19.12}$$

로 정의한다면 고전물리학에서와 같이 뉴턴 운동의 제2법칙은

$$F = \frac{d}{dt}(mv)$$
$$= \frac{d}{dt}\left[\frac{m_0 v}{\sqrt{1-(v/c)^2}}\right] \tag{19.13}$$

이다. 이것은

$$F = ma = m\frac{dv}{dt}$$

와 같은 뜻으로 해석되는 것은 아니다. 위 식에서 m은 식 (19.11)에서의 m이라 해도 마찬가지인데 그것은

$$F = \frac{d}{dt}(mv) = m\frac{dv}{dt} + v\frac{dm}{dt}$$

로서 물질의 속력이 시간과 함께 변하는 경우, $\frac{dm}{dt}$는 0이 아니기 때문이다. 어느 물체에 작용하는 합력의 크기는 항상 그 물체의 운동량의 시간에 따르는 변화율의 크기와 같다.

19.8 질량과 에너지의 동등성

아인슈타인의 질량-에너지 관계식은 특수상대성이론의 결과로 얻어진 가장 유명한 것이다. 질량과 운동량의 상대론적 정의가 에너지의 정의를 어떻게 변화시키는가를 살펴보자. 운동하는 물체의 운동 에너지 T는 물체가 정지 상태에서 운동 상태에 이르는데 소요된 일

$$T = \int_0^S F ds \tag{19.14}$$

로 정의된다. 여기서 F는 변위 ds 방향으로의 힘의 성분이고, S는 힘이 계속 작용한 거리이다. 식 (19.14)에 뉴턴 운동법칙의 상대적 표현

$$F = \frac{d}{dt}(mv)$$

를 대입하면,

$$T = \int_0^S \frac{d}{dt}(mv)ds = \int_0^v vd(mv) = mv^2]_o^v - \int_0^v mv\,dv$$

$$= \frac{m_0v^2}{\sqrt{1-(v/c)^2}} - \int_0^v \frac{m_0vdv}{\sqrt{1-(v/c)^2}}$$

$$= \frac{m_0v^2}{\sqrt{1-(v/c)^2}} + m_0c^2\sqrt{1-(v/c)^2} - m_0c^2 = mc^2 - m_0c^2 \tag{19.15}$$

이 된다. 이것은 어느 물체의 운동 에너지는 그 물체가 운동 중에 생기는 질량증가에 다시 광속의 제곱을 곱한 것과 같다는 것을 의미한다. 그러므로 질량과 에너지는 서로 변환될 수 있는 것으로 볼 수 있다. 이를 질량-에너지의 동등성이라 하며 m_0c^2을 정지 상태에서 질량 m_0가 되는 물체의 정지 에너지(rest energy) E_0라 한다. 또 mc^2을 물체의 총 에너지(total energy) E라 한다. 즉,

$$mc^2 = m_0c^2 + T$$

에서 $mc^2 = E$, $m_0c^2 = E_0$이므로

$$E = E_0 + T \tag{19.16}$$

이다. 상대속도 v가 빛의 속도 c에 비해서 작을 때 $(v \ll c)$ 운동 에너지 T의 공식은

$$T = mc^2 - m_0c^2 = \frac{m_0v^2}{\sqrt{1-(v/c)^2}} - m_0c^2$$

$$= m_0c^2\left(1 + \frac{1}{2}v^2/c^2 + \frac{3}{8}\left(\frac{v^2}{c^2}\right)^4 + \cdots\cdots - 1\right) = \frac{1}{2}m_0v^2$$

이 된다. 그러므로 느린 속력으로 운동하는 입자에 대해서는 운동 에너지의 상대적 표현은 고전역학에서와 같다. 이러한 입자의 총 에너지는

$$E = m_0c^2 + \frac{1}{2}m_0v^2 = mc^2 \tag{19.17}$$

아인슈타인의 식 $E = mc^2$에 의하면 질량 m인 물체는 E와 동등한 에너지를 가지고 있다. 반대로 전체 에너지 E인 물리적인 계는 m과 동등한 질량을 가진 것과 같다.

어떤 물체나 물리적인 계의 에너지가 달라지면 반드시 동등한 양의 질량변화가 있어야 한다. 즉

$$\triangle E = \triangle mc^2 \tag{19.18}$$

이다. 그러므로 고립된 계의 전체 질량-에너지의 양은 변하지 않는다.

예제 19.5 운동 에너지가 2 MeV 인 전자의 질량은 얼마인가?

풀이 전자의 정지 에너지 :

$$m_0c^2 = (9.11\times10^{-31}\ \text{kg})\times(3\times10^8\ \text{m/s})^2$$
$$=(82\times10^{-4}\ \text{J})\times\left(\frac{1\ \text{MeV}}{1.6\times10^{-13}\ \text{J}}\right)=0.511\ \text{MeV}$$

이므로 운동 에너지 T는

$$T=2\ \text{MeV}\approx 4\ \text{m}_0\text{c}^2$$
$$mc^2=m_0c^2+T\approx m_0c^2+4m_0c^2=5m_0c^2$$

따라서 이 전자의 질량은 정지질량의 5배이다.

예제 19.6 원자나 핵 또는 미립자의 질량은 원자질량단위 U로 표현된다. $1\ \text{U}=1.66\times10^{-27}$ kg이다. 1 U를 eV 단위로 계산하여라.

풀이 $$1\ \text{U}\times \text{c}^2=(1.66\times10^{-27}\ \text{kg})\times(3\times10^8\ \text{m/s})^2$$
$$=(1.4945\times10^{-10}\ \text{J})\times\left(\frac{1\ \text{MeV}}{1.6\times10^{-13}\ \text{J}}\right)=931.5\ \text{MeV}$$
$$1\ \text{U}=931.5\ \text{MeV/c}^2$$

예제 19.7 전자가 가속장치에서 10^6volt로써 가속될 때 전자의 속도를 구하여라.

풀이 전자의 운동 에너지 : $T=10^6\ \text{eV}=1\ \text{MeV}$

전자의 총 에너지 : $E=m_0c^2+T=\dfrac{m_0c^2}{\sqrt{1-(v/c)^2}}$

이므로

$$1.5\ \text{MeV}=\frac{0.51\ \text{MeV}}{\sqrt{1-(v/c)^2}}$$
$$v=c\sqrt{1-\left(\frac{0.51}{1.51}\right)^2}\approx 0.7\,c$$

19.9 일반 상대성이론

중력에 의한 시공의 일그러짐

특수상대성이론은 훌륭하고 멋진 이론이었다. 그러나 중력에 관한 문제를 다루지 않았다는 것이 약점으로 지적되었다. 그래서 중력을 상대론적으로 나타내는 일이 큰 과제가 되었다.

많은 학자들이 이 문제를 해결하려고 했지만 결국 아인슈타인 자신이었다. 그는 1915년에 '일반상대성이론'을 발표하고 엘리베이터의 자유낙하운동을 예로 들어 중력과 관성력은 같다고 하는 등가원리를 명확히 내세웠다.

더구나 같은 엘리베이터의 예를 들어 중력은 빛의 진로를 굽어지게 한다는 것을 설명하였다. 빛은 진공 속을 직진하고 2점 간을 지나는 빛의 진로가 굽어지는 것은 단적으로 말해서 중력이 작용하는 공간에서 2점 간의 최단경로는 곡선이 된다는 것을 가리킨다고 하였다. 이를 설명하기 위해 아인슈타인은 중력이 작용하고 있는 공간은 "기하학적으로 일그러진 공간이다"라는 결론을 이끌어 냈다. 이것은 그때까지의 중력에 대한 생각을 근본적으로 바꾸게 한 획기적인 이론이다.

일반상대성이론은 우주현상의 설명에 꼭 필요하다. 중력 렌즈라 불리고 있는 렌즈는 중력에 의한 공간의 일그러짐이 렌즈의 효과와 비슷하다는 데서 나온 용어이다.

아인슈타인은 일반상대이론에 입각하여 1920년에 '중력파의 존재'를 예언하였다. 그 후 1960년에 웨버가 중력파 검출기를 세계 최초로 만들어서 1973년과 1974년의 측정 결과에서 중력파를 검출하였다. 최근 1978년에 연성 펄서를 관측한 결과 공전주기가 조금씩 감소하고 있는 것을 확인하였다. 그 크기는 10^{-4}초로서 매우 적으나, 이 값은 일반상대성이론의 예상과 거의 일치하였다. 아인슈타인은 시간은 중력에 의해서도 영향을 미친다고 예언하였다.

그러나 중력이 시간에 미치는 영향은 아주 작기 때문에 당시에는 실제로 확인하지 못했다. 현재는 원자의 진동수를 이용한 원자시계의 개발로 지구의 중력이 시간에 미치는 영향이 실험을 통해서 확인되고 있다.

블랙홀이란 무엇인가? 별이 공 모양을 유지하고 있는 것은 중력과 압력이 균형을 이루고 있기 때문이다. 그러나 질량이 어떤 한계를 넘으면 압력을 아무리 높여도 중력이 훨씬 크기 때문에 결국 두 힘의 균형이 무너진다. 중력이 압력보다 강해질 때 모든 물질은 수축을 시작한다.

수축하고 있는 별의 반지름이 특정한 반지름 이하로 작아지면 중력이 너무나 강해져서 도저히 빠져나올 수가 없다. 빛마저 빠져나올 수가 없게 되는 경계면을 사상의 지평면이라 하며, 그보다 안쪽은 블랙홀이라 한다. 그러므로 블랙홀은 중력이 아주 강하게 작용하고 있는 곳이다. 따라서 시간이 받은 영향은 매우 크다.

상대성이론을 더욱 확장시켜서 전자기력과 중력을 통일하는 통일이론의 연구에 노력이 계속되고 있다.

■ 연습문제 ■

01 반경이 6.96×10^5 km 인 태양이 3.90×10^{26} W 의 비율로 복사하고 있다. (a) 태양 표면의 복사도 R은? (b) 태양의 유효 표면온도는? 방출되는 복사가 태양 표면의 물질과 열적인 평행 상태에 있다. 즉, 태양은 공동복사를 방출한다고 가정하여라. (c) 달의 질량은 7.4×10^{22} kg이다. 1년 동안 태양에 의해서 복사된 에너지의 달의 질량에 대한 비율로 측정된 등가질량은?

02 지구궤도에 있는 인공위성이 태양광선의 방향에 직각으로 면적 1.0 m^2의 태양전지판을 지니고 있다. (a) 어떤 율로 태양 에너지는 그 판에 쬐는가? (b) 어떤 율로 태양의 광자는 그 판을 때리는가? 태양복사는 550 nm 파장을 가진 단색광이라 가정하여라. (c) '1 mol의 광자들' 이 그 판을 때리는 데 시간이 얼마나 걸리는가? 태양장수는 1390 W/m^2이다.

03 100 W의 나트륨 증기 등이 파장 589 nm의 광자 형태로 모든 방향으로 에너지를 균일하게 방사한다. (a) 어떤 율로 광자는 등으로부터 방사되는가? (b) 광자의 평균 플럭스가 1.0 광자/cm^2s인 등으로부터 거리는? (c) 광자 평균밀도가 1.0 광자/cm^3인 등으로부터의 거리는? (d) 등으로부터 2.0 m에서의 광자 플럭스와 광자밀도는?

04 입사광자가 광전자방출에 원인이 되는 일함수 2.2 eV를 가지고 있는 나트륨 표면을 때린다. 정지전위 $V_0 = 5.0$ V 라 놓을 때 광전류는 없다. 입사광자의 파장은?

05 (a) 만일 금속에 대한 일함수가 1.8 eV라 하면 파장이 400 nm인 빛에 대하여 정지전위는? (b) 금속표면에서 방출하는 광전자의 최대 속도는?

06 0.510 MeV의 γ선 광자가 알루미늄 물체 속에 있는 자유전자로부터 콤프턴 산란된다. (a) 입사광자의 파장은? (b) 산란된 광자의 파장은? (c) 산란된 광자의 에너지는? 산란각은 90°라 가정하여라.

07 파장 0.10 Å 의 X-선 광자가 정면($\phi = 180°$)으로 전자를 때린다. 다음을 결정하여라. (a) 광자의 파장변화, (b) 광자의 에너지 변화, (c) 전자에 할당된 운동 에너지

08 파장 486.1 nm의 빛이 수소원자로부터 방출된다. (a) 이 복사에 대하여 책임질 수 있는 원자의 천이는? (b) 이 복사는 어떤 계열에 속하는가?

09 수소원자가 $n = 3$에서 $n = 1$의 상태로 천이할 때 방출되는 광자의 (a) 에너지, (b) 운동량, (c) 파장은?

10 0.85 eV의 결합 에너지(한 전자를 제거하는 데에 소요되는 에너지)를 가진 상태의 수소원자가 10.2 eV의 여기 에너지(여기 상태와 기저 상태 사이의 에너지 차)를 가진 상태로

천이를 한다. (a) 방출되는 광자 에너지를 구하여라. (b) 적합한 양자수를 붙여서 이 천이를 수소원자의 에너지 준위도상에 나타내어라.

11 보어(Bohr)의 이론을 사용하여 단일 이온화된 헬륨의 스펙트럼과 수소의 스펙트럼을 비교하여라.

12 2원자 기체분자는 각각의 질량이 m인 2개의 원자로 구성되고, [그림 19.7]과 같이 일정한 거리 d만큼 떨어져서 축 주위로 회전한다. 이 원자의 각운동량이 보어 원자에서처럼 양화되었다면 (a) 가능한 각속도들과 (b) 가능한 양자화된 회전운동 에너지들을 구하여라.

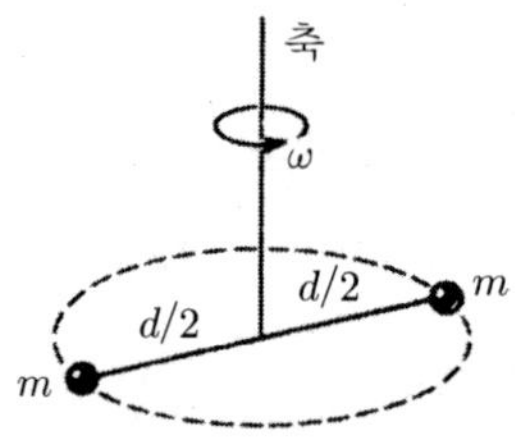

[그림 19.7]

13 황색 스펙트럼을 방출하는 나트륨의 파장은 590 nm이다. 전자는 얼마의 운동 에너지에서 똑같은 드브로이(de Broglie) 파장을 가지게 되는가?

14 1가의 나트륨 이온이 300 V의 전위차로 가속되었다. (a) 이온이 얻은 운동량은? (b) 드브로이의 파장은?

15 전자와 광자가 각각 0.20 nm의 파장을 가진다고 한다. 다음은 각각 얼마인가? (a) 운동량, (b) 에너지

16 중성자결정체분석기는 베릴륨 결정에서 공간 $d = 0.732$ Å 의 결정면을 이용한다. 에너지 $K = 4.0$ eV 의 중성자만 반사되는 브래그(Bragg)각 θ는? 1차 반사만 생각하여라.

17 (a) 아르곤 원자를 넣어 둔 한 면이 20 cm의 용기에 대한 에너지 준위 중 가장 낮은 2개 사이의 에너지 분리는? (b) 이 값과 300 K에서 아르곤 원자의 열에너지와 비교하면? (c) 몇 도의 온도에서 열에너지가 이 두 에너지 준위 사이의 간격과 같게 되는가?

18 수소원자의 기저 상태에서 전자가 첫 번째 보어 궤도반경의 구내부에서 발견될 수 있는 확률은?

19 광자를 사용하는 현미경이 원자 내의 전자의 위치를 1.0×10^{-2} nm의 거리 내로 정하여 주는 데에 사용되었다 한다. 이 방법으로 위치가 결정된 전자 운동량의 최소 불확정성은?

20

양자이론

Quantum Theorem

20.1 개 요

고전물리학에서는 입자와 파동은 별개의 것으로서 설명되었다. 예를 들면 빛은 파동으로만 그 성질을 알아보았다. 그러나 현대 물리학에서는 미시적인 세계를 취급할 때 즉 원자, 원자핵, 소립자의 세계에서는 사정이 달라지는 것이다.

다음 우리가 공부하게 될 내용은 빛은 에너지를 갖는 작은 알맹이로 간주하여야만 설명되는 현상이 있다. 또 물질입자가 물질과 상호작용을 할 때 파동성을 지니게 된다든지 흑체복사나 광전효과 및 콤프턴(Compton) 효과 등은 빛이 입자적인 성질로 다루어야만 설명될 수 있다.

이와 같은 사실로 볼 때 입자나 파는 모두 입자성과 파동성을 가지며 상황에 따라서 입자성 또는 파동성으로만 설명해야 한다.

20세기 초에 물질과 빛이 파동성-입자성의 양립은 지대한 관심사의 하나였으며 이들을 이해하는 것이야말로 현대물리학의 출발점이라 할 수 있다.

20.2 흑체와 열방사

금속 열방사의 스펙트럼은 온도가 올라갈수록 그 강도가 단파장 쪽으로 치우치며 전체적으로 백색에 접근한다.

열방사를 하는 방사기는 대부분 고체지만 액체나 기체 중에도 가열하면 빛을 내는 것이 있다. 열방사의 이론적 고찰을 위해서 소위 흑체라는 방사기를 연구대상으로 삼는다. 흑체의 이론적 정의는 그 물체에 쪼여진 모든 파장의 빛을 이상적으로 완전 흡수 및 발산하는 물체를 말한다.

[그림 20.1]은 온도를 변화시켰을 때의 물체에서 방출하는 스펙트럼을 보인 것이다. 온도가 상승되면 분포곡선의 최장 파장은 작아지고, 복사 스펙트럼의 세기는 증가한다.

일찍이 빈(Wilhelm Wien ; 1864~1928)은 최대 복사 에너지의 파장 λ_{max}과 온도 T의 관계를 분포곡선의 모양에 의하여

$$\lambda_{max} \times T = \text{일정} \tag{20.1}$$

로 나타내고 있다.

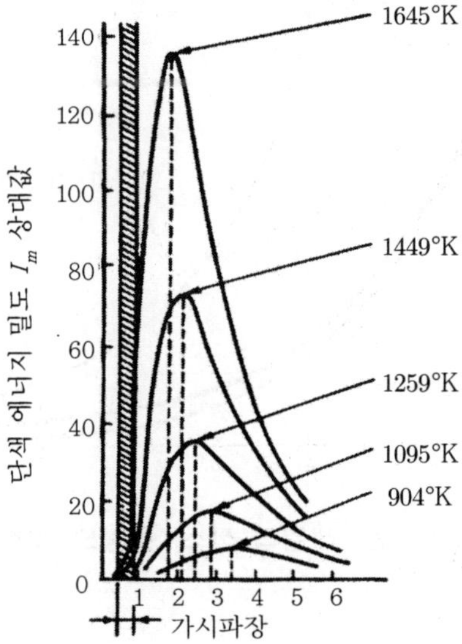

[그림 20.1] 물체의 열복사 스펙트럼

스테판-볼츠만(Stefan-Boltzmann)은 흑체복사의 에너지 u와 온도 T의 관계로부터

$$u = \delta T^4 \tag{20.2}$$

의 법칙을 유도해 냈다. 여기서 δ는 상수이다.

레일리(Rayleigh ; 1842~1919)와 진스(Jeans)는 복사 자체에 주의를 집중시켜 엄밀한 고전적인 방법으로 연구한 결과 절대온도 T의 벽으로 둘러싸인 공동 복사 에너지 밀도 ρ_v는

$$\rho_v = \frac{8\pi\nu^2}{c^3}KT = 8\pi\lambda^{-4}kT \tag{20.3}$$

을 유도했다. 이 식은 [그림 20.2]에서 보인 바와 같이 장파장영역에서만 실험곡선과 잘 일치하고 있으며, 단파장영역에서는 무한대로 발산된다.

빈(Wien)의 변위법칙과 레일리-진스(Rayleigh-Jeans)의 법칙은 흑체복사 현상을 제대로 설명하지 못한다는 것을 볼 수 있다. 빈의 결과는 파장이 긴 경우에 맞지 않으며, 레일리의 결과는 파장이 긴 경우에만 실험 결과와 일치한다. 따라서 고전적 이론으로는 열복사 스펙트럼을 설명할 수 없다는 것을 알 수 있다.

1900년 플랑크(Max Planck ; 1858~1947)는 빈과 레일리-진스의 법칙을 절충하고 양자 가설을 도입하여 이론적으로 유도하여 실험곡선과 전 파장영역에 걸쳐 완전히 일치함을 발견하였다. 절대온도 T로 열적 평형 상태에 있는 흑체로부터의 복사 에너지 밀도 ρ_v는

$$\rho_v = \frac{8\pi h}{c^3} \cdot \frac{1}{e^{h\nu/kT} - 1} \tag{20.4}$$

이다. 식 (20.4)를 플랑크 공식이라 하고 h는 플랑크 상수 또는 작용양자라 한다.

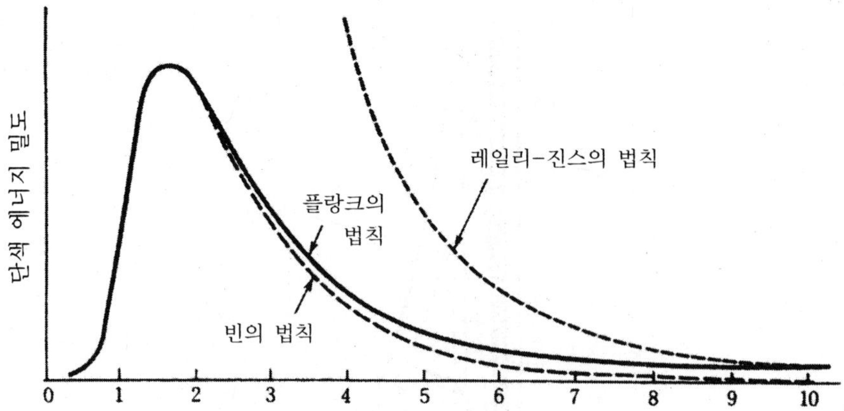

[그림 20.2] 빈, 레일리-진스, 플랑크 법칙의 비교

20.3 플랑크의 광양자 가설

플랑크는 20세기의 물리학을 대표하는 양자역학의 중요한 단서가 되는 다음과 같은 가설을 도입했다. "진동수 ν인 진동체의 에너지는 0, $h\nu$, $2h\nu$, $3h\nu$……의 띄엄띄엄한 값만을 가질 수 있고 이들의 중간 값은 가질 수 없다." 여기서 비례상수 h를 플랑크 상수, 또는 작용양자라 한다. 그리고 이 가설을 플랑크의 양지가설이라 한다. 플랑크의 이론은 빛을 복사하거나 흡수하는 물질(원자, 분자, 조화진동자)의 에너지는 임의의 값을 취하지 않고, 그 에너지의 최소값 E_0의 정수배로 표현되는 불연속적인 에너지 값만을 가진다고 하는 가설이다.

$$E_0 = h\nu \qquad (20.5)$$

여기서 h는 플랑크 상수로서

$$h = 6.63 \times 10^{-34}\ \mathrm{J \cdot s}$$

이다. 식 (20.5)를 플랑크의 양자방정식이라 한다. 그러므로 복사 에너지의 다발을 광양자 또는 광자라 한다.

플랑크는 단지 복사 스펙트럼의 모양을 설명하기 위해 양자의 가설이 필요하다고 생각했다. 그래서 20세기 초에는 모든 물리량들은 연속적이어서 플랑크 자신도 양자가설은 특별한 경우에만 적용되는 것이지 일반적인 전자파가 양자화되는 것은 아니라고 생각했다. 그래서 몇 년 후 아인슈타인은 광전효과를 설명함에 있어서 플랑크의 양자가설을 더욱 확장하여 모든 전자파는 광자로 이루어진다고 설명했다.

예제 20.1 파장이 5,000 Å인 가시광선의 에너지를 계산하여라.

풀이 식 (20.5)에 의하여

$$E = h\nu = \frac{hc}{\lambda} = \frac{(6.63\times10^{-34}\,\mathrm{J\cdot s})\times(3\times10^{8}\,\mathrm{m\cdot s^{-1}}\times1\,\mathrm{eV})}{(10^{-10}\,\mathrm{m}\times5000)\times(1.6\times10^{-19}\,\mathrm{J})}$$

$$= \frac{1.24\times10^{4}}{5\times10^{3}}\,\mathrm{eV} = 2.48\,\mathrm{eV}$$

예제 20.2 질량 1 g의 물체가 높이 h가 1 cm에서 낙하할 때 얻는 에너지에서 6,000 Å(노란색)으로 변한다면 방출되는 광자의 개수를 구하여라.

풀이 위치 에너지 : $E_p = mgh = (10^{-3}\,\mathrm{kg})\times(9.8\,\mathrm{m/s^2})\times(10^{-2}\,\mathrm{m}) = 9.8\times10^{-5}\,\mathrm{J}$

광자의 에너지 : $E = h\nu = \dfrac{h\cdot c}{\lambda} = \dfrac{12.4}{\lambda}\,\mathrm{keV} = 3.3\times10^{-19}\,\mathrm{J/Photon}$

광자의 개수 : $n = \dfrac{E_p}{E} = \dfrac{9.8\times10^{5}\,\mathrm{J}}{3.3\times10^{-19}\,\mathrm{J/Photon}} = 3\times10^{24}\,\mathrm{Photons}$

20.4 광전효과

빛이나 자외선, X-선, γ선 등 전자파 방사선을 금속표면에 쬐면 표면이 저온인 경우에도 전자가 방출되는 현상을 광전효과라 한다.

빛은 진동하는 전자기장으로 구성되어 있으며, 에너지를 가지고 있다. 금속에 충돌한 빛이 전자에게 에너지를 줄 수 있고 전자가 충분한 에너지를 받으면 금속표면으로부터 떨어져 나갈 수 있다.

광전효과는 20세기에 들어와서 레나르트(Lenard ; 1862~1947)에 의하여 자세히 연구되었다. 그 결과

(1) 튀어나오는 전자의 에너지는 빛의 강도(밝기) 관계가 없다.

(2) 빛의 강도를 크게 하면 튀어나오는 전자의 개수가 많아진다.

(3) 튀어나오는 전자의 에너지는 빛의 진동수가 클수록(파장이 짧을수록) 크다.

(4) 빛의 진동수가 어느 값(문턱진동수) 이하일 때는 전자는 튀어 나오지 않는다.

아인슈타인은 광자가 원자와 충돌하면 그의 에너지 $h\nu$는 전부 원자에 흡수되어서 일부는 전자가 원자의 구속력을 깨고 물체의 표면에서 외부로 나오는 데에 쓰고, 나머지는 전자가 외부로 튀어 나올 때에 가지고 나온다.

실제로 관측되는 전자의 에너지 T는 물체 내부에서 쓰인 에너지(일함수)를 ϕ라 하면

$$T = h\nu - \phi \tag{20.6}$$

가 된다고 설명했다.

이것을 아인슈타인의 관계라 하는데, 빛의 입자성을 가장 간단히 표시하는 중요한 관계이다.

아인슈타인의 관계는 10년 후인 1916년 밀리컨(Millikan ; 1868~1953)의 실험에 의하여 확인됐다.

광자의 운동량 P는 그 에너지를 광속으로 나눈 것이 된다. 즉 다음 식과 같다.

$$P = \frac{E}{c} = \frac{h\nu}{c} \tag{20.7}$$

[그림 20.3]과 [그림 20.4]에 의하면 광전자의 정지전압이 빛의 강도에 무관하고 진동수의 증가에 따라 광전자 운동 에너지가 증가하며, 아울러 문턱진동수(threshold frequency) ν_0가 존재한다는 사실을 알았다.

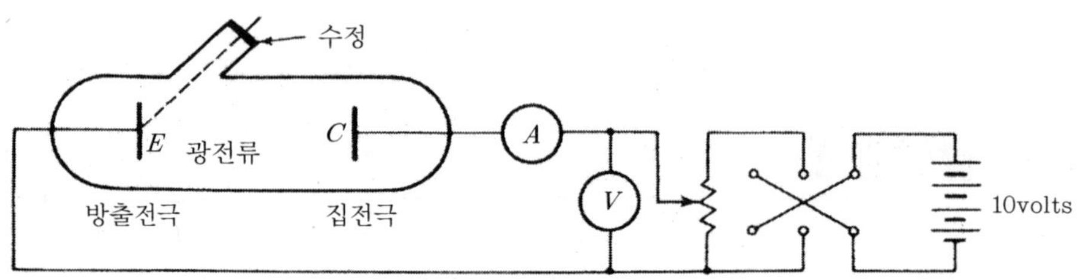

[그림 20.3] 광전효과의 실험장치

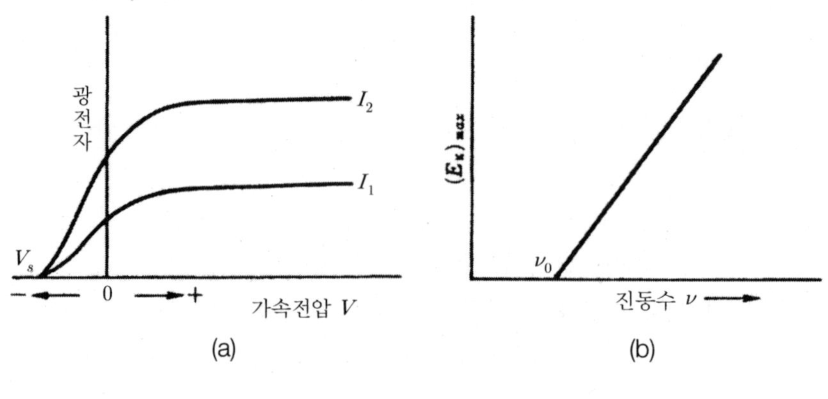

[그림 20.4] 광전효과의 실험 결과

예제 20.3 파장이 4,000 Å인 빛을 어떤 물질에 쬐였다. (1) 입사광자의 에너지와 (2) 광전자의 최대 운동 에너지를 계산하여라(단, 일함수는 1.9 eV).

풀이 (1) 입사 광전자의 에너지 : $E = h\nu = \frac{hc}{\lambda} = \frac{1.24 \times 10^4}{\lambda}\ \mathrm{eV} = 3.1\ \mathrm{eV}$

(2) 광전자의 운동 에너지 $T_{\max}$은

$$T_{\max} = h\nu - \phi = 3.1\ \mathrm{eV} - 1.9\ \mathrm{eV} = 1.2\ \mathrm{eV}$$

20.5 콤프턴 효과

광전효과에 대한 아인슈타인의 설명과 그 실험적인 증거가 확립되어 전자기파의 입자성은 확고하게 되었다. 이른바 콤프턴 효과라는 것도 전자기복사선이 입자성을 지니고 있음을 아울러 알려준다. 이 콤프턴 효과의 경우에서는 그 복사선의 파장이 극히 짧은 X-선을 전자기 복사선으로 이용한다. 처음 1923년에 콤프턴(Compton)이 이 효과를 발표하였다.

[그림 20.5]에 콤프턴이 한 실험이 도시되어 있다. 파장이 0.7078 Å인 X-선이 흑연(탄소)표적을 때릴 때 탄소와의 상호작용으로 생긴 산란 X-선은 입사 X-선보다 파장이 약간 길다는 사실은 벌써 알려져 있었다. 콤프턴은 산란각의 함수로 이 파장의 변화를 결정하는 연구에 착수했다.

산란 X-선은 흑연파에 의해서 ϕ라는 각으로, 산란된 선속은 브래그(Bragg) 분광기에서 반사각 $\alpha\theta$로 반사된다. 이 각을 입사 X-선이나 산란 X-선에 대해서 알면 산란으로 인한 파장의 변화가 결정된다. 입사복사선의 브래그 각은 원 입사선속에 이 브래그 분광기를 넣으면 알 수 있다. 그 결과는 [그림 20.6]과 같이 된다. 여러 산란각 ϕ에 대해서 측정해야 한다. 그림의 예에서는 $\phi = 135°$이다.

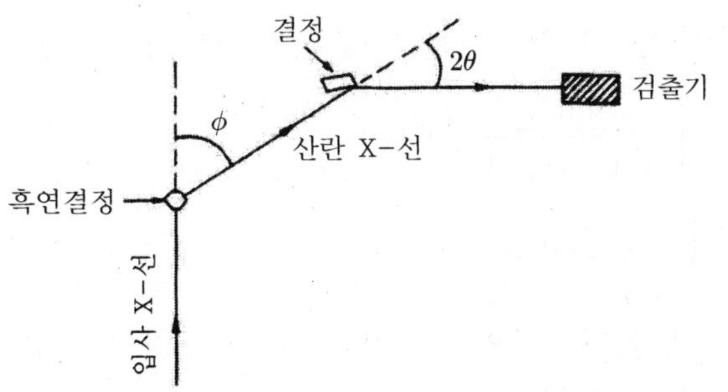

[그림 20.5] 콤프턴 효과의 실험

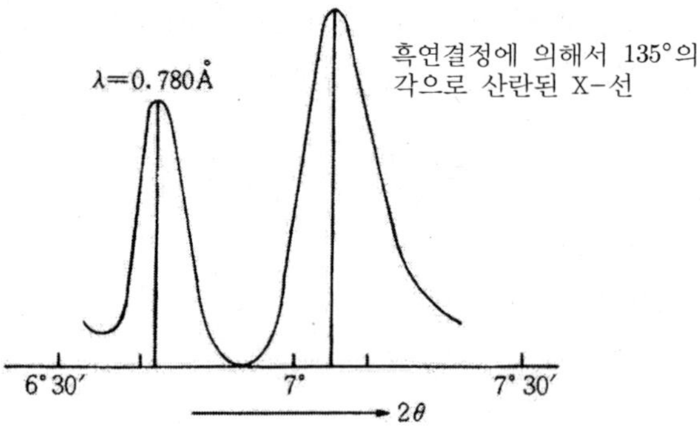

흑연결정으로 X-선이 $\phi=135°$의 각으로 콤프턴 산란되었을 때 방해석 분광기에 의해서 분석된 그 강도의 분포이다.

[그림 20.6]

그림에서 왼쪽에 있는 X-선은 입사 X-선과 같은 파장을 가진 X-선이고, 오른쪽에 있는 X-선은 산란되어 파장이 길어진 X-선을 나타낸다. 입자 X-선의 파장이 $\lambda=0.7078$ Å 이므로 이 측정 결과로 파장변화는 약 0.041 Å 이 된다. 이 실험 결과는 다음과 같이 분석할 수 있다. 처음 X-선은 에너지

$$E=h\nu=\frac{hc}{\lambda}$$

로 입사해 온다. 또 그 운동량은

$$P=\frac{E}{c}=\frac{h}{\lambda}$$

가 된다(이 두 관계식은 물질파에 대한 관계식과 똑같다). 이 광자는 흑연 결정 내의 전자와 충돌하여 갖고 있던 에너지와 운동량의 일부를 전하어 주고, 운동량은 작아져 산란 X-선의 파장이 길어지게 된다는 것에서 콤프턴의 효과가 설명된다.

산란 X-선의 파장을 λ'라 하자. [그림 20.7]은 이 문제의 기하학적인 배치를 보인다. 충돌은 완전히 탄성적이라 가정된다. 즉

$$\frac{hc}{\lambda}=\frac{hc}{\lambda'}+m_0c^2\left[\frac{1}{\sqrt{1-(v/c)^2}}-1\right] \tag{20.8}$$

이다. 여기서 m_0는 전자의 정지질량을 표시한다. 우변의 제2항은 전자의 운동 에너지의 상대론적인 표현식이다. 이 관계식은 나중에 도출된다. 또 운동량이 보존되므로

$$\frac{h}{\lambda}=\frac{h}{\lambda'}\cos\phi+\left[\frac{m_0v}{\sqrt{1-(v/c)^2}}\right]\cos\theta \tag{20.9}$$

$$0=\frac{h}{\lambda'}\sin\phi+\left[\frac{m_0v}{\sqrt{1-(v/c)^2}}\right]\sin\theta \tag{20.10}$$

인 두 성분에 대해서 성립한다. 위의 두 식에서도 전자의 운동량에 대해선 상대론적인 표현을 사용했다.

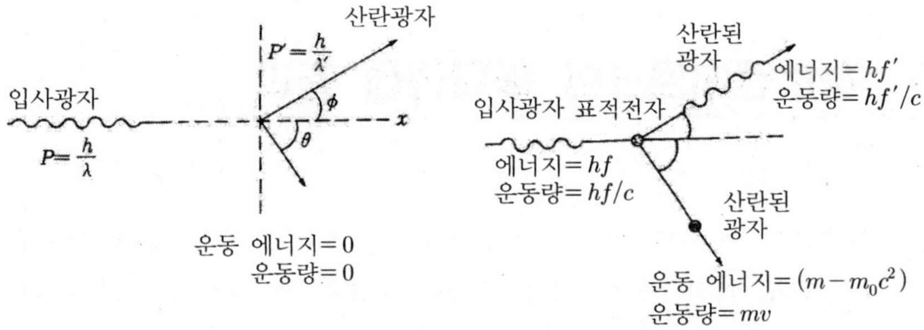

광자와 전자 사이에 완전한 탄성충돌을 한다고 가정하에 콤프턴의 효과가 설명된다.

[그림 20.7]

식 (20.8)~(20.9)에서

$$\Delta\lambda = \lambda' - \lambda = \frac{h}{m_0 c}(1-\cos\phi) \tag{20.11}$$

라는 관계를 얻는다. 식 (20.11)에서 $h/m_0 v$는 때때로 전자의 콤프턴 파장이라 하고, 그 값은

$$\lambda_c = \frac{h}{m_0 c} = 2.42626\times 10^{-12}\ \mathrm{m} = 0.0243\ \text{Å}$$

이다. 식 (20.11)에서 $\Delta\lambda$는 λ와는 무관하여, 최대의 파장의 변화가 일어나는 것은 $\phi = 180°$가 될 때인데, 이때 $\Delta\lambda_{max} = 2\lambda_c$임을 알 수 있다.

예제 20.4 $\lambda = 1.00$ Å의 X-선이 탄소덩어리에서 산란되었다. 산란된 복사를 입사선속 90° 되는 방향에서 보았다.

(1) 콤프턴 변화 $\Delta\lambda$는?

(2) 얼마만큼의 운동 에너지가 반발전자에 주어지는가?

풀이 (1) $\phi = 90°$이므로

$$\Delta\lambda = \frac{h}{m_0 c}(1-\cos\phi) = \frac{6.63\times10^{-34}\ \mathrm{J\cdot s}}{(9.11\times10^{-31}\ \mathrm{kg})(3.00\times10^{8}\ \mathrm{m/s})}(1-\cos 90°) = 0.023\ \text{Å}$$

(2) 전자의 운동 에너지를 K라 쓰면

$$\frac{hc}{\lambda} = \frac{hc}{\lambda'} + K \cdots\cdots\cdots\cdots ①$$

$$\lambda' = \lambda + \Delta\lambda \cdots\cdots\cdots\cdots\cdots ②$$

①과 ②에서

$$K = \frac{hc\Delta\lambda}{\lambda(\lambda+\Delta\lambda)} = \frac{(6.63\times10^{-34}\ \mathrm{J\,s})(3.00\times10^{8}\ \mathrm{m/s})(2.43\times10^{-12}\ \mathrm{m})}{(100\times10^{-10}\ \mathrm{m})(1.00+0.024)\times10^{-10}\ \mathrm{m}}$$

$$= 4.72\times10^{-17}\ \mathrm{J} = 295\ \mathrm{eV}$$

20.6 하이젠베르크의 불확정성 원리

전자의 파동성의 극히 재미있는 결과는 단일 구멍의 슬릿의 회절무늬를 살핌으로써 얻어진다. 이 실험도 역시 사고실험에 속한다. [그림 20.8]에서 전자의 선속이 폭 a의 슬릿에 들어오고 있다. 밖에는 전자파가 슬릿을 지날 때 만든 회절무늬에 대한 강도의 곡선을 그려 넣었다. 형광막에 도달하려면 전자는 슬릿을 통과하여야 하므로 그 x좌표는 불확정도

$$\Delta x = a$$

범위 안에서 알려진다(여기서 a는 슬릿의 폭이다). 슬릿을 통과하면 전자는 회절된다. 이 결과로 그 운동량의 x성분에는 불확정성이 들어오게 된다.
A에서 전자는 그 운동량의 x성분의 크기

$$P_x \approx P\sin\frac{\alpha}{2}$$

를 가진다. A'에서도 같은 크기의 x운동량의 성분을 갖는데 반대방향이다. 각 α는 반개각으로 선택하는데, 즉 회절무늬에 대해 반의 강도를 가진 각이 된다. 이것은 선속이 퍼지는 정도의 적절한 척도가 된다. 따라서

$$\Delta P \approx P\sin\alpha$$

이며, '드브로이 관계식' 을 쓰면

$$\Delta P_x \approx \frac{h}{\lambda}\sin\alpha$$

가 된다. 여기서 λ는 그 전자에 보수된 파장이다.

먼저 말한 단일 슬릿의 회절에 관한 얘기에서

$$\sin\alpha \approx \frac{\lambda}{a}$$

라 할 수 있다. 그래서

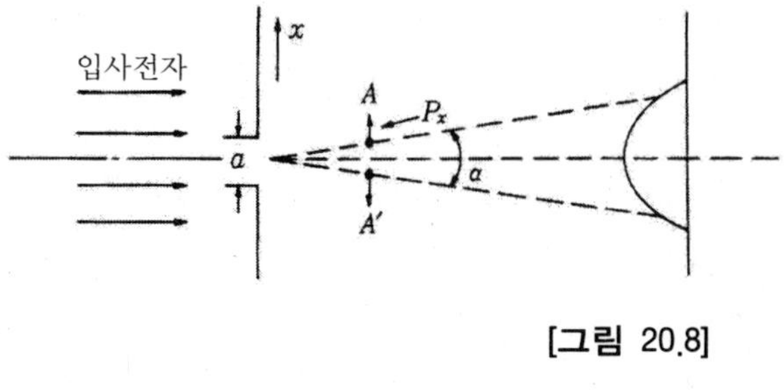

전자선속이 작은 구멍(폭 = a)을 지날 때에는 그 운동량에 불확정성이 들어오게 된다.

[그림 20.8]

$$\Delta P_x \approx \frac{h}{a}$$

전자의 x좌표의 불확정도와 그 운동량의 x성분의 불확정도의 곱은

$$\Delta x \Delta P_x \approx h \qquad (20.12)$$

가 된다. 여기서 h는 플랑크 상수이다. 식 (20.12)는 하이젠베르크(Heisenberg)의 불확정성원리를 이 특수한 경우에 표현한 것이다.

식 (20.12)는 특수한 x방향의 위치와 운동량에 관해 성립하는 식이지만 일반적으로 불확정성원리는 "어느 두 공액인 역학변수의 불확정도의 상승적은 플랑크 상수 크기 정도와 같거나 보다 더 크다"라 할 수 있다. 에너지와 시간이 또한 서로 공액인 변수가 될 수 있는데, 이때에는

$$\Delta E \Delta t \approx h \qquad (20.13)$$

라고 표현된다. 진동수 $\Delta\nu$와 에너지 ΔE의 관계에 의하여 $\Delta\nu = \Delta E/h$라고 표현할 수 있다.

예제 20.5 자유전자의 운동 에너지는 10 eV이며 대응하는 속력은 1.9×10^6 m/s이다. 이 속력은 1.0%의 정확도로 알려져 있다고 가정하자. 얼마만큼 뺄 수 없는 정확도로 이 전자의 위치를 측정할 수 있는가?

풀이 전자의 운동량은

$$P = mv = (9.1\times10^{-31}\ \mathrm{kg})(1.9\times10^6\ \mathrm{m/s}) = 1.7\times10^{-34}\ \mathrm{kgm/s}$$

운동량의 불확정성 ΔP는 이것의 1.0% 즉 1.7×10^{-36} kgm/s이다. 그러므로 위치의 불확정성은

$$\Delta x \approx \frac{h}{\Delta P} = \frac{6.6\times10^{-34}\ \mathrm{J\,s}}{1.7\times10^{-34}\ \mathrm{kgm/s}} = 39\ \mathrm{nm}$$

또는 약 200원자 지름이다. 만약, 전자의 운동량이 언급된 정확도를 가지도록 측정에 의해서 실제로 결정된다면 그것의 위치를 이보다 더 정확하게 알 수 있는 확률은 없다.

예제 20.6 원자가 여기 상태에서 기저 상태로 되기까지의 평균시간은 10^{-8} s이다. 이때 방출하는 빛의 에너지와 진동수를 계산하여라.

풀이 식 (20.13)에 의하여

$$\Delta E = 6.625\times10^{-34}\ \mathrm{J\cdot s}/10^{-8}\ \mathrm{s} = 6.8662\times10^{-8}\ \mathrm{eV}$$

진동수 $\Delta\nu = \Delta E/h$

$$= 6.8662\times10^{-8}\ \mathrm{eV}/6.625\times10^{-34}\ \mathrm{J\cdot s}/6.25\times10^{-18}\ \mathrm{eV/J}$$

$$\fallingdotseq 1.6\times10^{6}\ /\mathrm{s}$$

20.7 드브로이의 물질파

1924년 드브로이(Louis de Broglie)는 빛이 파동과 입자의 성질을 가지고 있다면 물질의 입자들도 속도 v를 가진다면 그 주변에는 파동과 같은 성질이 생겨난다고 제안했다. 앞 절에서 에너지 E인 광자의 운동량 P는

$$P = \frac{E}{c}$$

이므로 그 파장을 λ라 하면, 운동량

$$P = h\nu/c = h/\lambda$$

가 된다. 이것을 운동량이 $P = mv$인 물질에 적용하면

$$\lambda = h/P = h/mv \tag{20.14}$$

가 된다. 식 (20.14)에서 질량 m은 상대성 질량으로서 $m = m_0(1 - v^2/c^2)^{-1/2}$이다. 또 입자의 운동 에너지 E는

$$E = \frac{1}{2}mv^2$$

이므로 식 (20.14)에서 속도 v는 $v = (2E/m)^{1/2}$로 대치할 수 있다. 즉

$$\lambda = h/(2Em)^{1/2} \tag{20.15}$$

가 된다. 여기서 E는 전자볼트(eV)로 표시된 에너지이며, m은 전자의 질량이고 h는 플랑크 상수이므로 다음과 같은 식

$$\lambda = \frac{12.3}{\sqrt{E}\,[\text{eV}]}\ \text{Å} \tag{20.16}$$

로 표현된다. 예를 들면 전위차 100 V로 가속된 전자는 1.23 Å인 파장을 지닌다.

예제 20.7 전자의 운동 에너지 10^4 eV의 물질파의 파장을 계산하여라.

풀이 식 (20.14)에 의하여 전자의 속도 v는 $v = 5.94 \times 10^7$ m/s이다. 그러므로 전자의 물질의 파장 λ는 식 (20.16)으로부터

$$\lambda = \frac{12.3}{\sqrt{E}\,[\text{eV}]} = 0.123\ \text{Å}$$

20.8 원 자

(1) 주기율표와 동위원소

원자 내에 있는 궤도전자의 수는 그 원소의 원자번호와 같다. 따라서 원자번호를 Z로 표시하고, 전자가 가진 전하를 e로 한다면 원자핵 주변의 음전기의 총계는 Ze이므로 전기적으로 중성인 원자의 원자핵에는 이와 같은 양의 Ze의 양전기가 있는 것으로 된다.

원자핵 중의 양전하입자를 양자라 한다. 양자의 전하량은 전자의 전하량과 같은 양이며 부호만 반대이다. 그러나 그 질량 1.673×10^{-27} kg이다. 원자번호 Z의 원자핵에는 Z개의 양자가 함유되어 있다.

원자핵은 양자와 중성자로 되어 있고, 중성자는 전기적으로는 중성이며, 양자보다 조금 더 무거운 질량을 갖는 소립자이다. 원자핵 내의 양자의 수 Z와 중성자의 수 N의 합 A는 그 원자의 질량수라 한다. 질량수는 그 원소의 원자량에 가장 가까운 정수이다. 핵 내의 양자수와 중성자 수에 의하여 분류된 원자를 핵종이라 하며, 원소는 같더라도 질량수 A가 다른 핵종을 동위원소라 한다. 동중성자핵은 중성자수가 같은 핵종이며, 핵자의 수가 같은 핵종을 동중원소라 한다.

수소원자 ${}^1_1\mathrm{H}$에서는 1개의 양자로 된 핵으로서 바깥쪽에 1개의 전자가 돌고 있고, 그 동위체인 중수소 원자 ${}^2_1\mathrm{H}$의 핵은 중수소라 하며, 삼중수소 ${}^3_1\mathrm{H}$의 핵은 1개의 양자와 2개의 중성자를 가진다. 개개의 원자번호는 그 원소의 화학기호의 왼쪽 아래, 질량수는 왼쪽 위에 첨자로 표기한다.

주기표에서 원자번호 83, 원자량 209인 Bi보다 큰 원소에서는 원자핵은 불안정하며 원자핵은 붕괴한다. 붕괴에 의하여 이들 원소는 α선, β선, γ선을 방사하므로 방사성원소라 한다.

(2) 궤도전자

원자핵을 중심으로 안정된 상태에서 원운동을 하고 있는 수소원자의 전자운동에 대해서 생각해 보자.

[그림 20.9]와 같이 핵 주위를 원운동하는 전자의 질량 m, 속력 v, 궤도반지름 r, 전하 e, 핵전하를 Ze라 하면 전자와 핵과의 구심력의 크기 F_c는

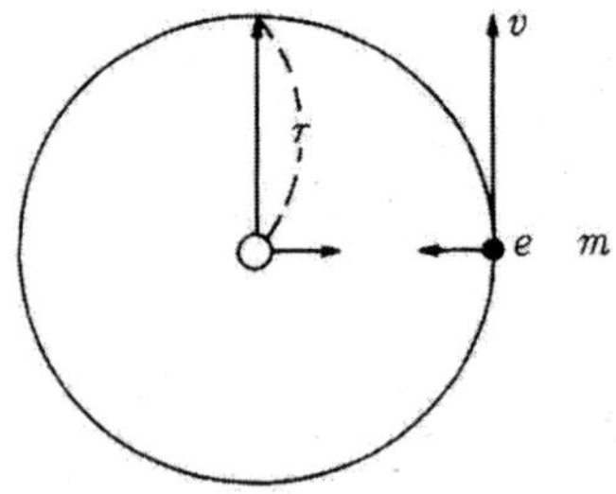

[그림 20.9]

$$F_c = \frac{mv^2}{r}$$

이다. 또한 쿨롱력 F_e는

$$F_e = \frac{1}{4\pi\epsilon_0}\frac{Ze^2}{r^2}$$

이다. 전자가 안정된 궤도를 이루어야 할 조건은 구심력 F_c와 쿨롱력 F_e가 같아야 하므로

$$\frac{mv^2}{r} = \frac{1}{4\pi\epsilon_0}\frac{Ze^2}{r^2} \tag{20.17}$$

이다. 따라서 전자의 속력 v와 궤도반지름 r 사이에는

$$v = \frac{Ze}{\sqrt{4\pi\epsilon_0 mr}} \tag{20.18}$$

관계가 성립한다. 전자의 총 에너지 E는 그 운동 에너지 T와 전기적 위치 에너지 U_p의 합이므로,

$$E = T + U_p = \frac{1}{2}mv^2 - \frac{1}{4\pi\epsilon_0}\frac{Ze^2}{r} \tag{20.19}$$

이 된다. 이것에 식 (20.2)의 v를 대입하면 총 에너지 E는

$$E = \frac{1}{4\pi\epsilon_0}\left(\frac{Ze^2}{2r} - \frac{Ze^2}{r}\right) = -\frac{1}{4\pi\epsilon_0}\frac{Ze^2}{2r} \tag{20.20}$$

로 된다.

이와 같이 전자는 음(−)인 총 에너지로 나타나며, 이것은 전자가 원자핵과 결합될 수 있는 구속 에너지를 나타낸다.

에너지 E가 음(−)이므로 핵으로부터 전자를 유리시키려면 외부에서 E에 해당하는 에너지를 공급받아야 한다. 수소원자의 경우에는 전자의 총 에너지 $E = -13.6$ eV 이다. 따라서 수소의 궤도전자가 갖는 속박 에너지는 13.6 eV에 해당된다.

그러므로 수소의 반지름 r은 다음과 같이 된다.

$$r = -\frac{1}{4\pi\epsilon_0}\frac{Ze^2}{2E} = -\frac{9\times10^9\ \mathrm{nm^2/coul^2}\times(1.6\times10^{-19}\ \mathrm{coul})^2}{2\times(-2.2\times10^{-18}\ \mathrm{joule})}$$

$$= 0.53\times10^{-10}\ \mathrm{m} \qquad (20.21)$$

그러나 이 계산은 중대한 모순을 내포하고 있다. 맥스웰의 고전적 전자기학에 의하면 원자핵 쪽으로 끌어당기는 정전력에 대항하여 궤도를 선회하는 전자는 감소되면 반드시 전자파를 방사하여야 한다. 에너지를 복사함에 따라서 전자는 점점 낮은 에너지 상태로 전환되어 나선형 궤도를 그리면서 찌그러져야 할 것이다. 이것은 원자의 안정성에 모순이 된다.

이러한 점에서뿐만 아니라 원자 스펙트럼 계열들을 1913년 보어(Bohr)가 리츠(Ritz)와 플랑크의 양자개념을 받아들여 러더퍼드(Rutherford)의 원자구조를 구체적으로 설명하는 비고전적 양자이론이 탄생하게 되었다.

(3) 원자 스펙트럼

원자 스펙트럼에는 원자마다 독특한 규칙적인 계열이 존재한다. 원자핵과 먼 궤도에서 가까운 낮은 에너지의 다른 궤도로 전자가 떨어질 때 발광 스펙트럼을 방출한다. 수소 가스관을 통전시키면 수소원자는 기저 상태($n=1$)에서 여기 상태로 변한다.

전자는 하나의 불연속 에너지 상태로 여기되든지 또는 13.6 eV 이상 에너지를 공급받게 되면 이온화된다. 이 자유전자의 위치 에너지는 0이 되고 운동 에너지는 전리화 연속체 에너지를 가진다.

13.6 eV를 수소의 이온화 전위라 한다. 높은 에너지 상태에서 기저 상태로 전자가 천이할 때 계열 스펙트럼이 존재한다는 점이다.

수소원자에 대해서 보면 파수 $1/\lambda$은

$$\frac{1}{\lambda} = \frac{kmZ^2e^4}{2h\hbar^2c}\left(\frac{1}{n_n^2} - \frac{1}{n_l^2}\right)$$

$$= R_H\left(\frac{1}{n_n^2} - \frac{1}{n_l^2}\right) \qquad (20.22)$$

이다.

여기서 $\hbar = \dfrac{h}{2\pi}$이고, R_H는 뤼드베리(Rydberg) 상수로서 $R_H = 1.09678\times10^7\ \mathrm{m^{-1}}$이다.

수소원자의 스펙트럼 계열은 다음과 같다.

① Lyman 계열(1906년, 자외선영역)

$$\frac{1}{\lambda}=R_H\left(\frac{1}{1^2}-\frac{1}{n_l^2}\right)(n_l=2,\ 3,\ 4,\ 5,\ \cdots\cdots)$$

② Balmer 계열(1885년, 가시광선영역)

$$\frac{1}{\lambda}=R_H\left(\frac{1}{2^2}-\frac{1}{n_l^2}\right)(n_l=3,\ 4,\ 5,\ 6,\cdots\cdots)$$

③ Ritz-Paschen 계열(1908년, 적외선영역)

$$\frac{1}{\lambda}=R_H\left(\frac{1}{3^2}-\frac{1}{n_l^2}\right)(n_l=4,\ 5,\ 6,\ 7,\cdots\cdots)$$

④ Brackett 계열(1922년, 적외선영역)

$$\frac{1}{\lambda}=R_H\left(\frac{1}{4^2}-\frac{1}{n_l^2}\right)(n_l=5,\ 6,\ 7,\ 8,\cdots\cdots)$$

⑤ Pfund 계열(1924)

$$\frac{1}{\lambda}=R_H\left(\frac{1}{5^2}-\frac{1}{n_l^2}\right)(n_l=6,\ 7,\ 8,\ 9,\cdots\cdots)$$

(20.23)

이들 스펙트럼의 계열을 [그림 20.10]에 표시했다.

(4) 보어의 수소원자 이론과 모형

Z개의 양자를 갖는 원자핵 주위를 여회하는 전자와 원자핵 사이에는 식 (20.1)에 의하여

$$mv^2=\frac{Ze^2}{4\pi\epsilon_0 r} \tag{20.24}$$

이다.

1913년에 보어(Niels Bohr)는 다음과 같은 두 가지 가설을 세움으로써 그의 수소원자 이론을 전개하였다.

첫째, 원자핵 둘레를 원운동 하는 전자의 궤도는 전자의 각운동량($mv\times r$)의 2π배를 곱한 양이 h의 정수배가 되는 궤도만이 존재한다. 따라서 각운동량은 연속적인 값을 취하지 않고 불연속적인 값을 취하게 된다. 이것을 양자화(quantize)되었다고 한다. 즉

$$mvr=\frac{nh}{2\pi}=n\hbar \qquad (n=1,\ 2,\ 3,\ \cdots\cdots) \tag{20.25}$$

가 된다는 것이다.

둘째, 전자는 어느 한 궤도의 에너지 상태에 있는 동안은 에너지를 방출하거나 흡수하지 않고, 높은 에너지의 정상 상태 l에서 낮은 에너지의 정상 상태 n으로 이행(transition)할 때만 그 에너지 차만큼의 에너지를 광자로 방출한다. 즉

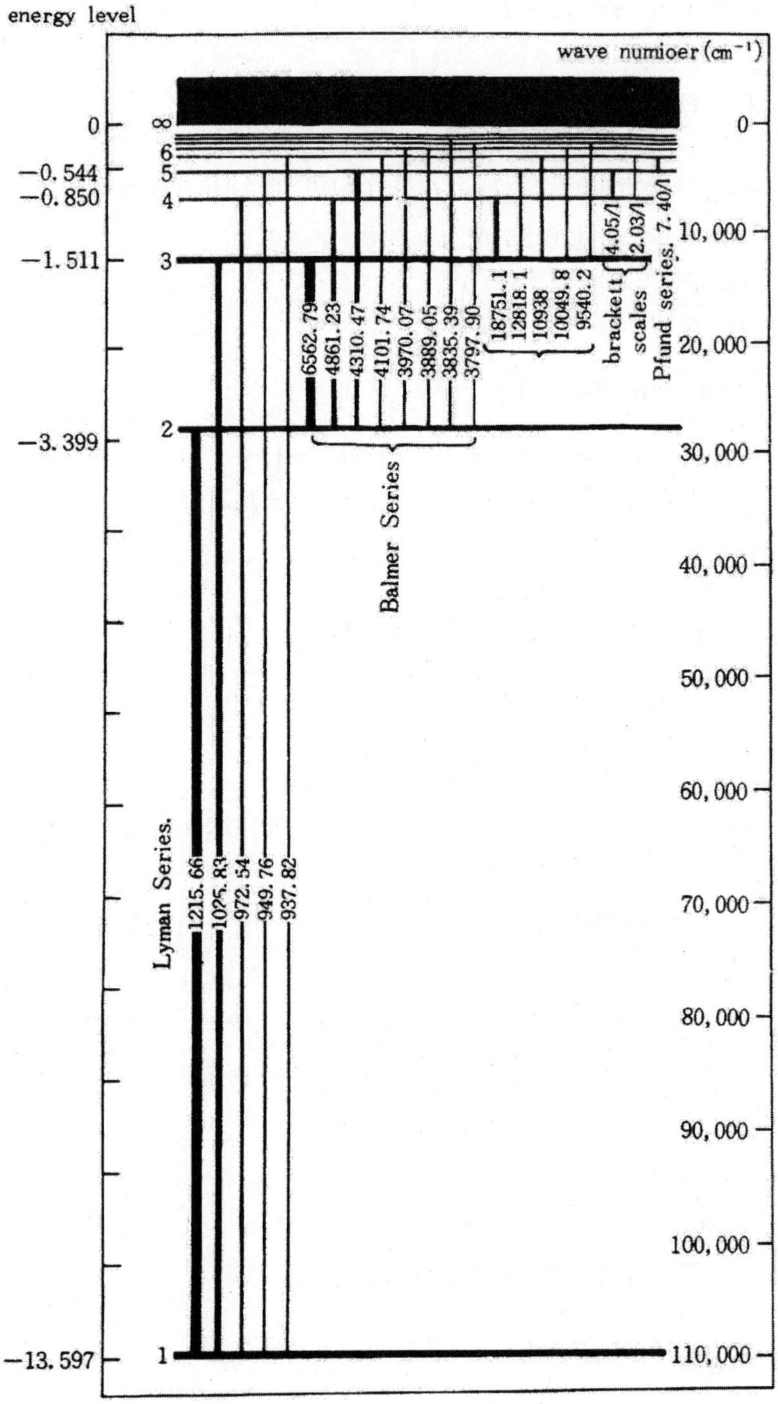
energy level
wave numioer (cm⁻¹)
0
−0.544
−0.850
−1.511
−3.399
−13.597
∞
6
5
4
3
2
1
0
10,000
20,000
30,000
40,000
50,000
60,000
70,000
80,000
90,000
100,000
110,000
6562.79
4861.23
4310.47
4101.74
3970.07
3889.05
3835.39
3797.90
Balmer Series
18751.1
12818.1
10938
10049.8
9540.2
4.05/l
2.03/l
brackett scales
Pfund series. 7.40/l
Lyman Series.
1215.66
1025.83
972.54
949.76
937.82

[그림 20.10]

$E = h\nu$이므로 $E = E_l - E_n$

따라서 진동수 ν는

$$\nu = \frac{E_l - E_n}{h} \text{(진동수 조건)} \tag{20.26}$$

가 된다. $E_l - E_n > 0$이면 방출, $E_l - E_n < 0$이면 흡수를 의미한다.

따라서 식 (20.24)와 식 (20.25)에서 r, v를 구하면

$$r_n = \frac{n^2 h^2}{kmZe^2} \qquad \left(k = \frac{1}{4\pi\epsilon_0}\right)$$

$$= 0.529 \times 10^{-10} \frac{n^2}{Z} \text{ [m]} \tag{20.27}$$

가 된다. 여기서 수소원자가 기저 상태($Z = 1$, $n = 1$)일 때 궤도반지름 r_1은 $r_1 = 0.528$ Å 을 얻는다. 이와 같은 값을 보어의 반지름이라 한다. 또 v는

$$v = \frac{1}{n} \frac{Ze^2}{\hbar} k \tag{20.28}$$

이 된다. 여기서 $\hbar = h/2\pi$를 표시하여 n을 양자수라 한다.

또한 식 (20.20)과 식 (20.27)에 의하여

$$E_n = -\frac{mZe^4}{2n^2(4\pi\epsilon_0)^2 h^2} \tag{20.29}$$

가 되어 양자화 되었다. 여기서 유의할 것은 운동 에너지를 상대론적으로 취급하지 않았으며(계산을 쉽게 하기 위하여), 또 식 (20.17)에는 다른 전자에 의한 영향이 무시되어 있음도 주의해 둘 필요가 있다.

또 보어의 진동수조건에 의하면

$$h\nu = \frac{2\pi^2 mZe^4}{h^2}\left(\frac{1}{n_n^2} - \frac{1}{n_l^2}\right) \tag{20.30}$$

파수 $\sigma = \frac{1}{\lambda} = \frac{\nu}{c}$이므로

$$\sigma = \frac{2\pi^2 mZe^4}{ch^3}\left(\frac{1}{n_n^2} - \frac{1}{n_l^2}\right)$$

가 얻어지며 선스펙트럼의 계열이 증명된다.

20.9 원 자 핵

(1) 원자핵의 구성

원자핵의 전하량은 전기소량($e = 1.602 \times 10^{-19}$ C)의 정수배 Ze이며, 질량은 원자질량단위(u)로 측정하여 거의 정수배에 가깝다. 핵의 구성입자로서 양자와 중성자가 있다. 양자는 양전하이며, 원자핵의 전하의 수는 양자의 수와 같고, 중성자는 전하가 없다. 또 질량은 양자와 전자를 합한 질량보다 조금 무거우며, 가벼운 원자일수록 양자와 중성자수의 비율이 거의 같으나 무거운 원자일수록 중성자 과잉수가 된다.

원자핵의 구성입자라는 개념에서 양자와 중성자를 총칭하여 핵자라 하며, 원자핵 내부에는 그 밖에도 중간자, 중성미자 등 30여 개 이상의 소립자가 증명되어 핵의 정체가 아주 복잡하다.

또한 핵의 지름은 대략 $10^{-15} \sim 10^{-14}$ m 정도이고, 핵자 간 존재를 유지하려면 핵자 사이에 강력한 인력이 상호작용되어야 한다. 이와 같이 핵자 간 인력을 핵력이라 한다.

(2) 원자질량단위

원자, 원자핵 또는 소립자 등의 질량을 나타내는데 원자질량단위(u)가 쓰인다. 이것은 탄소원자 ${}^{16}_{6}\mathrm{C}$ 1개의 질량을 12 u로 결정한 정의에 의하여

$$1\,\mathrm{u} = 1.6603 \times 10^{-27}\,\mathrm{kg} = 1.49 \times 10^{-10}\,\mathrm{joule} = 931.441\,\mathrm{MeV} \tag{20.31}$$

이다. u로 표시된 원소의 1원자의 질량을 물리적 원자량이라 한다. 양자, 중성자 및 전자의 질량은 다음과 같다.

$$\left.\begin{aligned} &\text{양자의 질량 } m_p = 1.007276\,\mathrm{u} \\ &\text{중자의 질량 } m_n = 1.008665\,\mathrm{u} \\ &\text{전자의 질량 } m_e = 1.00054858\,\mathrm{u} \end{aligned}\right\} \tag{20.32}$$

탄소 ${}^{12}_{6}\mathrm{C}$ 원자를 구성하는 중성자, 양자 및 전자가 따로따로 떨어져 계산한 질량은 ${}^{12}_{6}\mathrm{C}$의 질량보다 많다. 즉

$$6(1.008665 + 1.007276 - 0.000549)\,\mathrm{u} - 12.000\,\mathrm{u} = 0.098940\,\mathrm{u}$$

이다. 따라서 질량차를 에너지로 환산하면 92.16 MeV가 된다. 이것은 다음 절에서 배울 결합 에너지에 해당한다.

(3) 핵의 결합 에너지

일반적으로 원자번호 Z, 중성자 수 N인 원자의 질량 W는

$$1.007276\,\text{u} + 1.008665\,\text{u} + 0.00054858\,Z$$

로는 되지 않으며, 이보다 약간 작다. 이 차 Δm을 질량결손이라 한다. 즉,

$$\Delta m = (m_p Z + m_n N + m_e Z) - W \tag{20.33}$$

이 된다. 원자핵 내의 양자 사이에는 쿨롱력이 작용하고 있음에도 불구하고 핵이 구성되어 있는 것은 쿨롱력을 이겨내는 인력이 작용하고 있기 때문이다. 중성자 사이에도 같은 인력이 작용하고 있다. 이것을 결합 에너지라 한다.

중수소의 중성자 질량과 양자의 질량을 합한 2.016490 u는 중수소의 실제의 질량 2.014102 u보다 0.002388 u 많다. 이것은 2.2243 MeV에 해당된다.

이와 같이 원자핵의 질량과 실제의 질량의 차를 가지는 이유에 대하여 다음과 같이 응답할 수 있다. 핵자가 결합하여 하나의 원자핵을 형성할 역학적 총 에너지는 변하지 않으나 질량은 변할 수 있다. 즉, 중수소를 형성하는 핵자의 질량의 합과 중수소 자체의 질량과의 차는 중성자와 양자가 가졌던 운동 에너지보다도 큰 운동 에너지를 가지게 되는 것으로 나타난다.

이제 질량결손에 의하여 핵자 간 결합하는 에너지를 아인슈타인의 상대성원리에 적용시켜 정리하면,

$$E_B = \Delta mc^2$$

의 관계가 있으며, 질량결손의 일반식

$$m_p Z + m_n N - E_B/c^2 = m\,[\text{nuclear}] \tag{20.34}$$

이다.

결합 에너지를 계산해 보면 수소핵을 제외하고는 질량수 A에 거의 정비례한다. 결합 에너지를 핵자의 수로 나눈 것은 핵자 1개당의 결합 에너지가 된다. [그림 20.11]은 각 질량수에 대해 핵자 1개당 결합 에너지를 나타내고 있다.

^4_2He에서 돌출한 피크가 있으나, 전체적으로 볼 때 중간범위의 질량 수($A = 20$–160)인 핵은 안정하며, 핵자당 결합 에너지가 거의 일정하여 7~8 MeV의 값을 나타내고 있다.

거의 모든 핵종에 걸쳐 핵자당 결합 에너지가 대략 8 MeV라는 것은 핵력의 작용범위가 극히 작고, 따라서 핵자쌍 사이에서만 작용하고 있다고 볼 수도 있다.

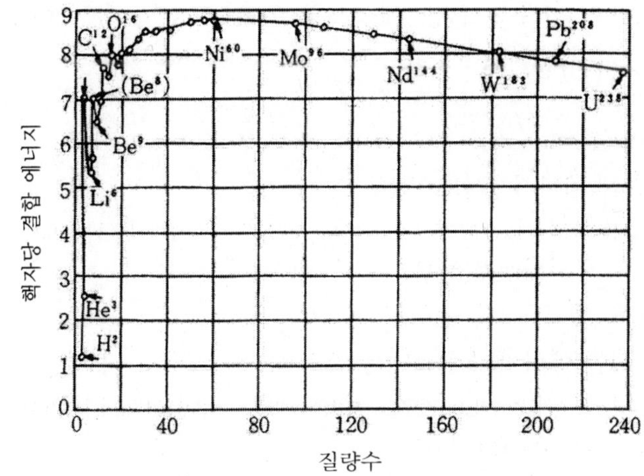

[그림 20.11] 핵자당 결합 에너지

〈표 20.1〉 5개의 가장 가벼운 원자핵과 중성자의 질량

이 름	기 호	질량(amu)
양 성 자	$^{1}_{1}H$	1.0078252
중 성 자	$^{0}_{1}n$	1.0086654
중 수 소	$^{2}_{1}H$	2.0141022
삼중수소	$^{3}_{1}H$	3.016049
Helium 3	$^{3}_{2}He$	3.016029
α 입 자	$^{4}_{2}He$	4.002603

예제 20.8 원자량에 g를 붙인 값을 1 g원자라 한다. 1 mg원자 속에 6.024×10^{23}개의 원자가 있다. $1\,u = 1.660\times10^{-24}$ g임을 계산하여라.

풀이 탄소($^{12}_{6}C$) 1개의 질량은 12 u이므로

$$12\,u = \frac{12}{6.024\times10^{23}}\,g$$

그러므로

$$1\,u = \frac{1}{6.024\times10^{23}}\,g = 1.660\times10^{-24}\,g$$

예제 20.9 동위원소 ^3_1H와 ^3_2He의 결합 에너지를 구하여라(단, ^3_1H : 3.016049 u, ^3_2He= 3.016030 u이다).

풀이 식 (20.33)으로부터

(1) ^3_1H의 결합 에너지 E [MeV]는

$$E[\text{MeV}] = [(1.007276 + 2 \times 1.008665)\ \text{u} - 3.016049\ \text{u}] \times 931.441\ \text{MeV/u}$$
$$= 7.9707\ \text{MeV}$$

가 된다.

(2) ^3_2He의 결합 에너지 E [MeV]는

$$E[\text{MeV}] = [(2 \times 1.007276 + 1.008665)\ \text{u} - 3.016030\ \text{u}] \times 931.441\ \text{MeV/u}$$
$$= 6.6942\ \text{MeV}$$

■ 연습문제 ■

01 전자가 에너지 3 eV의 여기 상태에서 에너지 1 eV의 기저 상태로 옮겨갈 때 나오는 전자파의 진동수는?

02 발머 계열(Balmer series) 가운데서 $n_1 = 3$의 에너지 상태에서 $n_2 = 2$인 상태로 전이할 때 방출하는 빛(H_a 휘선)의 파장은? 또, 빛을 광자(photon)라고 생각한다면 그 에너지는 몇 eV인가?($R = 1.1 \times 10^2\ m^{-1}$)

03 수소의 라이먼(Lyman) 계열의 스펙트럼선의 파장 λ_m는

$$\frac{1}{\lambda} = 1.097 \times \left(\frac{1}{1^0} - \frac{1}{n^2}\right)/\text{m} \qquad (n = 2,\ 3,\ 4,\ \cdots\cdots)$$

식으로 주어진다. 중성인 수소원자를 수소이온으로 만들려면 얼마만한 에너지가 필요한가?(Blank 상수 : 6.63×10^{-34} J·s)

04 수소원자의 궤도전자의 에너지는 불연속적이며, $n = 1,\ 2,\ 3,\ \cdots\cdots$에 따라 n번째의 궤도전자의 에너지 E_n은

$$E_n = -13.6 \times \frac{1}{n^2}\ [\text{eV}]$$

로 표시된다. 지금 $n = 3$의 상태에서 $n = 2$의 상태로 떨어졌다고 할 때 (a) 두 상태의 에너지 차(J), (b) 이때 방출되는 빛의 진동수, (c) 이 빛의 진공 속에서의 파장(Å)은 얼마인가?

05 다음 핵 반응식에서 수소와 라듐이 각각 1 g이 반응하여 방출되는 에너지를 erg 단위로 계산하면?

$${}^{7}_{3}\text{Li} + {}^{1}_{1}\text{H} \rightarrow 2\,{}^{4}_{2}\text{He}$$

(${}^{7}_{3}$Li : 7.01816 u, ${}^{1}_{1}$H : 1.007825 u, ${}^{4}_{2}$He : 4.002603 u)

06 1 g의 수소가 전부 ${}^{4}_{2}$He로 변하면 몇 cal의 열이 방출되겠는가?

07 염소 중에는 ^{35}Cl(원자량 34.98)과 ^{37}Cl(원자량 36.98)이 각각 75.53%, 24.47%의 비율로 들어 있을 때 Cl의 원자량은?

08 다음의 각 원자핵에 들어 있는 중성자 수와 양성자 수는?
${}^{6}_{3}$Li, ${}^{10}_{5}$Be, ${}^{14}_{6}$C, ${}^{60}_{27}$Co, ${}^{137}_{56}$Ba, ${}^{226}_{88}$Ra, ${}^{235}_{92}$U

09 ${}^{88}_{39}$Y 원자가 있다. (a) 핵의 결합 에너지, (b) 핵자당 결합 에너지는?

($^{89}_{39}Y$의 질량 : 88.90587 u, ^{1}n의 질량 : 1.008665 u, $^{1}_{1}$H의 질량 : 1.007825 u)

10 동위원소 $^{3}_{1}$He와 $^{3}_{2}$He의 결합 에너지 차이는?

($^{3}_{1}$He : 3.016049 u, $^{3}_{2}$He : 3.016029 u)

11 원자의 구조를 설명하여라.

12 원자핵에 대하여 설명하여라.

21

방사성 원소

Radioactive Element

21.1 방 사 능

1896년 베크렐(Becquerel)은 우라늄 화합물을 연구하여 빛에 노출시키지 않았을 때에도 사진건판을 감광시키는 방사선이 있음을 확인했다. 그는 이 방사선의 근원은 우라늄 원소가 원자핵붕괴를 하면서 오랜 기간 동안 방사선 에너지를 계속 발산하는 데서 기인한다고 했다. 이와 같이 자연적으로 핵이 붕괴하여 다른 원자로 변화하는 현상을 방사능이라 한다.

베크렐 이후 퀴리(Curie) 연구팀은 방사성 물질에 관하여 연구해 왔는데 폴로늄과 라듐 원소의 단위질량당 매우 큰 방사능이 있음을 발견했다.

자연방사성 동위원소 외에 약 600여 종 이상의 인공방사성 동위원소가 생산되어서 공업용, 의료용, 생물학적 분야에 응용되고 있다.

α, β, γ 방사선은 자연방사성 동위원소로부터 방출한다. [그림 21.1]과 같이 이들은 전자기장에서 서로 다른 진로와 공기를 투과하는 정도에 의하여 구별된다. α입자는 음극으로 편기되고, β입자는 양극으로 구부러지며, γ선은 전자장에 구애를 받지 않고 직진한다. α선은 β선보다 훨씬 덜 굴절되며, 공기 중에서 수 cm 정도 투과한다. β선은 수십 cm를 투과하며, γ선은 수 m 이상 투과한다. 이 세 가지 방사선 외에 양전자선(β^+ positron)은 인공방사성 원소에 의하여 관찰된다. 이와 같은 방사선은 원자핵 자신이 스스로 방출하며, 종류와 전하량은 방사성 동위원소에 의존한다.

α 입자의 본질은 ${}^4_2He$의 원자핵이며, ${}^4_2\alpha$으로 표기한다. β선은 핵에서 방출하는 전자의 일종으로서 ${}^{\ 0}_{-1}\beta$로 표기한다. γ선은 ${}^1_0\gamma$로 표기하며 X-선과 같이 전자파와 같은 성질을 가지고 있기 때문에 식별이 불가능하지만 그 발생근원에 의하여 구분된다. 즉 X-선은 핵 외부에서, γ선은 핵 자체에서 발생됨이 다르다.

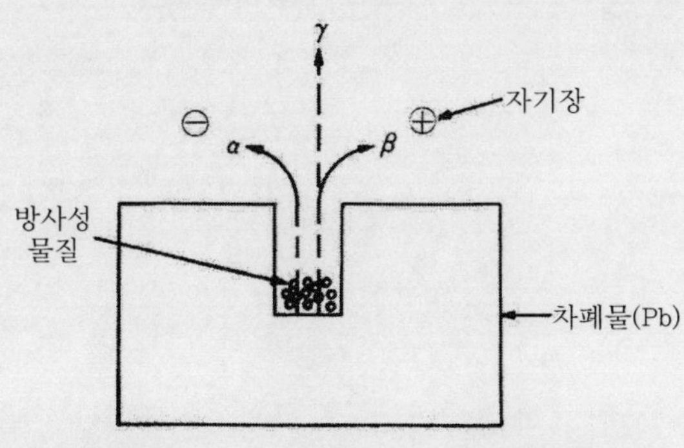

[그림 21.1] 자기장에서 방사선 편이

이상 설명한 방사선은 물질을 직접 혹은 간접적으로 이온화시키며 생물학적 효과를 나타낸다. 방사성 물질을 장기간 접촉한 작업인의 피부에는 화상을 입혔으며, 체내 흡수된 방사성 동위원소는 장기를 손상시켰다. 예를 들면 과도한 라듐 흡입은 뼈 속에 침착되어서 골수종과 같은 불치의 병이 발생되기도 한다.

예제 21.1 6.69×10^{21} atoms/g이며, β선원인 ${}^{90}_{38}Sr$의 방사능을 구하여라(단, $H.L = 28$ yrs이다).

풀이 붕괴상수 λ는

$$\lambda = \frac{0.693}{H.L} = 7.83\times10^{-10}\,/\mathrm{s}$$

그러므로 ${}^{90}_{38}Sr$의 방사능 R은

$$R = \lambda N = 7.83\times10^{10}\,/\mathrm{s}\times6.69\times10^{21}\,\mathrm{atoms} = 5.23\times10^{12}\,\mathrm{Bq} \approx 141\,\mathrm{Ci}$$

21.2 원자핵변환

α 혹은 β입자의 방출은 원자의 원자번호 또는 핵전하를 변하게 한다. 따라서 이와 같은 변환은 다른 원소로 변형시킨다. 예를 들면 ${}^{238}_{92}U$ 동위원소가 α 붕괴하여

$${}^{238}_{92}U \rightarrow {}^{4}_{2}\alpha + {}^{234}_{90}Th \tag{21.1}$$

가 된다. α 입자는 우라늄 핵에서 전하 $+2$, 질량수 4를 제거하여 토륨을 탄생시킨다. α 입자에 관하여 후에 구체적으로 설명되지만 붕괴되는 α 입자 에너지는 그 원소마다 고유한 값을 가진다.

${}^{234}_{90}Th$ 핵은 항상 β입자를 방출하며, 반중성미자 $\bar{\nu}$를 수반한다. 이 붕괴식

$${}^{234}_{90}Th \rightarrow {}_{-1}^{0}\beta + {}^{234}_{91}Pa + \bar{\nu} \tag{21.2}$$

이다. ${}_{-1}^{0}\beta$ 붕괴는 중성자가 양자로 변할 때 일어나는 현상이다. 즉

$$n \rightarrow p - e^{-} + \bar{\nu} \tag{21.3}$$

가 된다. 반중성미자는 전하와 질량이 없으며, 다만 에너지를 수반한다. β^{-} 입자 에너지는 연속 스펙트럼이다. ${}^{234}_{91}Pa$ 핵은 β붕괴하여

$${}^{234}_{91}Pa \rightarrow {}_{-1}^{0}\beta + {}^{234}_{92}U + {}^{0}_{0}\bar{\nu} \tag{21.4}$$

가 된다. ${}^{234}_{92}U$ 및 그 다음 방사성 동위원소가 α, β, $-$붕괴를 여러 회 반복하여 최종적으로 안정된 납(${}^{206}Pb$)동위원소로 변한다.

다음에 양전자(positron)의 붕괴에 대하여 설명하자.

중성미자를 수반하는 양전자 방출은 양자가 중성자로 변화할 때 생긴다. 즉

$$p \rightarrow n + e^{+} + \nu \tag{21.5}$$

가 되며, 원자의 질량수에는 변함이 없지만 원자번호 1을 감소시킨다. 예를 들면 비소 ${}^{72}_{33}\mathrm{As}$는 양전자 ${}^{0}_{+1}\beta$와 중성미자를 방출하여 ${}^{72}_{32}\mathrm{Ge}$이 된다. 즉

$${}^{72}_{33}\mathrm{As} \rightarrow {}^{0}_{+1}\beta + {}^{72}_{32}\mathrm{Ge} + {}^{0}_{0}\nu \tag{21.6}$$

이다. 중성미자는 반중성미자와 같은 성질을 가지고 있다. 이들은 음, 양 β선 스펙트럼의 연속적인 성질을 설명하기 위하여 처음으로 가정된 것이다. 이들은 또한 물질과 아주 약하게나마 작용한다는 사실이 최근 증명되었다.

핵 내의 양자가 지나치게 많을 때 ${}^{0}_{+1}\beta$붕괴를 하지 않고 궤도전자를 핵 내에 포획하여 붕괴하는 원자들이 있다. 보통 K각 전자들을 포획하여 중성미자를 방출한다. 예를 들면

$${}^{103}_{46}\mathrm{Pd} + {}_{-1}\mathrm{e} \rightarrow {}^{103}_{45}\mathrm{Rh} + {}^{0}_{0}\nu \tag{21.7}$$

이 된다. 이때 포획된 K각 전자의 공간을 채우기 위하여 궤도전자의 전이가 연쇄적으로 일어날 때 특성 X-선이 발생한다. 또 이러한 현상을 오제(Auger) 효과라 한다.

γ선 방출은 α, 또는 β붕괴 후 핵 내 잉여 에너지를 외부로 방사하여 기저 상태로 전이할 때 그 잉여 에너지를 γ선으로 방출한다. γ선은 핵종에 고유한 에너지를 가지고 있다. γ선이 방출되는 시간은 $\sim 10^{-13}$ s 정도이며, 방출이 즉시 이루어지지 않을 때 그 원자는 준안정 상태(meta stable)에 있다고 말한다.

21.3 방사성 붕괴법칙

방사성 원자는 닥치는 대로 붕괴한다. 방사성 물질의 방사능은 단위시간당 붕괴하는 원자핵의 개수로 주어진다. 원자핵의 개수 N을 어느 시각에 시료 안에 있는 핵의 수라면 그 방사능 R은

$$R = -\frac{dN}{dt} \tag{21.8}$$

이다. 여기서 $\frac{dN}{dt}$는 원래가 음(−)의 값이므로 (−)의 부호를 붙여 줌으로써 방사능 R은 (+)의 값이 된다. 지금 시료에 N개의 원자핵이 있다면 시간 dt 사이에 붕괴하는 핵의 수 dN은 N과 dt의 곱에 비례한다. 즉

$$dN \propto -Ndt \tag{21.9}$$

이다. 그런데 시간이 증가함에 따라서 N은 감소하므로 (−)의 부호를 붙여야 한다.

원자핵 붕괴 매 단위시간당 붕괴확률 λ를 곱하면

$$dN = -\lambda N dt \quad (\lambda : \text{붕괴상수 } s^{-1})$$

이다. 다시 고쳐 쓰면

$$\frac{dN}{N} = -\lambda dt \tag{21.10}$$

가 된다. 식 (21.10)의 양변을 적분하면

$$\int \frac{dn}{N} = -\lambda \int dt + c \text{에서}$$

$$\ln N = -\lambda t + c$$

가 된다. 여기서 $t=0$일 때 $N=N_0$이며, $c=\ln N_0$라 쓸 수 있으므로, 결국 $\ln N = -\lambda t + \ln N_0$에서부터

$$N = N_0 e^{-\lambda t} \tag{21.11}$$

를 얻는다. 여기서 $e = 2.718\cdots$로서 자연대수의 밑이다. 식 (21.11)은 시각 t에서 붕괴 전 핵의 수 N을 단위시간당 붕괴상수 λ와, $t=0$일 때 최초 원자수 N_0로 표현된 지수함수적 감소를 나타낸 공식이다. 이것을 방사성 붕괴의 지수법칙이라 한다.

식 (21.8)에 의하여 식 (21.10)과 조합하여

$$R = -\frac{dN}{dt}$$

로부터

$$R = -\frac{d}{dt}(-\lambda t N) = \lambda N \tag{21.12}$$

임을 안다.

반감기란 원자핵이 붕괴하여 처음 원자수의 반(1/2)으로 줄어드는 데 소요된 시간을 말하며, 모든 방사성 동위원소는 반감기를 가진다.

이제 붕괴상수 λ와 반감기 T_{HL}과의 관계식을 구하자.

$N = N_0 e^{-\lambda t}$에서부터 $\dfrac{N}{N_0} = e^{-\lambda t}$는

$$0.5 = e^{-\lambda T_{\mathrm{HL}}} \tag{21.13}$$

가 된다. 식 (21.13)의 양변에 자연대수를 적용시키면, $\ln 0.5 = -\lambda T_{\mathrm{HL}}$가 되어 결국

$$T_{\mathrm{HL}} = \frac{0.693}{\lambda} \tag{21.14}$$

이다. 식 (21.14)에서 붕괴상수가 크다는 것은 반감기가 짧음을 암시하고, 붕괴상수가 크다는 것은 방사능의 세기가 크다는 것을 말해 준다.

식 (21.11)과 (21.14)로부터 우리는

$$N = N_0 e^{-0.693\frac{t}{T_{HL}}} \tag{21.15}$$

를 안다.

시간 $t = 0$일 때 N_0개 원자가 반감기의 여러 배 n가 경과한 후 남은 원자의 개수는 식 (21.15)에 의하여

$$N = N_0 \left(\frac{1}{2}\right)^n \tag{21.16}$$

이다. 또 원자의 개수는 방사능으로 대치가 가능하며, 그 때의 방사능 R은

$$R = R_0 \left(\frac{1}{2}\right)^n \tag{21.17}$$

가 된다.

방사성 동위원소의 평균수명은 단위시간당 붕괴상수의 역수, 즉

$$T_{mean} = \frac{\int_0^\infty t e^{-\lambda t} dt}{\int_0^\infty e^{-\lambda t} dt} = \frac{1}{\lambda} \tag{21.18}$$

이다. 그런데 식 (21.18)은 식 (21.14)의 도움을 얻어서 결국 평균수명 T_{mean}은

$$T_{mean} = 1.44 \times T_{H.L} \tag{21.19}$$

이므로 반감기 T_{HL}의 1.44배가 된다.

21.4 자연방사성 원소

(1) 방사성 계열원소

자연에 존재하는 방사성 원소는 원자번호 82에서 92까지의 사이에 많이 존재하며, 또한 3개의 계열을 이루고 있다는 것을 알았다. 이들은 공통적인 특징이 있으니, ① 반감기가 매우 긴 모핵종이 있다. ② 붕괴 계열 도중에 방사성 가스(R_n)가 있다. ③ 붕괴 후 최종 생성물은 납 동위원소이다.

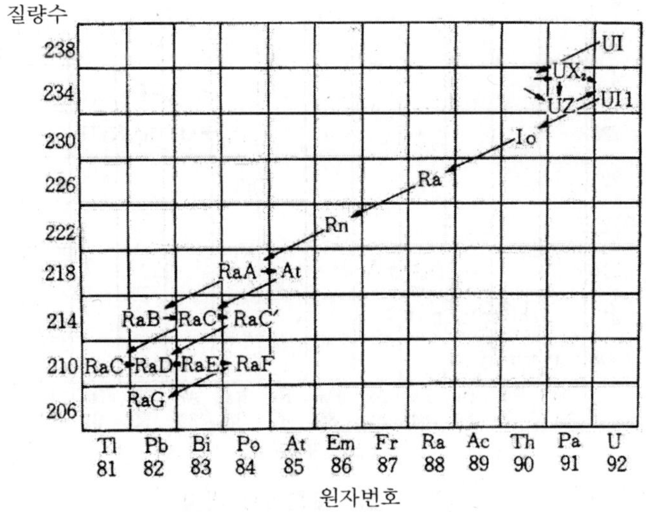

[그림 21.2] 우라늄(4n+2) 계열

▌우라늄 계열

반감기가 4.51×10^9년인 우라늄의 동위원소 $^{238}_{92}U$를 모핵종으로 하여 [그림 21.2]에 나타낸 바와 같이 붕괴를 한다. α붕괴 8회, β붕괴 6회 후 납의 안정동위원소 ^{206}Pb로 끝난다. 이 계열 핵종의 질량수는 모두 4로 나누면 2가 남으므로 $4n+2$ 계열이라고도 한다. 도중에 ^{226}Ra을 거치므로 라듐 계열 또는 우란-라듐 계열(uranium radium series)이라고도 한다.

계열붕괴 도중에 (RaA)로부터 β붕괴하여 $^{218}_{85}At$가 되고, 다음에 α붕괴하여 (RaC)로 붕괴하는 것과 먼저 α붕괴하여 (RaB)로 되고, 다음에 β붕괴하여 (RaC)로 붕괴하는 두 가지 길이 있다. 이것을 분기라 하며, 전자의 길을 가는 원자가 99.98%이다. 이 비 99.98/0.02=4999를 (RaA)에 대한 분기비라 한다.

▌토륨 계열

반감기가 1.39×10^{10}년인 토륨 동위원소 $^{232}_{90}Th$에서 붕괴를 시작하여 α붕괴 6회와 $^{-1}\beta$괴변 4회를 하여 최후에 납의 안정동위원소 $^{208}_{82}Pb$로 되는 것을 가리킨다. 이 계열은 토륨이라 하는 ^{232}Th로부터 시작하므로 토륨 계열(thorium series)이라 한다. 이 계열에 속하는 핵종의 질량수는 4로 나누어떨어지므로 $4n$ 계열이라고도 한다. 이 계열을 [그림 21.3]에 나타낸다.

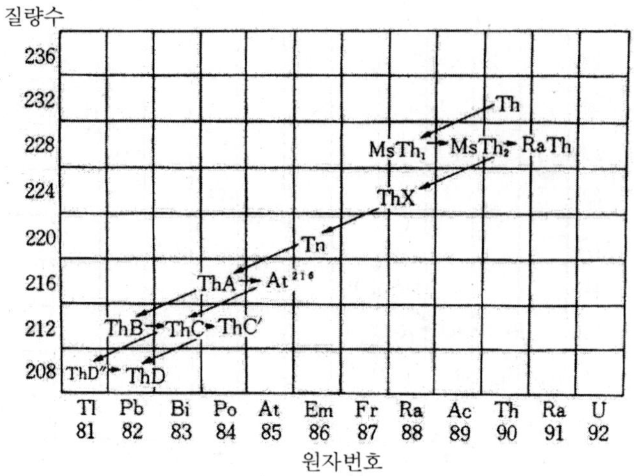

[그림 21.3] 토륨(4n) 계열

악티늄 계열

반감기가 7.13×10^8년인 $^{235}_{92}U$로 시작하여 7회의 α붕괴, 4회 β붕괴를 하여 최후로 납의 동위원소 $^{207}_{82}Pb$로 되는 것으로 도중에 $^{227}_{89}Ac$을 거치므로 악티늄 계열(actinium series)이라 한다. 이 계열에 속하는 핵종의 질량수는 4로 나누면 3이 남으므로 $4n+3$ 계열이라고도 한다. 이 계열을 [그림 21.4]에 나타낸다.

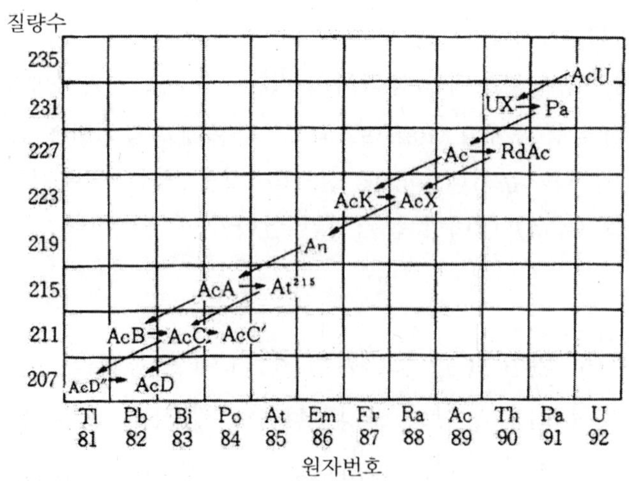

[그림 21.4] 악티늄(4n+3) 계열

〈표 21.1〉 계열붕괴를 하지 않는 천연방사성 원소

핵 종	붕괴의 형	반감기(년)	존재비(%)
${}^{40}_{19}\mathrm{K}$	β^-, EC	1.27×10^{9}	0.0119
${}^{50}_{23}\mathrm{V}$	EC	4.8×10^{14}	0.25
${}^{87}_{37}\mathrm{Rb}$	β^-	5×10^{10}	27.85
${}^{115}_{49}\mathrm{In}$	β^-	6×10^{14}	95.77
${}^{138}_{57}\mathrm{La}$	EC, β^-	1.1×10^{11}	0.089
${}^{142}_{58}\mathrm{Ce}$	α	5.1×10^{16}	11.07
${}^{144}_{60}\mathrm{Nd}$	α	5×10^{15}	23.87
${}^{147}_{62}\mathrm{Sm}$	α	1.3×10^{11}	15.07
${}^{176}_{71}\mathrm{Lu}$	β^-	3×10^{10}	2.60
${}^{178}_{74}\mathrm{W}$	α	$\sim6\times10^{8}$	$\sim2.5\times10^{-7}$
${}^{187}_{75}\mathrm{Re}$	β^-	5×10^{10}	62.93
${}^{190}_{78}\mathrm{Pt}$	α	9.6×10^{11}	0.0127
${}^{209}_{83}\mathrm{Bi}$	α	$\sim2\times10^{17}$	100

(2) 단독의 방사성 핵종

〈표 21.1〉에 나타내는 바와 같이 자연계에는 붕괴 계열을 하지 않는 반감기가 긴 약간의 방사성 핵종이 있다.

위에 나타낸 외에 약 81 t 정도의 ${}^{14}\mathrm{C}$가 지구 대기 중에 존재하는 것으로 추산된다. 이것은 우주선에 의해 생성된 중성자가 감속되어

$$ {}^{14}_{7}\mathrm{N} + {}^{1}_{0}\mathrm{n} \rightarrow {}^{1}_{1}\mathrm{P} + {}^{14}_{6}\mathrm{C} \qquad (21.20)$$

라는 핵반응을 유발하여 생성되는 것이다. ${}^{14}\mathrm{C}$의 생성속도는 2.2 atom/cm^{2}s 정도이며, 반감기는 5730년이다.

21.5 인공방사성 원소

인공적으로 핵변환을 일으켜서 만든 방사성 원소를 인공방사성 원소라 한다.

1934년 퀴리(Joliot Curie) 부부가 Al에 천연방사성 원소에서 방출하는 α입자를 충격시켜서 β선을 방출하는 ${}^{32}\mathrm{P}$을 만든 것이 최초이다. 그 후 가속장치를 이용하여 만들

고, 최근에는 핵분열생성물이나 유도방사능 등의 형태로 원자로에서 다량의 또 여러 가지 종류의 인공방사성 원소가 만들어지며, 현재 약 1600종이 있다. 특징은 거의 대부분이 β^-, β^+ 및 γ 방사체이며, 동시에 α선을 방사하는 것도 있다.

붕괴 계열을 하는 것에 넵투늄(neptunium) 계열이 있다. 1947년 시카고 대학 아르곤(Argonne) 연구소의 시보그(Seaborg)와 캐나다 원자력 위원회의 과학자에 의하여 독립적으로 발표되었다.

${}^{237}_{93}\mathrm{Np}$에 시작하여 7회의 α붕괴와 4회의 β붕괴를 하여 최후에 비스무트의 안정동위원소로 되는 것을 가리킨다. 계열 중 가장 장수명의 ${}^{237}\mathrm{Np}$ $(2.14\times 10^6\ \mathrm{y})$의 이름을 빌어서 명명되었다. 이에 속하는 핵종의 질량수는 4로 나누면 1이 남으므로 $4n+1$ 계열이라고도 하는 인공의 붕괴 계열이다.

또한 ${}^{209}_{83}\mathrm{Bi}$는 반감기 2×10^{18}년 이상의 α방사체라고도 하는 설도 있다. 이 계열을 [그림 21.5]에 나타낸다.

이 밖에 다음 예와 같이 몇 단계 정도의 붕괴 계열을 하는 것이 몇 개 있다.

$$\left.\begin{array}{l} {}^{90}_{38}\mathrm{Sr}\xrightarrow[28\mathrm{y}]{\beta^-}{}^{90}_{49}\mathrm{Y}\xrightarrow[64\mathrm{h}]{\beta^-}{}^{90}_{40}\mathrm{Zr} \\ \\ {}^{140}_{54}\mathrm{Xe}\xrightarrow{\beta^-}{}^{140}_{55}\mathrm{Cs}\xrightarrow{\beta^-}{}^{140}_{56}\mathrm{Ba}\xrightarrow{\beta^-}{}^{140}_{57}\mathrm{La}\xrightarrow{\beta^-}{}^{140}_{58}\mathrm{Ce} \end{array}\right\} \qquad (21.21)$$

〈표 21.2〉에는 지구에서 생기고 있는 것으로 예측되는 핵반응 결과 생성하는 방사성 핵종의 몇 가지 예를 나타내고 있다. 또 핵실험에 수반하는 인공방사성 핵종이 검출 가능한 정도로 자연계에 존재하고 있다.

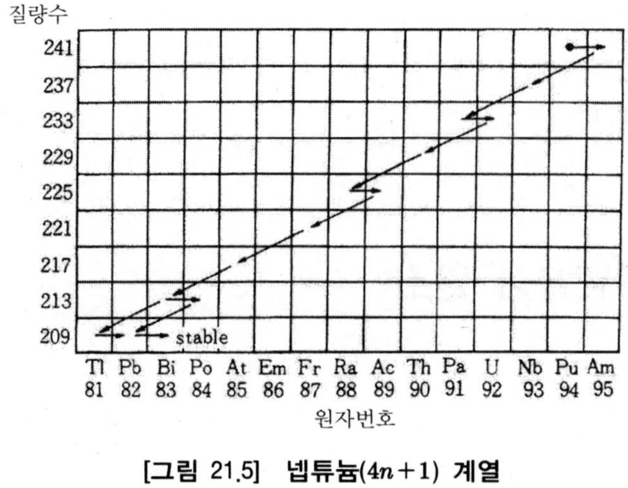

[그림 21.5] 넵투늄($4n+1$) 계열

〈표 21.2〉 유도 전면방사성 핵종의 몇 가지 예

생성하는 핵종	핵 반 응
^{233}U	$^{232}TTh(n, r)\ ^{233}Th \rightarrow {}^{233}Pa \rightarrow {}^{233}U$
핵분열 생성물	^{235}U, ^{233}U 또는 ^{232}Th의 (n, f) 반응
^{3}H	$^{14}N(n, t)\ ^{12}C$
^{7}Be, ^{10}Be	대기 중의 O_2, N_2에 대한 우주선의 작용
^{36}Cl	$^{36}Cl(n, r)\ ^{36}Cl$

■ 연습문제 ■

01 1g의 라듐($^{226}_{88}$Ra)이 있다. 이 라듐은 800년 후에는 몇 g이 되겠는가?(라듐의 반감기는 1600년이다.)

02 $^{238}_{92}$U의 반감기는 4.5×10^9년이다. 1.8×10^{10}년 후에는 ^{238}U의 양은 현재의 몇 분의 1로 되겠는가?

03 ^{235}U와 ^{238}U의 존재비는 1 : 139이므로 현재 ^{235}U는 매우 귀하다. ^{235}U의 반감기는 7.5×10^8년이므로, 4.5×10^9년 전에 있어서는 ^{238}U과 ^{235}U의 존재비는?

04 라돈 $^{222}_{86}$Rn의 원자핵은 α입자를 방출해서 RaA의 원자핵으로 변하는데, 이 경우에 방출된 α입자는 8.8×10^{-6} erg의 운동 에너지를 가진 것으로 알려져 있다. α입자가 방출되는 순간에 RaA의 원자핵은 반동으로 움직이는데 그 운동 에너지는 몇 erg인가?($^{222}_{86}$Rn의 원자핵은 최초 정지하고 있다.)

05 x축을 따라 1 km/s의 속도를 가진 양성자가 x축 위에 최초에 정지하고 있던 양자와 탄성충돌을 하여 충돌한 후에 입사한 양자는 입사방향에 대하여 시계바늘이 도는 방향으로 60°의 각을 이루어서 속도 v_1으로 운동하며, 한편 정지하고 있던 양성자는 시계바늘이 도는 방향과 반대쪽으로 θ_2의 각을 이루어서 속도 v_2로 운동하였다. 속도 v_1, v_2와 각도 θ_2를 구하여라.

06 정지하고 있던 질량 mg인 물체가 자연 붕괴하여 질량 m_sg, m_βg, 속력 V_s cm/s, V_β cm/s인 두 개의 물체 A, B로 붕괴되어 동일 직선상에서 반대방향으로 운동을 시작했다. 붕괴로 생긴 총 에너지가 E라 할 때 V_B/V_A 및 이때 A가 갖는 역학적 에너지 E_A와 E와의 비를 구하여라.

07 러더퍼드(Rutherford)는 5.02 MeV의 에너지를 갖는 α 입자를 구리(cu)의 원자핵에 충돌했을 때, 정반대의 방향으로 3.89 MeV의 에너지를 갖고 반발되는 것을 발견하였다. 이 경우에 입자와 구리의 원자핵이 정면충돌했다고 생각하고 구리원자의 질량수를 구하여라.

08 ^{198}Au의 반감기는 2.7일이다. ^{189}Au가 100 mCi 있을 때 6.75일 후의 방사능은 얼마나 남겠는가?

09 방사능 1 Ci의 ^{131}I가 약 125 mCi까지 가야 하는데 필요한 날짜를 구하여라(^{131}I의 반감기는 8일).

10 1 μCi 의 방사성 핵종의 질량은 $m = 3.2 \times 10^{-16}$ T·A 이다(m은 질량(g), T는 반감기 hr, A는 질량수). pmTc 반감기 6 hr의 1 mCi의 질량은 몇 kg인가?

11 반감기가 104년인 방사성 동위원소가 있다. 이것의 붕괴상수값은 얼마인가?

12 반감기가 10년인 방사성 물질이 Ci가 있다. 몇 년 후가 되면 1 Ci로 남겠는가?

13 1 mg의 ^{32}P 는 몇 Ci인가?(^{32}P 의 반감기는 14.3일, 아보가드로수는 6.02×10^{23})

14 ^{210}Po는 α붕괴를 한다. α입자의 에너지는 단색으로서 5.30 MeV라 하고, 이때의 생성핵의 recoil 운동 에너지를 구하여라. 그리고 이때의 붕괴 에너지는 모두 운동 에너지로 소비되고, γ선의 방출은 안정되지 않는 것을 증명하여라.
($^{210}_{84}$Po : 209.982876 u, $^{206}_{82}$Po : 205.974468 u, $^{4}_{3}$He : 4.002603 u, u = 931 MeV)

15 어떤 방사성 원소에 대해서 짧은 시간 dt 사이에 붕괴하는 원자의 수 dN 1, 그때 남아 있는 원자의 수 N, 최초 $t = 0$일 때 본래의 원자수 N_0이면 붕괴의 지수법칙

$$N = N_0 e^{-t\lambda} (\lambda \text{ : 붕괴상수})$$

가 됨을 증명하여라.

22

X-선과 우주선

X-Ray and the Cosmic Ray

22.1 고속 전자-원자와의 상호작용

전자의 질량은 극히 작은데 이에 대한 가속전압에 의해서는 그 에너지가 커진다. 전자가 전압에 의해 가속되었을 때 갖는 에너지는 산출할 수 있다. 일반적으로 질량 m [kg]의 입자가 속도 v [m/s]로 진행하고 있는 경우 그 입자가 갖는 운동 에너지는 $1/2mv^2$ [joule]로 표시된다.

전자가 전압에 의하여 가속되는 경우도 같으며, 전자가 양극과 충돌하는 순간의 운동 에너지는 $1/2mv^2$ [joule]이다. 다만, 여기서 m은 정지질량이고, v는 전자가 갖는 속도이다.

그런데 음극선의 전자는 음양극 사이에 가해진 전위차에 대하여 일을 하여 그 결과 전자의 운동 에너지가 증대된 것으로 생각된다. 지금 그 전위차를 V라고 가정하면 전위차가 전자에게 준 일은 eV[joule]로 된다. 여기서, e는 전자의 전하를 쿨롱(coulomb)으로 표시한 수치이다.

따라서 $1/2mv^2 = eV$로 되며, e, m의 수치를 대입하면

$$v \approx 5.95 \times 10^5 \sqrt{V}\ [\mathrm{m/s}] \tag{22.1}$$

로 된다.

이와 같은 속도를 갖는 전자가 고진공도의 매체 내를 진행하여 어떤 장애물에 충돌했다고 하면 장애물의 속 깊이 진입하여 그 물체의 원자와 여러 가지 상호작용을 한다. 이렇게 하여 전자의 운동 에너지는 두 가지 에너지로 변환된다. 즉 열에너지와 X-선 에너지로 된다. 이 사이의 물리적인 기전에 대하여 설명하겠다.

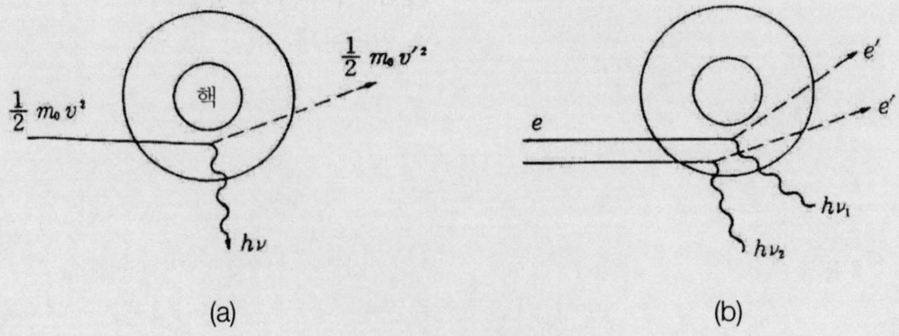

[그림 22.1]

22.2 저지선의 발생과 X-선 스펙트럼

광전효과는 광자가 갖는 에너지를 전자에게 전달하는 중요한 증거가 된다. 그러면 그 반대의 과정도 성립될 것인가?

1895년 11월 8일 뢴트겐(W. C. Röntgen)에 의해 발견된 X-선은 앞에서 설명한 것처럼 운동하는 전자가 그 에너지의 일부 혹은 전부를 광자로 변환시킨다는 사실도 알게 되었다.

X-선의 세기는 충돌하는 전자의 수에 비례하며, 그 강도는 X-선관의 음양극 사이에 가해진 전압에 의해 결정된다. 고속도 전자와 저지체를 구성하는 원자와의 상호작용에 의하여 생겨나는 X-선은 두 가지 종류가 있다. 즉 저지 X-선과 고유 X-선이 발생된다.

저지선의 발생은 전기적인 에너지에 의하여 가속된 전자가 원자핵 근처를 지날 때 그의 강한 인력을 받아 갑자기 정지 및 편향되는 순간에 발생되며, 이러한 과정에서 발생한 방사선을 제동 복사선(bremsstrahlung)이라 한다.

질량 m_0, 처음 입사하는 속도를 v라 하면 전자의 운동 에너지 T는

$$T = mc^2 - m_0c^2 = m_0c^2/\sqrt{1-v^2/c^2} - m_0c^2$$

$$= \frac{1}{2}m_0v^2 \text{ [joule]} \tag{22.2}$$

이 된다. 이러한 전자가 타깃(target) 물질 원자와 상호작용을 한 후 충돌 전후의 운동 에너지 차이가 곧 X-선 에너지가 된다. 입사할 때 운동 에너지를 $\frac{1}{2}m_0v_1^2$, 충돌 후 운동 에너지를 $\frac{1}{2}m_0v_2^2$이라 하면

$$\frac{1}{2}m_0v_1^2 - \frac{1}{2}m_0v_2^2 = h\nu = \frac{hc}{\lambda} \tag{22.3}$$

이다. 여기서 h는 플랑크 상수이고, c는 광속도, λ는 저지선의 파장이다. X-선 관내에서 가속된 전자의 운동 에너지는 관의 양단에 걸어 주는 전압과 전하의 곱 eV로 나타낼 수 있다.

충돌 전 운동 에너지

$$T = \frac{1}{2}m_0v_1^2 = eV$$

충돌 후 운동 에너지

$$T' = \frac{1}{2}m_0v_2^2 = eV'$$

이라 한다면 식 (22.3)은

$$T - T' = eV - eV' = \frac{hc}{\lambda}$$

를 파장에 관한 식으로 정리하여 나타내면

$$\lambda = \frac{hc}{eV - eV'} \tag{22.4}$$

가 된다. 그런데 가속된 전자의 운동 에너지가 극히 작은 값에서 크게는 전자의 전 에너지가 광양자로 변환되는 경우에 이르는 여러 단계가 있다. 변환되는 에너지가 크면 클수록 파장 λ는 짧아진다.

가속된 전자의 운동 에너지가 모두 하나의 광자로 변하는 데 소비되었다면 $eV' = 0$이 되어 파장은 최소값이 된다. 즉

$$\lambda_{\min} = \frac{hc}{eV} = \frac{6.625 \times 10^{-34}\ \mathrm{J\,s} \times 3 \times 10^{8}\ \mathrm{m/s}}{1.602 \times 10^{-19}\ C \times V_p}$$

$$= \frac{1.2395 \times 10^{-6}}{V_p}\ \text{volt m} = \frac{12.395}{KV_p}\ \text{volt Å} \tag{22.5}$$

가 된다. 이것은 X-선관에서 발생한 광양자의 최단파장 target의 물질과는 관계없이 관전압의 파고값에 의하여 결정되며, $\lambda_{\min} \times KV_p = 12.395$를 Duane-Hunts 법칙이라 한다.

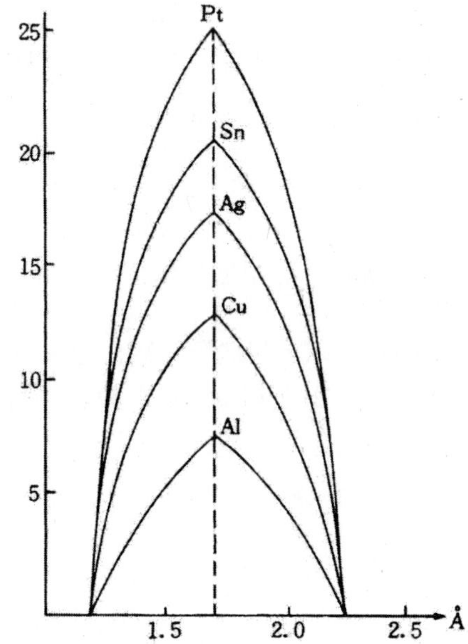

[그림 22.2] 여러 가지 금속원자에 대한 연속 스펙트럼

한편, 충돌 후 전자의 운동 에너지 전압 V'은 0부터 입사전압 V의 최대값까지 연속적인 값을 갖기 때문에 발생되는 X-선의 파장은 최단파장보다 길고 연속적이다.

연속 X-선은 상대적인 선강도분포가 원소마다 비슷하다. 발생한 X-선 총 에너지가 소비된 음극선의 총 에너지에 대한 비를 X-선의 발생효율 η이라 한다.

음극선 가속전압을 V, 관전류를 I로 할 경우 음극선 에너지는 VI가 된다. 한편, 발생한 X-선 에너지는 ZV^2I와 같으므로 결국 발생효율 η은 전압과 원자번호와의 곱에 비례한다. 즉,

$$\eta = \frac{\text{X-선의 총 에너지}}{\text{음극선 에너지}} = KVZ \tag{22.6}$$

이다. 여기서 K는 일반적으로 평균 $K = 1.11 \times 10^{-9}$로 되어 있다.

예제 22.1 최단파장이 0.01 Å을 가진 X-선을 발생시키려고 할 때 X-선관의 양극 간에 얼마의 전위차를 주어야 하는가?

풀이 Duane-Hunt's 법칙에 의하여

$$\lambda_{\min} = \frac{12.4}{KV_p}\ \text{Å}$$

$$KV_p = \frac{12.4}{0.01} = 1.24 \times 10^6\ \text{V}_\text{p}$$

특성 X-선의 발생은 연속 X-선의 발생과정과는 다르다. 음극선이 타깃(target) 물질 원자를 구성하는 궤도전자와 충돌하여 궤도전자가 완전히 원자 밖으로 튀어나간 결과 공위로 된 자리에 그보다 외부에 있는 전자가 이동할 때 전후 상태의 에너지차가 광양자 에너지로 변환된 것이 특성 X-선이다.

예를 들면 K각 전자가 쫓겨나고 그 자리가 L각 전자에 의하여 채워졌을 때 K_α 특성 X-선이 발생된다. 만알 L각 전자가 아니고, M각 전자에 의하여 채워질 때 K_β 특성 X-선 또 같은 방법에 의하여 N-각 전자에 의할 때 K_γ 특성 X-선이 발생한다. 그러나 반드시 K각 전자만 축출되는 것이 아니고, L각, M각, …각 등도 축출될 가능성이 있으며, 이와 같은 현상이 나타났을 때 K계열의 특성 X-선의 발생원리와 같이 항상 그보다 외부의 궤도전자가 전이에 의하여 이루어지며, 그때의 광양자 에너지를 L계열, M계열, N계열, …, 특성 X-선이라 명한다.

원소의 특성 X-선 스펙트럼은 1913년에 모즐리(Moseley)가 여러 개의 원소를 표적물질로 사용하여 각 원소의 K_α 광양자 에너지는 다른 원소의 K_α 광양자 에너지와도 다르다는 것을 실험을 통하여 증명하였다. 말하자면 K_α선들과 같은 X-선 스펙트럼의 각 원소에 대한 진동수들은 식 (22.7)과 같은 방정식으로 표현된다.

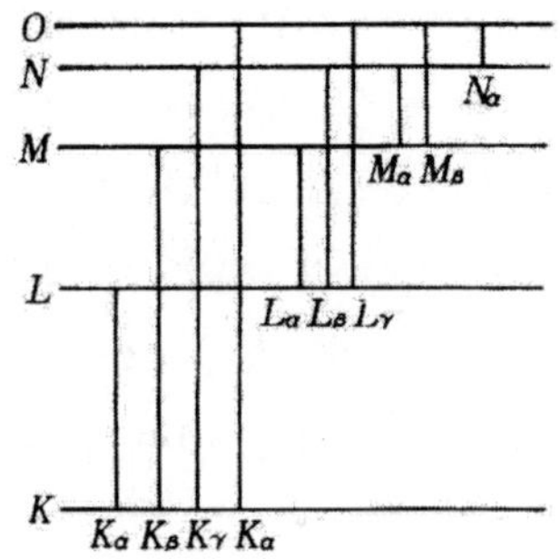

[그림 22.3] 특성 X-선

$$\sqrt{\nu} = a(Z-b) \tag{22.7}$$

여기서 a와 b는 상수이며, Z는 원소의 원자번호이다.

서로 비슷한 원자번호의 원소의 특성 X-선 스펙트럼은 거의 같다. 이와 같은 현상은 원자핵에 가까운 궤도 안으로 전자의 전이에 의하는 것임을 암시한다.

이것은 인접한 원자번호의 원소 내부 전자궤도는 전자들의 배열 상태가 거의 같기 때문이다. X-선 스펙트럼의 K_α선과 L_α특성 X-선의 파수 δ는

$$K_\alpha\text{특성}\quad X-\text{선} : \delta = R(Z-1)^2\left(\frac{1}{1^2} - \frac{1}{2^2}\right) \tag{22.8}$$

$$L_\alpha\text{특성}\quad X-\text{선} : \delta = R(Z-7.4)^2\left(\frac{1}{2^2} - \frac{1}{3^2}\right) \tag{22.9}$$

로 표시하고 있다.

식 (22.7)은 전자가 L각$(n=2)$에서 K각$(n=1)$으로 전이된 결과이며, 식 (22.8)은 M각$(n=3)$에서 L각$(n=2)$로 비약한 결과이다.

22.3 X-선의 회절

X-선은 파장이 매우 짧은 전자파이다. 이것은 대체로 0.01~수10 Å에 이르는 폭이 넓은 파장영역을 가진다. 이제 X-선의 파동성을 증명하는 회절현상을 소개하자.

1906년 Walter와 Pohl이 처음 시도했던 것을 근거로 하여 1912년에 Friedrich, Knipping 및 Max Von Laue는 KCl과 같은 결정으로 실험을 하였다. 2개의 작은 원형 격막으로 가늘게 만들어진 X-선속(pencil beam)을 칼리암염(KCl) 결정에 입사시키면 결정체 후면에 설치한 사진건판 위에 선명한 회절무늬가 나타나는 것을 발견하였다. 이

것을 라우에(Laue)의 반점이라 한다. 이 중요한 발견으로 인하여 X-선의 파동성이 실증되었다.

라우에의 실험은 그 구조가 이미 알려진 결정체를 사용하여 X-선 파장을 결정하는데 사용될 뿐만 아니라, 파장이 이미 알려진 X-선을 이용하여 각종 결정체의 구조를 연구하는 지식을 얻게 되었다. 위에서 설명한 라우에의 반점이 생기는 이유에 관하여 브래그(Bragg)는 다음과 같이 설명했다.

X-선이 결정격자의 원자에 의하여 산란되는 데는 두 가지 조건이 충족되어야 한다고 했다. 제1조건은 광학적 반사조건, 즉 "입사각과 반사각은 같다"라는 것이다. 충족되어야 할 제2조건은 원자배열간격 d인 결정에 의해서 반사될 수 있는 파장에 정수배여야만 한다.

[그림 22.4]에 나타낸 연속된 3개 층의 결정망면 내의 원자를 표시한다. 화살표의 선으로 좁은 X-선속을 나타내고, 이것은 왼쪽 상부방향으로부터 와서 결정면과 각 θ(입사각)를 이루어 들어온다. X-선속이 반사된다면 제1조건에 의해서 e, b라 하는 2개의 인접한 원자에 의하여 상부 오른쪽으로 산란되어 나가는 것을 생각한다. 산란선 간의 경로차를 구하기 위하여 2개의 법선 $\overline{ea}$와 $\overline{ec}$를 그린다.

제2층에서 반사된 X-선은 제1층에서 반사된 X-선보다도 긴 거리를 주행하고 있다. 그래서 제1층과 제2층에서의 반사광선과의 광로차는 $ab+bc$ 또 $\angle bea = \angle bec = \theta$가 된다. 결정망면 간의 거리를 d라 하면,

$$ab = bc = d\sin\theta \qquad (22.10)$$

이다. 그러므로 제2층으로부터 반사된 X-선의 광로는 제1층보다도 $2d\sin\theta$만큼 짧다. d의 값은 결정체의 종류에 의하여 일정하며, 결정학의 방면에서 결정되어 있다.

광학에서와 같이 보각간섭이 일어나는 조건은 경로차가 파장 λ의 정수배가 되는 방향이다. 그러므로

$$2d\sin\theta = n\lambda \qquad (22.11)$$

이다. 여기서 n는 정수이다. 이 식을 브래그의 식이라 한다.

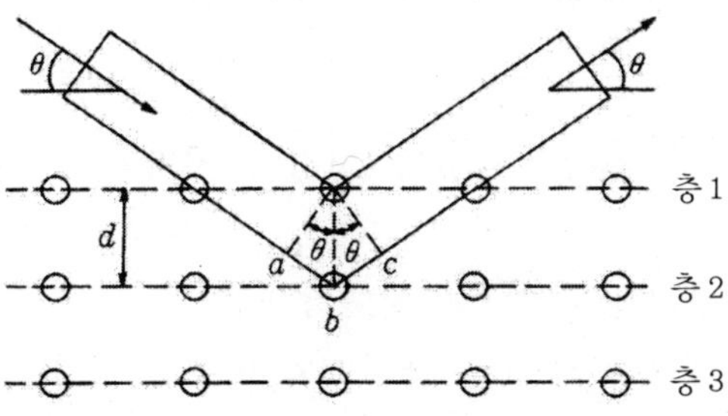

[그림 22.4] 결정체에 의한 X-선의 회절

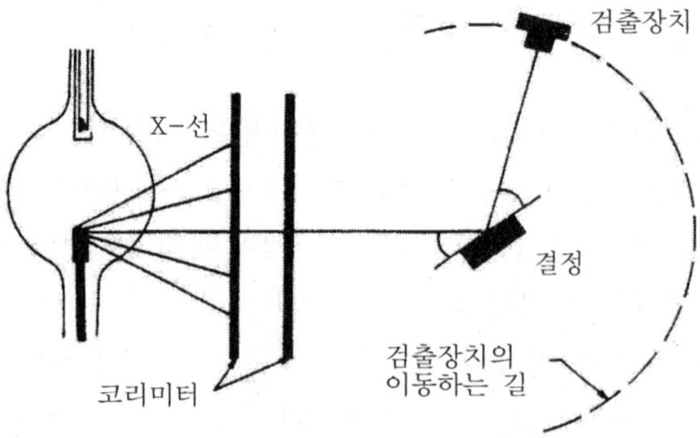

[그림 22.5] X-선 분광기

가장 간단한 경우는 $n=1$이고, 만일 d만 알고 있다면 반사방향의 각 θ의 측정으로 파장 λ가 결정된다. 반사방향 θ를 알아내는 데 사용되는 검출기로는 전리조 또는 형광 스크린이나 사진건판을 사용한다.

이와 같이 결정에 의한 X-선 반사의 원리를 응용하여 파장을 측정하는 장치를 X-선 분광기라 한다. 마찬가지로 결정격자의 구조를 연구하는 데 사용되었다면 이것을 결정 분석기라 한다.

예제 22.2 인접 원자 간의 간격 2.82 Å인 결정체에 X-선을 쬐었을 때 30°로 회절되었다. 이 X-선의 파장을 구하여라(단, $n=1$).

풀이 Bragg 반사식 (22.10)으로부터

$$n\lambda = 2d\sin\theta = 2\times 2.82\times 0.5$$

그러므로 X-선의 파장 λ는

$$\lambda = 2.82\ \text{Å}$$

22.4 X-선의 성질

뢴트겐(W. C. Röntgen)은 제동복사선의 성질을 자세히 연구하여 다음과 같은 점이 있는 것을 발견하였다.

① X-선을 고체에 부딪치게 하면 형광을 발생한다.

X-선은 직접적으로 오각으로는 강수되지 않으나 이것을 CaWO4 또는 ZnS 등의 형광물질에 조사하면 파장이 긴 광양자 에너지로 변환되어 가시의 형광 혹은 인광으로 되어 나타난다. 이와 같은 현상을 이용하여 방사선의 검출에 응용한다.

② X-선은 모든 물질에 대해 투과력이 매우 강하다.

그의 최초의 실험에서는 여러 권의 책을 투과한 뒤에서 형광을 발생하는 것을 보았고, 여러 겹의 주석조각, 두께 2~3 cm의 목재는 물론 약 15 mm의 알루미늄 판도 약간 투과한다는 사실도 알았다.

③ X-선은 사진작용이 있다.

보통의 빛과 마찬가지로 감광막의 할로겐화은에 대하여 광화학적으로 작용하여 중성은을 생성하여 잠상을 형성시킨다. 이것에 현상조작을 수행하여 감광된 영역에 흑화를 나타나게 한다.

④ X-선은 전리작용이 강하다.

X-선이 조사되는 물체는 기체, 액체, 고체를 막론하고 전리현상이 일어난다. 보통 공기는 X-선에 의해 전리되어 전도성을 띠게 된다. 이것을 이용하여 여러 가지 선량계를 만들고 있다.

⑤ X-선은 빛과 같이 반사, 직진, 회절 및 편광하는 성질이 있다.

⑥ X-선은 전자장에 의하여 그 진로를 굽히지 않는다.

⑦ X-선이 물질을 투과할 때 흡수당하는 율은 흡수체의 원자번호, 밀도, 두께가 클수록 X-선을 많이 흡수한다.

지금 입사 X-선의 강도를 I_0, 물질의 선 흡수계수를 μ라 하면 흡수층을 x만큼 투과한 후의 X-선의 강도 I는

$$I = I_0 e^{-\mu x} \tag{22.12}$$

가 된다. 이것은 빛이 물질에 흡수당할 때의 공식과 같다. 즉 X-선은 물질 속에서 그 강도가 지수함수적으로 감약된다.

⑧ X-선은 생물학적 작용이 있다.

X-선은 생체의 조직이나 기관에 작용하여 이것에 일과성 혹은 영구적인 변화를 일으킨다. 즉 대량의 X-선을 조사당하면 조직체를 영구히 파괴한다. 또 돌연변이 현상도 생기는 수가 있다.

22.5 우주선 및 소립자

우주선의 발견은 전리상자가 자연 방전하는 원인을 구명하려는 연구에서 이루어졌다. 지상 부근의 공기는 지표면에 존재한 방사성 물질에서 붕괴되는 방사능에 의하여 이온화되고 있는 것이라 생각하여 전리함을 높은 상공으로 올려 보내면 공기에 의하여 방사

선의 흡수로 인하여 전리화가 감소해 나가야 할 것이다. 1910년에 헤스(Hess)와 콜훌스터(Kolhörster)는 이와 같은 실험을 한 결과 예기한 대로 감소현상은 나타나지 않고, 아주 높은 상공에 올라가면 도리어 이온화가 증가함을 발견했다. 이것은 지구 외부로부터 방출된 투과력이 대단히 강한 방사선 때문이라고 결론지었다. 이것이 우주선이다.

1차 우주선의 성분 중 양자가 약 90%를 차지하고 있으며, 나머지는 α입자 및 그보다 무거운 원자의 원자핵이다. 지구의 대기 상층에 내려 쏟고 있는 1차 우주선 중의 양자의 수는 약 10^{18}/s이며, 그 에너지는 10^{14} MeV 보다 훨씬 큰 것도 있다. 이것들이 공기 중에서 점차적으로 핵반응을 일으켜서 소멸되며, 이들 방사선은 10 cm 정도의 연판에 쉽게 흡수당하는 연성분과 이것을 통과하는 경성분으로 구분된다. 연성분은 전자, 경성분은 중간자가 그 주축을 이룬다.

1937년에 네더마이어(Neddermeyer)와 앤더슨(Anderson)은 이 경성분을 전리함으로 연구하고 있을 때 전자질량의 약 270배나 더 무거운 입자를 발견했다. 이것이 중간자이다. 그래서 지상 근처에 있는 우주선의 성분은 이 중간자라는 것이 알려졌다.

그러면 1차 우주선이 대기층의 원자핵과 상호작용하여 2차 우주선이 생겨나는 원리를 설명하자.

높은 에너지의 양자가 대기 중에 있는 원자의 원자핵 가까이를 지날 때, 이 핵에 의해서 진로가 구부러지고 그때 핵력의 역장에 상응한 입자가 중간자다. 이것이 2차 우주선이 되는 것이다.

전기를 띤 π중간자의 평균수명은 불과 2.56×10^{-8} s이며, 중성 π중간자의 평균수명은 2.3×10^{-16} s이다. 대전된 π중간자는 발생 후 곧 상층권 중에서 μ중간자와 뉴트리노로 다음과 같이 붕괴한다.

$$\left.\begin{aligned}\pi^+ &\rightarrow \mu^+ + \nu + 33\ \text{MeV}\\ \pi^- &\rightarrow \mu^- + \nu + 33\ \text{MeV}\end{aligned}\right\} \qquad (22.13)$$

또 중성 π중간자는 한 쌍의 감마선으로

$$\pi^0 \rightarrow \gamma + \gamma + 133\ \text{MeV} \qquad (22.14)$$

와 같이 붕괴한다. 이 γ선은 공기 중에서 고에너지의 전자쌍으로 변한다. 이 고에너지 전자는 공기원자의 원자핵과 상호작용하여 γ광양자를 방출한다.

한편 고에너지 양전자는 그 운동 에너지를 전부 상실하여 소멸 복사한다. 이들 변화의 과정을 여러 번 대기 중에서 되풀이하면 성층권 중에서 발생한 1개의 중성 중간자는 수많은 전자와 γ광자로 변화하여 지상에 도달한다. 또 π중간자에 의해서 생겨난 μ중간자 모두 2.26×10^{-6} s의 평균수명으로 전자와 뉴트리노, 반뉴트리노 쌍으로 다음과 같이

$$\left.\begin{aligned}\mu^+ &\rightarrow e^+ + \nu + \bar{\nu}\\ \mu^- &\rightarrow e^- + \nu + \bar{\nu}\end{aligned}\right\} \qquad (22.15)$$

로 붕괴한다. 전자의 경우와 같이 μ중간자의 대전 상태가 반입자를 나타낸다.

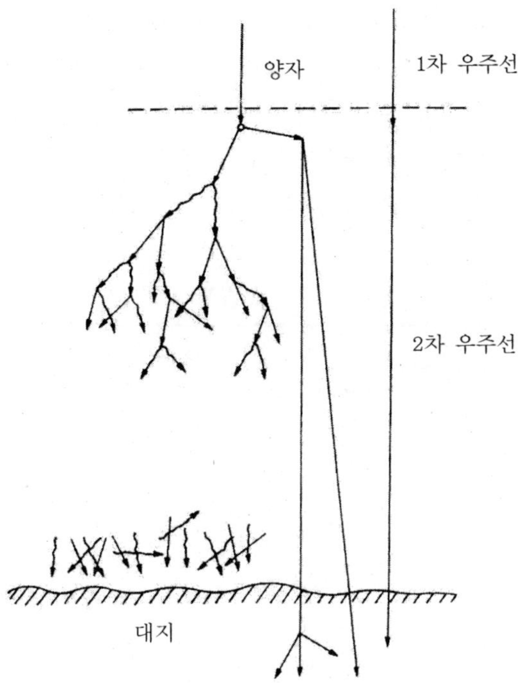

[그림 22.6] 우주선

지금까지 설명한 현상을 [그림 22.6]으로 나타낼 수 있으며, 이와 같은 모양을 우주선 샤워 현상이라 한다.

한편, 물질을 구성하는 기본적인 입자를 소립자라 한다. 원자핵의 핵자는 양사와 중성자로 구성되어 있지만 원자핵에 적당한 조건 아래서는 몇 가지의 다른 소립자가 방출되는 것이 관측되었다. 현재까지 발견되어 있는 소립자는 중성자, 양자, 전자, 광자 등 무려 300종류가 있으며, 그중에서 안정한 소립자의 총수는 30여 종류가 있다.

큰 에너지를 갖는 고속도의 입자를 원자핵에 충격시키면 소립자가 발생된다는 생각에서 입자가속장치가 연구되었다. 이와 같은 가속장치를 사용하여 새로운 입자가 계속 발견되고 있다.

소립자를 그 질량의 크기에 따라 분류하면 중입자족, 중간자족, 경입자족으로 크게 나누어지고 이 밖에 광자, 중력자 등이 있다. 또는 반응하는 과정에 따라서 입자와 반입자로 나누기도 한다. 이들 수많은 입자들은 질량의 대소에 관계없이 하전, 스핀 중입자수, 진기수, 초전하, 우기성 등의 양자수로서 구별된다.

중입자는 핵자와 하이퍼론(Λ, Σ, E)으로 되어 있다. 중간자족은 $\pi, K, \rho,\ \eta$ 중간자 등이 이에 속하며, 경입자족은 전자, 양전자, 중성미자, 반중성미자, μ중간자 등이 이에 속한다.

소립자는 생성, 소멸 상호작용으로써 그 존재기전을 설명할 수 있다. 입자나 전자장에 대해서 비상대론적 양자역학으로 개정하는 장의 '양자론'의 방법에 의해서 이를 정식화하고 있다. 그러나 아직도 소립자에 관하여 불확실하며, 규명되지 않은 것이 많다고 생각할 때 이들을 체계화하는 것은 오늘날 입자물리학의 기본과제다.

현재 알려진 소립자 중 몇 가지 입자들에 대한 특성은 〈표 22.1〉에 나타냈다.

〈표 22.1〉 소립자의 특성

소 립 자	기호전하	질 량 (전자질량으로)	안정선과 붕괴	수 명
중성미자	v	0	안정	
전 자	e^+, e^-	1	안정	
μ 입 자	μ^+, μ^-	207	불안정 : 전자와 2개의 neutrin neutrino로 붕괴	2.2×10^{-6} sec
π 중간자	π^+, π^-	273	불안정 : μ 중간자와 neutrino로 붕괴	2.6×10^{-8} sec
	π^0	264	불안정 : 두 γ선으로 붕괴	10^{-11} sec 이내
K 중간자	K^+, K^-	966	불안정 : 여러 가지로 붕괴	1.2×10^{-8} sec
	K_1^0	966	불안정 : 두 π 중간자로 붕괴	10^{-10} sec
	K_2^0	966	불안정 : 여러 가지로 붕괴	6×10^{-8} sec
양 성 자	p^+, p^-	1836	안정	
중 성 자	n^0	1839	자유공간에서 불안정 : 전자, 양성자 neutrino로 붕괴	17분
람다 입자	Λ^0	2182	불안정 : π 중간자와 중성자 혹은 양성자로 붕괴	2.5×10^{-10} sec
시그마 입자	Σ, Σ^0	2329	불안정 : 람다 입자와 γ선으로 붕괴	10^{-12} sec
	Σ^+	2327	불안정 : π 중간자와 중성자 혹은 양성자로 붕괴	8×10^{-11} sec
	Σ^-	2341	불안정 : 중성자와 π 중간자로 붕괴	1.7×10^{-10} sec
크사이 입자	Ξ^-	2583	불안정 : 람다 입자와 π중간자로 붕괴	10^{-12} sec
	Ξ^0	2583	불안정 : 람다 입자와 π중간자로 붕괴	10^{-12} sec

■ 연습문제 ■

01 어떤 방사성 원소에서 나오는 X-선은 철판 1 mm 두께를 통과하는 데 10% 흡수된다. 어떤 철판으로 30% 흡수되었다면 철판두께는 얼마인가?(소수점 이하 2자리까지만 표시)

02 어떤 X-선을 1 mm Cu의 필터로 여과했더니 X-선은 약 71%로 감약되었다. 이 X-선의 반가층은 얼마인가?

03 관전압 60 kV_p에서 발생하는 X-선의 최대 주파수를 구하여라.

04 어떤 X-선에 대한 질량 흡수계수는 1.386 cm^2/g이다. 이 X-선의 물의 반가층은 얼마인가?

05 X-선관 초점으로부터 50 cm의 점에서 X-선관 전류 5 mA를 흐르게 하였더니 그 선량률은 8 k/min이었다. 4 m의 점에서 10 mA를 흐르게 하면 선량률은 얼마인가?(진공 중에서)

06 X-선판 전압 200 kV_p정도의 X-선에 대한 구리의 선감약계수가 6.93 cm^{-1}이었다. 이 X-선의 반가층을 구하여라.

07 구리의 질량 감약계수가 0.77 cm^2/g인 X-선의 반가층은 얼마인가?(구리밀도는 9 g/cm^3)

08 1 Ci 의 ^{60}Co의 Rhm값은 1.2이다. ^{60}Co 바늘(needle) 25 mCi에서 0.5 m의 거리의 선량률을 구하여라.

09 관전압 80 kV_p에서 120 kV_p 사이에는 어떤 피사체를 투과한 뒤의 X-선량이 관전압의 세제곱에 비례할 때 이 피사체 투과 후 X-선량을 같게 하기 위해서는 120 kV_p일 때의 관전류에 대하여 얼마나 감소시키면 되는가?

10 1.3 MeV의 γ선이 전자대 창생을 일으켰다고 하면 두 전자의 운동 에너지의 합은 얼마인가?

11 어떤 단색 X-선이 두께 1.2 mm의 구리판을 통과했더니 선량이 1/8로 감소하였다. 이 X-선의 반가층은 얼마인가?

12 ^{60}Co의 점선원에서의 거리 1 cm에 있어서 조사선량상수는 12.2 k/hr-mCi이다. ^{60}Co바늘 10 mCi에서 1 m의 거리에 있어서의 선량률을 구하여라.

13 각각 0.51 MeV의 전자와 양전자가 충돌하여 광자로 소멸한다. 이때의 방출되는 광자는 1개가 아님을 증명하여라.

14 어느 소립자가 정지 상태에서 2.2×10^{-6} s의 평균수명을 가지고 있다. 소립자가 생성될 때 속도의 크기가 0.9998 c라면 그것이 붕괴할 때까지 이동할 수 있는 거리는 얼마인가?

15 전자가 500 MeV의 운동 에너지를 가지도록 가속되었을 때 이 전자의 질량증가는 얼마인가?

연습문제 해답

■ 제 1 장 ■

01 81 km, 동북 40°

02 $r_x = 11.8$, $r_y = -5.8$, $r_z = 9.4$

03 크기는 5, 10, 11, 11, 및 11, x축과 이루는 각은 323°, 53°, 27°, 80° 및 260°

04 (a) 8i + 2j, 8.2, 14°
(b) 2i − 6i, 6.3, 290°

05 (a) 세 변을 x, y, z축과 나란히 놓으면, 대각선들은 각각 (i + j + k)a, (i + j − k)a, (i − j − k)a 및 (i + j + k)a,
(b) 55°, (c) $\sqrt{3}\,a$, (d) 71°

06 (a) −21, (b) −9, (c) 5i − 11j − 9k

07 생략

08 (a) $\sqrt{2}$ m/s, x축에 대해서 135°
(b) $\sqrt{2}/5$ m/s, x축에 대해서 135°

09 생략

10 (a) 80 m/s, (b) 110 m/s, (c) 20 m/s^2

11 3×10^3 m/s^2

12 (a) 0.75 s, (b) −20 ft/s^2

13 5.4 s

14 (a) 40 ft/s

15 0.71 in(1.8 cm)

16 (a) $x = -27$ m, $y = -27$ m, $r = 38$ m, 230°
(b) 13 m/s, 230°, (c) 23 m/s, 200°
(d) 8.5 m/s^2, 200°, (e) 10 m/s^2, 140°

17 생략

18 19 ft/s

19 (a) 4.1 m/s^2 아래로, (b) 4.1 m/s^2 위로

20 60도

21 36 s

■ 제 2 장 ■

01 6.1년

02 (a) 4.6×10^{12} m, (b) 2.8일

03 (a) 1.0 N

04 1.3 m/s^2

05 2.2×10^4 N

06 (a) 620 N, (b) 580 N

07 (a) 5.9 m/s

08 1.8 km

09 4900 km

10 대칭축에 따라서 수소의 면 쪽으로 0.674×10^{-11} m.

11 (a) 아래로 $\dfrac{n}{m+M}v$
(b) 기구는 다시 멈춘다.

12 58 kg

13 $l^2\omega^2/6\,g$

14 74.4 g

15 $F_{근육} = 1920$ N 상향이고, 무게의 3배이며, $F_{뼈} = 2560$ N 하향이고 무게의 4배이다.

■ 제 3 장 ■

01 (a) 68 lb, (b) 4.2 ft/s^2

02 (a) −2.0 m/s^2, (b) 160 m, (c) 정지

03 (a) $v_0^2/4g\sin\varphi$, (b) 안 내려온다.

04 40 1b(=180 N)

05 (a) 6.1 m/s^2, (b) 0.98 m/s^2

06 $g(\sin\theta - \sqrt{2}\,\mu_k\cos\theta)$

07 (a) 11°, (b) 0.19°.

08 0.080

09 0.19

10 80 kg

11 0.29

12 두 중심을 연결하는 선상에 있으며, 원판의 중심으로부터 구멍과 반대쪽으로 거리 $Rr^2/2(R^2-r^2)$ 되는 곳이다.

■ 제 4 장 ■

01 (a) 2200 J, (b) −770 J, (c) −1500 J

02 25 J

03 어른 2.4 m/s, 소년 4.8 m/s

04 530 J

05 880 MW

06 (a) 0.83, 2.5, 4.2 J, (b) 5.0 W

07 90 HP

08 (a) 2.1×10^6 kg, (b) $\sqrt{100+1.4t}$ m/s
(c) $[(1.5\times10^6)/\sqrt{100+1.4t}]$ N,
(d) 6.9 km

09 $mgl/50$

10 (a) $U(x)=-km_1m_2/x$, $U(\infty)\to 0$
(b) $km_1m_2d/x_1(d+x_1)$

11 10 cm

12 (a) 31.0 J, (b) 5.33 m/s, (c) 보존력

13 생략

14 15 in

15 1.1 cm

16 (a) $\sqrt{v_0^2+2gl(1-\cos\theta_0)}$, (b) $\sqrt{2gl\cos\theta_0}$
(c) $\sqrt{gl(3+2\cos\theta_0)}$

17 (a) 9.8 kW, (b) 3100 J

18 (a) 47 J, (b) 89 cm

19 4.3 m

20 (a) 24 ft/s, (b) 3.0 ft, (c) 9.0 ft, (d) 49 ft

21 (a) 1.6×10^3 m/s, (a) 2.8×10^5 m/s

22 310 slug($=4.5\times10^3$ kg)
(비상대론적 운동 에너지)

23 14 %

24 $\dfrac{GmM}{d^2}\left[1-\dfrac{1}{8(1-R/2d)^2}\right]$

25 2.6×10^6 m

26 4.7×10^{24} kg

27 0.9974 s

28 (a) 0.2 % 또는 2.8×10^{-3} s

29 1.87 yr

30 6.5×10^{23} kg

31 $\sqrt{GM/L}$

32 2.6×10^4 km

33 (a) 1700 m/s, (b) 25 km, (c) 1400 m/s

34 (a) 82 km/s, (b) 1.8×10^4 km/s

35 (a) 2×10^{-7} rad/s, (b) 9×10^4 m/s

36 (a) 1/2, (b) 1/2, (c) B, 8.4×10^7 ft/lb

37 (a) 2.8 yr, (b) 1.0×10^{-4}

■ 제 5 장 ■

01 (a) 52 km/h, (b) 29 km/h
(c) 180 km/h, 52 km/h

02 (a) 7.6 kg·m/s, (b) 2900 J, (c) 1.7 cm/s

03 210 kg·m/s, 판에 수직

04 분당 220발

05 57 m/s

06 (a) 3.0×10^3 m/s, (b) 27 kg/s

07 14 m/s, 각 조각으로부터 135°

08 (a) 2.3×10^4 N(=4100 lb)
(b) 4.1 MW(=5600 HP)

09 $2mv/t$

10 2.5 m/s

11 10 m/s

12 310 m/s

13 7.8 %

14 $v_0=\left(2E\dfrac{M+m}{Mm}\right)^{1/2}$

15 25 cm

16 (a) 250 m/s와 430 m/s, (b) 30°

17 (a) $(-1.0i+0.64j)\times10^{-19}$ N·s
(b) 1.1×10^{-12} J

18 $\pi(r_1+r_2)^2$

19 v_2와 v_3는 v_0에 대해서 30° 이며, 크기는 6.9 m/s이다. v_1은 v_0와 반대방향이며 크기는 2.0 m/s이다.

■ 제6장 ■

01 12 rad/s^2

02 (a) $\omega_0+at^4-bt^3$
(b) $\theta_0+\omega_0 t+at^5/5-bt^4/4$

03 (a) −0.27 rad/s^2, (b) 20

04 (a) 1.04 rev/s^2, (b) 4.8 s, (c) 9.6 s
(d) 48

05 6.1 ft/s^2(=1.8 m/s^2)

06 (a) $\omega_0=\sqrt{\mu_s g/R}$

07 (a) $i(yF_z-zF_y)+j(zF_x-xF_z)+k(xF_y-yF_x)$

08 (a) −170 k kg m^2/s, (b) +56 k Nm
(c) +56 k kg m^2/s^2

09 (a) 0.1 rad/s, (b) 1.7×10^{-3} rad/s

10 생략

11 5.4 m/s

12 290 ft·lb(400 N·m)

13 (a) $2\theta/t^2$, (b) $2R\theta/t^2$
(c) $T_1=M(g-2R\theta/t^2)$,
$T_2=Mg-(2\theta/t^2)(MR+I/R)$

14 (a) 990 J, (b) 3000 J, (c) 1.1×10^5 J

15 (a) $\frac{1}{2}mR^2$, (b) 고체 원통

16 (a) 7.1×10^{33} kg·m^2/s
(b) 2.7×10^{40} kg·m^2/s

17 500 rev

■ 제7장 ■

01 (a) 0.75 s, (b) 1.3 Hz, (c) 8.4 rad/s

02 1.6 mm

03 (a) 9.9 N, (b) 99 N/m

04 (a) 1.59 Hz, (b) 100 cm/s, 0,
(c) 1000 cm/s^2, 10 cm, (d) −(10 N/m)x

05 120°

06 3.1 cm

07 (a) 3/4, 1/4, (b) $A/\sqrt{2}$

08 (a) 3.5 m, (b) 0.75 s

09 3.8 s

10 (a) 0.35 Hz, (b) 0.39 Hz, (c) 0

11 (a) 6.0 cm, (b) 100 cm, (c) 2.0 Hz,
(d) 200 cm/s, (e) 음의 x방향
(f) 75 cm/s

12 (a) 0.685, (b) 1.5 Hz, (c) 2.1 m/s

13 (a) $y=(2.0\text{cm})\sin 2\pi[(10^{-1}\text{cm}^{-1})x-(400\text{s}^{-1})t]$
(b) 5000 cm/s, (c) 4000 cm/s

14 130 m/s(=430ft/s)

15 (a) 5.0 cm, (b) 40 cm, (c) 12 m/s,
(d) 0.033 s, (e) 9.4 m/s
(f) $(5.0\text{ cm})\sin[(16\text{ m}^{-1})x+(190\text{ s}^{-1})t+0.93]$

16 0.080 W/m^2

17 (b) L^2

18 (a) 2.0 Hz, 200 cm, 400 cm/s,
(b) x=50 cm, 150 cm, 250 cm 등
(c) x=0, 100 cm, 200 cm 등

19 880 Hz, 1320 Hz

20 (a) 50 Hz
(b) $y=(0.5\text{ cm})\sin\pi[(1.0\text{ m}^{-1})x\pm(100\text{ s}^{-1})t]$

■ 제8장 ■

01 1.1×10^5 Pa 또는 1.1 atm

02 230 lb/in^2(=1.6×10^6 Pa)

03 1.9×10^4 Pa(143 mmHg)

04 18 N

05 $\frac{1}{4}\rho gA(h_2-h_1)^2$

06 1.3×10^3 kg/m^3

07 (a) 8720 lb, (b) 9240 lb, (c) 480 lb

08 0.20 ft^3(=5.5×10^{-3} m^3)

09 28 ft/s

10 $d(v_0/\sqrt{v_0^2+2gh})^{1/2}$

11 1.4 cm

12 (a) 5.5×10^{-2}ft^3/s, (b) 3.0 ft

13 31 m/s

14 116 m/s

■ 제 9 장 ■

01 1.366

02 (a) −40°, (b) 575°

03 0.038 in

04 0.55 cm

05 (a) 9.996 cm, (b) 68 ℃

06 +0.68 s/h

07 0.32 cm^2(0.050 in^2)

08 29 cm^3(1.8 in^3)

09 0.10 mm 증가

10 (a) 0.13 cal/g℃, (b) 6.3 cal/mole℃

11 45.5 ℃

12 0.5 min

13 (a) 410 kcal/s, (b) 0.040 kcal/s

14 (a) 0.12 ℃

15 2.16 g

16 경로 BC에 따라서 +4.5 J, 경로 BA에 따라서 −4.5 J

17 (d) 0.20 ℃

■ 제 10 장 ■

01 (a) 1.2×10^4 cal, (b) 20 %

02 (a) 94 J, (b) 230 J

03 $[1-(T_2/T_1)]/[1-T_4/T_3)]$

04 58 %

05 (a) $T_2=3T_1$, $T_3=3(4)^{1-r}T_1$, $T_4=(4)^{1-r}T_1$, $p_2=3p_1$, $p_3=(3)(4)^{-r}p_1$, $p_4=(4)^{-r}p_1$
(b) $1-(4)^{1-r}$

06 (a) 6900 cal, (b) 21 cal/K

07 −0.30 cal/g K

08 +0.15 cal/K

09 (a) +1.0 cal/K, (b) 아니오

■ 제 11 장 ■

01 2.68×10^{-3}/K

02 (a) 0.039 mol, (b) 220 ℃

03 3.67×10^{16}

04 $A(T_2-T_1)-B(T_2^2-T_1^2)$

05 2500 m/s

06 (a) 5.65×10^{21} J, 57.72×10^{-21} J
(b) 3400 J, 4650 J

07 (a) 3400 J

08 $RT\ln V_f/V_i$.

09 (a) 3.8 cal, (b) 6.2 cal/mol K
(c) 8.2 cal/mol K

10 3.11×10^3 J/kg K

11 8040 J

12 (a) 920 J, (b) 71 %

13 3.2×10^{-8} cm

14 15 cm

15 1.51

■ 제 12 장 ■

01 (a) 3.2×10^{-19} C, (b) 2

02 $q=\frac{1}{2}Q$

03 0.12 A

04 (a) $Q=-2\sqrt{2}q$, (b) 없다

05 1.6×10^{-9} m

06 2.1×10^{7} N/C, 상향

07 그림에서 오른쪽으로

08 q_1에서 50 cm, q_2에서 100 cm

09 $E=q/\pi\epsilon_0 a^2$, 2등분선을 따라 삼각형에서 멀어지는 방향

10 (a) 7.1 cm, (b) 2.9×10^{-8} s, (c) 11 %

11 $\pi R^2 E$

12 -6×10^{5} C

13 (a) 0, (b) 2.9×10^{4} N/C, (c) 200 N/C

14 2.0×10^{7} m

15 5×10^{-6} C/m

16 9×10^{4} kg(=99 ton)

17 8.8 mm

18 (a) -4500 V, (b) -4500 V

19 900 V

20 0.32 km/s

21 (a) $V_A - V_B = qd/2\pi\epsilon_0 a(a+d)$

22 $-0.21\,q^2/\epsilon_0 a$

23 생략

24 $W=\dfrac{qQ}{8\pi\epsilon_0}\left[\dfrac{1}{r_1}-\dfrac{1}{r_2}\right]$

25 1.2×10^{-8} C/m^2

26 (a) 10 kV/m, (b) 5.0 nC, (c) 4.1 nC

27 (a) 50 V, (b) 48 V, (c) B는 음단자

■ 제 13 장 ■

01 3300

02 7.3 μF

03 43 pF

04 720 μF

05 0.11 J/m^3

06 (a) 2.0 J

07 72 F

08 (a) 89 pF, (b) 120 pF,
(c) 11 nC, 11 nC, (d) 10 kV/m,
(e) 2.1 kV/m, (f) 88 V, (g) 0.17 μJ

09 $7.2\times 10^{5}\ \Omega$

10 (a) $t=0$일 때,
$i_1 = 1.1$ mA, $i_2 = i_3 = 0.55$ mA
$t=\infty$일 때, $i_1 = i_2 = 0.82$ mA, $i_3 = 0$
(c) $t=0$일 때, $V_2 = 400$ V
$t=\infty$일 때, $V_2 = 600$ V
(d) 시간상수는 7.1 s이다.

■ 제 14 장 ■

01 (a) 1.2×10^{3} C, (b) 7.5×10^{21}전자

02 1.5×10^{-15} m/s

03 5.6 ms

04 1.1 Ω

05 54 Ω

06 $2.0\times 10^{6}\ (\Omega\text{m})^{-1}$

07 (a) 11 A, (b) 11 Ω, (c) 4.5 MJ

08 $j=1.3\times 10^{5}$ A/m^2, $V=94$ mV

09 (a) 1.0 kW, (b) 25 ¢

10 (a) $R=\rho\dfrac{l}{\pi ab}$

11 61 ℃

12 (a) 0.45 A

13 $V_a - V_c = +0.25$ V, 모든 경로에서

14 (a) $i_{cu} = 1.1$ A, $i_{Al} = 0.9$ A, (b) 130m

15 4.0Ω 및 12Ω

16 $i_1 = 50$mA 오른쪽, $i_2 = 60$mA 아래,
$V_{ab} = 9.0$ V

17 생략

18 4.6

19 7.9 mT

20 (a) $\dfrac{\mu_0}{2\pi}\dfrac{qvi}{d}$, i에 반평행,

(b) 같은 크기, i에 평행

21 (a) 400 μT, 왼쪽으로, (b) 400 μT, 위로

22 (a) 1.0 mT, 그림 밖으로, (b) 0.80 mT, 그림 밖으로

23 200 μT, 지면 속으로

24 (a) 540 μT, (b) 400 μT

25 생략

26 3.2 mN, 도선 쪽

27 도선으로부터 4.0 mm 떨어진 도선과의 평행선

28 $-5\mu_0 i_0$

29 생략

30 판 사이의 전위차를 1.0 MV/s의 율로 변화

■ 제 15 장 ■

01 M/QT, ML^2/QT

02 0.41 A, 왼쪽에서 오른쪽으로

03 (a) 0.67 mm/s, (b) $2.8\times 10^{29}\ \mathrm{m}^{-3}$

04 17 mm

05 (a) 0.34 mm, (b) 2.6 keV

06 1.6×10^{-8} T

07 (a) $-q$, (b) $t=\pi m/qB$

08 (a) 1.4 mT, (b) 38 MHz, (c) 26 ns

09 (a) 3.8 km/s

10 0.27 mT

11 (a) 600 mV, 위로, (b) 1.5 A, 시계방향 (c) 0.90 W, (d) 0.18 N, (e) (c)와 같음

12 (a) M/IT^2, (b) ML^2/IT^2

13 $\mu_0 i/4\pi$, R_0에 무관하다

14 (a) 13 μWb/m, (b) 22 %

15 20 mC

16 $-\mu_0 nAi_0\omega\cos\omega t$

17 0.40 V

18 (a) 31 mV, (b) 오른쪽에서 왼쪽으로

19 3.8 μW

20 (a) 1500 nWb, 100 mV
(b) 90 nWb, 12 mV

21 (a) 4.6 kHz, (b) 2.6 kΩ

22 $v=(Bil/m)t$, G에서 이탈

23 10 μWb

24 5.0 A/s의 전류변화

25 (a) $\mu_0 i/W$, (b) $\pi\mu_0 R^2/W$

26 6.9

27 (a) 9.7 ns, (b) 6.3 mA

28 (a) 10 A, (b) 100 J

29 (a) 98 H, (b) 0.20 mJ

30 (a) 1.0 J/m^3, (b) 4.8×10^{-15} J/m^3

■ 제 16 장 ■

01 (a) 0.95 A, (b) 0.12 A

02 (a) 0.65 kHz, (b) 240

03 (a) 0.74, (b) 늦다, (c) 용량성, (d) 안 일어난다, (e) 그렇다, 아니다, 그렇다, (f) 33 W

04 (a) 1.9 V, 5.8 W, (b) 19 V, 0.58 kW, (c) 0.19 kV, 58 kW

05 (a) 4.5×10^{24} Hz, (b) 1.0×10^4 km 또는 지구 반경의 1.6배

06 0.33 μT, 음의 x방향

07 1.2 MW/m^2

08 (a) 82 mV/m, 전류와 평행
(b) 3.9 mT, 표면에 접하여 전류와 수직
(c) 260 W/m^2, 방사상방향

09 $I(2-f)/c$

10 (b) 약 600 nm, 대략 적색광의 파장

11 (b) 7.3 Hz/[mi/h]

■ 제 17 장 ■

01 (a) 400 THz (THz = terahertz) 800 THz
(b) 1.0~200 m

(c) $6.0 \times 10^4 \sim 3.0 \times 10^7$ THz

02 (a) $z = (3.0\,\text{cm}) \sin[(60\,\text{cm})y - (10\pi\text{s}^{-1})t]$
(b) 94 cm/s

03 0.12 N

04 (a) 5.0 cm, (b) 40 cm, (c) 12 m/s
(d) 0.033 s, (e) 9.4 m/s
(f) $(5.0\text{ cm}) \sin[(16\text{ m}^{-1})x + (19\text{s}^{-1})t + 0.93]$

05 생략

06 생략

07 생략

08 387 Hz

09 0.03%

10 1.9×10^6 m/s

11 480 nm (청)

12 840 nm

13 588 nm

14 0.17 mm

15 1.8 mm

16 10 km

17 8.3 mm

18 (a) 9, (b) 0.25

19 (a) 3, $m = 0, \pm 1$에 대응하여
(b) 1.3×10^{-3} rad, 524 nm

20 12,500

21 생략

22 (a) 4.6 pm, (b) 없다

■ 제 18 장 ■

01 생략

02 $\dfrac{1}{a} - \dfrac{1}{b} = \dfrac{1}{f}$

03 $i = i'$

04 0.09

05 56.3°, 33.7°

06 3.0 ft

07 −5.8 cm

08 1.56

09 36°

10 40 cm

11 $l' = l\left(\dfrac{f}{0-f}\right)^2$

12 16.7 cm

13 24 cm

■ 제 19 장 ■

01 (a) 6.41×10^7 W/m^2, (b) 5800 K,
(c) 1.9×10^{-6} 또는 약 200만분의 1개의 달

02 (a) 1.4 kW, (b) 3.8×10^{21} 광자/s
(c) 16 s

03 (a) 3.0×10^{20}광자/s, (b) 4.9×10^4 km 또는 지구 반경의 7.7배, (c) 280 m,
(d) 5.9×10^{10} 광자/cm$^2 \cdot$s
7.8×10^4 광자/cm^3

04 172 nm

05 (a) 1.3 V (b) 6.8×10^5 m/s

06 (a) 2.44 pm, (b) 4.87 pm
(c) 0.255 MeV

07 (a) +0.049 Å, (b) −41 keV
(c) 41 keV

08 (a) $n = 4$에서 $n = 2$, (b) Balmer 계열

09 (a) 12 eV, (b) 66.5×10^{-27}kg m/s
(c) 103nm

10 (a) 2.6eV, (b) $n = 4$에서 $n = 2$

11 대응하는 스펙트럼선에 대해서
$\lambda_{\text{He}} = \dfrac{1}{4}\lambda_H$

12 (a) $nh/\pi m d^2$, (b) $n^2h^2/4\pi^2md^2$

13 4.3 eV

14 (a) 1.9×10^{-21} kg · m/s
(b) 3.5×10^{-13} m

15 (a) 각각에 대해서 3.3×10^{-24} kg · m/s
(b) 전자에서 38 eV, 광자에서 6.2 keV

16 5.6°

17 (a) 3.9×10^{-22} eV, (b) 열에너지는 약 10^{20}배만큼 크다, (c) 3.0×10^{-18} K

18 32%

19 6.6×10^{-23} kg·m/sI

■ 제 20 장 ■

01 4.83×10^{14}/s

02 6550 Å, 1.9 eV

03 13.5625 eV

04 (a) 3.026×10^{-19} J, (b) 4.5641×10^{14}/s
(c) 6637 Å

05 3.13×10^{-5} erg

06 1.5×10^{11} cal

07 35.469

08 생략

09 (a) 775.475 MeV, (b) 8.713 MeV/핵자당

10 0.7648 MeV

11 생략

12 생략

■ 제 21 장 ■

01 0.707 g

02 1/16로 감소

03 139 : 64

04 1.6×10^{-7} erg

05 500 m/s, 866 m/s, 30°

06 $E_A/E=m_B/(m_A+m_B)$

07 63

08 17.6776 mCi

09 24일

10 1.9×10^{-13} kg

11 1.1×10^{-5}/s

12 32.222년

13 286 Ci

14 생략

15 생략

■ 제 22 장 ■

01 3.38 mm

02 2.02 mm

03 생략

04 0.5 cm

05 0.25 R/min

06 0.1 cm

07 0.108 cm

08 0.12 R/hr·m

09 8/27

10 0.37 MeV

11 0.4 mm

12 0.0132 R/hr−m

13 생략

14 33 km

15 0.888×10^{-27} kg

대학물리학

2016년 2월 25일 1판 2쇄 발행

저 자 지택상 · 김영태
발행인 남 승 우

발행처 도서출판 상尙 학學 당堂

서울시 동작구 사당로9가길 6(사당동)
TEL : 02) 595-1692 ~ 4
FAX : 02) 595-1394
E-mail : namdoo6@unitel.co.kr
신고 : 2-155호 (1968. 11. 29)

정가 24,000원

ISBN 978-89-6587-031-9 93420

〈디자인〉 편집 이선경 / 표지 나아기획